任务引领
复旦卓越·普通高等教育 21 世纪规划教材·机类、近机类

工程力学

主　编　吴世平　赵　曼
副主编　隋冬杰　王益民

复旦大学出版社

内 容 提 要

本教材以明确的岗位和职业需要为依托,以能力培养为主线,以开发学生能力为目标,不片面追求学科体系的完整性,而强调贴近生产实际和工作实际,使理论和实践相结合。教材中大量插入工程实例及相关图片,增强学生的感知性和真实性,传授知识同培训技能紧密结合;精选教材内容,删繁就简,充实技术性、实用性、实践性的内容,注重定性分析,阐明物理意义和应用方法,简化某些理论、公式的推证,增强教材使用的灵活性,便于不同教学阶段、不同专业采用。理论阐述同实践指导相结合,便于在教学过程中贯穿能力培养这一主线,采用以实际训练为主,把讲授、实验、实习融为一体的教学方式;适应各校功能延伸的新要求,兼顾各种职业培训对教材的需要。

前　言

本书是应复旦大学出版社图书出版的要求，根据机类和近机类高等职业技术学院各专业对工程力学知识必须、够用的原则，在对专业进行调查了解的基础上，着手编写的一本适合机械类、动力类、电力类、能源类、铁路运输类和工程管理类等工科类专业学生实际情况的《工程力学》。其内容原则上符合现行的工科各类职业院校实施的工程力学的教学大纲。本教材特别适合高等和中等职业技术院校学生，并可作为工程技术人员的参考用书。

本教材的基本思路为：从电力类、能源类、机械类、铁路运输类和工程管理类等工科类专业的实际需求出发，调整现行力学教学大纲，突出专业特色，淡化理论推导，强化能力培养。将力学理论与专业实践相结合，让力学理论更好地为主体专业服务，真正做到力学教学有的放矢，学以致用，解决工程中的力学问题，注重力学的应用能力培养。本教材注重力学知识在工程中的应用，并结合高职高专学生的实际情况，精讲多练，强化解决力学问题的过程分析，提供丰富的实例图片、例题和练习题，便于学生自学，提高学生的力学应用能力，真正做到用学到的力学知识解决工程中的力学问题，为解决专业问题奠定扎实的力学基础。

本书按照工科职业技术教育课程改革的原则和思路，力求贯彻能力为本的思想；突出学生对基本知识掌握的要求，理论推导从简，注重针对性和实用性；充分吸取了各校力学课程教学改革的经验，以适应力学课程教学时数减少的现实。

本书的特色是：重点推出了主要章节的典型任务，通过典型任务的分析解决，系统全面地回顾本章的基本内容和主要知识点，同时也提供了一种解决实际工程问题的思路。希望能够培养读者的知识迁移能力。

全体参编教师集思广益,通力合作,力求创新,较快较好地完成了编写任务。各位老师具体编写章节如下:四川电力职业技术学院副教授吴世平编写了前言、绪论、第6章、第8章及附录,中州大学工程技术学院副教授赵曼编写了第4章、第5章,河南质量工程职业学院副教授隋冬杰编写了第1章、第3章、第7章,淮南联合大学副教授王益民编写了第2章,四川电力职业技术学院朱清泉编写了第9章,中州大学工程技术学院刘继军编写了第10章。

参加该书编写工作的老师都是多年从事力学教学的教师,把多年教学的宝贵教学经验参照很多力学书籍的优秀资源,融会于本教材中,为本书增添了不少色彩,使其实用性进一步得到了提升。

限于编者水平有限,加之时间较紧,肯定有缺点和不妥之处,恳请读者批评指正,在下次再版时力争使该书更加完善。

主　编

2010年2月于成都

工程力学主要符号表

符号	量的名称
A	面积
b	宽度
C	形心,重心
D	直径
d	力偶臂、直径、距离
e	偏心距
f	动摩擦因数
f_s	静摩擦因素
F	力
F_{Ax}, F_{Ay}	A 处的约束力分量
F_N	法向约束力
F_P	载荷
F_{cr}	临界载荷
F_S	剪力
F_R	主矢,合力
F_T	拉力
F_x, F_y, F_z	力在 x, y, z 方向的分量
g	重力加速度
G	切变模量
h	高度,力臂
I_z	对 z 轴的惯性矩
I_P	极惯性矩
I_{xy}	惯性积
k	弹簧刚度系数

符号	量的名称
K	应力集中系数
m	质量
M_O	力系对点 O 的主矩
$M_O(F)$	力 F 对点 O 之矩
M_e	外力偶矩
T	扭矩
M	弯矩
M_x, M_y, M_z	力对 x, y, z 轴的矩
n	转速,安全系数
$[n_{st}]$	稳定安全因素
N	轴力
P	功率
q	均布载荷集度
R, r	半径
V	体积
W_z	对 z 轴的抗弯截面系数
W_P	抗扭截面系数
α	空心轴的内外径之比,角
β	角,梁横截面的转角,单位长度相对扭转
θ	角
ϕ	相对扭转角
ϕ_m	摩擦角
γ	切应变

Δ	变形、位移	σ_c	压应力、挤压应力
δ	厚度、伸长率	σ_b	抗拉强度
ε	线应变	$[\sigma]$	许用应力
ε_e	弹性应变	σ_{cr}	临界应力
ε_p	塑性应变	σ_e	弹性极限
λ	柔度、长细比	σ_p	比例极限
ω	挠度	$\sigma_{0.2}$	条件屈服应力
μ	长度系数	σ_s	屈服极限
ν	泊松比	σ_r	相当应力
ρ	曲率半径	τ	切应力
σ	正应力	$[\tau]$	许用切应力
σ_t	拉应力	σ_{lim}	危险应力,根限应力

目 录

绪论 ·· 1
  0.1 工程力学的性质与作用 / 1
  0.2 工程力学的主要任务与主要
       内容 / 3
  0.3 工程力学与生产实践的关系 / 4

第 1 篇 物体的受力分析和平衡问题

第 1 章 静力学的基本知识 ············ 9
  1.1 力的基本知识和刚体的概念 / 10
  1.2 力对点之矩和合力矩定理 / 15
  1.3 力偶及其性质 / 19
  1.4 约束与约束反力 / 23
  1.5 物体的受力分析与受力图 / 29
  习题 / 35

第 2 章 平面力系的平衡计算 ·········· 37
  2.1 平面汇交力系的合成与平衡 / 38
  2.2 平面力偶系的合成与平衡 / 46
  2.3 平面任意力系的简化及结果
       讨论 / 48
  2.4 平面任意力系的平衡方程及其
       应用 / 51
  2.5 物体系统的平衡 / 54

  2.6 考虑摩擦时的平衡问题 / 58
  习题 / 71

第 3 章 空间力系的平衡计算 ·········· 74
  3.1 空间力系的概念与实例 / 75
  3.2 力在空间直角坐标轴上的
       投影 / 76
  3.3 力对轴之矩 / 78
  3.4 空间力系的平衡方程及其
       应用 / 81
  3.5 物体的重心与形心 / 87
  习题 / 95

第 2 篇 杆件的变形问题

第 4 章 材料力学基本知识 ············ 101
  4.1 材料力学的研究对象和构件的
       承载能力 / 101
  4.2 变形固体的基本假设 / 102
  4.3 杆件变形的基本形式 / 103

第 5 章 轴向拉伸与压缩 ·············· 106
  5.1 轴向拉伸与压缩的概念与
       实例 / 107

5.2 轴向拉压杆的轴力与轴力图 / 108
5.3 轴向拉压杆的应力 / 110
5.4 轴向拉压杆的强度计算 / 113
5.5 轴向拉压杆的变形计算 / 116
5.6 材料在拉伸或压缩时的力学性能 / 119
5.7 应力集中的概念 / 125
5.8 压杆的稳定 / 126
习题 / 137

第6章 联结件的计算 …… 142
6.1 联结件的实例、剪切和挤压的概念 / 143
6.2 联结件的实用计算 / 147
6.3 切应变与剪切胡克定律 / 151
习题 / 156

第7章 扭转圆轴的计算 …… 158
7.1 圆轴扭转的概念与实例 / 159
7.2 外力偶矩与扭矩的计算与扭矩图 / 161
7.3 圆轴扭转时的应力与强度计算 / 166
7.4 圆轴扭转时的变形与刚度计算 / 173
7.5 圆轴扭转应用实例 / 174
习题 / 179

第8章 弯曲梁的计算 …… 182
8.1 平面弯曲的概念与实例 / 183
8.2 梁的内力——剪力与弯矩 / 187
8.3 剪力方程与弯矩方程、剪力图与弯矩图 / 191
8.4 纯弯曲梁的正应力计算 / 203
8.5 弯曲梁的正应力强度条件及强度计算 / 212
8.6 弯曲梁的切应力计算 / 219
8.7 弯曲梁的变形计算 / 226

8.8 梁的刚度条件及其应用 / 231
8.9 提高弯曲梁强度的措施 / 234
习题 / 241

第9章 强度理论和组合变形的计算 …… 247
9.1 一点应力状态的概念 / 248
9.2 平面应力状态的应力分析 / 250
9.3 常用强度理论简介 / 260
9.4 强度理论在工程中的简单应用 / 263
9.5 组合变形的概念及工程实例 / 267
9.6 弯曲与拉伸组合变形的强度计算 / 269
9.7 弯曲与扭转组合变形的强度计算 / 280
习题 / 287

第10章 交变应力和构件的疲劳强度简介 …… 294
10.1 交变应力及疲劳破坏的概念 / 294
10.2 交变应力的类型 / 296
10.3 材料的持久极限 / 297
10.4 疲劳强度校核 / 299

附录Ⅰ 平面图形的几何性质 / 302
Ⅰ.1 静矩与形心 / 302
Ⅰ.2 惯性矩和极惯性矩 / 305
Ⅰ.3 惯性矩的平行移轴公式及组合截面惯性矩计算 / 308

附录Ⅱ 常见平面图形几何性质表 / 312
附录Ⅲ 简单载荷作用下梁的变形 / 316
附录Ⅳ 型钢规格表 / 319
习题答案 / 341
参考文献 / 345

绪 论

0.1 工程力学的性质与作用

0.1.1 什么是力学

力学是研究物体受到的力及受力后的运动规律和变形规律的学科。随着力学的发展和深入应用,力学形成了很多分支,例如理论力学、材料力学、结构力学、弹性力学、流体力学、土力学、塑性力学、振动理论等,但最基础和最普遍实用的还是工程力学。根据传统的学科体系分类,工程力学主要包括静力学、材料力学和运动力学3部分内容。

静力学主要研究的是物体的受力情况以及受力后的简化和平衡问题;材料力学主要研究的是杆件受力后的变形问题;运动力学主要研究的是物体的运动规律以及运动和力之间的关系。本书淡化这种分类体系,而强调工作过程中,首先是分析物体受到的力,然后是物体受力后的合成及是否平衡的问题,最后是物体受力后的正常工作问题(变形问题)。

力是普遍存在的,世界上的任何物体都会受到力的作用,这种作用必然会使物体发生运动状态的改变或使物体产生变形。机械运动是物质运动的最基本的形式,所谓**机械运动就是指物质在时间、空间中的位置变化**,包括移动、转动、流动、变形、振动、波动、扩散等。而平衡(或静止),则是其中的特殊情况。物质运动的其他形式还有热运动、电磁运动、原子及其内部的运动和化学运动等,所有这些运动都是因为力的作用而产生的。

力是物体间的一种相互的机械作用。静止和运动状态不变,则是各作用力在某种意义上的平衡。因此,力学是研究物质机械运动规律的科学。力学所阐述的物质机械运动的规律,与数学、物理等学科一样,是自然科学中的普遍规律。因此,力学是基础学科。同时,力学研究所揭示出的物质机械运动的规律,在许多工程技术领域中可以直接获得应用,实际面对着工程,服务于工程。所以,力学又是技术性、应用性学科。

工程力学是将力学原理应用于有实际意义的工程系统的科学。其目的是:了解工程系统的性态并为其设计提供合理的理论依据。机械、机构、结构如何受力、如何运动、如何变形、如何破坏,都是工程技术人员需要了解的工程系统的形态;只有认识了这些形态,才能够制定合理的设计规则、规范、手册,使机械、机构、结构等按设计要求实现运动、承受载荷,控制它们不发生影响使用功能的变形,更不能发生破坏。

力学和工程学的结合,促使了工程力学各个分支的形成和发展。现在,无论是土木工程、建筑工程、水利工程、机械工程、船舶工程等,还是航空工程、航天工程、核技术工程、生物医学工程等,都是力学的应用领域。

0.1.2 力学的发展简史

力学知识最早起源于对自然现象的观察和在生产劳动中的经验。人们在建筑、灌溉等劳动中使用杠杆、斜面、汲水等器具,逐渐积累了对平衡、物体受力情况的认识。古人还从对日、月运行的观察和弓箭、车轮等的使用中,了解了一些简单的运动规律,如匀速的移动和转动等。

中国春秋时期(公元前 4—前 3 世纪),墨翟及其弟子的著作《墨经》中,就有关于力的概念、杠杆平衡、重心、浮力、强度和刚度的叙述。古希腊哲学家亚里士多德(Aristotle,公元前 384—前 322 年)的著作也有关于杠杆和运动的见解。古希腊科学家阿基米德(Archimedes,公元前 287—前 212 年)对杠杆平衡、物体重心位置、物体在水中受到的浮力等作了系统研究,确定它们的基本规律,初步奠定了静力学即平衡理论的基础。意大利物理学家和天文学家伽利略(Galileo Galilei,1564—1642 年)在实验研究和理论分析的基础上,最早阐明自由落体运动的规律,提出加速度的概念。牛顿继承和发展前人的研究成果(特别是开普勒的行星运动三定律),提出物体运动三定律。伽利略、牛顿奠定了动力学的基础。牛顿运动定律的建立标志着力学开始成为一门科学。

力学不仅有着悠久而辉煌的历史,而且随着工程技术的进步,近几十年来也在迅速发展。力学研究的对象、涉及的领域、研究的手段都发生了深刻的变化,力学用来解决工程实际问题的能力得到极大的提高。例如,由传统的金属材料、土木石等材料的力学作用效果的研究,扩大到新型复合材料、高分子材料、结构陶瓷、功能材料等的研究;由传统的连续体宏观力学行为的研究,发展到含缺陷体力学、细、微观(甚至纳观)力学行为的研究;由传统的电、光测实验技术研究,发展到位全息、云纹、散斑、超声、光纤测量等力学实验技术;由传统的静强度、刚度设计,发展到断裂控制设计、抗疲劳设计、损伤容限设计、结构优化设计、动力响应计算、监测与控制、计算机数值仿真、耐久性设计和可靠性设计等。

机械、结构的小型、轻量化设计和电子工业产品的小型、超大规模集成化趋势,使力学应用的领域从传统的机械、土木、航空航天等扩大到包括控制、微电子和生物医学工程等几乎所有工程技术领域。计算机技术和计算力学的发展,给力学带来了更加蓬勃的生机,力学与工程结合,为工程服务的能力得到了极大的增强。计算机不仅成为辅助工程设计的有力工具,同时也是力学分析、计算、动态过程仿真的工具。力学在工程中应用的目的,除传统的保证结构与构件的安全和功能外,已经或正在向设计→制造→使用→维护的综合性分析与控制,功能→安全→经济的综合性评价,以及自感知、自激励、自适应(甚至自诊断、自修复)的智能结构设计与分析的方向延伸。

0.1.3 工程力学的性质和作用

工程力学是机械、电力、土木建筑、能源、航空航天、石油化工、交通运输等专业的一门重要技术基础课或专业基础课,其前导课程主要有《高等数学》和《机械制图》。工程力学为简单构件的强度、刚度和稳定性计算提供基本的力学理论和计算方法,为进一步学习相关的专业课打下必要的基础,因此它在基础课与专业课之间起桥梁作用。同时工程力学能直接解决工程实际问题或为解决工程问题提供理论依据。学习本门课程的关键是重点理解公理、定理及假设的内容,在此基础上,利用数学演绎、抽象化方法得出简单物体或物体系统的平衡、杆件受力后变形及破坏的规律,并深刻理解基本概念、基本理论、基本方法;同时还需要通过演算一定数量的习题来加深和巩固对所学知识的理解和掌握。

对于工科类学生,要求在学完本门课程之后,具有将简单的工程实际问题抽象为力学模型的初步能力;能够运用基础知识,尤其是数学、物理的基本理论和方法,并结合本门课程所讲述的内容,对简单物体进行受力分析;能够正确运用强度、刚度和稳定条件对简单受力杆件进行校核、截面选择和材料选择;具有应用计算机和现代实验技术手段解决与力学有关的工程问题的基本能力。

0.2 工程力学的主要任务与主要内容

0.2.1 工程力学的主要内容

工程力学是研究物体机械运动一般规律以及构件承受载荷能力的一门学科。

土木、建筑等工程中的梁、板、柱等,水利、机械、船舶、电力等工程中的结构元件、机器零部件等都可称为构件。构件在承受载荷或传递运动时,能够正常工作而不破坏,也不发生过大的变形,并能保持原有的平衡形态而不丧失稳定,这就要求构件具有足够的强度、刚度和稳定性。

工程力学的主要内容就是:对实际工程中的物体进行合理的简化,得到力学计算模型(计算简图),分析其受力情况(受力图),研究受力后的平衡规律,研究受力后的内力、应力、变形等,建立强度、刚度、稳定性条件,以此为基础进一步研究杆件的安全经济工作问题。

0.2.2 工程力学的研究方法

工程力学研究解决问题的一般方法可归纳为:
(1) 选择有关的研究对象。
(2) 对研究对象进行抽象简化,抓住主要因素,忽略次要因素,将研究对象转化为力学模型。其中包括几何形状、材料性能、载荷及约束等真实情况的理想化和合理性简化。力学模型要尽量符合实际的同时力求计算简便。

(3) 将力学原理应用于理想模型,进行分析、推理,得出结论。

(4) 进行尽可能真实的实验验证或将问题退化至简单情况与已知结论相比较。

(5) 验证比较后,若得出的结论不能满意,则需要重新考虑关于对象特性的假设,建立不同的模型,进行分析,以期取得进展。

例如,一个工程师,首先要按照设计要求提出一个设计,然后假定其形态,建立模型,进行分析。如果分析的结果不能满足预期的功能,则必须修改设计,再次分析,直到获得可用的结果。可用性不仅包括有满意的功能,而且也包括如经济、轻量化、易于制造等因素。还可能要考虑环境等因素。

上述方法中,力学模型的建立是最关键的。一个好的力学模型,既能使问题求解过程简化,又能使结果基本符合实际情况,满足所要求的精度。力学模型的建立,不仅需要对实际情况的充分了解及分析问题的能力,还与知识面和经验有关。对由模型推出的结果进行实验验证或比较,有利于不断积累建立模型的经验。

例如,在处理普通工程构件(如杆、梁、轴等)时,可以先将其理想化为刚体,研究作用于其上的力,达到一定的认识水平;进一步将其视为变形体,并假定其变形是弹性(卸载后变形能完全恢复)的,研究在载荷作用下,构件的弹性变形情况,又达到了另一认识水平;如果再引入材料的塑性(卸载后变形不能恢复)性态,研究其弹-塑性行为,就会得到更进一步的启发。

0.3 工程力学与生产实践的关系

力学和工程学的结合,促使了工程力学各个分支的形成和发展。现在,无论是历史较久的土木工程、建筑工程、水利工程、机械工程、船舶工程等,还是后起的航空工程、航天工程、核技术工程、生物医学工程等,工程力学都有很广泛的应用。20世纪由于力学的发展得以实现的工程技术中,有标志性成就的有:可将人类送入太空的航天技术、时速达300 km/h的高速磁悬浮列车、单跨近2 000 m的大桥、有抗震性能的超高层建筑、巨型水利枢纽(长江三峡工程)等。

2000年下半年,美国的三十几个专业工程协会评出了20世纪对人类影响最大的20项技术,力学在其中多项技术的发展中起着重要的、甚至是关键的作用。

排在第一位的是电力系统技术,目前几乎所有输入电网的电力都是通过叶轮机带动发电机产生的。而叶轮机、发电机以及输电线路的设计、制造和施工过程都离不开力学。20世纪后50年,由于力学的发展,叶轮机的设计得以改进,其效率提高约1/3,这相当于每年节省电费达3 000亿美元。这里尚未计入力学对锅炉燃烧过程效率提高的贡献。

排在第二位的是汽车制造技术,它同样离不开力学的支持。半个世纪以来,力学的发展使汽车发动机的效率提高了约 1/3。仅以小轿车为例,全世界每年节省燃料费约 2 000 亿美元,而排气的污染却减少了 90% 以上。这里也并没有计及汽车结构轻量化所带来的效益。

排在第三位的航空技术和第十一位的航天技术,它们与力学的关系更加密切。1903 年莱特兄弟飞行成功,飞机很快成为重要的战争和交通工具。1957 年,人造地球卫星发射成功,标志着航天事业的开端。力学解决了各种飞行器的空气动力学性能问题、推进器动力学问题、飞行稳定性和操纵性问题及结构和材料的强度等问题。超声速飞行、航天器返回地面等关键问题,都是基于力学研究才得以解决的。

21 世纪,纳米科技已成为科技界最具活力与前景的重大研究领域之一。由于力学内在的特质及其所研究问题的普遍性,加上力学工作者的敏感,现代力学的最新分支——纳米力学迅速形成,成为与物理、化学、生物、材料科学等进行交叉研究的新学科而得到蓬勃发展。

可以预言,在未来的科技发展中,工程力学仍将展示出永恒与旺盛的生命力并发挥出巨大的影响。

第一篇 物体的受力分析和平衡问题

.... 第1章　静力学的基本知识
.... 第2章　平面力系的平衡计算
.... 第3章　空间力系的平衡计算

第1章 静力学的基本知识

学习目标

理解力的概念和力的作用效应,掌握力的三要素和力的作用效应之间的关系,理解力对点之矩的概念,掌握力矩的计算,熟练掌握物体的受力分析方法和受力图的绘制。

静力学主要研究物体的平衡问题及物体平衡时作用力所应满足的条件,同时也研究物体受力的分析方法,以及力系简化的方法等。由于静力学研究物体平衡问题时,物体的变形与其几何尺寸相比很小,可以忽略,故把研究对象均看作刚体,因此静力学一般称为刚体静力学。

工程实例

图1-1所示为单缸内燃机,内部有一曲柄滑块机构,由气缸1、活塞2、连杆3和曲轴4相互联结组成,该机构可将连杆3上端的活塞2的往复直线运动转换为与连杆下端所联结的曲轴的连续旋转运动。

曲柄滑块机构运动原理是:燃气推动气缸1内的活塞2作直线运动,带动连杆3作平面运动,使曲轴4作旋转运动,从而该机构将直线运动转换为旋转运动,实现了内燃机将燃气燃烧的热能转换成曲轴转动的机械能的功能。

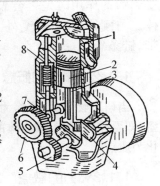

图1-1

典型任务

在学习本章知识后,完成表1-1中的各项任务。

表1-1 第1章典型任务

任务分解	
任务1	根据图1-1单缸内燃机中曲柄滑块机构工作原理,画出曲柄滑块机构简图
任务2	分析曲柄滑块机构的约束情况

续 表

任 务 分 解	
任务3	分析滑块受力情况并画受力图
任务4	分析连杆受力情况并画受力图
任务5	分析曲柄受力情况并画受力图
任务6	讨论上述受力分析中作用与反作用定理的应用意义

1.1 力的基本知识和刚体的概念

1.1.1 刚体的概念

刚体是指在外力作用下大小和形状保持不变的物体,或者说在外力作用下任意两点间的距离始终保持不变的物体。事实上,任何物体在力的作用下,都会发生大小和形状的改变,即发生变形。但实际工程中许多物体的变形都是非常微小的,对研究物体的平衡问题影响很小,可以忽略不计,这样就可以将物体看成是不变形的。在静力学中,我们把所讨论的物体都看作是刚体,刚体是静力学的主要研究对象。

当变形这一因素在所研究的问题中不容忽略时,如研究材料力学问题,在讨论物体受到力的作用时是否会破坏及计算变形时,就不能再把物体看成刚体,而应看作变形体。与刚体相对应,受外力时非常容易变形的物体,我们称为变形体或柔体,如绳索、皮带、链条等。

1.1.2 质点的概念

当研究物体运动时,为了使所研究的问题更为简单,将比较复杂的物体抽象为理想模型,即看作一质点,或物体的形状和大小不影响主要问题,可以忽略不计时,我们便把物体简化为质点。

1.1.3 力的概念

力的概念是人们在长期生活和生产实践中逐步形成的。例如人用手推小车,小车就从静止开始运动;落锤锻压工件时,工件就会产生变形。

1. 力的定义

力是物体间相互的机械作用。力作用在物体上有两种效应:
(1) 使物体的运动状态发生变化,称为力的运动效应或外效应。
(2) 使物体产生变形,称为力的变形效应或内效应。

静力学主要研究力的外效应,材料力学主要研究力的内效应。由于力是物体间相互的机械作用,因此,力不能脱离物体而单独存在,某一物体受到力的作用,一定有另一物体对它施加作用。在研究物体的受力问题时,必须分清哪个是施力物体,哪个是受力物体。

2. 力的三要素

力对物体的作用效应取决于力的三要素:力的大小、方向和作用点。力的三要素中的任何一个要素发生变化,力的作用效应将随之发生改变。

(1) 力的大小　　力的大小是指物体间相互的作用程度。为了度量力的大小,必须确定力的单位。采用国际单位制时,力的单位用牛顿(牛,N)或千牛顿(千牛,kN),

$$1\ kN = 1\ 000\ N。$$

采用工程单位制时,力的单位用千克力(kgf)或吨力(tf)。千克力和牛顿的换算关系为

$$1\ kgf = 9.8\ N。$$

(2) 力的方向　　即力的方位和指向。

(3) 力的作用点　　力的作用点是指力在物体上的作用位置。当力的作用范围与物体相比很小时,可近似看成力作用在一点上,我们把作用在一点上的力称为集中力,工程上也称为集中载荷。

3. 力的图示法

力是既有大小又有方向的矢量。力可用一个定位的有向线段来表示其三要素。如图1-2所示,线段的长度按一定比例尺表示力的大小,线段与某定直线的夹角表示力的方向,箭头表示力的指向,线段的起点(或终点)表示力的作用点。通常用黑斜体字母 F 表示力矢量,用 F 表示力矢量的大小。

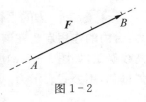

图1-2

1.1.4　力系的概念

1. 力系定义

同时作用在一个物体上的若干个力称为一个力系。如果一个力系作用在物体上,使物体处于平衡状态,则称此力系为平衡力系。一个力系只有在满足一定条件时才能成为平衡力系,此条件称为力系的平衡条件。若两个力系分别作用于同一物体时,物体的运动状态完全相同,则此两力系互为等效力系。如果一个力和一个力系等效,则称这个力为力系的合力,而将力系中的各个力称为该合力的分力。

2. 力系的分类

按力系中各力作用线的分布情况,将力系进行如下分类。

各力作用线共面的力系称为平面力系,否则称为空间力系。本书中主要讨论平面力系。在平面力系中,各力作用线汇交于一点的力系称为平面汇交力系,如图1-3所示;各力作用线相互平行的力系称为平面平行力系,如图1-4所示;各力作用线任意分布的力系称为平面任意力系或平面一般力系。

图 1-3 图 1-4

1.1.5 平衡的概念

平衡是指物体相对于惯性参考系保持静止或作匀速直线运动。在工程问题中,平衡通常是指物体相对于地球静止或做匀速直线运动和匀速定轴转动,是物体机械运动的一种特殊情况。

1.1.6 力的性质(静力学公理)

力的基本性质是静力学全部理论的基础,是人们在长期的生产和生活实践中,逐步认识和总结出来的力的普遍规律,是解决力系的简化、平衡条件及物体的受力分析等问题的理论基础。

性质1 **力的平行四边形法则** 作用于物体上同一点的两个力,可以合成为一个合力,合力的作用点仍在该点,合力的大小和方向由这两个力为邻边所构成的平行四边形的**对角线确定**,如图 1-5(a)所示。这种求合力的方法,称为矢量加法,合力矢量等于原来两力的矢量和,用公式表示为

$$\boldsymbol{F}_R = \boldsymbol{F}_1 + \boldsymbol{F}_2 。 \tag{1-1}$$

根据性质1求合力时,也可不画整个平行四边形,而从 O 点作一个与 $\boldsymbol{F}_1$ 大小相等方向相同的矢量 $\overrightarrow{OA}$,再过 A 点作一个与 $\boldsymbol{F}_2$ 大小相等方向相同的矢量 $\overrightarrow{AC}$,则矢量 $\overrightarrow{OC}$ 即表示合力的大小和方向。如图 1-5(b)所示,这种求合力的方法称为力的三角形法则。三角形法则可理解为将 $\boldsymbol{F}_1$ 和 $\boldsymbol{F}_2$ 首尾相接,形成一条折线,从 $\boldsymbol{F}_1$ 的始点 O 点向 $\boldsymbol{F}_2$ 的终点 C 作一矢量,即为合力 $\boldsymbol{F}_R$ 的大小和方向,合力的作用线通过原汇交点 O。图 1-5(c)显示用三角形法求合力时,$\boldsymbol{F}_1$ 和 $\boldsymbol{F}_2$ 的力序变化时,不影响合力的结果。由此可知,用三角形法则求合力更为简单。

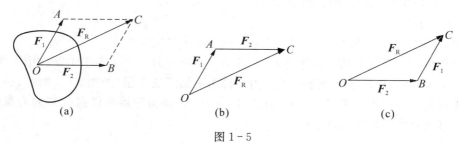

图 1-5

性质2　二力平衡公理　作用在同一刚体上的两个力,使刚体处于平衡状态的充分必要条件是:**这两个力的大小相等,方向相反,且作用在同一条直线上**(简称等值、反向、共线)。如图1-6所示,在一静止的刚体上,沿着同一直线 A,B 两点施加一对拉力(或压力)F_1 及 F_2,若 F_1 和 F_2 大小相等、方向相反、且沿同一作用线,由经验可知,刚体将保持平衡,既不会移动,也不会转动,所以 F_1 与 F_2 两个力组成的力系是平衡力系,即

$$F_1 = -F_2 。 \tag{1-2}$$

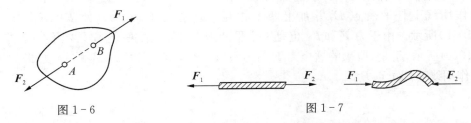

图1-6　　　　　　图1-7

性质2只适用于刚体,不适用于变形体。如图1-7所示,当绳受两个等值、反向、共线的拉力时可以平衡,但当受两个等值、反向、共线的压力时就不能平衡了。

工程上常遇到只受两个力作用而处于平衡状态的构件,称为二力构件。特殊地,如果构件为杆件则称为二力杆。二力构件或二力杆受力的特点是:两个力的作用线必沿其作用点的连线。如图1-8(a)所示的三铰支架中,AB 杆不计重力,仅在 A,B 两点受到力的作用且处于平衡状态,是一根二力杆。根据二力平衡公理可以确定,AB 杆所受的力必定沿着 A,B 两点的连线,如图1-8(b)所示。二力杆也可以是曲杆。

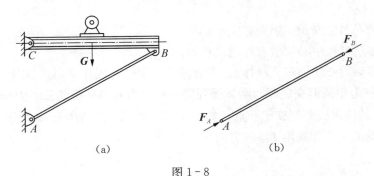

(a)　　　　　　(b)

图1-8

性质3　加减平衡力系公理　在作用于刚体的已知力系中,加上或减去任意的平衡力系,不会改变原力系对刚体的作用效应。也就是说,加上或减去的平衡力系对刚体的平衡或运动状态毫无影响。

加减平衡力系公理主要用来简化力系。但必须注意,此公理只适应于刚体而不适应于变形体。

推论1　力的可传性原理　作用于刚体上的力,可以沿其作用线移至刚体内任意一点,而不改变该力对刚体的作用效果。力对刚体的效应与力的作用点在其作用线上的位置无

关。因此，作用于刚体上的力的三要素是力的大小、方向、作用线，如图1-9所示。

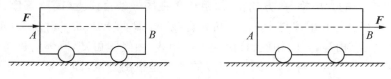

图1-9

证明： 设有力 F 作用在刚体上的点 A，如图1-10(a)所示。根据加减平衡力系原理，可在力的作用线上任取一点 B，并加上两个相互平衡的力 F_1 和 F_2，使 $F = F_2 = -F_1$，如图1-10(b)所示。由于力 F 和 F_1 也是一个平衡力系，故可消去，这样只剩下一个力 F_2，如图1-10(c)所示，于是，原来的这个力 F 与力系（F，F_1，F_2）以及力 F_2 均等效，即原来的力 F 沿其作用线移到了点 B。

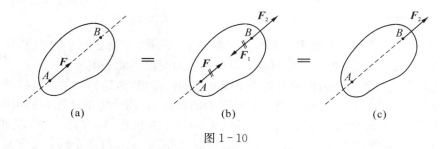

图1-10

由此可见，对于刚体来说，力的作用点已不是决定力的作用效应的要素，它已为作用线所代替。

在用力的可传性原理时，应注意下面两点：

(1) 力在移动过程中必须沿着作用线移动。

(2) 力在移动后必须仍在原刚体上，不能移动到刚体外或移动到其他刚体上。

推论2 **三力平衡汇交定理** 刚体受到同一平面内互不平行的三个力作用而处于平衡状态，则此三力的作用线必汇交于一点。如图1-11所示的杆 AB，已知 F 和 F_{NA} 的方向，则可应用三力平衡汇交原理确定 F_{NB} 的方向。

图1-11　　　　　　　　　　　图1-12

证明： 如图1-12所示，在刚体的 A，B，C 3点上，分别作用3个相互平衡的力 F_1，F_2，F_3。根据力的可传性，将力 F_1 和 F_2 移到汇交点 O，然后根据力的平行四边形规则，得合力

F_{12}。则力 F_3 应与 F_{12} 平衡。由于两个力平衡必需共线,所以力 F_3 必定与力 F_1 和 F_2 共面,且通过力 F_1 和 F_2 的交点 O。于是定理得证。

性质 4 **作用与反作用定理** 两个物体间的相互作用力总是同时存在,并且大小相等、方向相反,沿同一条直线分别作用于两个物体上。

如图 1-13 所示,起吊一重物,F_P 为重物所受的重力,F_T 为钢丝绳作用于重物上的拉力。因为 F_P 与 F_T 都作用在重物上而使重物保持静止,所以它们二力平衡。F_T 的反作用力是重物拉钢丝绳的力 F'_T,它与 F_T 大小相等、方向相反,F_T 与 F'_T 作用在同一条直线上。

作用与反作用定理概括了自然界中物体间相互作用的关系。性质 4 说明力总是成对出现的,物体间的作用总是相互的,有作用力就必有反作用力,它们互相依存、同时出现、同时消失,分别作用在相互作用的两个物体上。应用作用与反作用公理,可以把物体系统中相互作用的物体的受力分析联系起来。

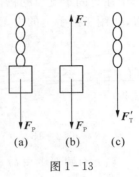

图 1-13

需要注意:作用与反作用力不是在同一物体上,作用与反作用力不是平衡力系。作用与反作用定律中的两个力,决不能与二力平衡公理中的两个力相混淆,作用力与反作用力分别作用于两个物体上,而一对平衡力则只作用于同一个物体上。这两个性质有本质的区别。

性质 5 **刚化原理** 变形体在某一力系作用下处于平衡,如将此变形体刚化为刚体,其平衡状态保持不变。反之不一定成立,因对刚体平衡的充分必要条件,对变形体是必要的但非充分的。

这个性质提供了把变形体看作刚体模型的条件。如图 1-14 所示,绳索在等值、反向、共线的两个拉力作用下处于平衡,如将绳索刚化成刚体,其平衡状态保持不变。若绳索在两个等值、反向、共线的压力作用下并不能平衡,这时绳索就不能刚化为刚体。但刚体在上述两种力系的作用下都是平衡的。由此可见,刚体的平衡条件是变形体平衡的必要条件,而非充分条件。

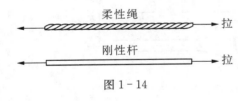

图 1-14

1.2 力对点之矩和合力矩定理

力对刚体作用的效应有移动与转动两种。其中力的移动效应由力矢量的大小和方向来度量,而力的转动效应则由力对点的矩(简称力矩)来度量。力矩可分为力对点之矩和力对轴之矩,力对点之矩是力使物体绕某点转动的效应的度量。

1.2.1 力对点之矩的概念

实践表明,作用在物体上的力除有平动效应外,有时还同时有转动效应。必须指出,一个力不可能只使物体产生绕质心的转动效应。如单桨划船,船不可能只在原处旋转。但是,作用在有固定支点的物体上的力就可以使物体只产生绕支点的转动效应。如用扳手拧螺母,作用于扳手上的力 F 使扳手绕固定点 O 转动,其中,点 O 称为力矩中心,简称矩心,矩心 O 到力 F 作用线的垂直距离 h 称为力臂,如图 1-15 所示。由经验可知,使螺母绕 O 点转动的效果,不仅与力 F 的大小成正比,而且与 O 点至该力作用线的垂直距离 h 也成正比。同时,如果力使扳手绕 O 点转动的方向不同,则其效果也不同。由此可见,力 F 使扳手绕 O 点转动的效果,取决于两个因素:

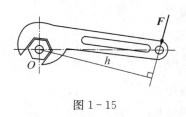

图 1-15

(1) 力的大小与 O 点到该力作用线垂直距离的乘积($F \cdot h$)。
(2) 力使扳手绕 O 点转动的方向。

力 F 使扳手绕 O 点转动的效果,可用一个代数量 $\pm F \cdot h$ 来表示,称为力对点 O 的矩,简称力矩,记为

$$M_O(\boldsymbol{F}) = \pm F \cdot h \quad (1-3)$$

在平面问题中,力对点之矩可看作是代数量,其大小等于力的大小与矩心到力作用线距离的乘积,正负号按力使静止物体绕矩心转动的方向确定。力对点之矩正负号规定如下:力使物体绕矩心逆时针转动时为正,如图 1-16(a)所示;反之为负,如图 1-16(b)所示。力矩的单位在国际单位制中为牛顿·米(N·m)或千牛顿·米(kN·m)。

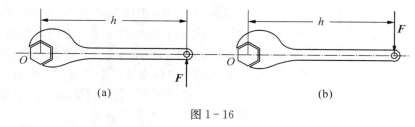

图 1-16

由力矩的定义可知:
(1) 若将力 F 沿其作用线移动,如图 1-17 所示,则因为力的大小、方向和力臂都没有改变,所以不会改变该力对矩心 O 的力矩。

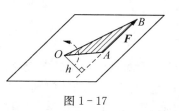

图 1-17

(2) 若力 $F = 0$,则 $M_O(\boldsymbol{F}) = \pm F \cdot h = 0$。
(3) 当力的作用线通过矩心时,力臂 $h = 0$,则 $M_O(\boldsymbol{F}) = \pm F \cdot h = 0$。

力矩等于零的条件是:力等于零或力的作用线通过矩心。

需要说明的是:在空间力系中,力对一点的矩应视为矢量。因为,在空间力系里,各个力分别和矩心构成不同的平面,各力对于物体绕矩心转动的效应,不仅与各力矩的大小及其在各自平面内的转向有关,而且与各力和矩心所构成的平面的方位有关。也就是说,为了表明力对于物体绕矩心转动的效应,须表示出三个因素:力矩的大小、力和矩心所构成的平面、在该平面内力矩的转向。这三个因素不可能用一个代数量表示出来,而须用一个矢量来表示。

1.2.2 合力矩定理

合力矩定理 平面汇交力系的合力对平面内任一点之矩等于各分力对该点之矩的代数和。

如图 1-18 所示,设在物体上 A 点作用有平面汇交力系 $F_1, F_2, \cdots, F_n$,该力的合力为 F_R,则

$$M_O(F_R) = M_O(F_1) + M_O(F_2) + \cdots + M_O(F_n),$$

或

$$M_O(F_R) = \sum M_O(F_i). \qquad (1-4)$$

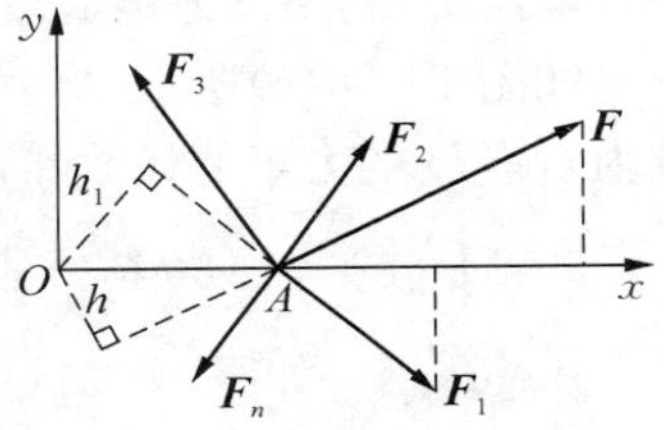

图 1-18

力矩的计算方法可归纳为两类:

(1) 按力矩的定义式求解 这种方法需要先确定力臂的大小。

(2) 应用合力矩定理求解 这种方法通常是把力沿坐标轴分解,然后利用合力矩定理求解。

当力臂计算比较困难时应用合力矩定理往往可以简化力矩的计算。一般将力分解为两个适当的分力,先求出两分力对此点之矩,然后求其代数和,即得该力对点之矩。

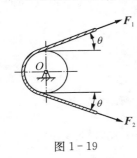

图 1-19

例 1-1 图 1-19 中带轮直径 $D = 400$ mm,平带拉力 $F_1 = 1\,500$ N,$F_2 = 750$ N,与水平线夹角 $\theta = 15°$,试求平带拉力 F_1 和 F_2 各对轮心 O 的矩。

【解】 由于平带拉力沿轮的切向方向,其力臂的大小与夹角无关,均为直径的一半,即 $h = D/2 = 200$ mm $= 0.2$ m。由力矩的定义 $M_O(F) = \pm F \cdot h$ 得

$$M_O(F_1) = -Fh = -1\,500 \times 0.2 = -300 (\text{N} \cdot \text{m}),$$ 方向为顺时针;

$$M_O(F_2) = Fh = 750 \times 0.2 = 150 (\text{N} \cdot \text{m}),$$ 方向为逆时针。

例 1-2 如图 1-20(a)所示,构件 OBC 的 O 端为转动中心,力 F 作用于 C 点,其方向角为 α,又知 $OB = l$,$BC = b$,求力 F 对 O 点的力矩。

【解】 解法一:利用力矩的定义进行求解

如图 1-20(b)所示,过点 O 作出力 F 作用线的垂线,与其交于 a 点,则力臂 h 即为线段 Oa。再过 B 点作力作用线的平行线,与力臂的延长线交于 b 点,则有

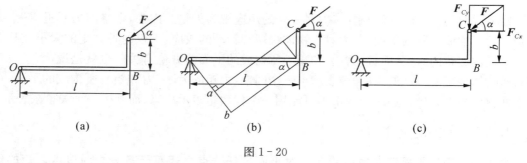

图 1-20

$$M_O(\boldsymbol{F}) = -Fh = -F(ob - ab) = F(b\cos\alpha - l\sin\alpha)_\circ$$

解法二：利用合力矩定理求解

如图 1-20(c)所示，将力 $\boldsymbol{F}$ 分解成一对正交的分力 $\boldsymbol{F}_{Cy}$ 和 $\boldsymbol{F}_{Cx}$，力 $\boldsymbol{F}$ 的力矩就是这两个分力对点 O 的力矩的代数和，即

$$M_O(\boldsymbol{F}) = M_O(\boldsymbol{F}_{Cx}) + M_O(\boldsymbol{F}_{Cy}) = Fb\cos\alpha - Fl\sin\alpha = F(b\cos\alpha - l\sin\alpha)_\circ$$

例 1-3 如图 1-21(a)所示，作用于齿轮的啮合力 $P_n = 1\,000$ N，节圆直径 $D = 160$ mm，压力角 $\alpha = 20°$，求啮合力 P_n 对于轮心 O 的力矩。（压力角：过齿廓与分度圆交点的法线与该点的速度方向所夹的锐角称为该点的分度圆压力角）

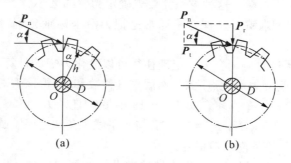

图 1-21

【解】 （1）由力矩定义求解

$$M_O(\boldsymbol{P}_n) = -P_n \cdot h = -P_n \times \frac{D}{2}\cos\alpha = -1\,000 \times \frac{0.16}{2}\cos 20° = -75.2(\text{N} \cdot \text{m})_\circ$$

（2）由合力矩定理求解

将啮合力 $\boldsymbol{P}_n$ 正交分解为圆周力 $\boldsymbol{P}_t$ 和径向力 $\boldsymbol{P}_r$，如图 1-21(b)所示，根据合力矩定理得

$$M_O(\boldsymbol{P}_n) = M_O(\boldsymbol{P}_t) + M_O(\boldsymbol{P}_r) = -(P_n\cos\alpha) \cdot \frac{D}{2} + 0$$

$$= -1\,000\cos 20° \times \frac{0.16}{2} = -75.2(\text{N} \cdot \text{m})_\circ$$

工程中齿轮的圆周力和径向力一般是分别给出的，因此用第二种方法计算较为普遍。

1.3 力偶及其性质

1.3.1 力偶与力偶矩

在工程问题中,常常遇到承受力偶作用的物体,如图 1-22 所示。**所谓力偶是由大小相等、方向相反、作用线互相平行但不共线的两个力 F 和 F' 所组成的力系**,通常用符号(F,F')表示。力偶是一种最基本的力系,但也是一种特殊力系。

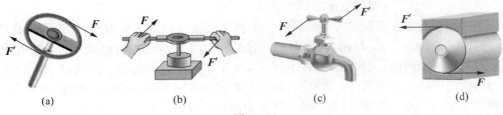

图 1-22

力偶由两个力组成,它的作用是改变物体的转动状态。**力偶中两力作用线所决定的平面称为力偶作用面,两力作用线之间的垂直距离称为力偶臂**。力偶对物体的转动效果,可用力偶的两个力对作用面内某点之矩的代数和来度量。

设有力偶(F,F'),其力偶臂为 d,如图 1-23 所示。力偶对 O 的矩为 $M_O(F,F')$,则

$$M_O(F,F') = M_O(F) + M_O(F') = F \cdot aO - F' \cdot bO = F(aO - bO) = F \cdot d \quad (1-5)$$

由于矩心 O 是任意选取的,由此可知,力偶的作用效果决定于力的大小和力偶臂的长短,与矩心的位置无关。力偶矩是一个代数量,它是力偶作用的唯一度量。力偶对物体的作用效应取决于力偶矩的大小、作用面和转向 3 个因素,其绝对值等于力的大小与力偶臂的乘积,正负号表示力偶的转向:逆时针转向为正,反之则为负。力偶矩以 $M(F,F')$ 表示,一般简记为

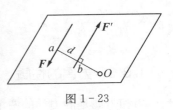

图 1-23

$$M = F \cdot d \quad (1-6)$$

力偶矩的单位与力矩的单位相同,也是 N·m 或 kN·m。

在平面问题中,由于力偶对物体的作用完全取决于力偶矩的大小和转向,而不必顾及力偶中力的大小和力偶臂的长短,所以在力学计算中,有时用带箭头的弧线表示力偶,如图 1-24(a)所示;或用带双向箭头的折线表示力偶,如图 1-24(b)所示。

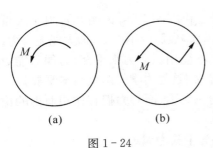

图 1-24

1.3.2 力偶的等效条件

定理 在同平面内的两个力偶,如果力偶矩相等,则两力偶等效。

由此可知,同平面内力偶等效的条件是:力偶矩的大小相等,力偶的转向相同。并可得出两个重要的推论:

推论1 只要不改变力偶矩的大小和力偶的转向,力偶的位置可在它的作用平面内任意移动或转动,而不改变它对刚体的作用效果。因此,力偶对刚体的作用与力偶在其作用面内的位置无关。

推论2 只要保持力偶矩的大小和力偶的转向不变,可同时改变力偶中力的大小和力偶臂的长短,而不改变力偶对刚体的作用效果。

以上推论很容易在实践中得到验证。例如汽车驾驶员转动转向盘时,无论两手作用于 A,B 两处,或是作用于 C,D 两处,如图1-25(a)所示,只要作用在方向盘上的力偶矩不变,其转动效果总是相同的;又如图1-25(b)所示,作用于汽车转向盘的一力偶(F,F')与具有相同力偶矩的另外一个力偶(P,P')使转向盘产生完全相同的运动效应。因此,力的大小和力偶臂都不是力偶的特征量,只有力偶矩才是力偶作用效应的唯一度量。

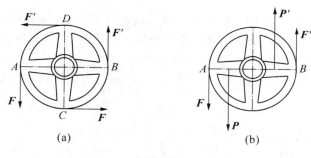

图 1-25

1.3.3 力偶的性质

力和力偶是静力学的两个要素。力偶是具有特殊关系的力的组合,具有与单个力不同的性质。

性质1 力偶无合力。

由力偶定义可知,力偶的两个力在任何轴上的投影之和恒等于零,说明其合力主矢量 $F_R = 0$。假设力偶有合力,则 $F_R \neq 0$,这与力偶的定义相矛盾,故假设不成立,即力偶无合力。力偶不能合成为一个力,或用一个力来等效替换;力偶也不能用一个力来平衡,力偶只能由力偶来平衡。因此,力和力偶是两个非零的最简单力系,它们是静力学的两个基本要素。

性质2 力偶对物体的作用的外效应取决于力偶的三要素,而与力偶在作用面内的位置无关。

性质3 力偶对其作用面内任一点之矩为一常量并等于其力偶矩。

1.3.4 平面力偶系的合成与平衡

1. 平面力偶系合成

作用在一个物体上同一平面内的多个力偶所组成的力系称为平面力偶系。由于平面内的力偶对物体的作用效应只决定于力偶的大小和力偶的转向,因此平面内力偶的合成结果必然是一个合力偶,并且其合力偶矩应等于各分力偶矩的代数和。设 $m_1, m_2, \cdots, m_n$ 为平面力偶系中各力偶矩,M 为合力偶矩,则

$$M = \sum_{i=1}^{n} m_i \text{。} \tag{1-7}$$

2. 平面力偶系的平衡

由于平面内力偶合成的结果只能是一个合力偶,当其合力偶矩等于零时,表明使物体顺时针方向转动的力偶矩与使物体逆时针方向转动的力偶矩相等,作用效果相互抵消,物体处于一种平衡状态。因此,平面力偶系平衡的充分和必要条件是:所有力偶矩的代数和等于零,即

$$\sum_{i=1}^{n} m_i = 0, \text{或} \sum m = 0 \text{。} \tag{1-8}$$

(1-8)式称为平面力偶系的平衡方程,应用该方程可以求解一个未知量,如一个未知力的大小或力臂的大小。

例 1-4 如图 1-26 所示,用多轴钻床在水平放置的工件上同时钻四个直径相等的孔,每个钻头的主切削力在水平面内组成一力偶,各力偶矩的大小为 $m_1 = m_2 = m_3 = m_4 = 15 \text{ N·m}$,转向如图所示,求工件受到的总切削力偶矩是多大。

【解】 作用于工件上的力偶有 4 个,各力偶矩的大小相等,转向相同,且在同一平面内。由力偶系合成法则得总切削力偶矩

$$M = m_1 + m_2 + m_3 + m_4 = 4 \times (-15) \text{ N·m} = -60 \text{ N·m。}$$

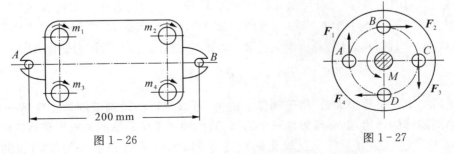

图 1-26   图 1-27

例 1-5 电机轴通过联轴器与工件相联结,联轴器上 4 个螺栓 A, B, C, D 的孔心均匀地分布在同一圆周上,见图 1-27,此圆周的直径 $d = 150$ mm,电机轴传给联轴器的力偶

矩 $M=25$ kN·m,求每个螺栓所受的力。

【解】 以联轴器为研究对象。作用于联轴器上的力有电动机传给联轴器的力偶矩 M,4 个螺栓的约束反力,假设 4 个螺栓的受力均匀,则 $F_1=F_2=F_3=F_4=F$,其方向如图所示。由平面力偶系平衡条件可知,F_1 与 F_3、F_2 与 F_4 组成两个力偶,并与电动机传给联轴器的力偶矩 M 平衡。据平面力偶系的平衡方程

$$\sum M=0, \quad M-2F\cdot d=0, \quad F=\frac{M}{2d}=\frac{2.5}{2\times 0.15}\text{ kN}=8.33\text{ kN}。$$

由计算可知,联轴器上每个螺栓所受的力为 8.33 kN。

1.3.5 力线的平移定理

所谓力线平移是把作用在刚体上的一力矢,从其原位置平移到该刚体上另一位置。由力的可传性得知,力沿其作用线移动时,对刚体的作用效果是不改变的。但是,能不能在不改变力对刚体作用效果的前提下将力平移到作用线以外的任意一点呢?

如图 1-28(a)所示,设有一力 F 作用于刚体的 A 点,为将该力平移到任一点 O,在 O 点加一对平衡力 F_1 和 F_1'。作用线与 F 平行,且使 $F_1'=-F_1=-F$,在 F,F_1,F_1' 3 力中 F 和 F_1' 两力组成一个力偶,力偶臂为 d,其力偶矩恰好等于原力对点 O 之矩,如图 1-28(b)所示,即

$$M_O(F, F_1') = M_O(F) = F\cdot d。$$

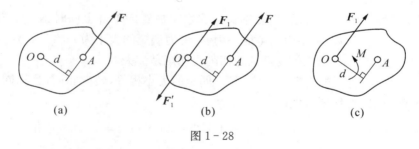

图 1-28

显然,3 个力组成的新力系与原来的一个力 F 等效。但是这 3 个力可看做是一个作用在 O 点的力 F_1 和一个力偶(F,F_1')。这样,原来作用在 A 点的力 F 便被力 F_1 和力偶(F_1,F_1')等效代换。力偶(F_1,F_1')称为附加力偶,如图 1-28(c)所示,附加力偶矩 M 为

$$M = M_O(F) = F\cdot d。 \tag{1-9}$$

由此可得力线平移定理:**作用于刚体上的力,可以平行移动到该刚体上任意一点,若不改变该力对刚体的作用,则必须附加一个力偶,其力偶矩等于原来的力对平移点的矩。**

力线平移定理是力系向一点简化的理论依据,也是分析和解决力学问题的重要方法。如图 1-29(a)所示,力 F 作用线通过球中心 A 时,球向前移动,如果力 F 作用线偏离球中心,如图 1-29(b)所示。根据力的平移定理,力 F 由 B 点向 A 点简化的结果为

一个力 F' 和一个力偶 M,如图 1-29(c)所示。这个力偶使球产生转动,因此球既向前移动,又作转动。乒乓球运动员用球拍打乒乓球时,之所以能打出"旋球",就是根据这个原理。

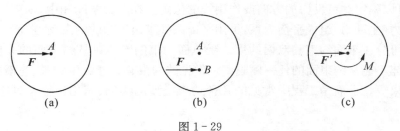

图 1-29

又如图 1-30(a)所示,钳工攻丝时,要求在丝锥手柄的两端均匀用力,即形成一力偶使手柄产生转动进行攻丝。若在手柄的单边加力,如图 1-30(b)所示,那么丝锥极易折断,原因如图 1-30(c)所示。根据力的平移定理,作用在 B 点的力可用作用于 O 点的力 F' 和一附加力偶矩 M 来代替。F' 的大小和方向与作用于 B 点的力 F 相同,而力偶矩 M 等于力 F 对 O 点的矩。力偶矩 M 使手柄产生顺时针转动进行攻丝,而丝锥上受到一个横向力 F',易造成丝锥折断。

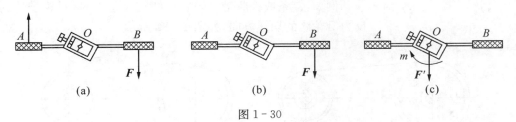

图 1-30

说明:力线平移定理指出,一个力可等效于一个力和一个力偶,或者说一个力可分解为作用在同平面内的一个力和一个力偶。反过来,根据力的平移定理,可证明其逆定理也成立,即同平面内的一个力和一个力偶可合成一个力。

1.4 约束与约束反力

有些物体,如飞翔的小鸟、飞行的飞机等,在空间的运动不受任何限制,这些不受限制的运动物体称为自由体。相反有些物体在空间的运动却要受到一定的限制,如机车受铁轨的限制,只能沿轨道运动;电机转子受轴承的限制,只能绕轴线转动;重物由钢索吊住,不能下落;物品放在托架上,不会掉下来等。**运动受到限制的物体称为非自由体**。对非自由体的某**些运动起限制作用的周围物体称为约束**,约束是以物体相互接触的方式形成的。例如,铁轨对于机车、轴承对于电机转子、钢索对于重物、托架对于物体等都是约束。**约束对被限制物的作用力称为约束反力**,简称约束力。工程中将物体所受的力分为两类:一类是能使物体产生运动或运动趋势的力,称为主动力;另一类是约束反力,它是由主动力引起的,是被动力。主动力往往是给定的或可测的,约束反力则必须根据约束的性质进行分析,但可以断定的是约束反力的作用点应在相互接触处,约束反力的方向必与该约束所能够阻碍的位移方向相反。由此,可以确定约束反力的方向或作用线的位置。在静力学问题中,约束反力和物体受的其他已知力(主动力)组成平衡力系,可用平衡条件求出未知的约束反力。

约束还可分成单面约束和双面约束。受单面约束的物体可从约束面的一侧脱离;受双面约束的物体不能从约束面的任一侧脱离。常见的约束有柔性绳索约束、光滑接触面约束、圆柱铰链约束等。下面是工程中常见的几种约束类型的实例、简化记号及对应的约束力的表示法。

1.4.1 柔性约束

柔性约束由绳索、橡胶带或链条等柔性物体构成。这类约束的特点是:柔软易变形,不能抵抗弯曲,只能受拉,不能受压。因此,柔索只能限制沿约束伸长方向的运动,而不能限制其他方向的运动。柔性约束对物体的约束反力是:作用在接触点,方向沿着柔索的中心线背离物体。约束反力常用符号 F_T 表示,如图 1-31 所示。

例如,链条或橡胶带。当它们绕在轮子上时,对轮子的约束反力沿轮缘的切线方向,如图 1-32 所示。

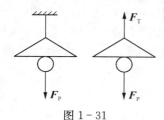

图 1-31

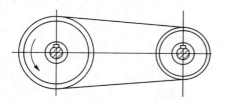 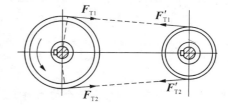

图 1-32

1.4.2 光滑接触面约束

当两物体接触面之间的摩擦力小到可以忽略不计时,可将接触面视为理想光滑的约束。这时,不论接触面是平面或曲面,都不能限制物体沿接触面切线方向的运动,而只能限制物体沿接触面公法线指向约束物体方向的运动。因此,光滑接触面对物体的约束反力是:通过接触点,方向沿着接触面公法线方向并指向受力物体。这类约束力也称法向反力,通常用 F_N 表示。如图 1-33 所示,F_N 为平面对上面物体的约束力。图 1-34 所示,F_N 为曲面 A 对上面物体的约束力。图 1-35 所示,直杆 A,B,C 3 处的约束力分别为 F_{NA},F_{NB},F_{NC}。

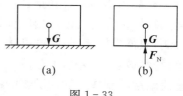

图 1-33

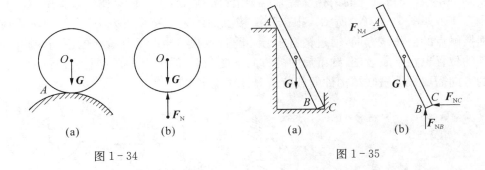

图 1-34

图 1-35

1.4.3 光滑圆柱铰链约束

这类约束有向心轴承约束、固定铰链支座、中间铰链约束、活动铰链支座和二力杆约束等。

1. 向心轴承约束

向心轴承约束包括向心滑动轴承约束和向心滚动轴承约束,图 1-36(a)所示为向心滑动轴承装置图。轴可在轴承孔内任意转动,也可沿孔的中心线作轴向移动。但是,轴承阻碍着轴沿径向向外的位移,忽略摩擦,当轴和轴承在某点 A 光滑接触时,轴承对轴的约束反力 F_A 作用在接触点 A,且沿公法线指向轴心,如图 1-36(b)所示。

随着轴所受的主动力的变化,轴和孔径接触点的位置也随之改变。因此,约束反力的方向预先也不能确定。然而,无论约束反力 F_A 朝向何方,它的作用线必垂直于轴线并通过轴心。对于方向不能预先确定的约束反力,通常可以用通过轴心的两个未知的正交分力 F_{Ax},F_{Ay} 来表示,如图 1-36(c)所示,F_{Ax},F_{Ay} 的指向暂可任意假定。向心轴承可简化成如图 1-36(d)所示的简图。

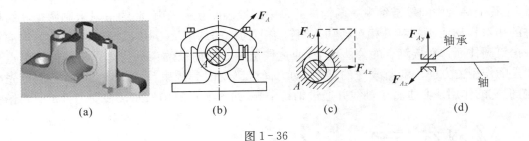

图 1-36

2. 固定铰链支座

固定铰链支座由底座、被联结构件和销钉 3 个主要部分构成,图 1-37(a)所示为固定铰链支座实例,图 1-37(b)所示为支座结构示意图。这种支座是将销钉插入被联结构件和底座上相应的销孔内,再用螺钉将底座固定于其他基础或机架上。于是,在垂直于销钉轴线的平面内,被联结构件只能绕销钉的轴线转动而不能任意移动,如图 1-37(c)所示。当被联结构件受到一定载荷时,其上的销孔壁便紧压于销钉的某处,于是销钉便通过接触点给其一个反作用力 F_R,如图 1-37(d)所示。根据光滑接触面约束的特点可知,这个约束反力应沿着圆柱面接触点的公法线方向,通过销钉中心。随着被联结构件所受载荷的不同,销孔与销钉接触点的位置也在不断改变,约束反力的方向不能确定,但作用线必定通过销钉中心。约束反力的方向需要根据被联结构件的载荷情况计算确定。

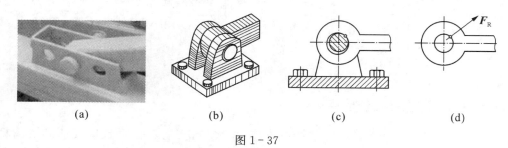

图 1-37

工程上,固定铰链支座常用图 1-38(a,b,c)所示的简图来表示。通过销钉中心而方向不能预先确定的约束反力,常用两个相互垂直的分力 F_x,F_y 来表示,并作用在圆心上,如图 1-38(d)所示。两分力的指向可以假定,须通过计算来判定其正确性。

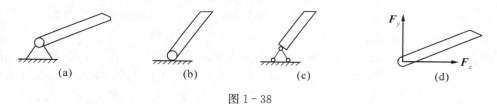

图 1-38

3. 中间铰链约束

用圆柱销钉将两个被联结构件 1 和 2 联结在一起而构成的销钉联结如图 1-39(a)所示,工程上称为中间铰链约束。两构件通过中间铰链而互为约束,此约束只限制两被联结构件的相对移动而不限制其相对转动。销钉给两构件的约束反力用 F_R 表示,F_R 的方向应该沿销钉圆柱面并在接触点的公法线上,通过铰链中心指向被约束的物体。但销钉接触点位置是随作用力方向改变而改变的,当主动力尚未确定时其约束反力 F_R 的方向不能预先确定,但它的作用线必垂直于轴线并通过销钉中心,如图 1-39(b)所示。在受力分析时将销钉

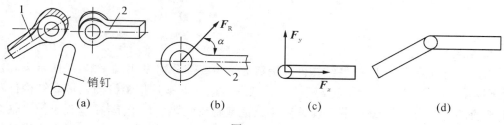

图 1-39

的反力分解为两个互相垂直的分力 F_x 和 F_y，反力的作用线一定通过销钉中心，如图 1-39(c)所示。中间铰链约束反力的大小、方向、作用线均是未知而待求的量，其约束反力的分析与固定铰链支座相同。工程上采用中间铰链联结的实例很多，如曲柄连杆中的曲柄与连杆、连杆和滑块都是用中间铰链联结的。工程上，中间铰链约束常用图 1-39(d)所示的简图来表示。

4. 活动铰链支座

如果固定铰链支座中的底座不用螺钉而改用一排滚轮与支承面接触，如图 1-40(a)所示，便形成了活动铰链支座。活动铰链支座常在桥梁、屋架等结构中采用，以保证温度变化时结构可作微量的伸缩。活动铰链支座可使支座沿固定支承面移动，能够限制被联结构件沿着支承面的法线方向运动，因而活动铰链支座的约束反力的作用线必通过销钉的中心且垂直于支承面，指向待定，活动铰链支座的约束反力可用字母 F 来表示，如图 1-40(b)所示。活动铰链支座常用图 1-40(c)所示的简图表示。

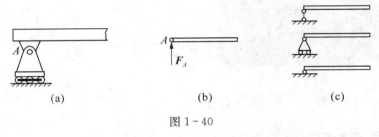

图 1-40

需要指出的是，工程上某些构件的支承，常可简化成一端为固定铰链支座、另一端为活动铰链支座约束，如图 1-41(a)所示。根据构件所受的载荷，可作出其受力图，如图 1-41(b)所示。

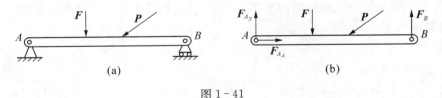

图 1-41

上述光滑圆柱铰链约束中，向心轴承约束、固定铰链支座和中间铰链约束三者的具体结构虽然不同，但构成约束的性质是相同的，约束的特点都是只限制两物体径向的相对移动，而不限制两物体绕铰链中心的相对转动及沿轴向的位移。

1.4.4 二力杆约束

两端均用铰链的方式与其他构件联结，不受其他外力作用且不考虑自重的杆件，称为二力杆约束或二力构件约束。如前面图 1-8 所示，三铰支架中的 AB 杆即为二力杆。二力杆约束常被用来作为拉杆或撑杆，简化示意图如图 1-42(a)所示。由于是二力杆，约束力的作

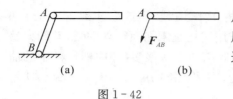

图1-42

用线一定是沿着二力杆两端铰链的连线,如图1-42(b)所示。指向如果不能预先确定,通常可先假设,求解后通过力的正负号再具体确定力的指向。

二力杆约束的特点:

(1) 构件的自重不计。

(2) 构件的形状可以是直杆或曲杆,形状任意。

(3) 构件上只有两个受力点,两个力的方向向外或向内需要根据具体情况确定,但必须在两个受力点的连线上。

图1-43(a)为铁路桁架桥,各杆之间通常采用铆接或焊接的方法联结,力学上抽象为铰链联结,其弦杆和腹杆即为二力杆,桁架简化画法如图1-43(b)所示。

 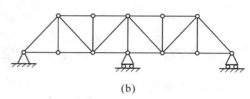

图1-43

1.4.5 固定端约束

工程中,**使物体的一端既不能移动,又不能转动的约束称为固定端约束**。固定端约束是一种常见的约束,如图1-44(a)中夹紧在卡盘上的工件;图1-44(b)中夹紧在刀架中的刀具;图1-44(c)中的固插入刚性墙内的阳台挑梁;插入地基中的电线杆等都是物体受到固定端约束的实例。

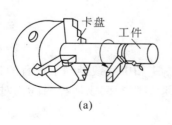 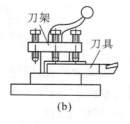 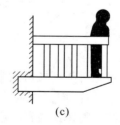

图1-44

固定端约束简图如图1-45(a)所示。由于固定端约束联结处刚性很大,使两物体间既不能产生相对移动,也不能产生相对转动。约束情况为一个约束力 F_A 和一个约束力偶 M_A,如图1-45(b)所示,其中约束力 F_A 限制物体的移动,力偶 M_A 限制物体的转动。由于 F_A 的大小和方向往往是未知量,因此常用两个正交分力 F_{Ax},F_{Ay} 表示,如图1-45(c)

所示。

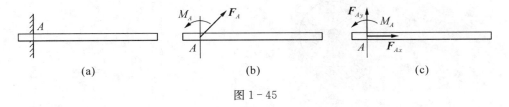

图 1-45

1.5 物体的受力分析与受力图

在解决实际工程问题时,需要根据已知力,利用相应平衡条件,求出未知力。为此,需要根据已知条件和待求的力,选择某一物体(或几个物体组成的系统简称为物体系统)进行研究,这一被**确定要具体研究的物体或物体系统称为研究对象**。并假想将所研究的物体(或物体系统)从与其相联系的周围物体中分离出来,解除其所受的约束并以相应的约束力来代替,画出其受力图。**将这种解除了约束的物体(或物体系统)称为分离体**。分析作用在分离体上的全部主动力和约束力,画出分离体的受力简图或称为受力图。这一过程即为受力分析。恰当地选取研究对象,正确地画出构件的受力图是解决力学问题的关键。

画受力图的具体步骤如下:

(1) 明确研究对象,画出分离体　根据题意确定研究对象,研究对象可以是单个物体,也可以是几个物体组成的物体系统,并画出研究对象的分离体简图。

(2) 在分离体上画出全部主动力　在分离体上画出全部的主动力,如重力、拉力、气体压力等,这些力往往是已知的。

(3) 在分离体上画出全部约束反力　分析约束类型,并在分离体上解除约束的地方画出相应的约束反力。对于指向确定的约束反力,要正确画出其指向,对于不能事先确定的约束反力,其指向可以假设。

当所取的分离体是由某几个物体组成的物体系统时,画受力图时要分清内力与外力,通常将系统外物体对物体系统的作用力称为外力,而系统内物体间相互作用的力称为内力。内力总是以等值、共线、反向的形式存在,故物体系统内力的总和为零,即内力总是成对出现的,不会影响物体系统的平衡状态。因此,取物体系统作为研究对象画受力图时,只画外力,而不画内力。

此外,要依次选择多个研究对象时,需正确应用作用与反作用定律。相互联系的研究对象在同一约束处的相互约束力应该大小相等、方向相反。

例 1-6　以力 F 拉动碾子,压平路面,碾子受到一石块的阻碍,如图 1-46(a)所示。试画出碾子的受力图。

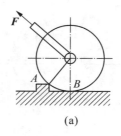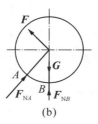

图 1-46

【解】（1）以碾子为研究对象，取分离体。

（2）画碾子所受的主动力。主动力有重力 G 和杆对碾子中心的拉力 F。

（3）画约束力。因碾子分别在 A 和 B 两处受到石块和地面的约束，不考虑摩擦情况下，其约束均为光滑表面约束。碾子在 A 处受石块的法向反力 F_{NA} 的作用，在 B 处受地面的法向反力 F_{NB} 的作用。F_{NA} 和 F_{NB} 分别通过碾子与石块、地面的接触点，沿其接触点的公法线指向碾子圆心。碾子的受力图如图 1-46(b) 所示。

例 1-7 梁 A 端为固定铰链支座，B 端为活动铰链支座。梁在点 C 处作用有斜向集中力 F，如图 1-47(a) 所示。如不计梁的自重，试画出梁的受力图。

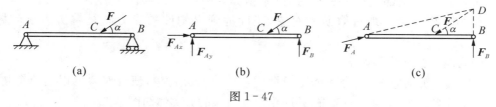

图 1-47

【解】（1）选取研究对象。题中只有 AB 梁一个构件，所以 AB 梁就是研究对象。

（2）解除约束，取分离体。解除 A，B 两点的约束，将 AB 梁从原来 1-47(a) 的系统中分离出来。

（3）分析主动力与约束力，画出受力图。首先，在梁的 C 点处画出主动力 F。然后，再根据约束性质，画出约束力。

因为 A 端为固定铰链支座，其约束力可以用一个水平分力 F_{Ax} 和一个垂直分力 F_{Ay} 表示；B 端为活动铰链支座，约束力垂直于支承平面并指向 AB 梁，用 F_B 表示，画出梁的受力图，如图 1-47(b) 所示。

又因为 AB 梁只在 A，B，C 3 点受 3 个力作用，为三力平衡构件。主动力 F 及 B 端活动铰链的支座反力 F_B 方向均已知，由 3 力平衡汇交定理可判断，A 端固定铰链支座反力的作用线必通过主动力 F 及支座反力 F_B 作用线的交点。由此画出梁的受力图，如图 1-47(c) 所示。

例 1-8 梯子的 AB，AC 两杆在 A 处以铰链联结，并在 D，E 两处用水平绳索相连。在梯子的 AB 杆上作用一垂直方向的载荷 P，如图 1-48(a) 所示。不计梯子的自重与接触面间的摩擦,试做出 AB,AC 的受力图。

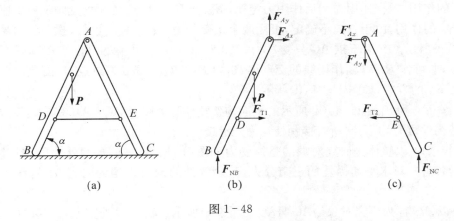

图 1-48

【解】 (1) 先取 AB 为研究对象,如图 1-48(b)所示,作用于其上的主动力为 **P**,所受的约束反力可根据约束类型分析。

B 处为光滑接触面约束,反力 F_{NB} 垂直于支承面并指向 AB;D 处为绳索约束,反力 F_{T1} 沿绳索背离 AB;A 处为销钉联结,其反力以两分力 F_{Ax},F_{Ay} 表示,并假设 F_{Ax} 向右,F_{Ay} 向上。

(2) 再取 AC 为研究对象,如图 1-48(c)所示。由 AB 通过销钉 A 传给 AC 的力为 F'_{Ax},F'_{Ay},它们与 F_{Ax},F_{Ay} 是作用力与反作用力关系,故两者的指向应相反;C 处为光滑接触面约束,反力 F_{NC} 垂直于支承面并指向 BC;E 处的约束反力 F_{T2} 方向沿着绳索背离 BC 杆。

例 1-9 如图 1-49(a)所示的拱形桥,由两个拱形构件通过中间铰链 C 以及固定铰链支座 A 和 B 联结而成。设各拱自重不计,在拱 AC 上作用有载荷 **P**。试分别画出拱 AC 和 CB 的受力图。

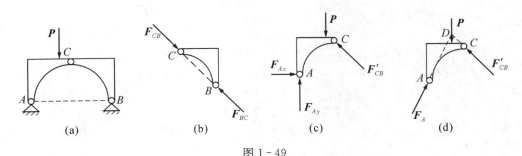

图 1-49

【解】 (1) 先以拱 BC 为研究对象进行受力分析。由于不计拱 BC 的自重,且只在 B,C 两处受到铰链的约束,因此拱 BC 为二力构件。在铰链中心 B,C 两处分别受 F_{BC},F_{CB} 两力的作用,且 $F_{BC} = F_{CB}$,这两个力的方向如图 1-49(b)所示。

(2) 再以拱 AC 为研究对象进行受力分析。由于不计自重,拱 AC 所受的主动力只有载

荷 P，拱 AC 所受的约束力分别位于铰链中心 A 和 C 两处。在铰链 C 处受拱 BC 给它的约束力 F'_{CB} 的作用，根据作用力和反作用力定律，$F'_{CB} = F_{CB}$。在铰链 A 处受固定铰支座给它的约束力 N_A 的作用，由于方向不确定，可用两个正交分力 F_{Ax} 和 F_{Ay} 代替。拱 AC 的受力图如图 1-49(c) 所示。又由于拱 AC 只受 P，F'_{CB} 和 F_A 3 个力作用并处于平衡状态，根据三力平衡汇交定理，可作 P 和 F'_{CB} 作用线的交点得 D，力 F_A 的作用线必通过点 D，由此确定铰链 A 处约束力 F_A 的方向，如图 1-49(d) 所示。

例 1-10 画出图 1-50(a) 所示的平面构架整体受力图及 AO，AB 和 CD 各构件的受力图。各构件重力均不计，所有接触处均为光滑接触。

【解】（1）以整体为研究对象。整体受力如图(b)所示。O，B 两处为固定铰链约束，约束力为各有一对水平和铅垂的正交分力；其余各处的约束力均为内力；D 处作用有主动力 F。

（2）以 AO 杆为研究对象。AO 杆受力如图(c)所示。其中 O 处受力与图(b)中相同；C，A 两处为中间活动铰链，约束力可以分解为两个分力。

（3）以 CD 杆为研究对象。CD 杆受力如图(d)所示。其中 C 处受力与 AO 杆在 C 处的受力互为作用力和反作用力；CD 上所带销钉 E 处受到 AB 杆中斜槽光滑面约束力 F_R；D 处作用有主动力 F。

（4）以 AB 杆为研究对象。AB 杆受力如图(e)所示。其中 A 处受力与 AO 在 A 处的受力互为作用力和反作用力；E 处受力与 CD 在 E 处的受力互为作用力和反作用力；B 处的约束力分解为两个分量，即用水平和铅垂约束力，受力与图(b)相一致。

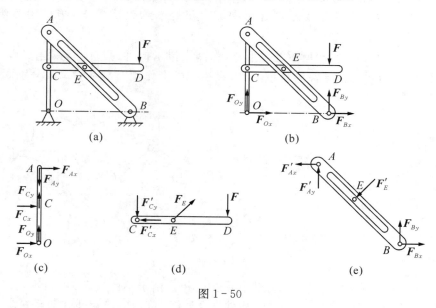

图 1-50

完成第 1 章典型任务

如表 1-2 所示。

表1-2 任务答案

任务1	根据图1-1单缸内燃机中曲柄滑块机构工作原理,画出曲柄滑块机构简图	OA构件:曲柄 AB构件:连杆 C构件:滑块(活塞)	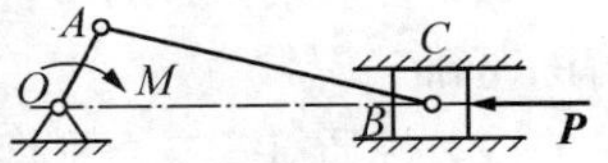
任务2	分析曲柄滑块机构的约束情况	O约束:固定铰链支座 A约束:中间铰链约束 B约束:中间铰链约束 C约束:光滑接触面约束	
任务3	分析滑块受力情况并画受力图	滑块C为三力构件,受以下三力作用: 主动力P为气体的压力; 约束力F'_{AB}为连杆的反作用力; 约束力N为汽缸壁的法向反力	
		由三力平衡汇交定理可知P,F'_{AB},N必汇交于B点	
任务4	分析连杆受力情况并画受力图	连杆AB为二力构件,受以下二力作用: 约束力F_{BA}为滑块的推力; 约束力F'_{AB}为曲柄的反作用力	
		由二力平衡公理可知F_{AB}与F'_{AB}等值、反向、共线	
任务5	分析曲柄受力情况并画受力图	曲柄OA受力偶作用: 力偶(F_{AB},F_O)为驱动力偶; 力偶M为阻力偶	
		由力偶性质可知力偶只能由力偶平衡,则F_{AB}与F_O大小相等,转向相反	
任务6	讨论上述受力分析中,作用与反作用定理的应用	该定理可把曲柄滑块机构中相互作用的物体,如滑块与连杆、连杆与曲柄的受力分析联系起来。并由定理可知,各物体间相互作用力大小相等、方向相反,沿同一条直线分别作用于两个物体上	

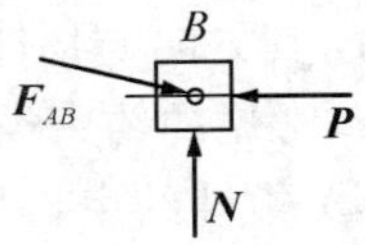

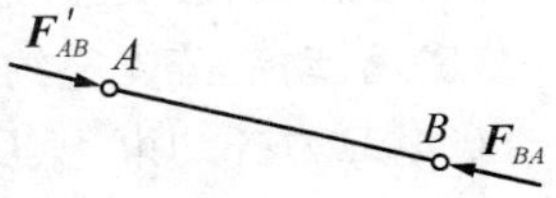

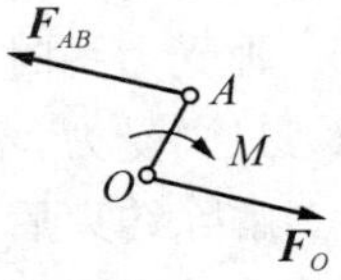

小　　结

本章主要知识点:

1. 刚体、质点、力、力系、平衡的概念。

2. 力的三要素:力的大小、方向和作用点,力是矢量,力的作用效应。

3. 力的图示:有向线段(线段的长短表示力的大小,线段的方位和指向表示力的方向,线段的起点或终点表示力方向)。

4. 力的性质(静力学公理):

(1) 性质1　力的平行四边形法则:说明力的运算符合矢量运算法则,是力系合成与分解的基础;

(2) 性质2　二力平衡公理:是最基本的力系平衡条件;

(3) 性质3　加减平衡力系公理:是力系等效代换和简化的主要依据;

(4) 性质4　作用与反作用定理:是研究物体系受力分析的基础。

5. 力矩的概念及力对点之矩的计算。

6. 力偶的概念、力偶矩的计算、力偶的性质。

7. 约束和约束反力:约束是限制被约束物体运动的物体,约束反力作用于物体的约束接触处,其方向与物体被限制的运动方向相反。

8. 常见的约束类型有:

(1) 柔性约束:只能承受沿柔索的拉力。

(2) 光滑接触面约束:只能承受位于接触点的法向压力。

(3) 中间铰链约束:通常用两个正交的约束力表示。

(4) 固定铰链支座约束:通常用两个正交的约束力表示。

(5) 活动铰链支座约束:垂直对支承面的一个力。

(6) 二力杆约束:其反力沿二力杆两力作用点连线方向的一个力。

(7) 固定端约束:通常用两个正交的约束力和一个反力偶表示。

9. 受力分析和画受力图是解决力学问题的关键。画受力图的一般步骤为:

(1) 取分离体简图;　(2) 画主动力;　(3) 画约束力。

10. 画受力图时应注意:

(1) 只画受力,不画施力;　(2) 只画外力,不画内力;

(3) 解除约束后,才能画上约束力。

本章重点内容和主要公式:

1. 力的三要素及其与力的作用效应之间的关系,力的图示。

2. 力对点之矩的计算:$M_O(F) = \pm F \cdot h$(逆正顺负)。

3. 力偶矩的计算:$M = \pm F \cdot d$(逆正顺负)。

4. 受力分析画受力图,这是本章最重要的内容,也是整个力学的最基本和最重要的内容,同时也是解决工程中所有力学问题的关键和基础。

思考题

1-1　二力平衡公理和作用与反作用定理的主要区别是什么?

1-2　何为二力构件?二力构件受力时与构件的形状有没有关系?

1-3　力的三要素是什么?两个力相等的条件是什么?如图1-51所示的两个矢量 F_1 与

F_2 大小相等,问这两个力对刚体的作用效果是否相同?

1-4 为什么说二力平衡公理、加减平衡力系公理和力的可传递性原理等都只适用于刚体?

1-5 确定约束力方向的原则是什么?光滑圆柱铰链约束有什么特点?

1-6 什么情况下力对点的矩等于零?

1-7 试比较力矩与力偶矩两者的异同。

1-8 力偶是否可以用一个力来平衡?为什么?

1-9 从平面力偶理论可知,一力不能与力偶平衡,但是为什么图 1-52 所示的轮子上的力偶矩 m 似乎与重物的重力 G 相平衡呢?

1-10 如图 1-53 所示,可否将作用在 D 点的力 F 沿其作用线移动到 BC 杆上的 E 点处 F',为什么?

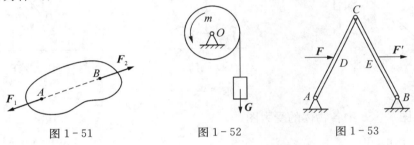

图 1-51　　　　图 1-52　　　　图 1-53

1-1 画出图 1-54 中各指定物体的受力图。假定所有接触面都是光滑的,其中未画上重力的物体均不考虑自重。

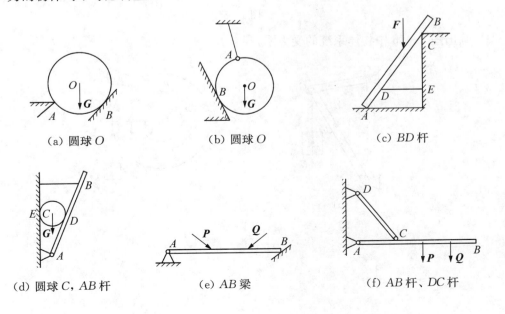

(a) 圆球 O　　　(b) 圆球 O　　　(c) BD 杆

(d) 圆球 C，AB 杆　　　(e) AB 梁　　　(f) AB 杆、DC 杆

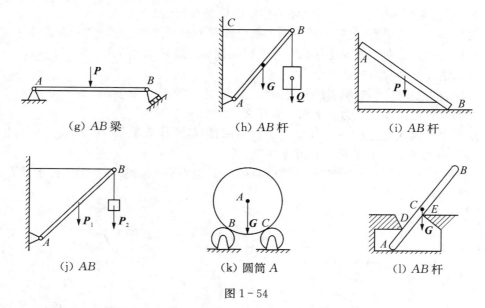

图 1-54

1-2 画出图 1-55 中各物体的受力图。

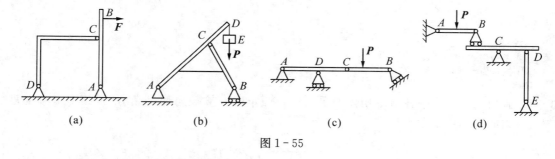

图 1-55

1-3 画出图 1-56 中物体系统的受力图。

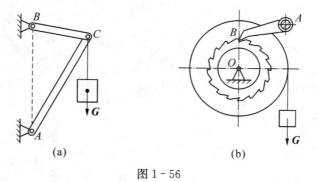

图 1-56

第2章 平面力系的平衡计算

学习目标

了解平面任意力系、平面汇交力系和平面力偶系的概念,理解平面力系的合成方法,掌握平面汇交力系和平面力偶系的平衡条件、平衡方程,并能利用求解平衡问题,熟练掌握平面任意力系的平衡方程及应用求解平衡问题。

工程实例

图2-1(a)所示的鲤鱼钳是现场常用的手动工具,其作用是以较小的手握力获得较大的夹紧力以夹持工件。在夹紧状态下,鲤鱼钳各组成元件均在平面一般力系作用下处于平衡,物体系统也是平衡的。

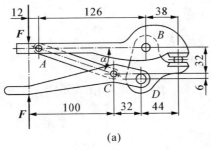

图2-1

典型任务

学习本章后完成表2-1的各项任务。

表2-1 第2章典型任务

任务分解	
任务1	对鲤鱼钳的每一个物体进行受力分析,并画出受力图
任务2	对鲤鱼钳研究的顺序如何?

任务分解	
任务3	求钳头的夹紧力 F_1 的大小
任务4	若鲤鱼钳中不用二力杆 AC 改为图 2-1(b)所示的普通钳,结果会有什么不同?
任务5	通过任务3和任务4的比较说明了什么?

续表

2.1 平面汇交力系的合成与平衡

平面力系中,若力的作用线在同一平面内且汇交于一点,这样的力系叫做**平面汇交力系**。图 2-2(a)表示用钢索吊起重物,铁环 A 受到 3 个力 F_{T1},F_{T2} 和 F_{T3} 的作用,3 力作用线汇交于 A 点,构成平面汇交力系,如图 2-2(b)所示。

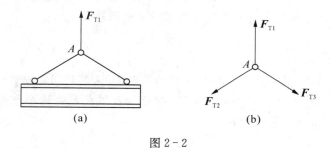

图 2-2

2.1.1 平面汇交力系合成与平衡的几何法

1. 平面汇交力系合成的几何法

如图 2-3(a),设刚体上作用有 3 个力 F_1,F_2,F_3,分别作用于 A,B,C 3 点,且 3 力汇交于一点 O,求它们的合力。具体做法是:

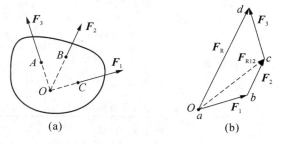

图 2-3

(1) 选定比例尺,沿 F_1 方向作有向线段 $\overrightarrow{ab}$ 表示力 F_1。a 为 F_1 始端,b 为 F_1 终端,如

图 2-3(b)所示。由 b 点按同样比例尺沿 F_2 方向作有向线段 $\overrightarrow{bc}$ 表示 F_2。

(2) 连 ac,矢量 $\overrightarrow{ac}$ 就是力 F_1,F_2 两力的合力 F_{R12},由比例尺可量出它的大小。

(3) 由 c 作有向线段 $\overrightarrow{cd}$,其大小为 F_3 的数值,方向与 F_3 同。

(4) 连 ad,有向线段 $\overrightarrow{ad}$ 就是合力 F_R。

实际上,通常只求 3 力合力 F_R,因而 F_1,F_2 两力的合力 F_{R12} 可不必作出。这样只要将力系中的各力矢量首尾相接得一开口多边形,最后由第一力矢量的始端到最后一力矢量的终端连一矢量,即开口多边形的封闭边就是平面汇交力系的合力。根据一般规律,可以将上述方法推广到由 n 个力组成的平面汇交力系的情况,得到如下结论:

平面汇交力系的合成结果为一合力,合力的作用线通过力系的汇交点,合力的大小和方向等于以各力为边的力多边形的封闭边。

这种用几何作图法求平面汇交力系合力的方法称为力的多边形法。

平面汇交力系的合力也可用矢量求和的形式给出:

$$F_R = F_1 + F_2 + F_3 + \cdots + F_n = \sum F \quad (2-1)$$

用力多边形法求合力时要注意以下几点:

(1) 要按同一比例尺画各力,力的方向要正确;

(2) 各力相加的次序可以不同,但一定要使力矢量首尾相接;

(3) 合力矢量一定是第一力的始端,指向最后一力的末端。合力的大小和方向(F_R 与水平方向的夹角)可以从图中直接量取(F_R 的量取值需乘以比例尺),也可用几何及三角中的公式,如正、余弦定理等求解。

2. 平面汇交力系平衡的几何条件

由于平面汇交力系的合成结果为一合力,因而刚体在平面汇交力系作用下平衡的充分必要条件是:**汇交力系的合力为零**,以矢量的形式表示为

$$F_R = 0, 或 \sum F = F_1 + F_2 + F_3 + \cdots + F_n = 0 \quad (2-2)$$

因为平面汇交力系的合力可由力多边形的封闭边表示,若力系为平衡力系,则封闭边长度为零。这说明平面汇交力系平衡的几何条件是:**力多边形自行封闭**,即力系中各力首尾相接构成一封闭多边形。平面汇交力系的平衡条件可以用来求约束反力。

例 2-1 如图 2-4 所示,起重机横梁 AB 与拉杆 BC 用铰链联结,并用固定铰支座联结在竖直壁上。已知 F_P=1 000 N,作用于梁 AB 中点,梁及拉杆的自重不计,求 B、C 及 A 处的约束反力。

【解】(1) 取 AB 梁为研究对象。AB 梁受有重物 F_P 的作用,B 处受 BC 杆的作用,BC 杆为二力杆(受拉),因而 AB 梁在 B 处受到的约束反力 F_T 沿 BC 杆方向,由 B 指向 C,并与 F_P 的作用线交与一点 O。AB 梁在 A 处受有约束反力 F_A,由三力平衡汇交定理可知,F_A 作用线通过 O 点沿 AO 方向。所以 AB 梁在平面汇交力系作用下平衡。

(2) 画 AB 梁受力图,如图 2-4(b)所示。

(3) 画力多边形，求解未知量。由于平面汇交力系平衡时，力多边形自行封闭，所以按比例尺先画出 $\vec{ab} = F_P$，由 F_T，F_A 与 F_P 夹 60°角，画出封闭三角形如图 2-4(c)所示，根据力矢量首尾相接的原则定出 F_A 的指向为从 A 指向 O。显然，△abc 为等边三角形，$F_A = F_T = F_P = 1000$ N，方向如 2-4(c)图。

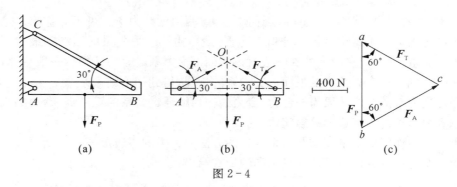

图 2-4

由上例可以总结出利用平衡的几何条件解题的步骤：
(1) 由题意选取适当的平衡物体作为研究对象；
(2) 画该物体的受力图。分析研究对象的受力情况，画上主动力。根据约束的性质，利用二力平衡公理和三力平衡汇交定理画约束力；
(3) 作力多边形。先画已知力，根据平衡的几何条件使力多边形封闭，就可以得到表示未知力大小和方向的向量线段；
(4) 用比例尺、量角器或确定未知力的大小和方向。

2.1.2 平面汇交力系合成与平衡的解析法

2.1.2.1 力在直角坐标轴上的投影

1. 投影的定义

设力 F 作用于物体上的 A 点，如图 2-5(a)所示。在力 F 作用线所处平面内取直角坐标系 Oxy。从 F 力的两端 A 和 B 分别向坐标轴 x，y 作垂线得垂足 a，b 和 a'，b'。其中线段 ab 称为力 F 在 x 轴上的投影，用 F_x 表示；$a'b'$ 称为力 F 在 y 轴上的投影，用 F_y 表示。

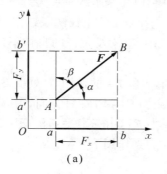 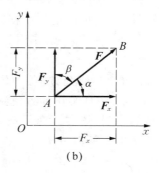

(a)   (b)

图 2-5

力在坐标轴上的投影是代数量,它有正负之分,正负是由两个方向之间的比较得出的。其正负规定如下:如投影的指向(从力矢量的始位置垂足指向末位置垂足)与坐标轴的正向一致时,投影为正值,反之为负。按照规定图 2-5(a)中 $\boldsymbol{F}$ 在 $x(y)$ 轴上的投影指向是由 a 到 $b(a'$ 到 $b')$,与对应坐标轴 $x(y)$ 轴正向一致,故 $\boldsymbol{F}$ 在 x,y 轴上的投影均为正。分析可知,如力 $\boldsymbol{F}$ 的指向与图示相反(即 BA 方向),按照投影正负号规定,其在 x,y 轴上的投影均为负。其他指向的力也可以根据其在相应坐标轴上投影的指向很容易地判定。

2. 投影的计算

若已知力 $\boldsymbol{F}$ 的大小为 F(恒为正值),与 x 轴的夹角为 α(取锐角),由投影定义及图 2-5(a)所示几何关系可得投影计算的解析表达式为

$$F_x = \pm F\cos\alpha, \quad F_y = \pm F\sin\alpha, \tag{2-3}$$

式中,正负号由力实际投影方向按照规定直接判断确定。

由图中几何关系可以看出,当力在坐标轴上的投影 F_x 和 F_y 都是已知时,力 $\boldsymbol{F}$ 的大小和方向可按下式计算:

$$F = \sqrt{F_x^2 + F_y^2}, \quad \tan\alpha = \left|\frac{F_y}{F_x}\right|, \tag{2-4}$$

式中,α 为合力与 x 轴所夹锐角,具体指向由 F_x 和 F_y 的正负确定。

例 2-2 在物体上的 O,A,B,C,D 点,分别作用着力 $\boldsymbol{F}_1,\boldsymbol{F}_2,\boldsymbol{F}_3,\boldsymbol{F}_4,\boldsymbol{F}_5$,各力的大小为 $F_1 = F_2 = F_3 = F_4 = F_5 = 100\text{ N}$,各力的方向如图 2-6 所示,求各力在 x,y 轴上的投影。

【解】 由公式(2-3)得各力在 x,y 轴上的投影为

$$F_1 : \begin{cases} F_{1x} = F_1\cos 45° = 100 \times 0.707 = 70.7(\text{N}), \\ F_{1y} = F_1\sin 45° = 100 \times 0.707 = 70.7(\text{N}); \end{cases}$$

$$F_2 : \begin{cases} F_{2x} = -F_2\cos 0° = -100 \times 1 = -100(\text{N}), \\ F_{2y} = F_2\sin 0° = 100 \times 0 = 0; \end{cases}$$

$$F_3 : \begin{cases} F_{3x} = -F_3\cos 60° = -100 \times 0.5 = -50(\text{N}), \\ F_{3y} = -F_3\sin 60° = -100 \times 0.866 = -86.6(\text{N}); \end{cases}$$

$$F_4 : \begin{cases} F_{4x} = -F_4\cos 90° = 100 \times 0 = 0, \\ F_{1y} = F_4\sin 90° = 100 \times 1 = 100(\text{N}); \end{cases}$$

$$F_5 : \begin{cases} F_{5x} = F_5\cos 30° = 100 \times 0.866 = 86.6(\text{N}), \\ F_{5y} = -F_5\sin 30° = -100 \times 0.5 = -50(\text{N}). \end{cases}$$

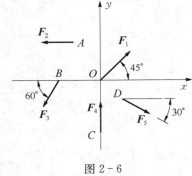

图 2-6

通过上面的计算,可以发现:

(1) 当力和坐标轴平行(或重合)时,力在轴上投影的绝对值等于力的大小,正负号由力的指向与坐标轴正向比较确定,同向为正,反向为负。例如 $\boldsymbol{F}_2$ 在 x 轴上的投影、$\boldsymbol{F}_4$ 在 y 轴上的投影。

(2) 当力和坐标轴垂直时,力在轴上的投影等于零。例如 F_2 在 y 轴上的投影、F_4 在 x 轴上的投影。

(3) 某力投影的大小只与力和坐标轴的方向有关,与力所处坐标系的象限无关,也与坐标原点的位置无关。

3. 投影与分力

在图2-5(b)中画出了力 F 沿直角坐标轴方向的分力 F_x 和 F_y。对照图2-5(a)显然可以看出,这两个分力的大小与力 F 在对应坐标轴上投影的绝对值是相等的。但是必须注意:分力是矢量,其效果与其作用点或作用线有关;而力在轴上的投影为代数量,无所谓作用点或作用线,在所有正向相同的平行轴上,同一个力的投影均相等,力在轴上投影的大小不为零只说明该力在该坐标轴方向对物体有移动效应。所以不能将分力与投影混为一谈。

另外,需要指出的是力在非直角坐标系中的投影定义与在直角坐标系定义是一样的。但是从图2-7与图2-5对照可以看出,力在非直角坐标系中轴上投影的绝对值就不再等于力在相应轴方向上按照平行四边形法则确定的分力大小了。

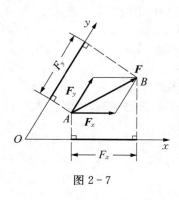

图 2-7

2.1.2.2 合力投影定理

刚体受到 F_1,F_2 作用,如图2-8所示,用三角形法则求其合力为 F_R。取坐标系 Oxy,将合力 F_R 及分力 F_1,F_2 分别向 x,y 轴投影,可得分力 F_1,F_2 在 x 轴上投影 $F_{1x}=ab$,$F_{2x}=bc$;合力 F_R 在 x 轴上投影 $F_{Rx}=ac$。

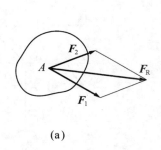
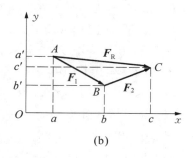

(a)   (b)

图 2-8

因为 $ab+bc=ac$,

所以 $F_{Rx}=F_{1x}+F_{2x}$。

同理 $F_{Ry}=F_{1y}+F_{2y}$。

如果遇到3个力作用于 A 点,如图2-9(a)所示,利用前面的多边形法则可得图2-9(b)。

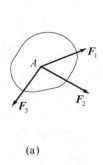
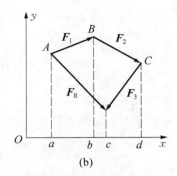

(a)　　　　　　　　　　　　(b)

图 2-9

很容易证明(读者可自己证明)

$$F_{Rx} = F_{1x} + F_{2x} + F_{3x}, \quad F_{Ry} = F_{1y} + F_{2y} + F_{3y}。$$

显然，上述关系可以推广到 n 个共点力作用的情况，

$$F_{Rx} = F_{1x} + F_{2x} + \cdots + F_{nx} = \sum F_x, \quad F_{Ry} = F_{1y} + F_{2y} + \cdots + F_{ny} = \sum F_y。 \quad (2-5)$$

上式称为**合力投影定理**：合力在任意轴上的投影等于力系中各分力在同一轴上投影的代数和。它适用于任何具有合力的力系。

有了这个定理就可以在不知道合力大小和方向的情况下，通过求各个分力在 x，y 轴上的投影大小(包括正负)就可求得合力在 x，y 轴上的投影大小。有了这个投影大小就可以利用(2-4)式求得合力的大小和方向。

2.1.2.3　平面汇交力系合成的解析法

利用力在直角坐标系上的投影，计算其合力的大小，确定合力的方向。设由 n 个力组成的平面汇交力系作用于一个刚体上，以汇交点 O 作为坐标原点，建立直角坐标系 xOy，如图 2-10 所示。根据力的投影规律及合力投影定理可知，合力 F_R 的大小为

$$F_R = \sqrt{F_{Rx}^2 + F_{Ry}^2} = \sqrt{(\sum F_x)^2 + (\sum F_y)^2}。 \quad (2-6)$$

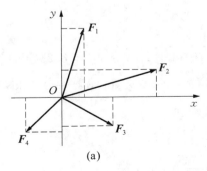
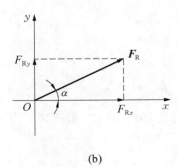

(a)　　　　　　　　　　　　(b)

图 2-10

合力 F_R 的方向为

$$\tan\alpha = \left|\frac{F_{Ry}}{F_{Rx}}\right| = \left|\frac{\sum F_y}{\sum F_x}\right|,$$

式中 α 为 F_R 与 x 轴的夹的锐角。

2.1.2.4 平面汇交力系平衡条件的解析形式

前面已指出,平面汇交力系平衡的充要条件是该力系的合力为零,即 $F_R = 0$。由(2-6)式可知,要使 $F_R = \sqrt{(\sum F_x)^2 + (\sum F_y)^2} = 0$,必须也只须

$$\sum F_x = 0, \quad \sum F_y = 0, \tag{2-7}$$

即平面汇交力系平衡的解析条件是:力系中所有力在直角坐标系 xOy 中各轴上投影的代数和分别等于零。

2.1.2.5 平面汇交力系合成与平衡解析法的应用

平面汇交力系合成与平衡的解析法是求解静力学平衡问题的基本方法。

例 2-3 固定于墙内的环形螺钉上,作用有 3 个力 F_1, F_2, F_3,各力的方向如图 2-11 所示,各力的大小分别为 $F_1 = 3$ kN,$F_2 = 4$ kN,$F_3 = 5$ kN。试求螺钉作用在墙上的合力。

【解】 从图 2-11(a)中可以看到,3 个力属平面汇交力系,汇交点为 O。显然,它们合成的结果是一个合力。因此,用力在坐标轴上投影的方法解此题较方便,坐标系原点就选择在汇交点 O 处,如图 2-11(b)所示,显然

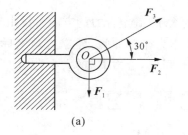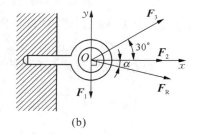

(a)   (b)

图 2-11

$$F_{Rx} = \sum F_x = F_{1x} + F_{2x} + F_{3x} = 0 + 4 + 5 \times \cos 30° = 8.33 \text{(kN)},$$
$$F_{Ry} = \sum F_y = F_{1y} + F_{2y} + F_{3y} = -3 + 0 + 5 \times \sin 30° = -0.5 \text{(kN)}.$$

由此可求出合力 F_R 的大小和方向。由(2-6)式得到

$$F_R = \sqrt{F_{Rx}^2 + F_{Ry}^2} = \sqrt{8.33^2 + (-0.5)^2} = 8.345 \text{(kN)},$$
$$\tan\alpha = \left|\frac{F_{Ry}}{F_{Rx}}\right| = \left|\frac{-0.5}{8.33}\right| = 0.06, \quad \alpha = 3.6°.$$

由于 F_x 为正值,而 F_y 为负值,所以 F_R 在第Ⅳ象限。

例 2-4 如图 2-12(a)所示,已知圆球重 $G = 100\,\mathrm{N}$,不考虑摩擦,试求绳和斜面的约束反力。

【解】 取圆球为研究对象,画受力图。圆球受力有重力 $\boldsymbol{G}$、绳的约束力 $\boldsymbol{F}_\mathrm{T}$、和斜面的约束力 $\boldsymbol{F}_\mathrm{N}$,这些力形成一平面汇交力系,如图 2-12(b)所示。选择坐标系 Oxy,列平衡方程

$$\sum F_x = 0,\ F_\mathrm{T} - G\sin 30° = 0;\ \sum F_y = 0,\ F_\mathrm{N} - G\cos 30° = 0。$$

解得

$F_\mathrm{T} = G\sin 30° = 100 \times \sin 30° = 50(\mathrm{N})$,$F_\mathrm{N} = G\cos 30° = 100 \times \cos 30° = 86.6(\mathrm{N})$。

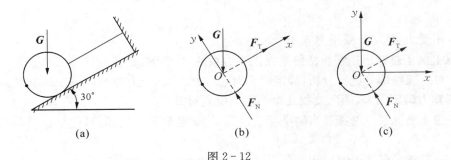

图 2-12

此题若选择图 2-12(c)所示的坐标系 Oxy,则应列出的平衡方程为

$$\sum F_x = 0,\ F_\mathrm{T}\cos 30° - F_\mathrm{N}\sin 30° = 0;\ \sum F_y = 0,\ F_\mathrm{T}\sin 30° + F_\mathrm{N}\cos 30° - G = 0。$$

在这种情况下,每一个平衡方程均有两个未知力,只能联立求解,才能得到本题的答案。由此可见,选择垂直于未知力的投影轴,会使计算更简便。

例 2-5 图 2-13 为一起重装置,吊起重物 $G = 2\,\mathrm{kN}$,$\angle CAD = 30°$,$\angle ABC = 60°$,$\angle ACB = 30°$,求杆 AB 和 AC 受的力。

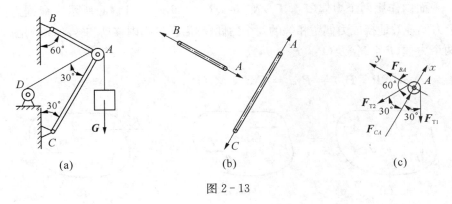

图 2-13

【解】 首先分析各部分受力情况。AB，AC 杆为二力杆，分别受拉、受压，杆端约束沿杆轴线；滑轮受到 AB，AC 杆的作用力及绳索的作用力，不计摩擦，$F_{T1} = F_{T2} = G$。由于滑轮半径很小，因而可近似认为滑轮所受力系为平面汇交力系。

(1) 以滑轮 A 为研究对象，画它的受力图，如图 2-13(c) 所示；
(2) 建立坐标系，以 A 为原点，x 轴与未知力 F_{BA} 垂直；
(3) 列平衡方程并求解。

由 $\sum F_x = 0$ 得 $F_{CA} - F_{T2}\cos 30° - F_{T1}\cos 30° = 0$，将 $F_{T1} = F_{T2} = G$ 带入，则

$$F_{CA} = 2G\cos 30° = 3.46 \text{ kN};$$

由 $\sum F_y = 0$ 得 $F_{BA} + F_{T2}\cos 60° - F_{T1}\cos 60° = 0$，将 $F_{T1} = F_{T2} = G$ 带入，则

$$F_{BA} = 0。$$

即杆 AB 不受力，杆 AC 受压力 3.46 kN。

由以上例子总结出用解析法解平面汇交力系的平衡问题的步骤：

(1) 对系统各部分进行分析，确定研究对象，画受力图。有时只取一个研究对象不能把欲求的未知力确定下来，因而要找几个不同的研究对象。

(2) 建立坐标系。选择适当的坐标系，可以使解题简单。例如，可使坐标系与某一未知力垂直。

(3) 列平衡方程并求解。注意各力在坐标系的投影的正、负号。

2.2 平面力偶系的合成与平衡

作用在物体上同一平面内的若干力偶，统称为平面力偶系。

2.2.1 平面力偶系的合成

设一平面内作用两个力偶 (F_1, F_1') 及 (F_2, F_2')，如图 2-14(a) 所示。根据力偶的性质可将两个力偶等效地换成力偶臂相等的两个力偶，然后在平面内移动和转动，得到图 2-14(b) 所示的两个力偶 (P_1, P_1') 及 (P_2, P_2')，并且

$$M_1(P_1, P_1') = P_1 d = F_1 d_1, \quad M_2(P_2, P_2') = P_2 d = F_2 d_2。$$

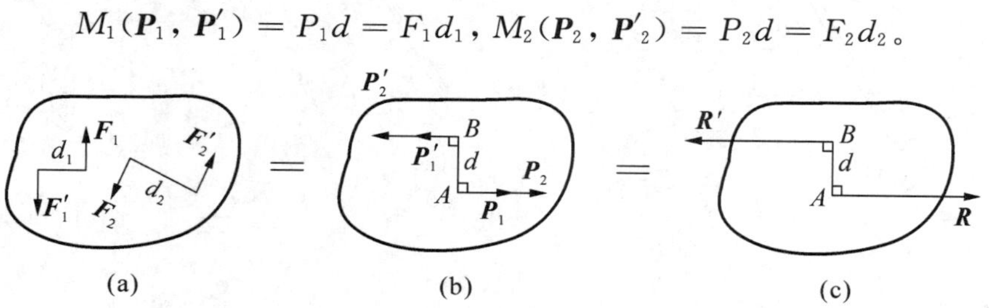

图 2-14

由于 P_1，P_2 与 P'_1，P'_2 分别共线，故可求出其合力为

$$R = P_1 + P_2, \quad R' = P'_1 + P'_2,$$

R，R' 构成一力偶，如图 2-14(c)所示，它的力偶矩为

$$M = Rd = (P_1 + P_2)d = P_1 d + P_2 d = M_1 + M_2,$$

即同一平面内两个力偶的合力偶矩等于各个力偶矩的代数和。一般地，设平面上有 n 个力偶作用，力偶矩分别为 M_1，M_2，…，M_n，则合力偶的力偶矩为

$$M = M_1 + M_2 + \cdots M_n = \sum M。 \tag{2-8}$$

这就是平面力偶系的合力矩定理：**平面力偶系可合成为一个合力偶，合力偶矩等于力偶系各力偶矩的代数和。**

2.2.2 平面力偶系的平衡条件

平面力偶系合成结果为一力偶，若此力偶矩为零，则系统平衡。故平面力偶系平衡的充分必要条件是：**力偶系中各力偶矩的代数和为零**，即

$$\sum M_i = 0。 \tag{2-9}$$

例 2-6 用多轴钻床在水平工件上钻孔时，每个钻头对工件施加一压力和一力偶。如图 2-15 所示，已知图中 3 个力偶分别为 $M_1 = 10\,\text{N}\cdot\text{m}$，$M_2 = 10\,\text{N}\cdot\text{m}$，$M_3 = 20\,\text{N}\cdot\text{m}$，固定螺栓 A 和 B 之间的距离 $L = 0.2\,\text{m}$，求螺栓受到的水平力。

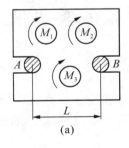 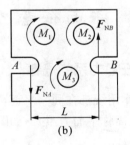

(a)   (b)

图 2-15

【解】（1）取工件为研究对象，分析其受力情况。工件在水平面内受有 3 个主动力偶和两个定位螺栓的水平反力，在它们的共同作用下平衡。根据力偶的性质，反力 F_{NA} 与 F_{NB} 必然组成一力偶，且与上述 3 个力偶相平衡。

（2）列平衡方程。由 $\sum M_i = 0$ 得

$$F_{NA} \times L - M_1 - M_2 - M_3 = 0,$$

$$F_{NA} = \frac{M_1 + M_2 + M_3}{L} = \frac{10 + 10 + 20}{0.2} = 200(\text{N}) = -F_{NB},$$

方向如图所示。而螺栓所受之力与该两力大小相等,方向相反。

例 2-7 梁 AB 受力偶作用,如图 2-16(a)所示。已知 $M_1 = 200 \text{ kN} \cdot \text{m}$,$M_2 = 100 \text{ kN} \cdot \text{m}$,梁跨长 $L = 5 \text{ m}$,求 A,B 支座反力。

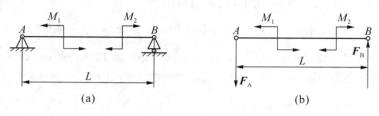

图 2-16

【解】 (1) 取梁 AB 为研究对象,进行受力分析。梁受的主动力均为力偶,因而平衡时 A,B 处的反力也必组成一力偶,即 F_A 与 F_B 沿铅垂方向,大小相等、方向相反。画受力图如图 2-16(b)所示。

(2) 列平衡方程。由 $\sum M_i = 0$ 得

$$F_A L + M_1 - M_2 = 0, \quad F_A = \frac{M_2 - M_1}{L} = \frac{100 - 200}{5} = -20 (\text{kN})。$$

"—"号说明 F_A 的指向与图示假设方向相反,应竖直向上;自然 F_B 也与图示方向相反,应竖直向下。

2.3 平面任意力系的简化及结果讨论

2.3.1 平面任意力系的概念

力系中各力的作用线都在同一平面内,它们既不汇交于一点,也不全部平行,这种力系称为**平面任意力系**(简称平面力系)。如图 2-17(a)所示的悬臂吊车的横梁,受到载荷 Q、重

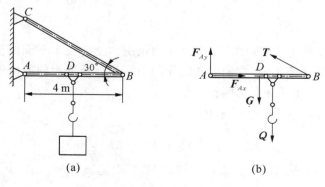

图 2-17

力 G、支座反力 F_{Ax}，F_{Ay} 和拉杆 CB 拉力 T 的作用。这些力的作用线均分布在同一平面内，它们不完全汇交于同一点，彼此间也不完全平行，如图 2-17(b) 所示，显然这个力系就是平面任意力系。平面任意力系是工程上最常见的力系，很多工程实际问题都可以简化为平面任意力系来处理。

2.3.2 平面任意力系的简化

设一刚体上作用有 n 个力组成的一平面任意力系 F_1，F_2，$\cdots$，F_n，如图 2-18(a) 所示。在力系所在的平面内任意取一点 O，称为**简化中心**，根据力的平移定理，将力系中的各力向 O 点平移，得到一个作用线通过 O 点的平面汇交力系 F'_1，F'_2，$\cdots$，F'_n 和一个平面附加力偶系 M_1，M_2，$\cdots$，M_n，如图 2-18(b) 所示。这两个力系对刚体的作用效应与原力系等效。

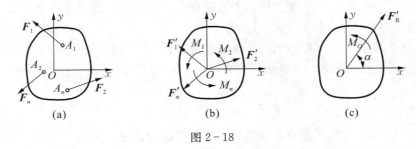

图 2-18

（1）平面汇交力系 F'_1，F'_2，$\cdots$，F'_n 可以合成为一个作用于 O 点的合矢量 F'_R，如图 2-18(c) 所示，即

$$F'_R = \sum F' = \sum F。 \quad (2-10)$$

它等于力系中各力的矢量和。显然，单独的 F'_R 不能和原力系等效，故称它为力系的主矢。力系的主矢 F'_R 完全取决于原力系中各力的大小和方向，与简化中心 O 的位置无关。将 (2-10) 式向 x，y 轴投影可得

$$F'_{Rx} = \sum F_x，\quad F'_{Ry} = \sum F_y， \quad (2-11)$$

主矢的大小

$$F'_R = \sqrt{F'^2_{Rx} + F'^2_{Ry}} = \sqrt{(\sum F_x)^2 + (\sum F_y)^2}。 \quad (2-12)$$

主矢的方向 $\tan\alpha = \left|\dfrac{\sum F_y}{\sum F_x}\right|$，其中夹角 $\alpha(F'_R，x)$ 为锐角，F'_R 的指向由 $\sum F_x$，$\sum F_y$ 的正负号决定。

（2）附加力偶系 M_1，M_2，$\cdots$，M_n 可以合成为一个合力偶 M_O，即

$$M_O = M_1 + M_2 + \cdots + M_n = \sum M_O(F)。 \quad (2-13)$$

显然，单独的 M_O 也不能和原力系等效，故称其为原力系的**主矩**。因为主矩等于原力系

各力对简化中心 O 之矩的代数和,当选择不同的点作为简化中心时,各力对简化中心的力矩也将改变,所以主矩与简化中心的位置选择有关。

综上所述,**平面任意力系可以向其作用平面内任一点进行简化**,简化结果得到一个主矢 $\boldsymbol{F}'_R$ 和一个主矩 $\boldsymbol{M}_O$。主矢和主矩是决定力系对刚体作用效应的两个重要物理量,它们加在一起才等效于原力系对刚体的作用。

2.3.3 平面任意力系简化结果的讨论

平面任意力系的简化,一般可得到主矢 $\boldsymbol{F}'_R$ 和主矩 $\boldsymbol{M}_O$,但这不是简化的最终结果,最终结果有以下 4 种情况:

(1) $\boldsymbol{F}'_R \neq \boldsymbol{0}, M_O = 0$ 表明原平面力系简化为一个合力,且合力作用线通过简化中心。

(2) $\boldsymbol{F}'_R = \boldsymbol{0}, M_O \neq 0$ 表明原平面力系简化为一个力偶。此时无论取平面上哪一点为简化中心,结果都是一个力偶矩不变的力偶。

(3) $\boldsymbol{F}'_R \neq \boldsymbol{0}, M_O \neq 0$ 根据力的平移定理逆过程,可以把主矢 $\boldsymbol{F}'_R$ 和主矩 $\boldsymbol{M}_O$ 合成为一个合力 $\boldsymbol{F}_R$,合成过程如图 2-19 所示。合力 $\boldsymbol{F}_R$ 的作用线到简化中心 O 的距离为

$$d = \left|\frac{M_O}{F_R}\right| = \left|\frac{M_O}{F'_R}\right|. \tag{2-14}$$

(4) $\boldsymbol{F}'_R = \boldsymbol{0}, M_O = 0$ 表明原平面力系为一平衡力系,此时受力物体处于平衡状态。

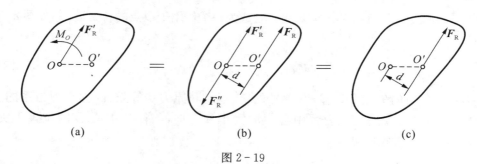

图 2-19

2.3.4 平面任意力系简化的工程实例应用

下面利用关于平面任意力系的简化知识对固定端约束的反力加以说明,固定端约束常见于工程结构中,如以焊接或其他方式固结于立柱上的横梁所受的约束,金属切削车床刀架对于车刀杆的约束,车床卡盘对于工件的约束等。被约束物在联结处既不能移动也不能转动,是完全固定的。

固定端约束处的实际约束力比较复杂,但作受力分析时只需根据平面任意力系的简化理论,就可求得这些力对约束处的简化结果。现以图 2-20(a) 所示悬臂梁为例分析。作为固定端约束,墙对于梁的嵌入部分作用有分布较为复杂的约束力,这些力的大小、方向及数量都无法确定,如图 2-20(b) 所示。但无论约束力如何分布,当主动力为平面力系时,这些

力也将组成平面力系。应用平面任意力系的简化理论,将分布的约束力向固定端 A 点简化,得到一个力 F_A 和一个力偶 M_A。力 F_A 用水平和垂直方向的分量 F_{Ax} 和 F_{Ay} 表示。F_A 和 M_A 分别称为约束力和约束力偶,如图 2-20(c)所示。

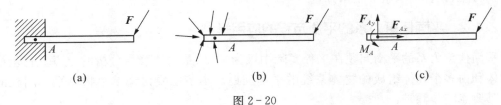

图 2-20

固定端的约束有多种多样,但简化后都可以用图 2-20(c)中的约束力和约束力偶表示其约束力。

例 2-8 图 2-21 所示的刚性圆轮上所受复杂力系可以简化为一摩擦力 F 和一力偶矩为 M 的力偶(方向如图中所示)。已知 $F=2.4$ kN。欲使 F 和 M 向 B 点简化的结果只是沿水平方向的主矢 F'_R,而主矩为零,求力偶矩 M 的大小。

【解】 由题意,将力 F 和力偶 M 向 B 点简化,根据合力矩定理得到

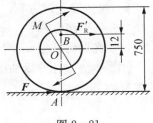

图 2-21

$$M_B = \sum M_B(\boldsymbol{F}) = -M + F \times \overline{AB} = 0,$$

式中,M 的负号表示力偶为顺时针转向,$\overline{AB} = \dfrac{750}{2} + 12 = 387 \text{(mm)} = 0.387 \text{(m)}$。将其连同力 $F=2.4$ kN 代入上式后解得 $M = 0.93$ kNm。

2.4 平面任意力系的平衡方程及其应用

2.4.1 平面任意力系的平衡方程

前面分析了平面任意力系简化的结果是一个主矢和一个主矩,二者分别使物体具有移动和转动的效应。静力学主要研究物体在外力作用下处于平衡状态的情况。所谓物体处于平衡状态是指:**物体相对于地面保持静止或做匀速直线运动的状态。只有当平面任意力系的主矢和对任意点的主矩同时为零时**,力系既不能使物体发生移动也不能使物体发生转动,**此时物体处于平衡状态**。因此,平面任意力系平衡的充要条件为

$$F'_R = \sqrt{\left(\sum F_x\right)^2 + \left(\sum F_y\right)^2} = 0, \quad M_O = \sum M_O(\boldsymbol{F}) = 0. \tag{2-15}$$

所以平面任意力系的平衡方程为

$$\sum F_x = 0, \quad \sum F_y = 0, \quad \sum M_O(\boldsymbol{F}) = 0. \tag{2-16}$$

(2-16)式满足平面任意力系平衡的充分和必要条件。所以平面任意力系有 3 个独立的平衡方程,最多能求解 3 个未知量。

2.4.2 平面任意力系的平衡方程的应用举例

平面任意力系的平衡问题在工程实际中极为常见,是物体静力分析的重点。它包括单个物体和由多个物体组成的物体系统的平衡问题。本节主要讨论单个物体平衡问题的求解。其要点和步骤是:

(1) 取研究对象,画分离体的受力图。
(2) 选择适当的坐标轴和矩心。选择投影轴和矩心的技巧是:尽可能使多个未知力与投影轴垂直,尽可能把未知力的交点作为矩心,这样方便解题,可以做到列一个方程解一个未知量,避免联立解方程。
(3) 列平衡方程。
(4) 解平衡方程,求解未知量。

例 2-9 外伸梁如图 2-22(a)所示,$F = qa/2$,$M = 2qa^2$。已知 q,a,求 A,B 两点的约束反力。

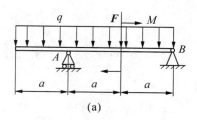
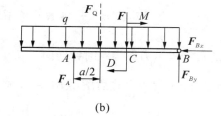

图 2-22

【解】 取 AB 梁为研究对象,画受力图如图 2-22(b)所示。其中,均布载荷 q 简化为作用于 D 点的一个集中力 $\boldsymbol{F}_Q$,$F_Q = 3qa$;$\boldsymbol{F}_A$,$\boldsymbol{F}_{Bx}$ 和 $\boldsymbol{F}_{By}$ 为 3 个待求的未知量,用 3 个独立的平衡方程即可求解。

建立坐标系 Bxy。注意,这里的平面直角坐标系已隐含在力的取向中,故未画出。列平衡方程

$$\sum M_B(\boldsymbol{F}) = 0, \quad F_Q \times (a + a/2) + F \times a - M - F_A \times 2a = 0.$$

将 F_Q,F,M 的大小带入后解得 $F_A = \dfrac{3qa}{2}$。又由 $\sum F_x = 0$ 得 $F_{Bx} = 0$;

由 $\sum F_y = 0$ 得 $\quad F_A + F_{By} - F_Q - F = 0.$

将 $\boldsymbol{F}_A$,$\boldsymbol{F}_Q$,$\boldsymbol{F}$ 的大小带入后解得 $F_{By} = 2qa$。

从以上例题的分析和运算过程可以看出：在有 3 个未知量的平面任意力系中，为了少联立或不联立解方程，只要先把两个未知力的交点作为矩心去建立力矩方程，就能求出第三个未知量，再列力的投影方程，求出其余未知量。

另外需要说明的是，在工程实际中，力系各力作用线严格处于同一平面内的情形并不多见。在多数情况下，或者将力系近似看成在同一平面内，或者本身就是空间力系但对称于某一平面，这时可将其简化到该平面内而成为平面力系。例如直线匀速行驶的汽车，它受到的力有重力、驱动力矩、作用在车轮上的约束力（含摩擦力）、空气的阻力，这些力就可以简化到汽车的几何对称面内而作为平面力系处理。

例 2-10　摇臂吊车如图 2-23(a)所示，水平梁承受拉杆的拉力 F_T。已知梁的重力为 $G = 4\ \text{kN}$，载荷为 $W = 20\ \text{kN}$，梁长 $L = 2\ \text{m}$，拉杆倾角 $\alpha = 30°$。试求当载荷移动到离 A 铰的距离 $x = 1.5\ \text{m}$ 时，拉杆的拉力和铰链 A 的约束反力。

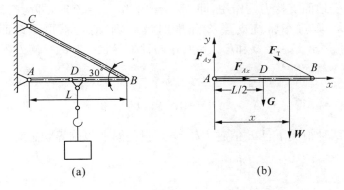

图 2-23

【解】　取 AB 梁为研究对象，画受力图如图 2-23(b)所示。因 F_T 可以分解为水平和垂直两个方向的分力，所以 A，B 两点各为两个未知力的汇交点。经比较，取 B 点为矩心列出力矩方程计算较为简单，

由 $\sum M_B(\boldsymbol{F}) = 0$ 得　　$G \times \dfrac{L}{2} + W \times (L - x) - F_{Ay} \times L = 0$，

将已知数据带入后解得 $F_{Ay} = 7\ \text{kN}$。

又由 $\sum F_y = 0$ 得　　$F_T \times \sin 30° + F_{Ay} - G - W = 0$，

将已知数据带入后解得 $F_T = 34\ \text{kN}$。

再由 $\sum F_x = 0$ 得　　$F_{Ax} - F_T \cos 30° = 0$，

将已知数据带入后解得 $F_{Ax} = 29.44\ \text{kN}$。

说明：因 F_T，F_{Ax}，F_{Ay} 的大小随 x 的变化而变化，所以当需要考虑 AB 梁的强度时，应从 x 值变化的全过程来考虑。

例 2-11　图 2-24 所示为一汽车起重机。已知车重为 G_1，平衡配重为 G_2，各部分尺

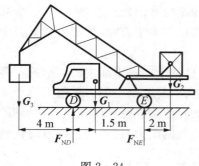

图 2-24

寸如图所示。试求最大的起吊重量 G_3 和两轮间的最小距离 DE_{min}。

【解】 取汽车起重机整体为研究对象,画受力图如图 2-24 所示。显然汽车起重机受平行力系作用,力在水平坐标轴上的投影为零,故只有两个独立的平衡方程,可解两个未知量。

此题实际上是起重机颠覆问题的求解。若起重机颠覆,则平衡遭破坏,因此利用介于平衡与不平衡之间的临界状态即可求解。当起重机工作时,随着起吊重量 G_3 的增加,汽车绕支点 D 作逆时针方向倾倒的趋势逐渐增大,相应地后轮受地面支反力的作用逐渐减少。设 $G_3 = G_{3max}$ 为满载时的情形,而汽车起重机处于将要左翻而又未翻的临界平衡状态,其后轮也不再受地面支持力的作用,即 $F_{NE} = 0$;当 $G_3 = 0$ 时,即为空载情形,设 $DE = DE_{min}$,若配重过大,则汽车将绕支点 E 作顺时针倾倒,前轮不再受地面支持力的作用,$F_{ND} = 0$。由此分别写出 $F_{NE} = 0$ 和 $F_{ND} = 0$ 这两种临界状态时的平衡方程:

由 $\sum M_D(\boldsymbol{F}) = 0$ 得 $G_3 \times 4 - G_1 \times 1.5 - G_2 \times (DE + 2) = 0$。

由 $\sum M_E(\boldsymbol{F}) = 0$ 得 $G_1 \times (DE - 1.5) - G_2 \times 2 = 0$。

由方程可知,两种情况下,DE 值越大越不容易倾覆,所以临界状态时

$$DE = DE_{min}, \quad G_3 = G_{max}。$$

解上述方程,得

$$G_{3max} = \frac{3}{8}G_1 + \frac{G_2^2}{2G_1} + \frac{7}{8}G_2, \quad DE_{min} = \frac{2G_2^2}{G_1} + 1.5。$$

若设 $G_1 = G_2 = 20 \text{ kN}$,则有 $G_{3max} = 35 \text{ kN}$,$DE_{min} = 3.5 \text{ m}$。

2.5 物体系统的平衡

2.5.1 物体系统的平衡

前面所讨论的平衡问题,只涉及一个物体。工程中常见的是由两个或两个以上的物体通过一定的约束方式联结组成的系统,这样的系统称为**物体系统**,简称**物系**。

在物体系统中,由于物体数目多、约束方式和受力情况复杂,往往只考虑整个系统、或系统的某个局部、或某一个物体的平衡,都不能解出全部未知力。**当物体系统平衡时,组成该系统的每一个局部系统、每一个物体也必然是平衡的**。因此,只要全面而恰当地考虑整体平衡与局部平衡,就可以解出全部未知力。这就是物体系统平衡问题的特点。

例 2-12 图 2-25(a)所示为曲轴冲床简图,由轮 I、连杆 AB 和冲头 B 组成。已知 $OA = R$, $AB = L$,不计摩擦和自重。当 OA 处于水平位置、冲压力为 F 时,系统处于平衡状态。求:

(1) 作用在轮 I 上的驱动力矩 M;
(2) 轴承 O 处的约束力;
(3) 连杆 AB 受的力;
(4) 冲头给导轨的侧压力。

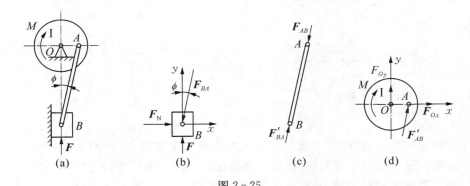

图 2-25

【解】 (1) 首先以冲头为研究对象。冲头受冲压阻力 F、导轨的约束力 F_N 以及连杆(二力杆)的作用力 F_{BA},如图 2-25(b)所示,为一平面汇交力系。设连杆与铅垂方向夹角为 ϕ,按图示坐标轴列平衡方程。

由 $\sum F_x = 0$ 得 $\qquad F_N - F_{BA}\sin\phi = 0$;

由 $\sum F_y = 0$ 得 $\qquad F - F_{BA}\cos\phi = 0$。

解得 $F_{BA} = \dfrac{F}{\cos\phi} = \dfrac{F\sqrt{L^2 - R^2}}{L}$,$F_N = F\tan\phi = \dfrac{FR}{\sqrt{L^2 - R^2}}$。

冲头对导轨的侧压力的大小等于 F_N,方向相反。

(2) 再以轮 I 为研究对象。轮 I 受平面任意力系作用,包括矩为 M 的力偶,连杆作用力 F'_{AB} 以及轴承的约束力 F_{Ox}, F_{Oy},如图 2-25(d)所示。按图示坐标轴列平衡方程。

由 $\sum M_O(\boldsymbol{F}) = 0$ 得 $\qquad F'_{AB}\cos\phi \times R - M = 0$;

由 $\sum F_x = 0$ 得 $\qquad F_{Ox} + F'_{AB}\sin\phi = 0$;

由 $\sum F_y = 0$ 得 $\qquad F_{Oy} + F'_{AB}\cos\phi = 0$。

解得 $M = FR$, $F_{Ox} = -\dfrac{FR}{\sqrt{L^2 - R^2}}$, $F_{Oy} = -F$。负号说明力 $\boldsymbol{F}_{Ox}$, $\boldsymbol{F}_{Oy}$ 的方向与图中假设的方向相反。

2.5.2 静定与超静定问题的概念

前面所研究的问题,作用在刚体上的未知量的数目正好等于独立平衡方程的数目,可由平衡方程求出全部的未知量,这类问题称为**静定问题**。

实际工程结构中,为了提高结构的强度和刚度,增加承载能力,常常在静定的结构上,增加一些构件或约束,这样作用在刚体上的约束未知量数目多于对应的独立平衡方程数目,仅用静力平衡方程不可能求出所有的未知量,这类问题叫做静不定或**超静定问题**。如图 2-26 所示,增加了 C 点的约束后,由于未知量变为 4 个,而独立的静平衡方程仍为 3 个,属超静定问题。

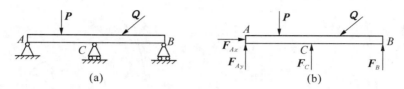

图 2-26

对于超静定问题,仅靠独立平衡方程不能求出全部未知量,但并不是无法求解了,只是在静力学中我们研究的对象是刚体,忽略了物体受力后的变形问题,使得问题的研究无法深入下去。而在后续的材料力学中,将着重考虑物体受力后的变形问题,只要补充建立变形与作用力之间的关系式,使得未知量数目与独立方程数目相等,超静定问题依然可解。利用物体系统平衡问题的特点,也可以为超静定问题的解决找到另外一些思路。

例 2-13 如图 2-27(a)所示,复合梁在 B 处用铰链联结,其上作用有力偶矩为 M 的集中力偶和载荷集度为 q 的均布载荷。已知 L,M,q,求固定端 A 和活动铰链 C 处的约束反力。

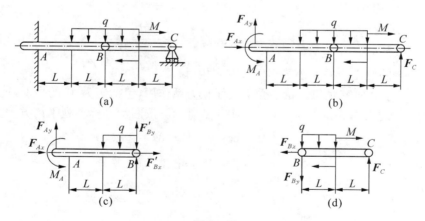

图 2-27

【解】 取复合梁整体为研究对象,分析 A,C 处的约束反力,如图 2-27(b)所示。显然,约束反力数目是 4 个。分别以构件 AB,BC 为研究对象,画受力图,如图 2-27(c,d)所示。

在图 2-27(b)中,根据整体系统平衡有 $\sum F_x = 0$,$F_{Ax} = 0$。

在图 2-27(d) 中,根据构件平衡条件有

$$\sum M_B(\boldsymbol{F}) = 0, \quad F_C \times 2L - M - qL \times \frac{L}{2} = 0,$$

解得
$$F_C = \frac{M}{2L} + \frac{qL}{4}。$$

再对图 2-27(b) 分析,根据整体系统平衡有

由 $\sum F_y = 0$ 得 $\quad F_{Ay} - 2qL + F_C = 0,$

将 F_C 代入后解得 $F_{Ay} = \frac{7}{4}qL - \frac{M}{2L}$。

再由 $\sum M_A(\boldsymbol{F}) = 0$ 得 $\quad M_A - 2qL \times 2L - M + F_C \times 4L = 0,$

将 F_C 代入后解得 $M_A = 3qL^2 - M$。

例 2-14 一构架如图 2-28(a) 所示。已知 F 和 a,且 $F_1 = 2F$。试求两固定铰支座 A,B 和中间铰 C 的约束反力。

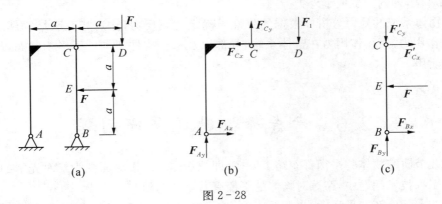

图 2-28

【解】 分别取构件 ACD 及 BEC 为研究对象,画出分离体的受力图,如图 2-28(b,c) 所示。图 2-28(b) 有 4 个未知量,不可解;图 2-28(c) 也有 4 个未知量,但有 3 个未知力汇交于一点,可先求出 F_{Bx} 和 F'_{Cx}。

由 $\sum M_C(\boldsymbol{F}) = 0$ 得 $\quad F_{Bx} \times 2a - F \times a = 0,$ 解得 $F_{Bx} = \frac{F}{2}$;

由 $\sum F_x = 0$ 得 $\quad F_{Bx} + F'_{Cx} - F = 0,$ 解得 $F'_{Cx} = \frac{F}{2} = F_{Cx}$。

解出 F'_{Cx} 后,图 2-28(b) 中的 F_{Cx} 变为已知量,因而可解。

由 $\sum M_A(\boldsymbol{F}) = 0$ 得 $\quad F_{Cy} \times a + F_{Cx} \times 2a - F_1 \times 2a = 0,$ 解得 $F_{Cy} = 3F$;

由 $\sum F_y = 0$ 得 $\quad F_{Ay} + F_{Cy} - F_1 = 0,$ 解得 $F_{Ay} = -F,$

负号表示 F_{Ay} 的实际方向与图中假设相反;

由 $\sum F_x = 0$ 得 $\qquad F_{Ax} - F_{Cx} = 0$，解得 $F_{Ax} = F_{Cx} = \dfrac{F}{2}$。

求出 F_{Cy} 后，再回到图 2-28(c) 求解 F_{By}。

由 $\sum F_y = 0$ 得 $\qquad F_{By} - F_{Cy} = 0$，解得 $F_{By} = 3F$。

通过以上例题可以看出，求解物系平衡问题时应注意以下 4 个方面的问题：

(1) 整体平衡与局部平衡的问题　物系如果整体是平衡的，则组成物系的每一个局部以及每一个构件（刚体）也必然处于平衡状态。

(2) 研究对象有多种选择　物系是由多个刚体构件组成的，在解决超静定问题时选取研究对象要根据实际问题的需要，可以选整个系统为研究对象，也可以选择局部作为研究对象，有时还要选择单个物体作为研究对象。

(3) 受力分析时，要分清内力和外力　内力和外力是相对的，要视研究对象而定。研究对象以外的物体作用于研究对象上的力称为**外力**，研究对象内部各部分之间的相互作用力称为**内力**。注意，内力总是成对出现的，它们大小相等、方向相反、作用在同一直线上，分别作用在两个相联结的物体上。如果以整体为研究对象，则其内部的内力不用考虑；如果以局部为研究对象，则内力变成了外力。

(4) 物体系统的受力分析　根据约束性质确定约束反力，注意相互联结物体之间的作用力和反作用力，使得作用力在整体系统、局部以及每个构件上均处于平衡状态，从而利用平衡方程求解。

2.6　考虑摩擦时的平衡问题

前面几节研究物体的平衡都忽略了摩擦，即把物体间的接触面视为绝对光滑的表面，但在大多数工程技术问题中，摩擦对物体的平衡有着重要的影响。

摩擦在实际生产和生活中，表现为有利、有害的两个方面。人靠摩擦行走，车靠摩擦制动，螺钉无摩擦将自动松开，带轮无摩擦将无法传动，这些都是摩擦有利的一面；但是，摩擦还会损坏机件、降低效率、消耗能量等，这是摩擦有害的一面。

一般将摩擦现象分类如下：

(1) 按照物体接触面的相对运动情况，分为滑动摩擦和滚动摩擦；

(2) 按照两接触体之间是否发生相对运动，分为静摩擦与动摩擦；

(3) 按接触面间是否有润滑，分为干摩擦与湿摩擦。

本节重点介绍无润滑的静滑动摩擦的性质，以及考虑摩擦时力系平衡问题的分析方法。

2.6.1　滑动摩擦

两个相接触的物体，当接触面发生相对滑动或有相对滑动趋势时，在接触面上会出现彼此阻碍相对滑动的力，此力称为滑动摩擦力。滑动摩擦力也属于约束力的范畴，是一限制物体相对滑动的切向约束力,它作用于物体相互接触处,方向总是沿着接触处的公切线,并与物体相对滑动或相对滑动趋势的方向相反。滑动摩擦力依据物体接触处是否已滑动,分为静滑动摩擦力和动滑动摩擦力。

1. 静滑动摩擦力

如图 2-29(a)所示,在粗糙的水平面上放置一重量为 G 的物体,由绳通过滑轮系着,下面挂砝码。物体所受的作用力有:绳子的拉力 F_T(其大小等于砝码的重量)、重力 G 和垂直于水平面的法向约束力即正压力 F_N。当砝码重量较小时,物体保持静止。这说明在粗糙的水平面上还存在一个阻碍物体向右滑动的切向力,这个力即为**静滑动摩擦力**,简称**静摩擦力**,用符号 F_f 表示,其大小由物体平衡条件决定:

$$\sum F_x = 0, \quad F_T - F_f = 0, \quad F_T = F_f。$$

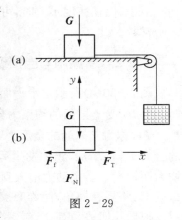

图 2-29

由此可见,静摩擦力的大小随水平拉力 F_T 的增大而增大。当砝码的重量(即 F_T 的大小)增加到一定数值时,物体处于将要滑动而又未滑动的临界平衡状态。此时拉力只要稍有增加,物体即开始滑动,静摩擦力达到了最大值,用 F_{fmax} 表示。可见,静摩擦力的大小总是介于零与最大静摩擦力之间的,即

$$0 \leqslant F_f \leqslant F_{fmax}。 \tag{2-17}$$

大量实验表明,最大静摩擦力 F_{fmax} 的大小与两物体间的正压力 F_N 成正比,即

$$F_{fmax} = f_s F_N, \tag{2-18}$$

上式称为**静滑动摩擦定律**,又称**库伦摩擦定律**。式中的比例常数 f_s 称为**静滑动摩擦因数**,简称**静摩擦因数**,是无量纲的正数。静摩擦因数与接触物体的材料及接触面的粗糙度、湿度、干湿度等因素有关,其数值可从相关的工程手册中查到。表 2-2 列出了常用材料的静摩擦因数,以供参考。

表 2-2 f_s 的参考值

钢对钢	钢对铸铁	钢对铜
0.1~0.2	0.2~0.3	0.1~0.13

2. 动滑动摩擦力

继续图 2-29 的实验。当静摩擦力已经达到最大值时,若继续增加砝码的重量(即水平拉力 F_T 再增大),则物体与接触面之间将出现相对滑动。此时接触物体之间仍作用有阻碍其相对滑动的力,这种阻力即称为**动滑动摩擦力**,简称**动摩擦力**,用符号 F'_f 表示。实验表明,动摩擦力 F'_f 的大小与两物体间的正压力 F_N 成正比,即

$$F'_f = f F_N。 \tag{2-19}$$

上式称为动摩擦定律。式中的比例常数 f 称为**动滑动摩擦因数**，简称**动摩擦因数**，也是量纲为一的正数。动摩擦因数也与接触物体的材料及接触面的粗糙度、湿度、干湿度等因素有关，其数值可从相关的工程手册中查到。动摩擦因数 f 一般小于静摩擦因数 f_s，而且还与接触物体相对滑动的速度大小有关。在多数情况下，动摩擦因数随相对滑动速度的增大而稍有减小，但在速度不大时，可以忽略速度对动摩擦因数的影响而近似地认为动摩擦因数是一个常数。

2.6.2 摩擦角与自锁现象

图 2-30(a)所示是水平面上一物体的受力情况。其中 F_Q 为主动力的合力，当考虑摩擦时，物体所受支撑面的约束力包括法向正压力 F_N 和切向静摩擦力 F_f，这两个力的合力 $F_R = F_N + F_f$，称为支撑面的**全反力**，全反力的作用线与接触面法线之间的夹角为 ϕ。随着主动力的合力 F_Q 的增加，物体发生运动的趋势增加，静摩擦力 F_f 也随之增大，夹角 ϕ 将随着 F_f 的增大而增大。当主动力增大到 F_{Qmax} 时，物体处于运动的临界状态，$F_f = F_{fmax}$，ϕ 达到最大值 ϕ_m，称为临界摩擦角，简称**摩擦角——全反力与接触面法线夹角的最大值**，如图 2-30(b)所示。根据几何关系有

$$\tan \phi_m = \frac{F_{fmax}}{F_N} = \frac{f_s F_N}{F_N} = f_s，即 \tan \phi_m = f_s。 \quad (2-20)$$

上式说明**摩擦角的正切等于静摩擦因数**。可见摩擦角和静摩擦因数都是表示材料表面性质的量。也正是因为 ϕ_m 对应于物体的临界平衡状态，并代表了物体由静止到运动的转折点，所以在考虑有摩擦的平衡问题时，它与 F_{fmax} 有着同样重要的意义。

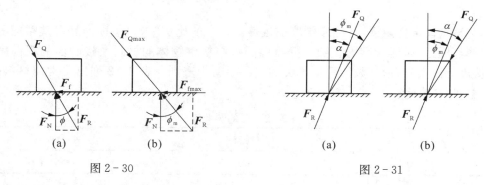

图 2-30 图 2-31

由于静摩擦力的取值范围为 $0 \leqslant F_f \leqslant F_{fmax}$，因此全反力 F_R 的作用线与接触面法线间的夹角 ϕ 也不可能大于摩擦角 ϕ_m，即 $0 \leqslant \phi \leqslant \phi_m$，$F_R$ 的作用线必定在摩擦角以内。只有当物体处于临界状态时，F_R 的作用线才与摩擦角的一条边（非接触面的法线）共线。如果主动力的合力 F_Q 的作用线在摩擦角以内即 $\alpha < \phi_m$，α 为 F_Q 与接触面法线间的夹角，如图 2-31(a)所示，则无论这个力有多大，总有一个全反力 F_R 与之平衡，从而使物体保持平衡；反之，如果主动力的合力 F_Q 的作用线在摩擦角以外即 $\alpha > \phi_m$，如图 2-31(b)所示，则 F_R 不能与 F_Q 共

线,无法满足二力平衡条件,无论 F_Q 有多小,物体也不能保持平衡,将发生滑动。这种与主动力的大小无关而与摩擦角有关的平衡条件称为**自锁条件**,物体在自锁条件下的平衡现象称为**自锁现象**。显然,图 2-31 情形的自锁条件是

$$\alpha \leqslant \phi_m \quad (2-21)$$

例 2-15 如图 2-32(a)所示,在倾角为 θ 的斜面上放一物体,物体只受重力 G 的作用,物体与斜面之间的静摩擦因数为 f_s。求物体保持平衡时,斜面的最大倾角 $\theta_{\max}$。

【解】 画出物体的受力图,如图 2-32(b)所示,物体受到主动力 G 及全反力 F_R 的作用。据二力平衡公理,此二力必须等值、反向、共线,故全反力 F_R 的方向应沿铅垂线向上,与斜面法线间的夹角等于 θ。根据有摩擦的自锁条件,θ 不能大于摩擦角 ϕ_m,故能保持物体平衡的斜面最大倾角为 $\theta_{\max} = \phi_m = \arctan f_s$。

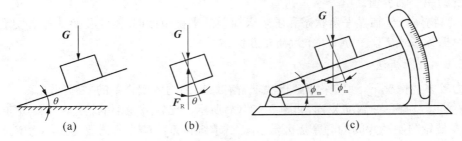

图 2-32

摩擦角和自锁原理在工程实际中得到广泛的应用。上例的结果就可用来测定两种材料间的摩擦因数。用两种材料分别做成斜面与滑块,如图 2-32(c)所示,将滑块放在斜面上,逐渐增大斜面的倾角 θ,直至滑块在自重力作用下开始下滑。此时斜面的倾角即为摩擦角,即 $\theta_{\max} = \phi_m$,其正切值就是静摩擦因数 $\tan \phi_m = f_s$。

斜面的自锁条件就是螺旋机构的自锁条件。因为螺旋可以视为绕在一圆柱体上的斜面,如图 2-33 所示。螺旋升角就是斜面的倾角;而螺母相当于斜面上的滑块 A,加于螺母的轴向载荷 P,相当于滑块 A 的重力。要使螺旋自锁,必须使螺旋升角 θ 小于等于或摩擦角 ϕ_m,因此螺旋的自锁条件是 $\theta \leqslant \phi_m$。

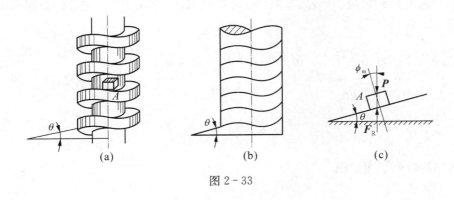

图 2-33

若螺旋千斤顶的螺杆与螺母之间的摩擦因数 $f_s = 0.1$,则

$$\tan \phi_m = f_s = 0.1, 即 \phi_m = 5°43'。$$

为保证螺旋千斤顶可靠自锁,一般取螺旋升角 $\theta = 4° \sim 4°30'$。

2.6.3 考虑滑动摩擦时物体的平衡问题

考虑摩擦时物体的平衡问题,与不考虑摩擦时的平衡问题有共同之处,即物体平衡时均应满足平衡条件,解决问题的方法和过程也基本相同。不同之处在于:

(1)画物体受力图时,必须考虑摩擦力。摩擦力的方向与物体相对滑动趋势的方向相反。

(2)在滑动之前即物体处于静止状态时,摩擦力是一个范围值,故问题的解答也一定是平衡范围的一个临界值。

(3)当物体处于临界平衡状态和求解未知量的平衡范围时,除了要列出平衡方程外,还要列出摩擦关系式 $F_{fmax} = f_s F_N$ 作为补充方程。

2.6.3.1 解析法

在力较多的情况下,通常采用解析法求解有摩擦的物体或物系的平衡问题。

例 2-16 有一种制动装置,如图 2-34(a)所示。已知鼓轮上的转矩为 M、几何尺寸 a,b,c,r 及鼓轮与制动片间的静摩擦因数 f_s。试求维持系统静止所需要的最小力 **F**。

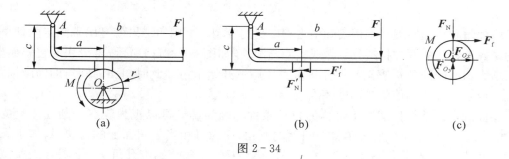

图 2-34

【解】 以制动装置作为分析对象,分别画出制动杆与鼓轮的受力图,如图 2-30(b,c)所示。因所求力为 **F** 之最小力,故摩擦处于临界状态,即 $F_f = F_{fmax}$。先对鼓轮列平衡方程及补充方程。

由 $\sum M_O(\bm{F}) = 0$ 得 $\quad M - F_{fmax} \times r = 0, F_{fmax} = \dfrac{M}{r}$。

因 $F_{fmax} = f_s \cdot F_N$,故

$$F_N = \frac{F_{fmax}}{f_s} = \frac{M}{rf_s}。$$

再对制动杆列平衡方程

由 $\sum M_A(\boldsymbol{F})=0$ 得 $\quad F_N\times a-F'_f\times c-F\times b=0$。

解得
$$F=\frac{F_N a-F_f c}{b}=\frac{M}{rbf_s}(a-f_s c)。$$

若有具体数值,带入后解得 F 值为零、负值,说明不用力,甚至略微反向提一下,装置都不会松开,这就是达到了自锁。显然,自锁条件为 $a\leqslant f_s c$。

例 2-17 图 2-35 所示为一攀登电线杆时所用的套钩。已知套钩的尺寸 L,电线杆直径 D,静摩擦因数 f_s。试求套钩不致下滑时脚踏力 $\boldsymbol{F}$ 的作用线与电线杆中心线的距离 d。

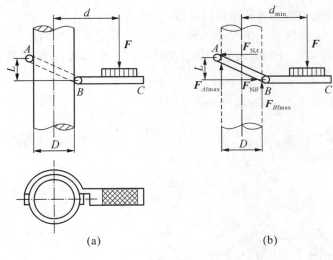

图 2-35

【解】 取套钩为研究对象画受力图,如图 2-35(b)所示。套钩工作时有向下滑动的趋势,d 值越大越不易滑动。当 $d=d_{min}$ 时,套钩处于临界平衡状态,此时 A,B 两处所受摩擦力达到最大值。列出平衡方程和补充方程。

由 $\sum F_x=0$ 得 $\quad F_{NA}-F_{NB}=0$;

由 $\sum F_y=0$ 得 $\quad F_{Afmax}+F_{Bfmax}-F=0$;

由 $\sum M_A(\boldsymbol{F})=0$ 得 $\quad F_{NB}L+F_{Bfmax}D-F\left(d_{min}+\dfrac{D}{2}\right)$。

而 $\quad F_{Afmax}=f_s F_{NA}$,$F_{Bfmax}=f_s F_{NB}$。

联立以上方程求解,即得套钩不致下滑时脚踏力 $\boldsymbol{F}$ 作用线与电线线的最小距离

$$d=d_{min}=\frac{L}{2f_s}。$$

这也就是套钩不至下滑的临界条件。由此判断出套钩不致下滑时 d 应满足的范围是

$$d \geqslant \frac{L}{2f_s}。$$

2.6.3.2 几何法

将接触面的切向和法向约束力合成为全反力 F_R 后,若物体平衡问题所涉及的力不超过 3 个,用几何法求解比较简单。

例 2-18 图 2-36(a,b)所示为两种自动夹紧机构,机构中各接触面静摩擦因数均为 f_s,拉杆 AE 受力 F 作用有下滑趋势。图 2-36(a)中拉杆 AE 被掉入固定导板中的小轮 C 夹住,斜导板的偏角为 θ;图 2-36(b)中拉杆 AE 被曲柄 AB 夹住。已知尺寸 L,a,且 $L > a$。试求两种情况中拉杆 AE 的自锁条件(不计各构件自重)。

【解】 若小轮 C、曲柄 AB 在 A 处自锁,则拉杆 AE 必自锁。因此只要求出小轮 C 和曲柄 AB 的自锁条件即可。分别画出它们的受力图,如图 2-36(c,b)所示,自锁时两者均为二力构件。

对于小轮,自锁条件为 $\frac{\theta}{2} \leqslant \phi_m$,即 $\tan \frac{\theta}{2} \leqslant f_s$;

对于曲柄,自锁条件为 $\alpha \leqslant \phi_m$,而 $\tan \alpha = \frac{\sqrt{L^2 - a^2}}{a}$,于是自锁条件可写成

$$\frac{\sqrt{L^2 - a^2}}{a} \leqslant f_s。$$

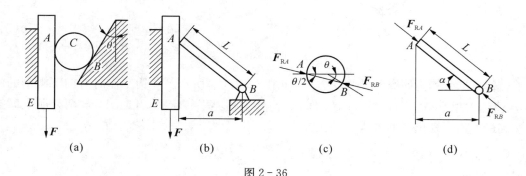

图 2-36

例 2-19 用绳拉一直径为 d,重力为 G 的油桶,翻越高为 h 的台阶,如图 2-37(a)所示。已知油桶与台阶之间的静摩擦因数为 f_s,求油桶与台阶间不打滑的条件。

【解】 (1) 作油桶平衡状态受力图,如图 2-37(b)所示。根据三力平衡汇交条件,A 处全反力 F_{RA} 与 F,G 汇交于 B。

(2) 联结 AB,过 A 作直径线的垂线,垂足为 D,则

$$\tan \alpha = \frac{h}{AD} = \frac{AD}{d-h}, \quad AD = \sqrt{h(d-h)},$$

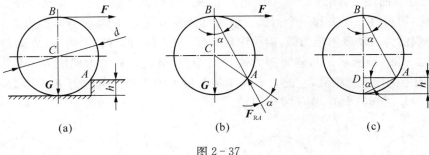

图 2-37

故
$$\tan\alpha = \frac{h}{\sqrt{h(d-h)}} = \sqrt{\frac{h}{d-h}}。$$

(3) 按自锁条件,对于 A 点应有

$$\tan\alpha \leqslant f_s, \quad 即 \quad \frac{h}{d-h} \leqslant f_s^2。$$

因此,不打滑条件可写为 $h \leqslant \dfrac{df_s^2}{1+f_s^2}$。

2.6.4 滚动摩擦简介

由经验可知,搬运重物时,若在重物底下垫辊轴,则比将重物直接放在地面上推动省力得多,如图 2-38(a)所示。在工程实际中,为了减轻劳动强度、提高效率,常利用物体的滚动代替物体的滑动。如车辆采用车轮、机器采用滚动轴承等,如图 2-38(b)所示。

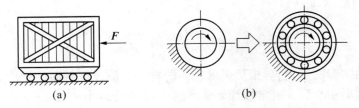

图 2-38

值得思考的问题是,用滚动来代替滑动为什么会省力?当物体滚动时,存在什么样的阻力?影响滚动效应的因素是什么?现借助一简单实例进行分析。

如图 2-39(a)所示,水平面上有一重量为 G、半径为 r 的碌子,今在其中心处加一很小的水平拉力 F。此时碌子与地面的接触点 A 就会产生一个阻碍碌子滑动的静摩擦力 F_f,它与拉力 F 等值、反向。但是,如果水平面的约束力只有正压力 F_N 和静摩擦力 F_f,那么它们就不可能与重力 G、拉力 F 共同作用而使碌子保持平衡。因为其中的拉力 F 与静摩擦力 F_f 组成一个力偶,将会使碌子发生滚动。实际上当水平拉力 F 不大时,碌子并不发生滚动而处于静止。这是因为碌子在其重力作用下,碌子与地面都会产生变形,使得碌子上的约束力分

布在相互接触的曲面上，如图 2-39(b)所示，形成一个平面任意力系。将这些任意分布的力向 A 点简化，可得到一个力和一个力偶。该力可分解为正压力 F_N 和静摩擦力 F_f；而力偶矩为 M_f 的力偶称为**滚动摩擦阻力偶**，简称**滚阻力偶**，与力偶(F，F_f)平衡，其方向与滚动趋势相反，如图 2-39(c)所示。与静摩擦力的特点相似，滚阻力偶的力偶矩 M_f 随主动力偶矩(F，F_f)力偶矩的增大而增大，它的大小介于零与最大值之间。若拉力 F 再增大，则滚阻力偶的力偶矩 M_f 达到最大值，碾子发生滚动。

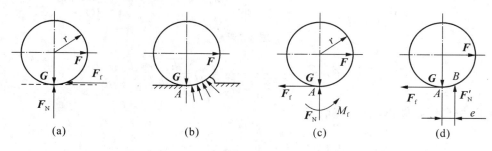

图 2-39

实验表明，碾子开始滚动时的滚阻力偶矩的最大值 M_{fmax} 值与碾子半径无关，而与支承面的法向正压力 F_N 的大小成正比，即

$$M_{fmax} = \delta F_N。 \qquad (2-22)$$

这就是**库伦滚动摩擦定律**。式中，比例常数 δ 称为**滚动摩擦因数**，简称**滚阻因数**。滚阻因数的量纲显然应为长度，单位一般用 mm。根据力的平移定理，可将法向正压力 F_N 和滚阻力偶矩最大值 M_{fmax} 合成为一个力 F_N'，而滚阻因数就是力 F_N' 的作用线到碾子中心线的距离 e，如图 2-39(d)所示，即

$$\delta = e = \frac{M_{fmax}}{F_N} = \frac{M_{fmax}}{F_N'}。 \qquad (2-23)$$

滚阻因数由实验测定，它与相互接触物体的材料性质及接触面的硬度、湿度等有关，其数值可从工程手册中查到。通常接触处变形越小，δ 值就越小。表 2-3 给出了几种常见材料的滚阻因数参考值。

表 2-3　滚动摩擦因数 δ/mm

摩擦材料	δ	摩擦材料	δ
软钢对软钢	0.05	铸铁对铸铁	0.05
淬火钢对淬火钢	0.01	火车轮对钢轨	0.5～0.7

例 2-20　试分析图 2-39(a)中碾子的滑动与滚动条件。

【解】　碾子受力图如图 2-39(c)所示。
车轮的滑动条件为 $F > f_s \cdot F_N$，即 $F > f_s \cdot G$；

车轮的滚动条件为 $Fr > M_{\text{fmax}}$,将(2-23)式代入,得 $F > \dfrac{\delta}{r}G$。

由于 $\dfrac{\delta}{r} \ll f_s$,故车轮滚动比滑动要容易得多。

完成第 2 章典型任务

如表 2-4 所示。

表 2-4　任务答案

如图 2-1(a)所示鲤鱼钳由钳夹 1、连杆 2、上钳头 3 与下钳头 4 等组成。若钳夹手握力为 F,不计各杆自重与摩擦,求钳头的夹紧力 F_1 的大小。设图中的尺寸单位是 mm,连杆 2 与水平线夹角 $\alpha = 20°$。

任务1	对鲤鱼钳的每一个物体进行受力分析,并画出受力图	连杆 AC 是二力杆,受到钳夹 1 在铰 C 处的作用力和上钳头 3 在 A 处的作用力 F'_{CA}。 钳夹 1 受到的力有:手握力 F,连杆 AC(二力杆)的作用力 F_{CA},下钳头与钳夹铰链 D 的约束反力 F_{Dx},F_{Dy}。 上钳头 3 受到的力有:手握力 F,连杆的作用力 F'_{AC},下钳头铰链 B 的约束反力 F_{Bx},F_{By},钳头夹紧力 F_1。 下钳头 4 受到的力有:钳夹铰链 D 的作用力 F'_{Dx},F'_{Dy} 上钳头铰链 B 的作用力 F'_{Bx},F'_{By},钳头夹紧力 F'_1	
任务2	对鲤鱼钳研究的顺序如何?	先取钳夹 1 为研究对象,分析其上受到的力可知,只要对 D 点取矩列力矩平衡方程,便可求出 F_{CA};再取上钳头 3 为研究对象,由其受力图可知,对 B 点取矩列力矩平衡方程,便可求出 F_1	
任务3	求钳头的夹紧力 F_1 的大小	由钳夹 1 列出平衡方程,由 $\sum M_D(\boldsymbol{F}) = 0$ 得 $$-F(100+32) + F_{CA} \sin\alpha \times 32 - F_{CA} \cos\alpha \times 6 = 0,$$ 解得 $F_{CA} = \dfrac{132F}{32\sin\alpha - 6\cos\alpha} = 24.88F$; 再由上钳头 3 列出平衡方程,由 $\sum M_B(\boldsymbol{F}) = 0$ 得 $$F(126+12) - F_{AC}\sin\alpha \times 126 + F_1 \times 38 = 0,$$ 解得 $F_1 = \dfrac{126 F_{AC} \sin\alpha - 138F}{38}$, $F_{AC} = F_{CA}$,所以有 $F_1 = \dfrac{126 F_{AC} \sin\alpha - 138F}{38} = 24.6F$	

续表

任务 4	若鲤鱼钳中不用二力杆 AC 改为图 2-1(a)所示的普通钳,结果会有什么不同？	画出半边钳头的受力图如右图所示,列出平衡方程。由 $\sum M_B(\boldsymbol{F}) = 0$ 得 $F \times 138 - F_1 \times 38 = 0$,解得 $F_1 = 3.64F$ 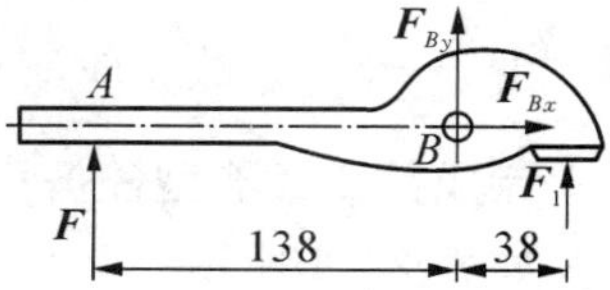
任务 5	通过任务 3 和任务 4 的比较说明了什么？	比较任务 3 和任务 4 可见,鲤鱼钳可以获得比普通钳高数倍的夹紧力,其精妙的设计,充分利用了力学知识和原理

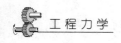

小　结

本章主要知识点：

1. 平面汇交力系的合成与平衡：投影的计算,平面汇交力系合成方法,平面汇交力系平衡条件及应用。
2. 平面力偶系的合成与平衡：平面力偶系的合成,平面力偶系的平衡条件及应用。
3. 平面任意力系简化：平面任意力系简化方法,平面任意力系简化结果及讨论。
4. 平面任意力系的平衡方程及应用。
5. 考虑摩擦时的平衡问题的求解。

本章重点内容和主要公式：

1. 平面汇交力系的合成结果两种：一种是合力不为零,即力系有一个合力；另一种是合力为零,即力系平衡。

合力为 $\qquad F_R = \sqrt{F_{Rx}^2 + F_{Ry}^2} = \sqrt{(\sum F_x)^2 + (\sum F_y)^2}$；

合力 $\boldsymbol{F}_R$ 的方向为 $\qquad \tan\alpha = \left|\dfrac{F_{Ry}}{F_{Rx}}\right| = \left|\dfrac{\sum F_y}{\sum F_x}\right|$；

平面汇交力系的平衡方程为 $\sum F_x = 0, \sum F_y = 0$。

利用以上方程可以求解两个未知量。

2. 平面力偶系的合成结果两种：一种是一个合力偶；另一种是平衡。

合力偶矩等于力偶系各力偶矩的代数和 $M = M_1 + M_2 + \cdots + M_n = \sum M$。

平面力偶系的平衡方程：$\sum M_i = 0$。利用此方程可以求解一个未知量。

3. 平面任意力系的简化：

主矢大小 $\qquad F'_R = \sqrt{F_{Rx}^2 + F_{Ry}^2} = \sqrt{(\sum F_x)^2 + (\sum F_y)^2}$；

主矢方向 $\tan\alpha = \left|\dfrac{\sum F_y}{\sum F_x}\right|$,主矢与简化中心的位置无关;

主矩 $M_O = M_1 + M_2 + \cdots + M_n = \sum M_O(\boldsymbol{F})$,主矩与简化中心 O 的位置有关。

4. 平面任意力系的平衡方程:$\sum F_x = 0$,$\sum F_y = 0$,$\sum M_O(\boldsymbol{F}) = 0$。

利用上面方程可以求解 3 个未知量。

5. 物体系的平衡问题是本章的重点和难点:整体平衡与局部平衡的问题;研究对象有多种选择;受力分析时,要分清内力与外力。

6. 考虑摩擦时的平衡问题:最大静摩擦力 $F_{fmax} = f_s \cdot F_N$。静摩擦力随着主动力的不同而改变,其大小由平衡方程确定,且满足 $0 \leqslant F_f \leqslant F_{fmax}$,其方向与两物体间相对滑动趋势的方向相反。

求解有摩擦的平衡问题时,须在受力图上画出与物体运动趋势方向相反的摩擦力。在解题时,除原有平衡方程外,还要列出平衡临界状态的补充方程:$F_f = f_s \cdot F_N$。

2-1 如图 2-40 所示,在刚体的 A 点作用有四个汇交力。其中 $F_1 = 2$ kN,$F_2 = 3$ kN,$F_3 = 1$ kN,$F_4 = 2.5$ kN,方向如图中标注。若取图中所示坐标系,试用解析法求其合力的大小和方向。

2-2 如图 2-41 所示在刚体上作用有两个力偶($\boldsymbol{F}_1$,$\boldsymbol{F}_1'$)及($\boldsymbol{F}_2$,$\boldsymbol{F}_2'$),其力多边形封闭。问该刚体是否平衡?为什么?

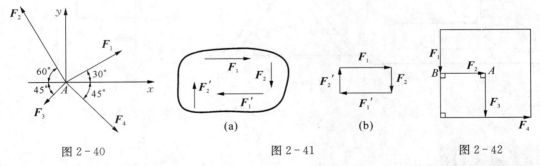

图 2-40　　　　　图 2-41　　　　　图 2-42

2-3 平面任意力系向其作用面内任意一点简化,如果主矢 $\boldsymbol{F}_R$ 和主矩 M 都不等于零,那么能否将其再进一步简化为一个合力?

2-4 一力系如图 2-42 所示,已知各力的大小 $F_1 = F_2 = F_3 = F_4 = F$。试问力系向点 A 和 B 简化的结果是什么?二者是否等效?

2-5 图 2-43 物体上 A,B,C 3 点作用有等值互成 60° 的 3 个力。试问此力系是否处于平衡状态？为什么？

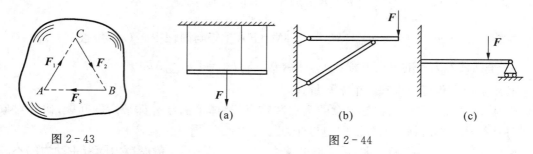

图 2-43   图 2-44

2-6 试判断图 2-44 所示各结构是静定还是超静定结构？（不计各杆自重）

2-7 图 2-45 所示汽车在行驶时，如果车轮与路面滚而不滑，后轮由发动机带动，有主动力偶 M 作用，前轮空套在轴上，被汽车车身用力 F 推向前进。试分析地面给前后轮的摩擦力的方向；摩擦力是静摩擦力还是动摩擦力？它们各自对汽车运动起了什么作用？

2-8 要改变一种机构的自锁条件，可以从哪几个方面去考虑？

2-9 人字结构架放在地面上，如图 2-46 所示，A，C 处摩擦因数分别为 f_{s1} 和 f_{s2}。设结构处于临界平衡状态，问是否存在 $F_{fA} = f_{s1} \cdot G$，$F_{fC} = f_{s2} \cdot G$？

2-10 物块重力为 G，与水平面间的静摩擦因数为 f_s，如图 2-47 所示。欲使物块向右滑动，将图 2-47(a) 的施力方法与图 2-47(b) 的施力方法比较，哪种省力？若要最省力，α 角应为多大？

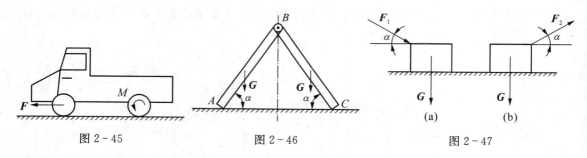

图 2-45   图 2-46   图 2-47

2-1 如图 2-48 所示，压路碾子重 20 kN，半径为 40 cm，今用一通过碾子中心的力 P 将其拉过高 $h = 8$ cm 的台阶。问：
(1) 若 P 为水平方向，至少需要多大的力？
(2) 若 P 与水平方向成 α 角，则当 α 为何值时需要的力最小？并求出这个最小的力。

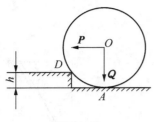

图 2-48

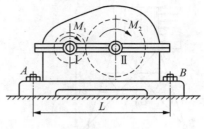

图 2-49

2-2 如图 2-49 所示为变速箱的受力简图,其中 $M_1 = 30\text{ N}\cdot\text{m}$,它是作用在 Ⅰ 轴上的主动力偶矩;$M_2 = 60\text{ Nm}$,它是作用在 Ⅱ 轴上的阻力偶矩;$A,B$ 为底座固定螺栓。假设螺栓受力以及 M_1,M_2 等都作用在同一平面内,螺栓中心线间的垂直距离 $L = 180\text{ mm}$。求两螺栓所受的轴向力。

2-3 如图 2-50 所示,梁 AB 承受线性分布载荷,载荷分布集度(单位长度梁上的载荷)$q(x) = \dfrac{q_0}{L}x$。求梁上载荷合力作用线的位置。

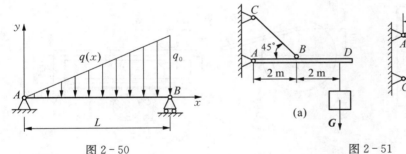

图 2-50

图 2-51

2-4 试计算图 2-51 所示两种支架中 A,C 处的约束反力。已知悬挂重物的重量 $G = 10\text{ kN}$,不计杆的自重。

2-5 如图 2-52 所示,总重量 $G = 160\text{ kN}$ 的水箱,固定在支架 $ABCD$ 上,A 为固定铰支座,B 为活动铰支座。已知水箱左侧受风压力为 $q = 16\text{ N/m}$,为保证水塔平衡,试求 A,B 间的最小距离。

2-6 如图 2-53 所示,人字梯由 AB,AC 两杆在 A 处铰接,并在 D,E 两点用水平绳索相连而成。梯子放在光滑的水平面上,有一人,重量为 G,攀登至梯上 H 处,如不计梯重,求绳子的拉力及 B,C 和铰链 A 处的约束反力(已知梯长为 L,H,D 将 AB 三等分,两梯夹角为 α)。

2-7 图 2-54 中,重力为 G 的球夹在墙和均质杆 AB 之间。AB 的重量为 $G_1 = 4G/3$,长为 L,$AD = 2L/3$。已知 $\alpha = 30°$,求绳子 BC 的拉力和铰链 A 的约束反力。

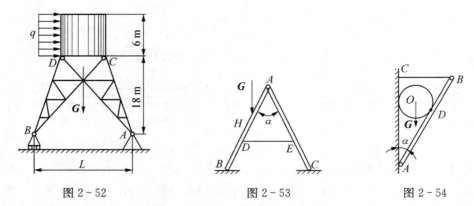

图 2-52　　　　　图 2-53　　　　　图 2-54

2-8　在图 2-55 所示平面构架中,已知 F, a,求 A, B 两支座的反力。

2-9　如图 2-56 所示,驱动力偶矩 M 使锯床转盘旋转,通过连杆 AB 带动锯弓往复移动。已知锯条的切削阻力 $F=3$ kN,OA 连线垂直于 OB 连线,试求 M 及 O,C,D 3 处支承的约束反力。

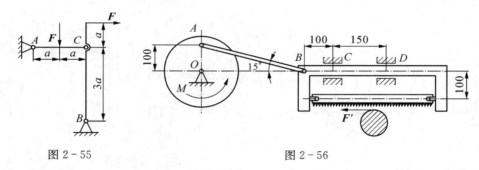

图 2-55　　　　　　　　　　　图 2-56

2-10　重力为 G 的物块放在倾角为 α 的斜面上,如图 2-57 所示,物块与斜面间的静摩擦因数为 f_s,且当 $\tan\alpha > f_s$ 时,求使物块静止时水平力 F 的大小。

2-11　用逐渐增加的水平力 F 去推一重量 $G=500$ N 的衣橱,如图 2-58 所示。已知 $h=1.3a$,$f_s=0.4$,问衣橱是先滑动还是先翻倒?调整 h 的值,使它只移不翻。

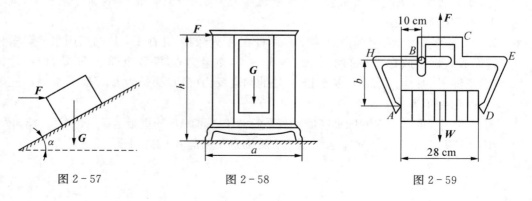

图 2-57　　　　　图 2-58　　　　　图 2-59

2-12 砖夹宽 28 cm，爪 AHB 和 $BCED$ 在 B 点铰接，尺寸如图 2-59 所示。被提起的砖的重力为 G，提举力 F 作用在砖夹中心线上。已知砖夹与砖之间的静摩擦因数为 $f_s = 0.5$，问尺寸 b 应多大才能保持砖不滑落？

2-13 楔形块放在 V 形槽内，如图 2-60 所示。槽间夹角为 2α，载荷为 P，两侧面间的静摩擦因数为 f_s。求沿槽推动楔块所需要的最小水平力 F。

2-14 图 2-61 所示斜面夹紧机构中，若已知驱动力 F、角度 β 和各接触面间的静摩擦因数 f_s，试求：
(1) 工作阻力 F_P（其大小等于夹紧工件的力）与驱动力 F 的关系式；
(2) 除去 F 后不产生松动的条件。

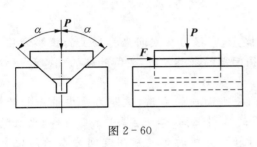

图 2-60

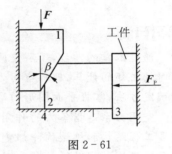

图 2-61

第3章 空间力系的平衡计算

学习目标

通过本章的学习，了解空间力系的概念，掌握力在空间坐标轴上的投影方法，掌握力对轴之矩的计算，理解空间力系的平衡问题的求解方法，了解物体的重心和形心位置的确定方法，掌握平面图形的形心计算。

空间力系是指各力的作用线不在同一平面内的力系，这是力系中最一般的情形。许多工程结构和机械构件都受空间力系的作用，例如车床主轴、起重设备、飞机的起落架和高压输电线塔等结构。对它们进行静力分析时都要应用空间力系的简化和平衡理论。

本章研究空间力系的简化和平衡问题，并介绍物体重心的概念和确定重心位置的方法。与研究平面力系相似，空间力系的简化与平衡问题也采用力系向一点简化的方法进行研究。

工程实例

图 3-1(a)和(b)所示为起重设备正在缓慢匀速起吊重物。

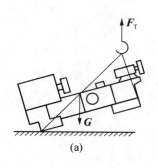
(a)

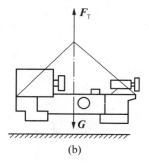
(b)

图 3-1

典型任务

在学习本章知识后,请完成表 3-1 中的各项任务。

表 3-1 第 3 章典型任务

任务分解	
任务 1	分析图 3-1(a,b)中被吊物体状态有何不同?为什么?
任务 2	图 3-1(a,b)中,两被吊物体受力各属于什么力系?
任务 3	空间力系平衡条件是什么?图 3-1(a,b)中两力系是否平衡,是否满足平衡方程?为什么?
任务 4	起吊重物与重物的重心有关系吗?讨论图 3-1(a,b)中物体起吊时,被吊物体的重心与吊钩的位置关系

3.1 空间力系的概念与实例

在工程实际中,有许多问题都属于空间力系的情况。如图 3-2(a)所示为车床主轴实例图,图 3-2(b)所示为车床主轴受力图。由图中可看到,轴右端作用有切削力 P_x,P_y,P_z,轴上有齿轮间的作用力 F_n,A,B 两处有轴承的约束反力,轴所受的这些力构成一组空间力系。

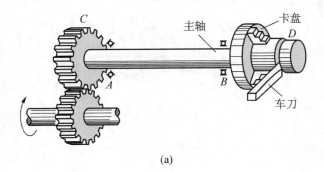

(a)

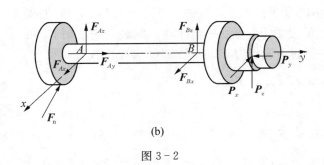

(b)

图 3-2

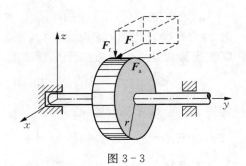

图 3-3

与平面力系一样,空间力系可分为空间汇交力系、空间平行力、空间力偶系及空间一般力系。如图 3-3 所示,半径为 r 的直齿轮,在啮合点作用有圆周力 F_t、轴向力 F_a 和径向力 F_r,3 个力汇交于啮合点,此力系为空间汇交力系。

3.2 力在空间直角坐标轴上的投影

在平面力系中,常将作用于物体上某点的力向平面直角坐标轴 x,y 上投影。同理,在空间力系中,也可将作用于空间某一点的力向空间直角坐标轴 x,y,z 上投影。

3.2.1 一次投影法

一次投影法又称直接投影法。如图 3-4 所示,若已知力 $\boldsymbol{F}$ 与空间直角坐标轴 x,y,z 之间夹角分别为 α,β,γ,以 F_x,F_y,F_z 表示力 $\boldsymbol{F}$ 在 x,y,z 3 轴上的投影,将力 $\boldsymbol{F}$ 向 3 个坐标轴投影,得

$$F_x = F\cos\alpha, \quad F_y = F\cos\beta, \quad F_z = F\cos\gamma. \tag{3-1}$$

由图 3-4 可见,若以 $\boldsymbol{F}$ 为对角线,以 3 坐标轴为棱边作正六面体,此正六面体的 3 条棱长分别等于力 $\boldsymbol{F}$ 在 3 个坐标轴上的投影 F_x,F_y,F_z 的绝对值。

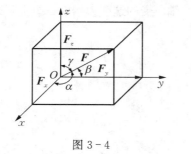

图 3-4　　　　　　　　　　图 3-5

3.2.2 二次投影法

若力 $\boldsymbol{F}$ 在空间的方位用图 3-5 所示的形式来表示,其中力 $\boldsymbol{F}$ 与一轴(如 z 轴)的夹角为 γ,力在垂直此轴的坐标面(Oxy 面)上的投影 F_{xy} 与另一坐标轴 x 的夹角为 φ 时,则可用二次投影法计算力 $\boldsymbol{F}$ 在 3 个坐标轴上的投影。先将力 $\boldsymbol{F}$ 向 z 轴和 Oxy 平面投影,得

$$F_z = F\cos\gamma, \quad F_{xy} = F\sin\gamma.$$

再将 F_{xy} 向 x,y 轴投影,得

$$F_x = F_{xy}\cos\varphi = F\sin\gamma\cos\varphi, \quad F_y = F_{xy}\sin\varphi = F\sin\gamma\sin\varphi, \quad F_z = F\cos\gamma. \tag{3-2}$$

力与它在坐标轴上的投影是一一对应的,如果力 $\boldsymbol{F}$ 的大小、方向是已知的,则它在选定

的坐标系的 3 个轴上的投影是确定的;反之,如果已知力 F 在 3 个坐标轴上的投影 F_x, F_y, F_z 的值,则力 F 的大小、方向也可以求出,其形式为

$$F = \sqrt{F_x^2 + F_y^2 + F_z^2}, \tag{3-3}$$

$$\cos\alpha = \frac{F_x}{F},\ \cos\beta = \frac{F_y}{F},\ \cos\gamma = \frac{F_z}{F}. \tag{3-4}$$

例 3-1 如图 3-6 所示,已知圆柱斜齿轮所受的啮合力 $F_n = 1\,410\text{ N}$,齿轮压力角 $\alpha = 20°$,螺旋角 $\beta = 25°$。试计算斜齿轮所受的圆周力 F_t、轴向力 F_a 和径向力 F_r。

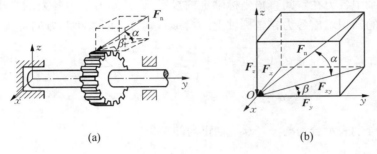

图 3-6

【解】 以图 3-6(a)中的齿轮啮合点为坐标原点 O,建空间直角坐标系如图 3-6(b),使 x,y,z 坐标轴分别沿齿轮啮合点的圆周切线、轴向和径向方向。

(1) 将啮合力 F_n 向 z 轴投影,在 z 轴上的投影

$$F_z = -F_r = -F_n\sin\alpha = -1\,410\sin 20° = -482(\text{N})。$$

(2) 将 F_n 向坐标平面 xOy 投影,F_n 在 xOy 平面上的投影为

$$F_{xy} = F_n\cos\alpha = 1\,410\cos 20° = 1\,325(\text{N})。$$

再将 F_{xy} 分别投影到 x,y 轴,得

$$F_x = F_t = F_{xy}\sin\beta = F_n\cos\alpha\sin\beta = 1\,410\cos 20°\sin 25° = 560(\text{N}),$$

$$F_y = -F_a = -F_{xy}\cos\beta = -F_n\cos\alpha\cos\beta = -1\,410\cos 20°\cos 25° = -1\,201(\text{N})。$$

由计算可知,圆周力 $F_t = 560\text{ N}$,轴向力 $F_a = 1\,201\text{ N}$,径向力 $F_r = 482\text{ N}$。

3.2.3 合力投影定理

若分布在空间的若干个力的作用线汇交于一点,则称该力系为空间汇交力系。按照求平面汇交力系的合成方法,也可以求得空间汇交力系的合力,即合力的大小和方向可以用力多边形求出,合力的作用线通过汇交点。与平面汇交力系不同的是,空间汇交力系的力多边形的各边不在同一平面内,它是一个空间力多边形。

由此可见,空间汇交力系可以合成为一个合力,合力矢等于各分力矢的矢量和,其作用

线通过汇交点。写成矢量表达式为

$$F_R = F_1 + F_2 + \cdots + F_n = \sum F_i。 \tag{3-5}$$

在实际应用中,常以解析法求合力,它的根据是合力投影定理:合力在某一轴上的投影等于各分力在同一轴上投影的代数和。合力投影定理的数学表达式为

$$F_{Rx} = \sum F_x, \ F_{Ry} = \sum F_y, \ F_{Rz} = \sum F_z, \tag{3-6}$$

式中,F_{Rx},F_{Ry},F_{Rz} 分别表示合力 F_R 在 x,y,z 轴上的投影。

若已知力系中各力在空间直角坐标轴上的投影(或已知力系中各力的大小和方向,利用上面关于投影的知识求出各力在坐标轴上的投影),则合力的大小和方向可按下式求得:

$$F_R = \sqrt{\left(\sum F_x\right)^2 + \left(\sum F_y\right)^2 + \left(\sum F_z\right)^2}, \tag{3-7}$$

$$\cos\alpha = \frac{F_x}{F_R}, \ \cos\beta = \frac{F_y}{F_R}, \ \cos\gamma = \frac{F_z}{F_R}, \tag{3-8}$$

式中,α,β,γ,分别表示合力与 x,y,z 轴正向的夹角。

3.3 力对轴之矩

3.3.1 力对轴之矩的概念

在实际工程中,经常遇到力使物体绕固定轴转动的情况。以推门为例来讨论力对轴的矩,如图 3-7 所示。实践证明,力使门转动的效应,不仅取决于力的大小和方向,而且与力作用的位置有关。如图 3-7(a,b)所示,施加外力 F_1,F_2,力的作用线与门的转轴平行或相交,则力无论多大,都不能推动门。如图 3-7(c)所示,力 F 垂直于门的方向,且不通过门轴

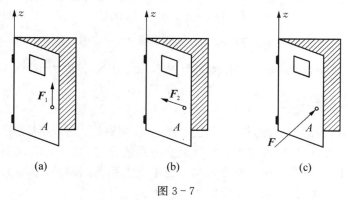

图 3-7

时，门就能被推动，并且力越大，或其作用线与门轴间的垂直距离越大，则门的转动效果越显著。

力使门转动的效应，如图3-8(a)所示，在门边上的A点作用一力F，为了研究力F使门绕z轴转动的效应，可将力分解为两个分力F_z和F_{xy}，其中F_z与z轴平行，F_{xy}与z轴垂直。事实表明，分力F_z不可能使门转动，只有分力F_{xy}才能使门绕z轴转动。

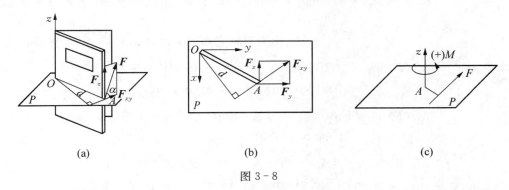

图3-8

过A点作平面P与z轴垂直，并与z轴相交于O点。分力F_{xy}产生使门绕z轴转动的效应，相当于在平面问题中力F_{xy}使平面P绕矩心O转动的效应，如图3-8(b)所示。这个效应可用力的大小F_{xy}与O点到力F_{xy}的作用线的距离d（力臂）的乘积来度量，其转向可用正负号加以区分。力F对z轴之矩$M_z(F)$可表示为

$$M_z(F) = M_z(F_{xy}) = M_O(F_{xy}) = \pm F_{xy} \cdot d, \quad (3-9)$$

或

$$M_z(F) = \pm F\cos\alpha \cdot d。 \quad (3-10)$$

上式表明，力对轴的矩等于力在与轴垂直的平面上的投影对轴与该平面的交点的矩。

力对轴的矩正负号按右手螺旋法则确定：右手4指按F绕轴的转动方向握轴，若大拇指指向与z轴的正向一致，则取正号，反之取负号。也可按下述法则来确定其正负号：从轴的正向看，力F绕z轴的转动方向逆时针转向为正，顺时针转向为负。如图3-8(a)所示的力F，它对z轴之矩$M_z(F)$为正值。

从力对轴之矩的定义进行分析：

(1) 当力的作用线与z轴平行时，$F_{xy}=0$，由(3-9)式得$M_z(F)=\pm F_{xy}\cdot d=0$，力对该轴的矩为零。

(2) 当力的作用线与z轴相交时，力臂$d=0$，由(3-10)式得$M_z(F)=\pm F_{xy}\cdot d=0$，力对该轴的矩为零。

由以上分析可知，当力的作用线与轴线共面时，力对该轴之矩必然为零。如图3-7(a,b)中的力F_1，F_2都与z轴共面，因此它们对z轴之矩都为零，这两个力都不可能使门绕z轴转动。由图3-8(a)可以理解，在平面问题中所定义的力对平面内某点O之矩，实际上就是力对通过此点且与平面垂直的轴之矩。

例3-2 计算图3-9所示手摇曲柄上F对x，y，z轴之矩。已知F为平行于xz平

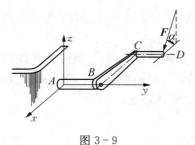

图 3-9

面的力，$F = 100$ N，$\alpha = 60°$，$AB = 20$ cm，$BC = 40$ cm，$CD = 15$ cm，A，B，C，D 处于同一水平面上。

【解】（1）计算力 $\boldsymbol{F}$ 在 x，y，z 轴上的投影。

$$F_x = F\cos\alpha, \quad F_z = -F\sin\alpha.$$

因 $\boldsymbol{F}$ 平行于 xz 平面，垂直于 y 轴，则 $\boldsymbol{F}$ 在 y 轴投影 $F_y = 0$。

（2）由力对轴之矩定义计算 $\boldsymbol{F}$ 对 x，y，z 各轴的矩，得

$$M_x(\boldsymbol{F}) = -F_z(AB+CD) = -100\text{ N}\sin 60°(20+15)$$
$$= -3\,031(\text{N}\cdot\text{cm}) = -30.31(\text{N}\cdot\text{m}),$$

$$M_y(\boldsymbol{F}) = -F_z BC = -100\text{ N}\sin 60°\times 40 = -3\,464(\text{N}\cdot\text{cm})$$
$$= -34.64(\text{N}\cdot\text{m}),$$

$$M_z(\boldsymbol{F}) = -F_x(AB+CD) = -100\text{ N}\cos 60°(20+15)$$
$$= -1\,750(\text{N}\cdot\text{cm}) = -17.5(\text{N}\cdot\text{m}).$$

3.3.2 合力矩定理

平面力系的合力矩定理，也可以推广到空间力系的情形。

合力矩定理　　空间力系的合力对某轴之矩，等于各分力对同一轴之矩的代数和，即

$$M_z(\boldsymbol{F}_R) = M_z(\boldsymbol{F}_1) + M_z(\boldsymbol{F}_2) + \cdots + M_z(\boldsymbol{F}_n).$$

计算力对某轴之矩时，常应用合力矩定理，如图 3-10 所示，将力 $\boldsymbol{F}$ 沿坐标轴方向分解为 F_x，F_y，F_z 3 个互相垂直的分力，然后分别计算各分力对这个轴之矩，求其代数和，即得力 $\boldsymbol{F}$ 对该轴之矩。由合力矩定理得

$$M_x(\boldsymbol{F}) = M_x(\boldsymbol{F}_x) + M_x(\boldsymbol{F}_y) + M_x(\boldsymbol{F}_z)$$
$$= 0 - zF_y + yF_z = yF_z - zF_y.$$

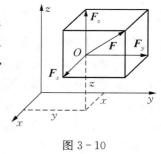

图 3-10

同理可得

$$M_y(\boldsymbol{F}) = M_y(\boldsymbol{F}_x) + M_y(\boldsymbol{F}_y) + M_y(\boldsymbol{F}_z) = zF_x + 0 - xF_z = zF_x - xF_z,$$

$$M_z(\boldsymbol{F}) = M_z(\boldsymbol{F}_x) + M_z(\boldsymbol{F}_y) + M_z(\boldsymbol{F}_z) = -yF_x + xF_y + 0 = xF_y - yF_x.$$

力对轴之矩的解析表示式为

$$M_x(\boldsymbol{F}) = yF_z - zF_y, \quad M_y(\boldsymbol{F}) \doteq zF_x - xF_z, \quad M_z(\boldsymbol{F}) = xF_y - yF_x. \quad (3-11)$$

已知力 $\boldsymbol{F}$ 作用点的坐标 x，y，z 和力 $\boldsymbol{F}$ 在 3 个坐标轴上的投影，则由(3-11)式即可算出 $M_x(\boldsymbol{F})$，$MF_y(\boldsymbol{F})$ 和 $M_z(\boldsymbol{F})$。式中 x，y，z，F_x，F_y，F_z 都是代数量，在计算力对轴之矩

时,要注意各量的正负号。

3.4 空间力系的平衡方程及其应用

3.4.1 空间一般力系的平衡条件和平衡方程

如图 3-11 所示,由 F_1, F_2, $\cdots$, F_n 组成的空间一般力系可应用力的平移定理向任一点简化,空间各力移到任意点 O 时,都必须同时附加一个力偶,其力偶矩矢等于该力对简化中心 O 之矩。于是空间力系向任意点 O 简化时,可得到作用于 O 点的一个空间汇交力系和一个附加力偶系,从而合成为一个合力 F'_R 和一个合力矩 M_O。

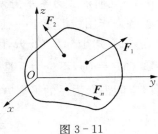

图 3-11

F'_R 为原空间力系的主矢,是原力系中各力的矢量和,主矢与简化中心的选取无关。主矢大小为

$$F'_R = \sqrt{\left(\sum F_x\right)^2 + \left(\sum F_y\right)^2 + \left(\sum F_z\right)^2}。 \tag{3-12}$$

M_O 为原力系对简化中心 O 的主矩,它等于原力系中各力对简化中心 O 之矩的矢量和,其大小为

$$M_O(F) = \sqrt{[M_x(F)]^2 + [M_y(F)]^2 + [M_z(F)]^2}。 \tag{3-13}$$

空间力系平衡的充分和必要条件是:力系的主矢及对任一点的主矩都等于零,即 $F'_R = 0$, $M_O = 0$。根据(3-12)式和(3-13)式,可将上述条件写成空间力系的平衡方程,即

$$\sum F_x = 0, \sum F_y = 0, \sum F_z = 0, \sum M_x(F) = 0, \sum M_y(F) = 0, \sum M_z(F) = 0。$$
$$\tag{3-14}$$

由空间力系的平衡方程,可将空间力系平衡的充分必要条件表述为:力系中所有的力在任意相互垂直的 3 个坐标轴的每一个轴上的投影的代数和等于零,以及力系对于这 3 个坐标轴的矩的代数和分别等于零。

对于空间力系的平衡情况,也可以这样理解:受空间力系作用的物体若不平衡,则力系可能使物体沿 x,y,z 轴方向的移动状态发生变化,也可能使该物体绕该 3 轴的转动状态发生变化。若物体在力系作用下处于平衡,则物体沿 x,y,z 3 轴的移动状态不变,绕该 3 轴的转动状态也不变。当物体沿 x 方向的移动状态不变时,该力系中各力在 x 轴上的投影的代数和为零,即 $\sum F_x = 0$;同理可得 $\sum F_y = 0$, $\sum F_z = 0$。当物体绕 x 轴的转动状态不变时,该力系对 x 轴力矩的代数和为零,即 $\sum M_x(F) = 0$,同理可得 $\sum M_y(F) = 0$, $\sum M_z(F) = 0$。

(3-14)式包含 6 个方程式,当 6 个方程式都能满足,则刚体必处于平衡。空间力系只

有6个独立的平衡方程,可求解6个未知量。在求解时应注意:
(1) 选择适当的投影轴,使更多的未知力尽可能地与该轴垂直;
(2) 力矩轴应选择与未知力相交或平行的轴;
(3) 尽量做到一个方程含有一个未知力,避免联立方程。

3.4.2 空间特殊力系平衡方程

由空间力系平衡方程(3-14)式简化,可得到几种特殊力系的平衡方程。

1. 空间汇交力系平衡方程

各力作用线汇交于一点的空间力系称为空间汇交力系,如图3-12所示。以汇交点为原点,取直角坐标系 $Oxyz$,因各力与3个坐标轴都相交,力臂都为零,即对汇交点的主矩恒为零 ($M_O \equiv 0$),不论力系是否平衡,都满足 $\sum M_x(\boldsymbol{F}) = 0$,$\sum M_y(\boldsymbol{F}) = 0$,$\sum M_z(\boldsymbol{F}) = 0$,所以空间汇交力系的平衡方程只有3个,即

$$\sum F_x = 0, \quad \sum F_y = 0, \quad \sum F_z = 0 。 \tag{3-15}$$

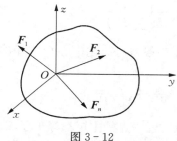

图 3-12

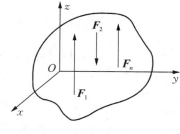

图 3-13

2. 空间平行力系平衡方程

设 z 轴与力系中各力平行,如图3-13所示。该空间平行力系中,因力的作用线与 z 轴平行,力系中各力向 x 轴和 y 轴的投影恒为零,对 z 轴的矩恒为零,不论力系是否平衡,都满足 $\sum F_x = 0$,$\sum F_y = 0$,$\sum M_z(\boldsymbol{F}) = 0$,于是空间平行力系的平衡方程为

$$\sum F_z = 0, \quad \sum M_x(\boldsymbol{F}) = 0, \quad \sum M_y(\boldsymbol{F}) = 0 。 \tag{3-16}$$

3. 空间力偶系平衡方程

因力偶在任意轴上的投影恒为零,即 $\sum F_x = 0$,$\sum F_y = 0$,$\sum F_z = 0$,平衡方程为

$$\sum M_x(\boldsymbol{F}) = 0, \quad \sum M_y(\boldsymbol{F}) = 0, \quad \sum M_z(\boldsymbol{F}) = 0 。 \tag{3-17}$$

可知,空间汇交力系、空间平行力系和空间力偶系都只有3个独立的平衡方程,只能解3个未知量。

现将常见的空间约束类型、约束力与约束力偶列于表3-2。

表 3-2 常见的空间约束类型

序号	约束类型	约束反力
1	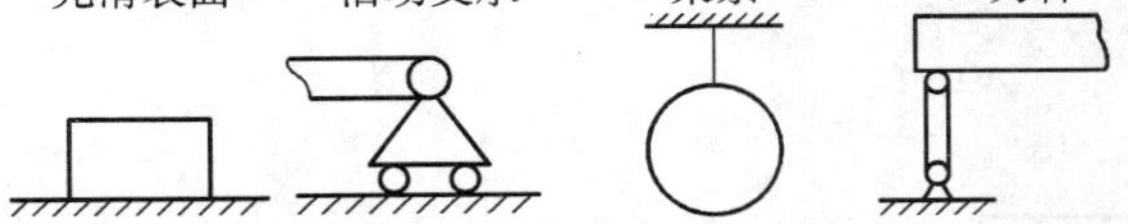 光滑表面　活动支承　柔索　二力杆	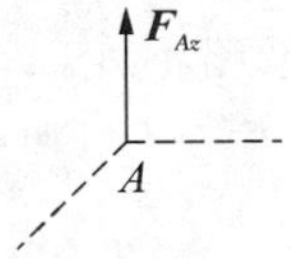 F_{Az}
2	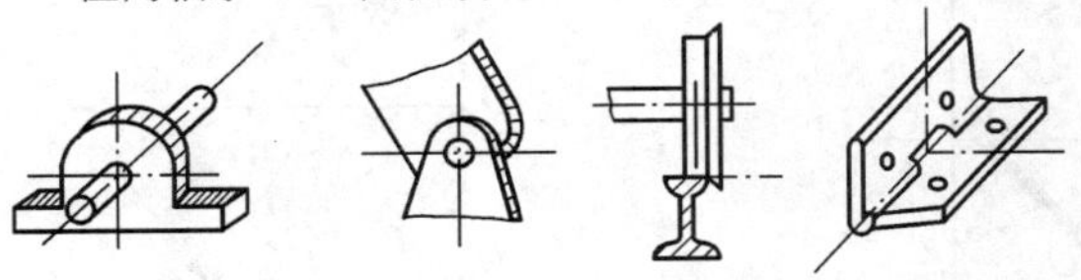 径向轴承　圆柱铰链　铁轨　蝶铰链	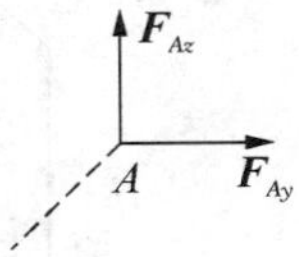 F_{Az}, F_{Ay}
3	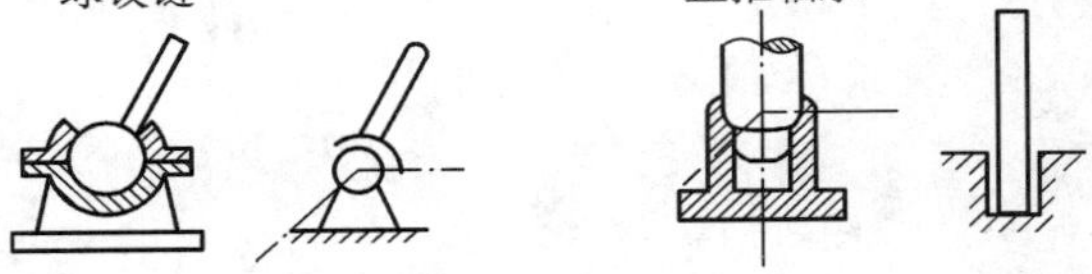 球铰链　止推轴承	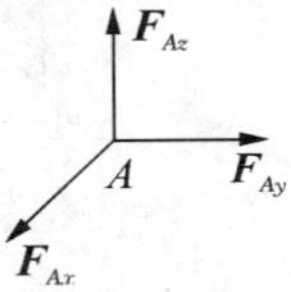 F_{Az}, F_{Ay}, F_{Ax}
4	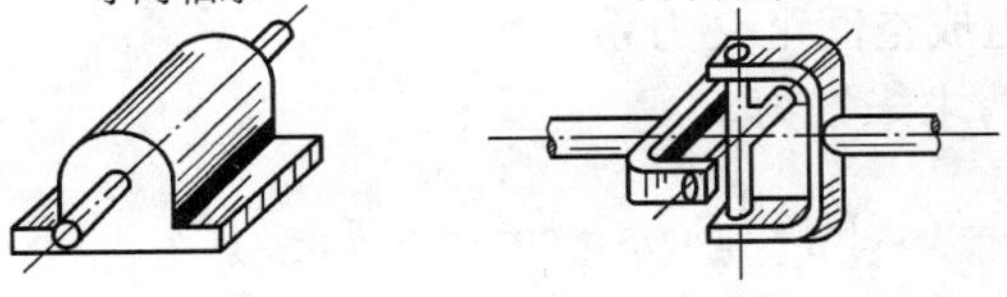 导向轴承 (a)　万向接头 (b)	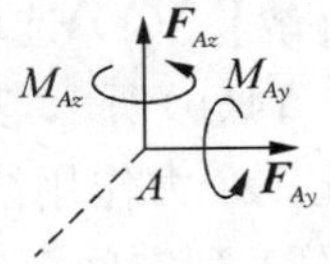 (a) M_{Az}, F_{Az}, M_{Ay}, F_{Ay}; (b) F_{Az}, M_{Ay}, F_{Ay}, F_{Ax} 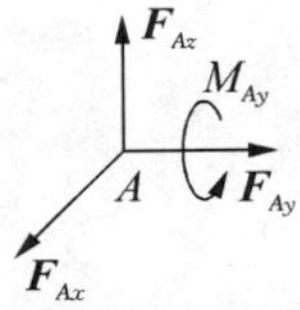
5	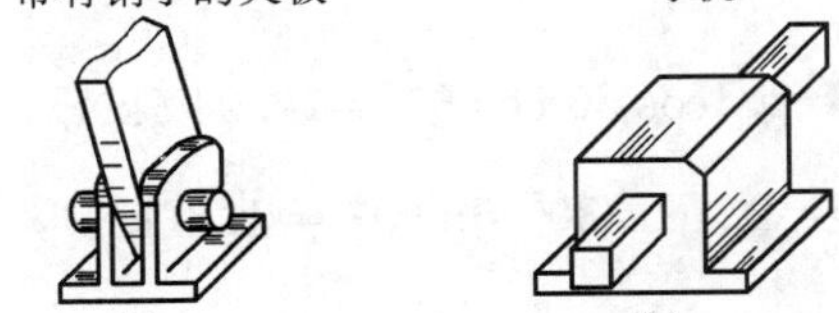 带有销子的夹板 (a)　导轨 (b)	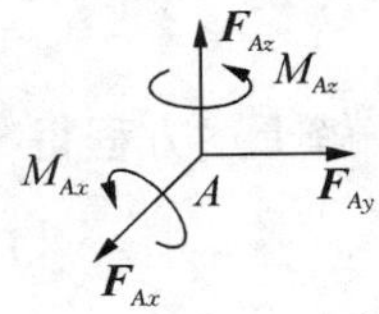 (a) M_{Az}, F_{Az}, M_{Ax}, F_{Ay}, F_{Ax}; (b) M_{Az}, F_{Az}, M_{Ax}, F_{Ay}, M_{Ay} 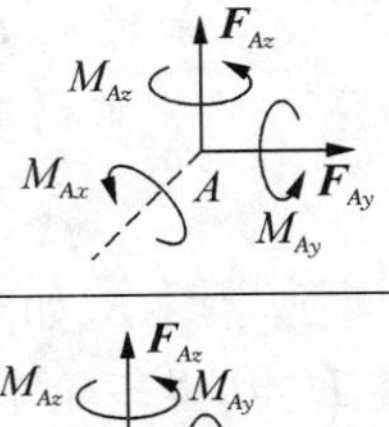
6	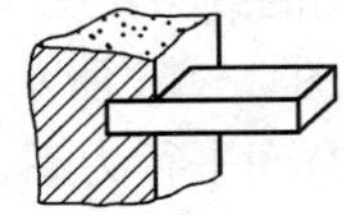 空间固定端支座	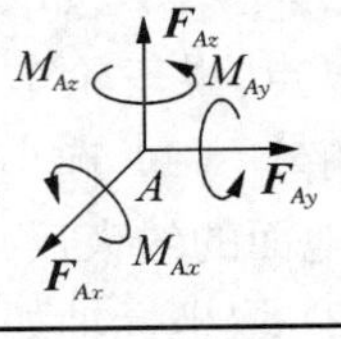 M_{Az}, F_{Az}, M_{Ay}, F_{Ay}, F_{Ax}, M_{Ax}

例 3-3 有一空间支架固定在相互垂直的墙上。支架由垂直于两墙的铰接二力杆 OA，OB 和钢绳 OC 组成。已知 $\theta=30°$，$\varphi=60°$，O 点吊一重量 $G=1.2\ \text{kN}$ 的重物，如图 3-14(a) 所示。试求两杆和钢绳所受的力。图中 O，A，B，D 4 点都在同一水平面上，杆和绳的重量忽略不计。

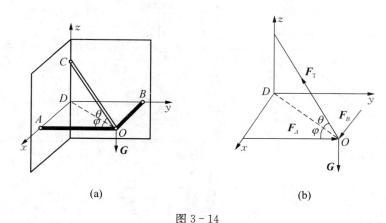

图 3-14

【解】（1）选取研究对象，画受力图，取铰链 O 为研究对象，设坐标系为 $Oxyz$，受力如图 3-14(b) 所示，其中 G 为主动力，F_A，F_B 为二力杆 OA，OB 对 O 的反力，F_T 为钢绳的拉力，此 3 个力作用线汇交于 O 点，组成空间汇交力系。

（2）列空间汇交力系平衡方程，求未知力。

$$\sum F_x = 0,\ F_B - F\cos\theta\sin\varphi = 0;$$

$$\sum F_y = 0,\ F_A - F\cos\theta\cos\varphi = 0;$$

$$\sum F_z = 0,\ F_T\sin\theta - G = 0。$$

解上述方程得

$$F_A = F\cos\theta\cos\varphi = 2.4\cos30°\cos60° = 1.04\ (\text{kN}),$$

$$F_B = F\cos\theta\sin\varphi = 2.4\cos30°\sin60° = 1.8\ (\text{kN}),$$

$$F_T = \frac{G}{\sin\theta} = \frac{1.2}{\sin30°} = 2.4\ (\text{kN})。$$

例 3-4 如图 3-15 所示的三轮车，自重 $G=8\ \text{kN}$，作用在 C 点，载重 $F=10\ \text{kN}$，作用在 E 点。设三轮车为静止状态，试求地面对车轮的约束反力。

【解】（1）选小车为研究对象，画受力图如图 3-15 所示。G 和 F 为主动力，F_A，F_B，F_D 为地面的约束反力，此 5 个力相互平行，组成空间平行力系。

（2）取坐标轴如图所示，列空间平行力系平衡方程求解未知力。

$$\sum F_z = 0, \ -F - G + F_A + F_B + F_D = 0;$$

$$\sum M_x(\boldsymbol{F}) = 0, \ -0.2 \times F - 1.2 \times G + 2 \times F_D = 0;$$

$$\sum M_y(\boldsymbol{F}) = 0, \ 0.8 \times F + 0.6 \times G - 0.6 \times F_D - 1.2 \times F_B = 0。$$

解得 $F_D = 5.8 \text{ kN}, F_B = 7.78 \text{ kN}, F_A = 4.42 \text{ kN}。$

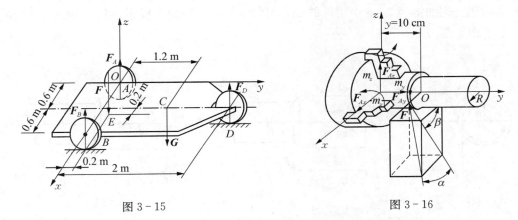

图 3 - 15　　　　　　　　　　　图 3 - 16

例 3 - 5　车床上用三爪卡盘夹固工件。设车刀对工件的切削力 $F = 1\,000$ N,方向如图 3 - 16 所示, $\alpha = 10°$, $\beta = 70°$ (α 为力 $\boldsymbol{F}$ 与铅垂面间的夹角, β 为力 $\boldsymbol{F}$ 在铅垂面上的投影与水平线间的夹角)。工件的半径 $R = 5$ cm,求当工件做匀速转动时,卡盘对工件的约束力。

【解】　以工件为研究对象,取空间直角坐标系如图 3 - 16 所示,工件除受切削力 $\boldsymbol{F}$ 作用以外,还受卡盘的约束力作用。卡盘限制工件相对其任意方向的位移和绕任何轴的转动,因此它的约束与空间固定端一样,约束反力可用 3 个相互垂直的分力 F_{Ax}、F_{Ay} 和 F_{Az} 表示,反力偶可用在 3 个坐标平面内的分力偶表示,它们的矩分别为 m_x、m_y 和 m_z。受力图中,约束反力和约束反力偶均按正方向画出。这些约束反力、约束反力偶和切削力 $\boldsymbol{F}$ 组成空间平衡力系。

以 F_x、F_y、F_z 表示力 $\boldsymbol{F}$ 在 3 个坐标轴上的分力,则分力在 3 个坐标轴上的投影为

$$F_x = -F\sin\alpha, \ F_y = -F\cos\alpha\cos\beta, \ F_z = F\cos\alpha\sin\beta。$$

列平衡方程,得

$$\sum F_x = 0, \ F_{Ax} - F_x = 0; \ \sum F_y = 0, \ F_{Ay} - F_y = 0; \ \sum F_z = 0, \ F_{Az} + F_z = 0;$$

$$\sum M_x(\boldsymbol{F}) = 0, \ m_x + F_z y = 0; \ \sum M_y(\boldsymbol{F}) = 0, \ m_y - F_z R = 0;$$

$$\sum M_z(\boldsymbol{F}) = 0, \ m_z + F_x y - F_y R = 0。$$

解以上方程,得

$$F_{Ax}=174\,\text{N},\ F_{Ay}=337\,\text{N},\ F_{Az}=-925\,\text{N},$$

$$m_x=-92.5\,\text{N}\cdot\text{m},\ m_y=46.3\,\text{N}\cdot\text{m},\ m_z=-0.55\,\text{N}\cdot\text{m}。$$

由上式可见,当车刀沿轴线 y 移动时,力偶矩 m_x,m_z 的大小将会改变,这将使轴的弯曲程度改变而影响切削精度。

在工程中计算轴类零件的受力时,常将轴上受到的各力分别投影到 3 个坐标平面上,得到 3 个平面力系。这样,可把空间任意力系的平衡问题,简化为 3 个坐标平面内的平面力系的平衡问题。例如将例 3-5 中工件的受力图向 3 个坐标平面上投影,得到如图 3-17 所示的 3 个平面任意力系。

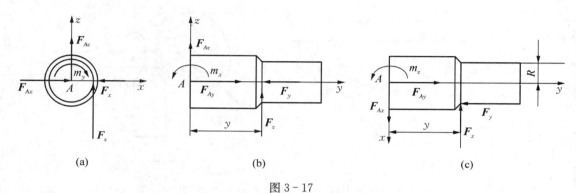

图 3-17

(1) 由左视图 3-17(a)可见,xz 平面上的投影有:主动力 $\boldsymbol{F}_x$ 和 $\boldsymbol{F}_z$,约束力 $\boldsymbol{F}_{Ax}$,$\boldsymbol{F}_{Az}$ 和 m_y,其中 $F_x=F\sin\alpha$,$F_z=F\cos\alpha\sin\beta$。列平衡方程,得

$$\sum F_x=0,\ F_{Ax}-F_x=0;\tag{1}$$

$$\sum F_z=0,\ F_{Az}+F_z=0;\tag{2}$$

$$\sum M_A(\boldsymbol{F})=0,\ -F_zR+m_y=0。\tag{3}$$

(3)式相当于 $\boldsymbol{F}$ 对 y 轴的矩,即 $\sum M_y(\boldsymbol{F})=0$。

(2) 由主视图 3-17(b)可见,在坐标平面 yz 上的投影有:主动力 $\boldsymbol{F}_y$,$\boldsymbol{F}_z$,约束力 $\boldsymbol{F}_{Ay}$,$\boldsymbol{F}_{Az}$ 和 m_x,其中 $F_y=F\cos\alpha\cos\beta$。列平衡方程,得

$$\sum F_y=0,\ F_{Ay}-F_y=0;\tag{4}$$

$$\sum M_A(\boldsymbol{F})=0,\ F_zy+m_x=0。\tag{5}$$

(5)式相当于 $\boldsymbol{F}$ 对通过 A 点的 x 轴的矩,即 $\sum M_x(\boldsymbol{F})=0$。

(3) 由俯视图 3-17(c)可见,在 xy 平面上的投影有:主动力 $\boldsymbol{F}_x$,$\boldsymbol{F}_y$,约束力 $\boldsymbol{F}_{Ax}$,$\boldsymbol{F}_{Ay}$ 和 m_z。列平衡方程,得

$$\sum M_A(\boldsymbol{F}) = 0, \quad m_z + F_x y - F_y R = 0。 \tag{6}$$

(6)式相当于 $\boldsymbol{F}$ 对通过 A 点的 z 轴的矩，即 $\sum M_z(\boldsymbol{F}) = 0$。

解以上方程可求得约束力 $\boldsymbol{F}_{Ax}$，$\boldsymbol{F}_{Ay}$，$\boldsymbol{F}_{Az}$ 和约束反力偶 m_x，m_y，m_z，其值与前面的相同。

【例 3-6】 图 3-18 所示为车床主轴，在 D 处作用有切削力，已知 $P_x = 466 \text{ N}$，$P_y = 352 \text{ N}$，$P_z = 1400 \text{ N}$。齿轮间作用力 $\boldsymbol{Q}$ 作用在轴上 C 轮的最低点，A 和 B 作用有轴承的约束反力。求轴匀速转动时 $\boldsymbol{Q}$ 力及轴承 A，B 的约束反力。

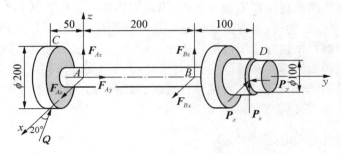

图 3-18

【解】 以主轴为研究对象，轴匀速转动时处于平衡状态，取空间直角坐标系如图 3-18 所示。主轴所受的切削力 P_x，P_y，P_z，齿轮间作用力 $\boldsymbol{Q}$ 和 A，B 轴承约束反力构成空间一般力系。满足空间一般力系的平衡条件，列平衡方程。

$$\sum F_x = 0, \quad F_{Ax} + F_{Bx} - P_x - Q\cos 20° = 0;$$

$$\sum F_y = 0, \quad F_{Ay} - P_y = 0;$$

$$\sum F_z = 0, \quad F_{Az} + F_{Bz} + P_z + Q\sin 20° = 0;$$

$$\sum M_x(\boldsymbol{F}) = 0, \quad 200 F_{Bz} + 300 P_z - 50 Q\sin 20° = 0;$$

$$\sum M_y(\boldsymbol{F}) = 0, \quad -P_z \times 50 + 100 Q = 0;$$

$$\sum M_z(\boldsymbol{F}) = 0, \quad 300 P_x - 50 P_y - 200 F_{Bx} - 50 Q\cos 20° = 0。$$

解方程，得

$$F_{Ax} = 729 \text{ N}, \quad F_{Ay} = P_y = 352 \text{ N}, \quad F_{Az} = 385 \text{ N},$$

$$F_{Bx} = 437 \text{ N}, \quad F_{Bz} = -2040 \text{ N}, \quad Q = 746 \text{ N}。$$

3.5 物体的重心与形心

地球对其表面附近物体的引力称为物体的重力，重力的大小称为物体的重量。重力作用在物体的每一微小部分上,为一分布力系,这些分布的重力实际组成一个空间汇交力系,力系的汇交点在地心处。可以算出,在地球表面相距 30 m 的两点上,重力之间的夹角不超过 1″。因此,工程上把物体各微小部分的重力视为空间平行力系,一般所说的重力是指这个空间平行力系的合力。

一个刚体上平行分布的重力的合力作用线,都通过该物体上一确定点,该点就称为物体的重心。所以,物体的重心就是物体重力合力的作用点。重心相对于物体的位置是固定不变的。

不论是在日常生活里还是在工程实际中,确定物体重心的位置都具有重要的意义。例如,当我们用手推车推重物时,只有重物的重心正好与车轮轴线在同一铅垂面内时,才能省力;起重机吊起重物时,吊钩应位于被吊物体重心的正上方,以保证起吊过程中物体保持平稳;电机转子、飞轮等旋转部件在设计、制造与安装时,都要求它的重心尽量靠近轴线,否则将产生强烈的振动,甚至引起破坏;而振动打桩机、混凝土捣实机等则又要求其转动部分的重心偏离转轴一定距离,以得到预期的振动。

3.5.1 重心和形心的坐标公式

下面根据合力矩定理建立重心的坐标公式。如图 3 - 19 所示,取直角坐标系 $Oxyz$,其中 z 轴平行于物体的重力,将物体分割成许多微小部分,其中某一微小部分 M_i 的重力为 ΔW,其作用点的坐标为 x_i, y_i, z_i,设物体的重心以 C 表示,重心的坐标为 x_C, y_C, z_C。物体的重力为 $\sum W = \sum \Delta W_i$,应用合力矩定理,分别求物体的重力对 x, y 轴的矩,有

$$M_x(\boldsymbol{W}) = \sum M_x(\Delta \boldsymbol{W}_i), -W \cdot y_C = -\sum \Delta W_i \cdot y_i;$$

$$M_y(\boldsymbol{W}) = \sum M_y(\Delta \boldsymbol{W}_i), W \cdot x_C = \sum \Delta W_i \cdot x_i。$$

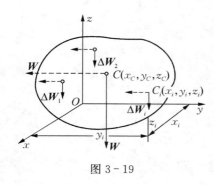

图 3 - 19

由上式即可求得重心的坐标 x_C, y_C。为了求坐标 z_C,可将物体固结在坐标系中,随坐标系一起绕 x 轴旋转 90°,使 y 轴铅垂向下。这时,重力 $\boldsymbol{W}$ 与 $\Delta \boldsymbol{W}_i$ 都平行于 y 轴,并与 y 轴同向,如图 3 - 19 中带箭头的虚线所示。然后对 x 轴应用合力矩定理,有

$$-W \cdot z_C = -\sum \Delta W_i \cdot z_i。$$

整理得物体重心 C 的坐标公式为

$$x_C = \frac{\sum \Delta W_i x_i}{W}, \quad y_C = \frac{\sum \Delta W_i y_i}{W}, \quad z_C = \frac{\sum \Delta W_i z_i}{W}。 \tag{3-18}$$

在(3-18)式中,ΔW_i 为组成物体的微小部分的重量,其重心位置为 C_i。W 是整个物体

的重量,重心在C处,且$W = \sum \Delta W_i$。x_C, y_C, z_C是物体重心坐标,x_i, y_i, z_i是ΔW_i的重心坐标,如图3-19所示。

如果物体是均质的,其密度ρ为常量。以ΔV_i表示微小部分M_i的体积,以$V = \sum \Delta V_i$表示整个物体的体积,则各微小部分的重量$W_i = \rho \Delta V_i$与其体积ΔV_i成正比,物体的重量$W = \rho V$也与物体总体积V成正比。代入(3-18)式,得

$$x_C = \frac{\sum \Delta V_i x_i}{V}, \quad y_C = \frac{\sum \Delta V_i y_i}{V}, \quad z_C = \frac{\sum \Delta V_i z_i}{V}。 \quad (3-19)$$

这说明,均质物体重心的位置与物体的重量无关,完全取决于物体的大小和形状。所以,对于均质物体,其重心和形心重合在一点上。(3-19)式所确定的点称为均质物体的重心。

若物体不仅是均质的,而且是等厚平板,厚度为h,消去(3-19)式中的板厚,则得其平面图形的形心坐标公式为

$$x_C = \frac{\sum \Delta A_i x_i}{A}, \quad y_C = \frac{\sum \Delta A_i y_i}{A}, \quad z_C = h/2, \quad (3-20)$$

(3-20)式所确定的点称为几何平面图形的形心,A为面积。

注意:非均质物体的重心与形心一般是不重合的。

3.5.2 求重心的方法

前面所述的重心和形心坐标公式,是确定重心或均质物体形心位置的基本公式。在实际问题中,可视具体情况灵活应用。下面介绍几种工程中常用的确定重心位置的方法。

1. 查表法

对于简单几何形状的均质物体,可从工程手册中查出常用的基本几何形体的形心位置公式,由计算得出。常见的几何形状形心位置公式可直接查表3-3。

表3-3 常用简单形状的均质物体的重心(形心)位置

名称	图形	形心坐标	线长、面积、体积
三角形	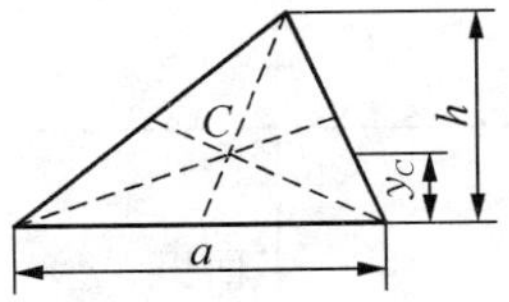	在三中线交点 $y_C = \frac{1}{3}h$	面积 $A = \frac{1}{2}ah$

续 表

名称	图形	形心坐标	线长、面积、体积
梯形	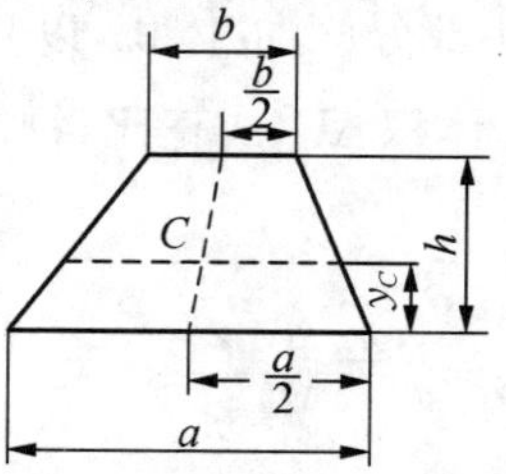	在上、下底边中线连线上 $y_C = \dfrac{h(a+2b)}{3(a+b)}$	面积 $A = \dfrac{h}{2}(a+b)$
圆弧	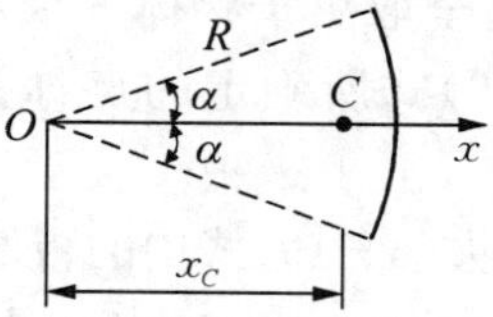	圆弧：$x_C = \dfrac{R\sin\alpha}{\alpha}$，$\alpha$ 为弧度 半圆弧： $\alpha = \dfrac{\pi}{2}$，$x_C = \dfrac{2R}{\pi}$	弧长 $l = 2\alpha \times R$
扇形	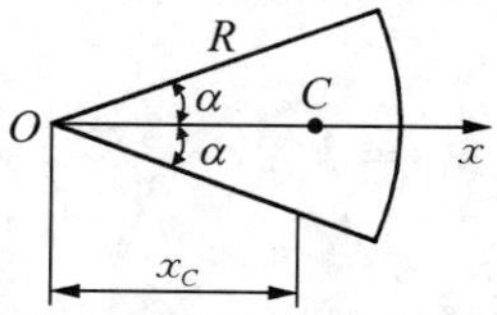	$x_C = \dfrac{2R\sin\alpha}{3\alpha}$，$\alpha$ 为弧度 半圆面： $\alpha = \dfrac{\pi}{2}$，$x_C = \dfrac{4R}{3\pi}$	面积 $A = \alpha R^2$
弓形	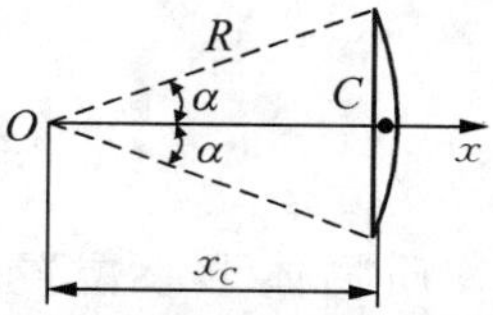	$x_C = \dfrac{4R\sin^3\alpha}{3(2\alpha - \sin 2\alpha)}$	面积 $A = \dfrac{R^2(2\alpha - \sin 2\alpha)}{2}$
抛物线面	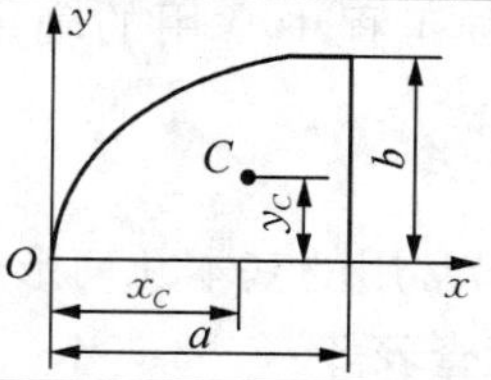	$x_C = \dfrac{3}{5}a$, $y_C = \dfrac{3}{8}b$	面积 $A = \dfrac{2}{3}ab$
抛物线面	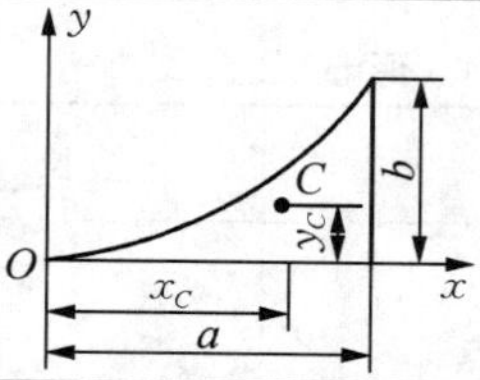	$x_C = \dfrac{3}{4}a$, $y_C = \dfrac{3}{10}b$	面积 $A = \dfrac{1}{3}ab$
半球形体	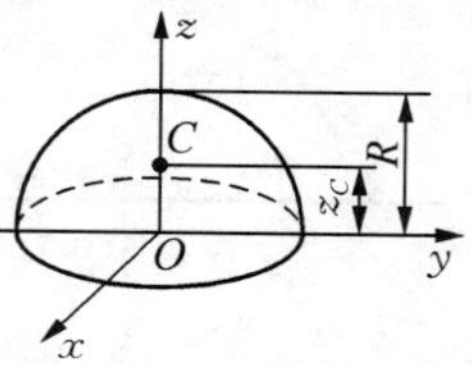	$z_C = \dfrac{3}{8}R$	面积 $V = \dfrac{2}{3}\pi R^2$

2. 对称法

对于具有对称面、对称轴、对称中心的均质物体,其重心就在对称面、对称轴、对称中心上。若物体有两个对称面,则其重心就在这两个对称面的交线上;若物体有两个对称轴,则其重心就在这两个对称轴的交点上。如图 3-20 所示,工程实际中常用的几种型钢的截面形状,其重心都在它们的对称轴上。

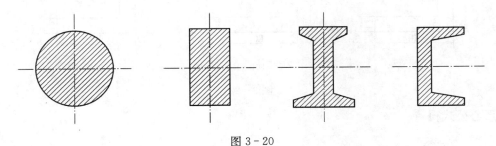

图 3-20

3. 分割法(组合法)

如果物体的形状较复杂,可将其看成几个形状简单、重心易求的物体组合。分别求出每一部分的重心坐标,然后利用重心坐标公式求出整个物体的重心。

4. 负面积法

仍然用分割法的方式,只不过把去掉部分的面积用负值代入计算。

5. 积分法

求不规则形状物体的形心,可将物体分割成无限多个微小形体,且每份的体积无限小,在极限情况下用形心的积分公式求形心。

6. 试验法

对于形状复杂、不便于利用公式计算的物体,常用试验法确定其重心位置,常用的试验法有悬挂法和称重法。

(1) 悬挂法 利用二力平衡公理,将物体用绳悬挂两次,重心必定在两次绳延长线的交点上,如图 3-21 所示。

(2) 称重法 对于体积庞大或形状复杂的零件以及由许多构件所组成的机械,常用称重法来测定其重心的位置。

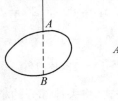

图 3-21

例 3-7 热轧不等边角钢的横截面近似简化图形如图 3-22(a)所示,求该截面形心的位置。

【解 1】 用分割法求形心坐标。

取坐标系 Oxy 如图 3-22(b) 所示。根据图形的组合情况,可将该截面分割成两个矩形 Ⅰ 和 Ⅱ,C_1 和 C_2 分别为两个矩形的形心。则矩形 Ⅰ,Ⅱ 的面积和形心坐标分别为

$$A_1 = 120 \text{ mm} \times 12 \text{ mm} = 1\,440 \text{ mm}^2, \ x_1 = 6 \text{ mm}, \ y_1 = 60 \text{ mm},$$

$$A_2 = (80-12) \text{ mm} \times 12 \text{ mm} = 816 \text{ mm}^2,$$

$$x_2 = 12 \text{ mm} + (80-12)/2 \text{ mm} = 46 \text{ mm}, \ y_2 = 6 \text{ mm}.$$

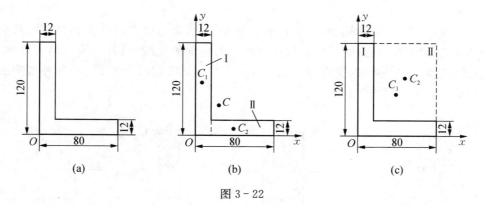

图 3-22

代入形心公式得

$$x_C = \frac{\sum \Delta A_i x_i}{A} = \frac{A_1 x_1 + A_2 x_2}{A} = \frac{1\,440 \times 6 + 816 \times 46}{1\,440 + 816} = 20.5 \text{ (mm)},$$

$$y_C = \frac{\sum \Delta A_i y_i}{A} = \frac{A_1 y_1 + A_2 y_2}{A} = \frac{1\,440 \times 60 + 816 \times 6}{1\,440 + 816} = 40.5 \text{ (mm)}.$$

即所求截面形心 C 点的坐标为 $(20.5 \text{ mm}, 40.5 \text{ mm})$。

【解2】 用负面积法求形心坐标。

取直角坐标系 Oxy，如图 3-22(c)。把原图形看作是大矩形Ⅰ剪去小矩形Ⅱ得到的图形。C_1 和 C_2 分别为两个大小矩形的形心，矩形Ⅰ，Ⅱ的面积和形心坐标分别为

$$A_1 = 80 \times 120 = 9\,600 \text{(mm}^2\text{)}, \ x_1 = 40 \text{ mm}, \ y_1 = 60 \text{ mm},$$

$$A_2 = -108 \times 68 = -7\,344 \text{(mm}^2\text{)}, \ x_2 = 12 + (80-12)/2 = 46 \text{(mm)},$$

$$y_2 = 12 + (120-12)/2 = 66 \text{(mm)}.$$

代入形心公式（将去掉部分的小矩形面积作为负值代入）得

$$x_C = \frac{\sum \Delta A_i x_i}{A} = \frac{A_1 x_1 + A_2 x_2}{A} = \frac{9\,600 \times 60 - 7\,344 \times 46}{9\,600 - 7\,344} = 20.5 \text{ (mm)},$$

$$y_C = \frac{\sum \Delta A_i y_i}{A} = \frac{A_1 y_1 + A_2 y_2}{A} = \frac{9\,600 \times 60 - 7\,344 \times 66}{9\,600 - 7\,344} = 40.5 \text{ (mm)}.$$

即所求截面形心 C 点的坐标为 $(20.5 \text{ mm}, 40.5 \text{ mm})$。

完成第3章典型任务

如表3-4所示。

表 3-4 任务答案

任务1	分析图(a, b)中被吊物体状态有何不同?为什么?	观察分析:起吊过程不平稳,被吊物体发生绕其左下支点的逆时针方向的偏转	观察分析:起吊过程平稳,重物匀速直线上升
任务2	图3-1(a, b)中两被吊物体受力各属于什么力系?	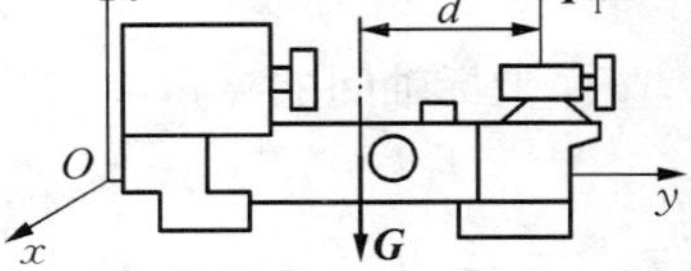 重物处于离开地面的临界状态,力系中物体重力 G 与吊钩拉力方向 F_T 都与 z 轴平行,且 $F_T = G$,两力大小相等、方向相反,组成空间力偶,力偶矩为 $M = F_T \cdot d$,方向为逆时针方向。该力系为空间力偶系	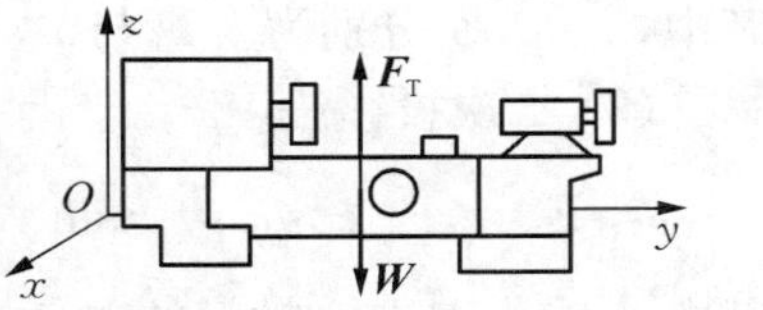 力系中物体重力 W 和吊钩拉力 F_T 的方向都与 z 轴平行,两力作用线重合,该力系为空间平行力系
任务3	空间力系平衡条件是什么?图3-1(a, b)两力系是否平衡,是否满足平衡方程?为什么?	空间力系的平衡条件:力系的主矢及对任一点的主矩都等于零,即 $F_R' = 0$,$M_O = 0$ 该力系为不平衡力系,不满足空间力偶系的三个平衡方程 $\sum M_x(F) = 0$,$\sum M_y(F) = 0$,$\sum M_z(F) = 0$,其中 $\sum M_x(F) = F_T \cdot d \neq 0$	该力系为平衡力系,满足空间平行力系的三个平衡方程,即 $\sum F_z = 0$,$\sum M_x(F) = 0$,$\sum M_y(F) = 0$
任务4	起吊重物与重物的重心有关系吗?讨论图3-1(a, b)中物体起吊时,被吊物体的重心与吊钩的位置关系?	起吊重物与重物的重心有关系。起重拉力 F_T 的作用线与重物重力 W 的作用线必须在一条直线上,即吊钩应位于被吊物体重心的正上方 (a)图中起吊重物时,因吊钩没有位于被吊物体重心的正上方。物体重力 G 与吊钩拉力 F_T 形成空间力偶,重物必发生 F_T 绕 G 的偏转,直至 F_T 与 G 作用线重合	(b)图中物体起吊时,因吊钩位于被吊物体重心的正上方。物体重力 G 与吊钩拉力 F_T 作用线重合。使起吊过程平稳,重物匀速直线上升

小 结

本章主要知识点

1. 力 F 在空间直角坐标轴上的投影的计算。
2. 力对轴之矩的计算。
3. 空间一般力系的平衡方程及应用。

4. 重心和形心的概念及确定,平面图形的形心计算。

本章重点内容和主要公式

1. 力 F 在空间直角坐标轴上的投影有两种计算方法。

(1) 直接投影法

$$F_x = F\cos\alpha, \quad F_y = F\cos\beta, \quad F_z = F\cos\gamma,$$

其中,α,β,γ 分别为力 F 与 x,y,z 3 坐标轴间的夹角。

(2) 二次投影法

$$F_x = F_{xy}\cos\varphi = F\sin\gamma\cos\varphi, \quad F_y = F_{xy}\sin\varphi = F\sin\gamma\sin\varphi, \quad F_z = F\cos\gamma,$$

其中,γ 为力 F 与 z 轴间的夹角,φ 为 F_{xy} 与 x 轴间的夹角。

2. 力对轴之矩。

(1) 力对轴之矩是力使物体绕轴转动效应的度量,大小等于力在垂直于轴的平面上的分力对该平面与轴的交点之矩,以 z 轴为例记作

$$M_z(\boldsymbol{F}) = M_O(\boldsymbol{F}_{xy}) = \pm F_{xy}d_\circ$$

(2) 合力矩定理:合力 F_R 对某轴之矩等于各分力对同轴力矩的代数和,以 z 轴为例记作 $M_z(\boldsymbol{F}_R) = \sum M_z(\boldsymbol{F})$。

3. 空间一般力系的平衡方程

$$\sum F_x = 0, \sum F_y = 0, \sum F_z = 0, \sum M_x(\boldsymbol{F}) = 0, \sum M_y(\boldsymbol{F}) = 0, \sum M_z(\boldsymbol{F}) = 0_\circ$$

空间汇交力系和空间平行力系可以看成是空间一般力系的特殊情况,它们的平衡方程可从以上 6 个方程中导出。

4. 重心和形心。重心是物体重力合力的作用点,它在物体内的位置是不变的,重心公式可由合力矩定理导出。对于均质物体来说,重心与几何形状的中心(形心)是重合的,所以求均质物体重心位置即求其形心的坐标

$$x_C = \frac{\sum \Delta V_i x_i}{V}, \quad y_C = \frac{\sum \Delta V_i y_i}{V}, \quad z_C = \frac{\sum \Delta V_i z_i}{V}_\circ$$

平面图形的形心坐标公式

$$x_C = \frac{\sum \Delta A_i x_i}{A}, \quad y_C = \frac{\sum \Delta A_i y_i}{A}_\circ$$

3-1 力在空间直角坐标轴上的投影和此力沿该坐标轴的分力有何区别和联系?

3-2 空间力系的简化结果是什么?

3-3 若(1)空间力系中各力的作用线平行于某一固定平面;(2)空间力系中各力的作用线分别汇交于两个固定点。试分析这两种力系各有几个平衡方程。

3-4 空间一般力系向 3 个相互垂直的坐标平面投影,得到 3 个平面任意力系。为什么其独立的平衡方程只有 6 个?

3-5 作用在物体上的一空间汇交力系,汇交于 A 点,若所取坐标原点不在汇交点,则该力系的平衡方程是否为 3 个?

3-6 设一个力 F,并选取 x 轴,问力 F 与 x 轴在何种情况下 $F_x=0$,$M_x(\boldsymbol{F})=0$? 在何种情况下 $F_x=0$,$M_x(\boldsymbol{F})\neq 0$? 又在何种情况下 $F_x\neq 0$,$M_x(\boldsymbol{F})=0$?

3-7 如果力 F 与 y 轴的夹角为 β,问在什么情况下此力在 z 轴上的投影为 $F_z=F\sin\beta$? 并求该力在 x 轴上的投影。

3-8 在一块不规则的等厚木板上,用什么方法可以又快又准地找出它的重心位置?

3-9 物体的重心是否一定在物体上? 为什么?

3-10 一均质等截面直杆的重心在哪里? 若将它弯成半圆形,重心的位置是否改变?

3-1 平行力系由五个力组成,各力方向如图 3-23 所示。已知 $P_1=150$ N,$P_2=100$ N,$P_3=200$ N,$P_4=150$ N,$P_5=100$ N。图中坐标的单位为 1 cm/格。求平行力系的合力。

3-2 长方体上作用有 3 个力,$F_1=50$ N,$F_2=100$ N,$F_3=150$ N,方向与尺寸如图 3-24 所示,求各力在 3 个坐标轴上的投影。

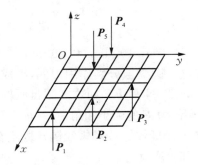

图 3-23

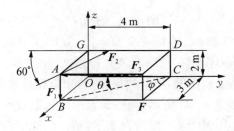

图 3-24

3-3 图示空间构架由 3 根无重直杆组成,重物的重量 $G=10$ kN,悬挂于支架 $CABD$ 上,各杆角度如图 3-25 所示。试求 CD,AD 和 BD 3 个杆所受的力。

3-4 如图 3-26 所示为起重绞车的鼓轮轴。已知 $G=10$ kN,$AC=20$ cm,$CD=DB=30$ cm,齿轮半径 $R=20$ cm,在最高处 E 点受 P_n 力作用,P_n 与齿轮分度圆切线之夹角

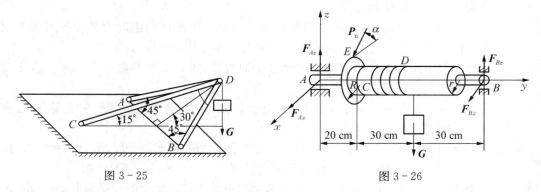

图 3-25　　　　　　　　　　　　图 3-26

为 $\alpha = 20°$，鼓轮半径 $r = 10$ cm，A，B 两端为向心轴承。试求 P_n 及 A，B 两轴承的径向压力。

3-5 如图 3-27 所示，已知镗刀杆刀头上受切削力 $F_z = 500$ N，径向力 $F_x = 150$ N，轴向力 $F_y = 75$ N，刀尖位于 Oxy 平面内，其坐标 $x = 75$ mm，$y = 200$ mm。工件重量不计，试求被切削工件左端 O 处的约束反力。

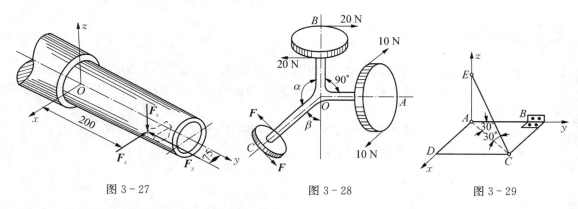

图 3-27　　　　　　图 3-28　　　　　　图 3-29

3-6 图 3-28 示 3 圆盘 A，B 和 C 的半径分别为 150 mm，100 mm 和 50 mm。3 轴 OA，OB 和 OC 在同一平面内，$\angle AOB$ 为直角。在这 3 圆盘上分别作用力偶，组成各力偶的力作用在轮缘上，它们的大小分别等于 10 N，20 N 和 F。如这 3 圆盘所构成的物系是自由的，不计物系重量，求能使此物系平衡的力 F 的大小和角 α。

3-7 如图 3-29 所示，均质长方形薄板重 $G = 200$ N，用球铰链 A 和蝶铰链 B 固定在墙上，并用绳子 CE 维持在水平位置。求绳子的拉力和支座反力。

3-8 工字钢截面尺寸如图 3-30 所示，求此截面的几何中心。

3-9 试用组合法求 Z 形截面重心的位置，其尺寸如图 3-31 所示。

3-10 试用负面积法求图 3-31 重心的位置。

3-11 求题图 3-32 所示图形的形心，已知大圆的半径为 R，小圆的半径为 r，两圆的中心距为 a。

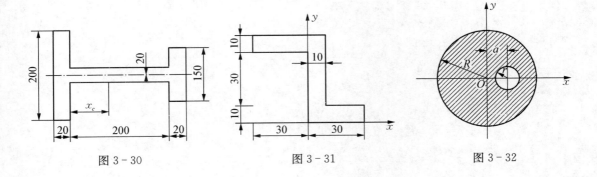

图 3-30　　　　　图 3-31　　　　　图 3-32

第二篇 杆件的变形问题

- 第4章 材料力学基本知识
- 第5章 轴向拉伸与压缩
- 第6章 联结件的计算
- 第7章 扭转圆轴的计算
- 第8章 弯曲梁的计算
- 第9章 强度理论和组合变形的计算
- 第10章 交变应力和构件的疲劳强度简介

第4章 材料力学基本知识

学习目标

通过本章的学习,了解材料力学的研究对象,掌握构件的承载能力,理解变形固体的基本假设,掌握杆件的基本变形的种类及受力特点。

4.1 材料力学的研究对象和构件的承载能力

材料力学是以工程构件或零件为主要研究对象,任何结构物或机械都是由某些构件或零部件组成,要使结构物能正常地工作,就必须要求组成它的每个构件在载荷作用下都能正常地工作。

如图 4-1 所示,支承管道的三角托架由水平杆 AB 和斜杆 BC 两个构件组成。为设计这个结构,从力学角度来看,包括下述两方面的内容。

首先,必须确定作用在各个构件上的力,包括其大小和方向。概括来说就是对处于静止状态的物体进行受力分析、求解未知力。这是静力学所研究的问题。

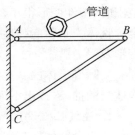

图 4-1

其次,在确定了作用在构件上的外力以后,还必须为构件选择合适的材料,确定合理的横截面形状和尺寸,以保证构件既能安全可靠地工作又符合经济要求。所谓安全可靠地工作,是指在载荷的作用下,构件不会破坏,即有足够的强度;不会产生过度的变形,即有足够的刚度;对于细长的受压杆件,如图 4-1 中的受压斜杆 BC,不会产生横向弯曲而丧失其原有的直线平衡状态,即有足够的稳定性。这是材料力学所要研究的问题。

工程中所设计的构件应满足以下 3 方面的要求:

(1) 强度要求　强度是指构件在外力的作用下抵抗破坏(塑性变形和断裂)的能力。为了保证构件的正常工作,首先要求构件具有足够的强度,能在载荷作用下不发生塑性变形和

断裂。

(2) 刚度要求　刚度是指构件在外力的作用下抵抗弹性变形的能力。工程中根据不同的工作情况,要求构件的弹性变形满足一定的限制条件,使其在载荷作用下产生的弹性变形不超过给定的范围,即要求构件具有足够的刚度。

(3) 稳定性要求　稳定性是指受压直杆保持其直线平衡状态的能力。如果受压的直杆,随着外力的增加而突然失去初始的平衡状态,称为失稳。失稳会使杆件乃至整个工程结构失去承载能力,导致严重后果。

材料力学的任务是在保证构件安全可靠工作的前提下,为构件选择合适的材料、合理的截面形状和尺寸提供必要的理论基础及计算方法,以便设计出既安全又经济的构件。

4.2　变形固体的基本假设

静力分析中曾把物体抽象为刚体,实际上刚体是不存在的,任何物体在外力作用下都将发生变形,而且当外力达到某一定值时,物体还会发生破坏。在静力学中,构件的微小变形对静力平衡分析是一个次要因素,可不考虑;但在材料力学中研究的正是变形和断裂这类问题,所以必须如实地将物体视为变形固体,简称变形体。

变形固体在外力作用下会产生两种不同性质的变形:一种是**外力消除时,变形随着消失,这种变形称为弹性变形**;另一种是**外力消除后,不能消失的变形称为塑性变形**。一般情况下,物体受力后,既有弹性变形又有塑性变形。但工程中常用的材料,当外力不超过一定范围时,塑性变形很小,忽略不计,认为只有弹性变形,这种只有弹性变形的变形固体称为**完全弹性体**。只引起弹性变形的外力范围称为弹性范围。本书主要讨论材料在弹性范围内的变形及受力。

实际变形体的微观结构和性质是很复杂的。因此,当考虑宏观变形时,也需要对变形体作适当的抽象,提出下列基本假设。

1. 连续性假设

即假设物体在其整个体积内毫无空隙地充满了物质。实际上,在一般的工程材料的内部均存在着不同的程度的空隙(包括材料的缺陷和夹杂物等),然而当空隙的大小和构件的尺寸相比极为微小时,通常即可将它们忽略不计而认为材料是密实的。

2. 均匀性假设

即假设变形固体内各处的力学性能均相同。**材料在外力作用下所表现的性能,称为力学性能或机械性能**。对于实际材料,其基本组成部分的力学性能往往存在不同程度的差异。例如金属材料由许多微小的晶粒组成,各个晶粒的力学性能不完全相同,晶粒交界处的晶界物质与晶粒本身的力学性能也不相同。但是,由于构件的尺寸远大于其组成部分的尺寸,因此,宏观上从统计平均值的观点来看,材料在任意点的力学性质就接近相同了。这个假设与实验结果吻合。

3. 各向同性假设

即假设变形固体沿各个方向所表现的力学性能是相同的。实际上,组成固体的各个晶体在不同方向上有着不同的性质。但由于构件所包含的晶体数量极多,且排列也完全没有规则,变形固体的性质是这些晶粒性质的统计平均值。这样,在以构件为对象的研究问题中,就可以认为是各向同性的。工程中使用的大多数材料,如钢材、玻璃、铜和浇灌好的混凝土等,都可以认为是各向同性的材料。但也有一些材料,如轧制钢材、木材和复合材料等,沿其各方向的力学性能显然是不同的,称为各向异性材料。

根据上述假设,可以认为,在物体内的各处,沿各方向的变形和位移等是连续的,可用连续函数来表示。可从物体中任一部分取出一微块来研究物体的性质,也可将那些大尺寸构件的试验结果用于微块上去。

上述假设与大多数工程材料(例如大多数金属材料以及玻璃、砖石、混凝土等非金属材料)制成的构件的实际情况相吻合。

4.3 杆件变形的基本形式

实际工程构件的形状是多种多样的。**如果构件的纵向(长度方向)尺寸较横向(垂直于长度方向)尺寸大得多,这样的构件称为杆件**。杆件是工程中最常见、最基本的构件,也是材料力学的主要研究对象。

如图4-2所示,垂直于杆件长度方向的截面称为杆的横截面,各横截面形心的连线称为杆的轴线。各横截面大小相等的杆件称为等截面杆,各横截面大小不等的杆件称为变截面杆;轴线为直线的杆件称为直杆,轴线为曲线的杆件称为曲杆。轴线为直线,横截面大小相等的杆件称为等截面直杆,简称为等直杆。材料力学主要研究等直杆。

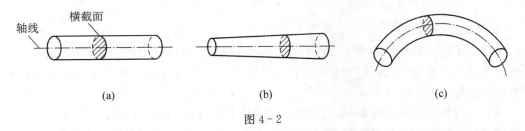

图 4-2

作用于杆件的外力是多种多样的,杆的变形也是各种各样的,但归类起来不外乎以下4种基本变形形式,或者是几种基本变形形式的组合:轴向拉伸或压缩、剪切、扭转与弯曲。

1. 轴向拉伸或压缩

在一对方向相反、作用线与杆轴重合的拉力或压力作用下,杆件沿着轴线伸长或缩短。

如金马索桥支撑用的二力杆和桁架结构,如图4-3所示。

图4-3

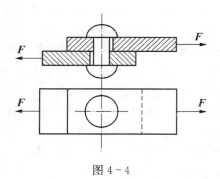

图4-4

2. 剪切

在一对大小相等、指向相反且相距很近的横向力作用下,杆件在二力间的各横截面产生相对错动。如联结件中的螺栓和销钉受力后的变形,如图4-4所示。

3. 扭转

在一对大小相等、转向相反、作用面与杆轴垂直的力偶作用下,杆的任意两横截面发生相对转动。如汽车的传动轴,如图4-5所示。

图4-5

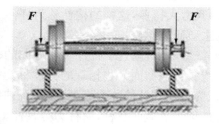

图4-6

4. 弯曲

由垂直于杆件轴线的横向力,或由作用于包含杆轴的纵向平面内的一对大小相等、方向相反的力偶所引起的,表现为杆件轴线由直线变为受力平面内的曲线。如单梁吊车的横梁受力后的变形,如图4-6所示。

还有一些杆是同时发生两种或两种以上的基本变形,称为组合变形。在材料力学中首先依次讨论4种基本变形的强度和刚度计算,然后再讨论组合变形下的强度问题。

小 结

本章知识点

1. 材料力学研究的问题是构件的强度、刚度和稳定性。

2. 构成构件的材料是可变形固体。
3. 对材料所作的基本假设是：均匀性假设，连续性假设及各向同性假设。
4. 材料力学研究的构件主要是杆件。
5. 杆件的几种基本变形形式是轴向拉伸（或压缩）、剪切、扭转以及弯曲。

本章重点

1. 材料力学的任务，强度、刚度和稳定性的概念。
2. 材料力学的基本假设。
3. 杆件的 4 种基本变形。

思考题

4-1 何为构件的强度、刚度与稳定性？
4-2 材料力学主要研究的是什么问题？
4-3 材料力学的基本假设是什么？均匀性与各向同性假设的区别是什么？
4-4 杆件的轴线与横截面之间有何关系？
4-5 杆件的基本变形有几种？试各举一工程或生活中的实例。

第5章 轴向拉伸与压缩

学习目标

通过本章的学习,了解一些有关变形的基本概念和基本方法。掌握求内力的方法——截面法,并熟练求轴向拉伸或压缩时的内力——轴力及绘制轴力图;掌握材料的力学性能;熟练地运用拉压强度条件解决工程实际问题。了解稳定的概念。

工程实例

如图 5-1(a) 所示为悬臂吊车的实例图片。在工作的过程中,斜杆 AC 将受到拉伸变形,横杆 AB 受到压缩变形。

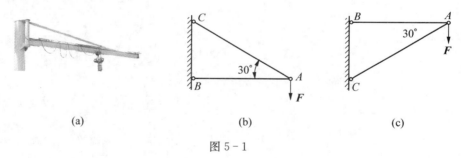

(a)　　　　　　　(b)　　　　　　　(c)

图 5-1

典型任务

学习本章知识后完成表 5-1 典型任务。

表 5-1　第 5 章典型任务

任　务　分　解	
旋转式吊车的简图如图 5-1(b) 所示,已知 AC 杆由 2 根 50 mm×50 mm×5 mm 的等边角钢制成, AB 杆由两根 10 号槽钢组成。两杆的材料均为 Q235 钢,许用应力 $[\sigma]$ = 130 MPa, F = 130 kN, α = 30°。行走小车位于 A 点	
任务 1	求杆 AB 和 AC 横截面上的内力

续 表

任务分解	
任务2	求杆 AB 和 AC 横截面上的应力
任务3	校核杆 AB 和 AC 的强度是否足够
任务4	求该吊车最大起吊重量
任务5	设计在最大起吊重量下两杆最经济的横截面尺寸
任务6	从力学和材料力学性能分析,图 5-1(b,c)两种结构下,AB 和 AC 杆选用同种材料是否合适?如条件允许,AB 和 AC 杆选用何种材料更合理(低碳钢、铸铁)?
任务7	从力学的角度看,图 5-1(b,c)哪种结构承载能力大?

5.1 轴向拉伸与压缩的概念与实例

工程实际中,常遇到承受轴向拉伸与压缩的杆件。例如,紧固螺栓如图 5-2(a)的螺栓杆受拉;内燃机的连杆在燃气爆发过程中受压如图 5-2(b)。此外,起重钢索在起吊重物时,油压千斤顶的丝杠等,都是承受轴向拉伸与压缩的构件。

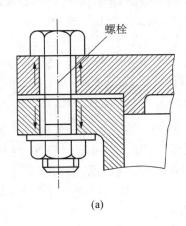

(a)

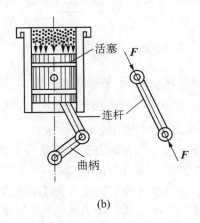

(b)

图 5-2

这些受拉或受压的杆件虽外形各有差异,加载方式也不相同,但它们共同特点是:作用于杆件上的外力合力的作用线与杆轴线重合,杆件变形是沿轴线方向的伸长或缩短。这种变形形式称为轴向拉伸或轴向压缩。若把这些杆件的形状和受力情况进行简化,都可简化成图 5-3 所示的受力简图。图中虚线表示变形后的形状。

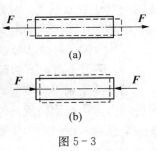

图 5-3

5.2 轴向拉压杆的轴力与轴力图

我们首先介绍内力的一般概念,然后以拉杆为例介绍求内力的一般方法——截面法,以及拉压杆的内力图——轴力图。

由物理学可知,构件在受力之前,其内部相邻质点之间就存在相互作用的内力,使之保持固有的形状和大小。构件在受到外力作用而变形时,其内部各质点间的相对位置将有变化。与此同时,各质点间相互作用的力也发生了改变。这种**由外力作用而引起的内力的改变量**,称为附加内力,简称内力。材料力学研究的就是这种内力。

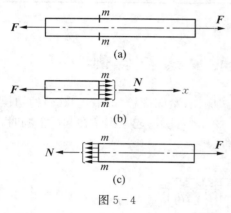

图 5-4

由于内力是物体内部的相互作用力,求内力时必须将物体分成两部分才能使内力体现出来。求构件内力的一般方法是假想用一横截面将构件在欲求内力处截开。如图 5-4 所示,为显示其横截面上的内力,可沿横截面 $m-m$ 假想地把杆件分成左右两部分,任选其中一部分为研究对象,弃去一部分,并将弃去部分对留下部分的作用以内力来代替。由于假设了杆件内部的材料是连续的,所以在横截面内的内力也必然是连续分布的。这种分布内力的合力(力或力偶),称之为内力。拉压杆的内力用 N 表示。

由于整个杆件在外力作用下处于平衡状态,杆件每一部分也必然处于平衡状态。因此,根据截开后杆件任一部分的平衡条件,即可求出内力的大小。如图 5-4(b)所示,若考虑左边的平衡条件,由 $\sum F_x = 0$,$N - F = 0$ 得 $N = F$。

因为外力 F 的作用线与杆件轴线重合,内力 N 的作用线也必然与杆件的轴线重合。所以,拉压杆的内力称为轴力。其正负号可根据杆件的变形情况来规定:当杆件受拉伸时,轴力方向背离截面,轴力为正号;当杆件受压缩时,轴力的方向指向截面,轴力取负号。按这种符号规定,无论取杆件左段或右段为研究对象,所求得的同一截面两侧上的内力,不但数值相等,而且符号也一致。轴力的单位为牛顿(N)或千牛(kN)。

上面求拉杆的内力——轴力的方法称为截面法。不但对拉伸或压缩变形适用,而且也适用于其他变形形式。截面法是材料力学求内力的基本方法,可归纳为以下 3 个步骤:

(1) 截开 在需求内力的截面处,用一假想平面将构件分成两部分。

(2) 代替 将两部分中的任一部分留下,并以内力代替弃去部分对留下部分的作用

(3) 平衡 对留下的部分建立静力平衡方程,从而确定内力的大小和方向。

当杆件受到多个轴向外力作用时,在杆的不同段内其轴力也不同。为了形象地表明杆内的轴力随横截面位置的改变而变化的情况,最好画出轴力图。所谓轴力图就是用杆件轴线的坐标表示横截面的位置,并用垂直于杆件轴线的坐标表示横截面上轴力的数值,从而绘

出轴力沿杆轴变化规律的图线。

例 5-1 直杆受力如图 5-5(a)所示。已知 $F_1=15\,\text{kN}$，$F_2=13\,\text{kN}$，$F_3=8\,\text{kN}$。试计算杆各段的轴力并作轴力图。

【解】 首先求出支座 A 的约束反力 $\boldsymbol{R}$，如图 5-5(b)所示，由整个的平衡条件

$$\sum F_x=0,\ -R+F_1-F_2+F_3=0,$$

得

$$R=F_1-F_2+F_3=15-13+8=10\,(\text{kN})。$$

由于杆的截面 B，C 处也作用有外力，所以 AB，BC 和 CD 3 段的轴力各不相同，因此要分段计算。

(1) 计算 AB 段的轴力，用 1-1 截面假想地将杆 AD 截成两段，以左段为研究对象，如图 5-5(c)所示，设该截面上的轴力 N_1 为拉力。由左段的平衡条件

$$\sum F_x=0,\ N_1-R=0,\ 得\ N_1=R=10\,\text{kN}。$$

所得结果为正值，表示所设 N_1 的方向与实际方向一致，N_1 为拉力。

(2) 计算 BC 段的轴力，用截面 2-2 将杆截开，取其左段为研究对象，如图 5-5(d)所示，由平衡条件

$$\sum F_x=0,\ -R+F_1+N_2=0,\ 得\ N_2=R-F_1=10-15=-5\,(\text{kN})。$$

所得结果为负值，表示所设 N_2 的方向与实际方向相反，N_2 为压力。

(3) 计算 CD 段的轴力，用截面 3-3 将杆 AD 截开，若取其右段为研究对象，计算较为简单，如图 5-5(e)所示，由平衡条件

$$\sum F_x=0,\ -N_3+F_3=0,\ 得\ N_3=F_3=8\,\text{kN}。$$

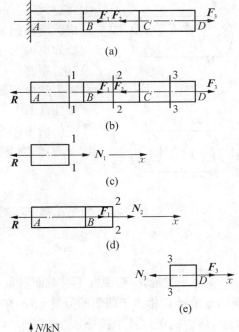
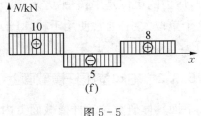

图 5-5

根据以上计算结果，并选取适当的比例尺，便可作出图 5-5(f)所示的轴力图。由图 5-5(f)可知，杆的最大轴力发生在 AB 段内，其值为 $N_{\max}=10\,\text{kN}$。

由上述例题可以归纳出一个简便、直接利用外力计算轴力的规则：在轴向拉伸与压缩时，杆件内任意截面上的轴力等于截面任一侧杆上所有外力的代数和，外力背离截面时取正，外力指向截面时取负。

5.3 轴向拉压杆的应力

5.3.1 应力的概念

求出轴力后,一般还不能够判断杆件是否会破坏。例如,有两根材料相同而粗细不同的杆件,在相同的拉力下,两杆的轴力是相等的。随着拉力的逐渐增大,细杆必定先拉断。这说明杆件的强度不仅与轴力有关,而且与杆横截面面积有关。所以,要判断杆件在外力作用下是否破坏,不仅要知道内力的大小,而且还要知道内力在横截面上的分布规律及其分布密集程度。**内力分布的密集程度,称为应力**。应该指出,材料力学中所研究的杆件,其截面上的内力一般是不均匀的。为了描述截面上的某点处的应力,可在该点处取微面积 ΔA,设其上作用的内力的合力为 $\Delta \boldsymbol{F}$,则 $\Delta \boldsymbol{F}/\Delta A$ 的比值称为 ΔA 面积上的平均应力,如图 5-6 所示,即

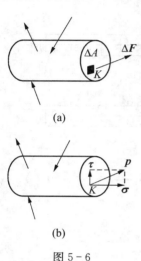

图 5-6

$$p_m = \frac{\Delta \boldsymbol{F}}{\Delta A}。$$

当 ΔA 趋于零时,p_m 的极值即为该点处的应力 p,即

$$p = \lim_{\Delta A \to 0} \frac{\Delta \boldsymbol{F}}{\Delta A} = \frac{\mathrm{d}\boldsymbol{F}}{\mathrm{d}A}。$$

p 是一矢量,一般说既不与截面垂直,也不与截面相切。通常把应力 p 分解成垂直于截面的分量 σ 和相切于截面的分量 τ。σ 称为正应力,τ 称为剪应力(或切应力)。在国际单位制中,应力的单位是牛顿/平方米(N/m^2),又称为帕斯卡(Pascal),简称帕(Pa)。在实际应用中这个单位太小,通常使用千帕(kPa)、兆帕(MPa)或吉帕(GPa),$1\ kPa = 10^3\ Pa$,$1\ MPa = 10^6\ Pa$,$1\ GPa = 10^9\ Pa$。

5.3.2 轴向拉压杆横截面上的应力

下面具体研究拉压杆横截面上内力分布规律及分布的集度,从而求得其横截面上任一点的应力。可从研究杆件的变形着手。为了便于观察变形,变形前在等直杆的外表面上画垂直于杆轴的直线 ab 和 cd,如图 5-7 所示。拉伸变形后,发现 ab 和 cd 仍为直线,且仍然

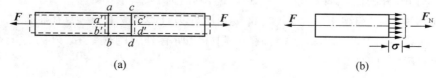

图 5-7

垂直于轴线,只是相对平移了一段距离至 $a'b'$ 和 $c'd'$。由此可假设,变形前原为平面的横截面,变形后仍为平面。这个假设称为平面假设。

设想杆件是由许多纵向纤维组成的,根据平面假设和上述杆件表面的变形情况,可以推断:当杆件受到轴向拉伸或压缩时,自杆件表面至内部所有纵向纤维的伸长都相同;又因材料是均匀的,因此,各纤维受到的内力也是一样的,且方向沿轴向。由此可推知:在横截面上只有正应力,且是均匀分布。则轴向拉伸或压缩时横截面上正应力的计算公式为

$$\sigma = \frac{N}{A}, \qquad (5-1)$$

式中,N 为横截面上的轴力,A 为横截面面积。正应力的符号与轴力相同:拉应力为正,压应力为负。

例 5-2　图 5-8 所示吊环由斜杆 AB,AC 与横梁 BC 组成,$\alpha = 20°$,斜杆的直径 $d = 55$ mm。已知吊环的最大吊重 $F = 500$ kN。求斜杆内的应力。

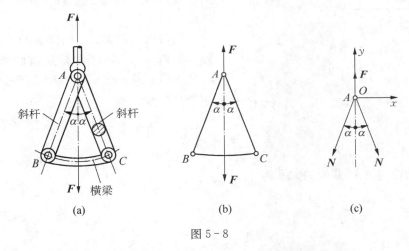

图 5-8

【解】（1）内力分析。吊环的计算简图和节点 A 的受力图分别示于图 5-8(b,c)中。由节点的平衡方程

$$\sum F_y = 0, \quad F - 2N\cos\alpha = 0$$

求得斜杆的轴力为

$$N = \frac{F}{2\cos\alpha} = \frac{500}{2\cos 20°} = 266 \text{ (kN)}.$$

（2）确定应力。根据(5-1)式,斜杆横截面上的正应力为

$$\sigma = \frac{N}{A} = \frac{266 \times 10^3}{\dfrac{\pi \times 55^2}{4}} = 112 (\text{N/mm}^2) = 112 (\text{MPa}).$$

5.3.3 轴向拉压杆斜截面上的应力

前面讨论了直杆受轴向拉伸或压缩时，横截面上的正应力。实验表明，拉（压）杆的破坏并不总是沿横截面发生，有时断口发生在斜截面上，为此，应进一步讨论斜截面上的应力。

图 5-9 表示一轴向受拉的直杆。已经知道，该杆件横截面上有均匀分布的正应力 $\sigma = N/A$，那么其他截面上的应力状况如何呢？

首先，假想用一与横截面成 α 角的斜截面将杆截分为左右两部分，如图 5-9(a)所示，保留左段为研究对象，并把右段对左段的作用以应力 p_α 表示，如图 5-9(b)所示。根据前述平面假设，可以推知：斜截面上的应力是均匀分布的。

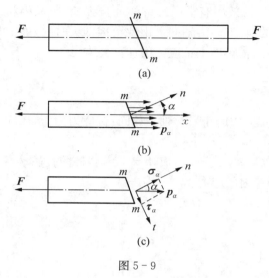

图 5-9

设截面面积为 A_α，该截面的外法线 n 与 x 轴的夹角为 α，α 的符号规定：自 x 轴按逆时针转到斜截面外法线 n 时，α 为正值；反之为负。

由平衡方程 $\sum F_x = 0$，$p_\alpha A_\alpha - F = 0$，得

$$p_\alpha = \frac{F}{A_\alpha} \text{。} \tag{1}$$

斜截面面积 A_α 与 A 横截面的关系为

$$A_\alpha = \frac{A}{\cos \alpha}, \tag{2}$$

故

$$p_\alpha = \frac{F}{A}\cos \alpha = \sigma \cdot \cos \alpha \text{。} \tag{3}$$

将斜截面上的应力 p_α 沿截面的法线和切线方向分解，得到垂直于斜截面的正应力 σ_α 和相切于斜截面的剪应力 τ_α，如图 5-9(c)所示，并利用(3)式可得

$$\sigma_\alpha = \sigma \cdot \cos^2 \alpha, \quad \tau_\alpha = \frac{\sigma}{2}\sin 2\alpha \text{。} \tag{5-2}$$

(5-2)式分别是求拉（压）杆中任意斜截面的正应力和剪应力的计算公式。应力的正负号规定如下：正应力 σ_α 仍规定拉应力为正，压应力为负；剪应力 τ_α 绕研究对象体内任一点有顺时针转动趋势时为正值，反之为负值。

以上两式表达了通过直杆任一点的斜截面上正应力和剪应力随截面位置（以角度 α 表示）而变化的规律。

当 $\alpha = 0°$ 时，即 σ_α 在横截面上，达到最大值，且 $\sigma_{\max} = \sigma$；

当 $\alpha = 45°$ 时，τ_α 达到最大值，且 $\tau_{max} = \sigma/2$；
当 $\alpha = 90°$ 时，表示平行于杆轴线的纵向截面上无任何应力。

5.4 轴向拉压杆的强度计算

构件要安全工作，须满足强度要求。实验表明，当应力达到某一极限时，材料就会发生破坏。这个引起材料破坏的应力极限值称为极限应力或危险应力，用 σ_{lim} 表示。为了保证构件不发生强度失效（破坏或产生塑性变形），其最大应力 σ_{max} 应小于 σ_{lim}，如果再考虑到其他一些因素，比如载荷估计的准确度、计算方法的精确度、材料性质的均匀程度以及结构破坏后造成事故的严重程度等，为保证构件具有一定的强度储备或安全裕度，一般把材料的极限应力除以一个大于 1 的系数 n，作为构件工作时所允许的最大应力，称为材料的许用应力，以 $[\sigma]$ 表示，即

$$[\sigma] = \frac{\sigma_{lim}}{n}, \qquad (5-3)$$

式中，n 称为安全系数。关于 σ_{lim} 和 n，将在研究了材料的力学性能后再做进一步讨论。

材料的许用应力是构件实际工作应力的最大限度值。为了保证构件安全可靠地工作，必须使构件的最大应力小于材料的许用应力，于是得轴向拉伸或压缩时的强度条件为

$$\sigma = \frac{N}{A} \leqslant [\sigma]。 \qquad (5-4)$$

根据上述强度条件，可解决以下 3 类强度问题：

(1) 强度校核　已知载荷大小、横截面尺寸和材料的许用应力，则可用 (5-4) 式验算构件是否安全，若满足 $\sigma_{max} \leqslant [\sigma]$，则构件能安全地工作，否则就不安全。

(2) 截面设计　已知构件承受的载荷和材料的许用应力，可设计构件的横截面尺寸。对于等直杆，其横截面面积应满足 $A \geqslant \dfrac{N_{max}}{[\sigma]}$，由此确定构件所需的横截面面积，并计算有关尺寸。

(3) 确定许可载荷　已知构件尺寸及材料的许用应力，由 (5-4) 式可求得构件所能承受的最大轴力 $N_{max} \leqslant A \cdot [\sigma]$，然后，通过静力平衡条件确定机器或结构物所能承受的最大载荷。

现举例说明强度条件的应用。

例 5-3　如图 5-10 所示，某张紧器工作时可能出现的最大张紧力 $F = 30 \text{ kN}$，套筒

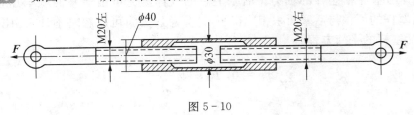

图 5-10

和拉杆的材料均为 20 号钢，$[\sigma] = 160 \text{ MPa}$，试校核其强度。

【解】 此张紧器的套筒与拉杆均受轴向拉伸，轴力 $N = F = 30 \text{ kN}$。由于横截面面积有变化，必须找出最小截面 $A_{\min}$。对拉杆，按 M20 螺纹内径 $d_1 = 17.29 \text{ mm}$ 计算，$A_1 = 234.790 \text{ mm}^2$；对套筒，按 $d_2 = 30 \text{ mm}$ 内径、外径 $D_2 = 40 \text{ mm}^2$ 计算，$A_2 = 549.779 \text{ mm}^2$，故最大拉应力

$$\sigma_{\max} = \frac{N}{A_{\min}} = \frac{30 \times 10^3}{234.79} = 128 \text{ (MPa)} < [\sigma] = 160 \text{ (MPa)}。$$

由此可知此张紧器的强度足够。

例 5-4 气动连杆夹具如图 5-11 所示。已知汽缸内径 $D = 150 \text{ mm}$，缸内气体的压强 $p = 0.6 \text{ MPa}$，活塞杆及连杆材料为 20 号钢，许用应力 $[\sigma] = 80 \text{ MPa}$，连杆倾角 $\alpha = 10°$，试设计活塞杆的直径 d 及连杆的横截面尺寸（$h/b = 2$）。

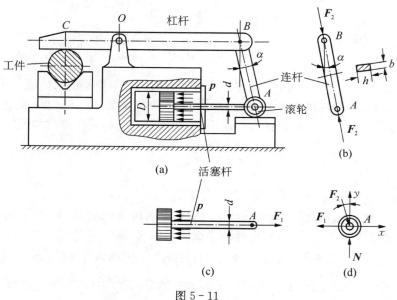

图 5-11

【解】 由图 5-11(a) 可知，承受气体压力的活塞，通过活塞杆，使滚轮 A 沿固定平面向左移动，连杆 AB 则推动杠杆 BC 绕 O 点转动，从而在 C 点压紧工件。在这个机构中，活塞杆为轴向拉伸，如图 5-11(b) 所示，连杆为轴向压缩，如图 5-11(c) 所示。

(1) 计算活塞杆和连杆的轴力。活塞上总的气体压力可由活塞面积与压强的乘积确定。由于活塞杆的面积与活塞面积相比很小，计算总压力时可以忽略不计。由图 5-11(b) 可知，根据活塞杆的平衡方程

$$\sum F_x = 0, \quad F_1 - p\frac{\pi D^2}{4} = 0$$

得
$$F_1 = p \frac{\pi D^2}{4} = 0.6 \times \frac{\pi \times 150^2}{4} = 10\,600 \text{ (N)} = 10.6 \text{ (kN)}$$

故活塞杆的轴力 $N_1 = F_1 = 10.6$ kN。

取滚轮为研究对象如图 5-11(d) 所示,其上作用有活塞杆的拉力 F_1、连杆的压力 F_2 和固定平面的反力 N。由平面汇交力系的平衡方程

$$\sum F_x = 0, \quad F_2 \sin \alpha - F_1 = 0$$

得
$$F_2 = \frac{F_1}{\sin \alpha} = \frac{10.6}{\sin 10°} = 61 \text{ (kN)},$$

则连杆的轴力 $N_2 = F_2 = 61$ kN

2. 计算活塞杆和连杆的尺寸。

(1) 确定活塞杆的直径

由强度条件(5-4)式有 $\sigma = \dfrac{N_1}{\frac{\pi d^2}{4}} \leqslant [\sigma]$,故

$$d \geqslant \sqrt{\frac{4 N_1}{\pi [\sigma]}} = \sqrt{\frac{4 \times 10.6 \times 10^3}{\pi \times 80}} = 12.99 \text{ (mm)}$$

取活塞杆的直径 $d = 13$ mm。

(2) 确定连杆横截面尺寸。仍由(5-4)式得连杆的横截面面积为

$$A \geqslant \frac{F_2}{[\sigma]} = \frac{61 \times 10^3}{80} = 763 \text{ (mm}^2)$$

将已知条件 $h/b = 2$ 代入上式,得 $b \geqslant \sqrt{\dfrac{763}{2}} = 19.53$ (mm)。取 $b = 20$ mm,则得 $h = 2b = 40$ mm。

例 5-5 一悬臂吊车如图 5-12(a) 所示。已知 AB 斜杆为直径 $d = 25$ mm 的圆杆,横杆为两根 3.6 号等边角钢(2∟ 36×36×4),材料的许用应力 $[\sigma] = 120$ MPa,夹角 $\alpha = 20°$。忽略自重,试求吊车的许可载荷。

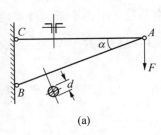

【解】(1) 受力分析。在 A 点附近将斜杆和横杆截开,并设二杆的轴力分别为 N_1 和 N_2,其受力图如图 5-12(b) 所示。由汇交力系的平衡方程

$$\sum F_x = 0, \quad N_1 \cos \alpha - N_2 = 0; \quad \sum F_y = 0, \quad N_1 \sin \alpha - F = 0 \quad (1)$$

图 5-12

解得

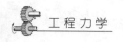

$$N_1 = \frac{F}{\sin\alpha} = \frac{F}{\sin 20°} = 2.92F, \quad N_2 = Fc\tan\alpha = Fc\tan 20° = 2.75F。 \tag{2}$$

(2) 计算两杆最大能承受的轴力。在如图 5-12(a)所给定的结构形式下,(2)式建立了轴力 N_1 和 N_2 与起吊载荷 F 之间应满足的平衡关系。现在来计算斜杆和横杆实际所能承担的最大轴力。设斜杆的横截面面积为 A_1,由(5-4)式得斜杆的最大轴力为

$$N_{1\max} = A_1[\sigma] = \frac{\pi \times 25^2}{4} \times 120 = 58.9 \times 10^3 \text{ (N)} = 58.9 \text{ (kN)}。$$

横杆为两根 3.6 号等边角钢,由附录的型钢表查得其横截面面积 $A_2 = 2.756 \times 2 = 5.51 \text{ (cm}^2\text{)}$。同理可得横杆的最大轴力为

$$N_{2\max} = A_2[\sigma] = 5.51 \times 10^2 \times 120 = 66.1 \times 10^3 \text{ (N)} = 66.1 \text{ (kN)}。$$

(3) 确定许可载荷。将 $N_1 = 58.9$ kN 代入(2)式,可得按斜杆强度确定的许可载荷为

$$F_{1\max} = \frac{N_{1\max}}{2.92} = \frac{58.9}{2.92} = 20.2 \text{ (kN)}。$$

将 $N_2 = 66.1$ kN 代入,可得按横杆强度确定的许可载荷为

$$F_{2\max} = \frac{N_{2\max}}{2.75} = \frac{66.1}{2.75} = 24 \text{ (kN)}。$$

因此,要使两杆都能安全工作,吊车的最大许可载荷应取 $F_{\max} \leqslant 20.2$ kN,即悬臂吊车的最大起重量约为 20 kN。

工程中有时也采用安全系数法来校核构件的强度。这种校核方法,要求构件的工作安全系数 n 不得小于构件规定的安全系数 $[n]$。由材料的极限应力 $\sigma_{\lim}$ 与构件的工作应力 σ 之比可得构件的工作安全系数为 $n = \dfrac{\sigma_{\lim}}{\sigma}$。由此得构件的强度条件为

$$n = \frac{\sigma_{\lim}}{\sigma} \geqslant [n]。 \tag{5-5}$$

5.5 轴向拉压杆的变形计算

本节只讨论弹性变形计算。杆件在轴向拉伸与压缩时,除产生沿轴线方向的伸长或缩短外,其横向尺寸也相应地发生改变,前者称为纵向变形,后者称为横向变形。下面分别加以讨论。

5.5.1 纵向变形、胡克定律

5.5.1.1 纵向变形

设等直杆在轴向拉力 F 作用下长度由原长 l 伸长到 l_1，如图 5-13 所示，直杆沿轴线方向的绝对伸长量为 $\Delta l = l_1 - l$，称为杆的**纵向绝对变形**。杆件的绝对变形量与杆件的原长有关，因此它还不能确切地说明杆件的变形程度。为了消除杆件原长度的影响，尚需引入相对变形的概念。将 Δl 除以杆件的原长 l，采用单位长度的杆件的伸长或缩短来量度其纵向变形，即

$$\varepsilon = \frac{\Delta l}{l}, \qquad (5-6)$$

图 5-13

式中，ε 称为杆的**相对伸长或缩短**，统称为杆的**纵向相对变形量或纵向线应变**，为无量纲量。

5.5.1.2 胡克定律

实验表明，在轴向拉伸或压缩时，杆件所受外力不超过某一限度时，Δl 与外力 F 和杆长 l 成正比，与横截面面积 A 成反比，即 $\Delta l \propto \frac{Fl}{A}$，引进比例常数 E，并注意到 $F = N$，上式可改写为

$$\Delta l = \frac{Nl}{EA}, \qquad (5-7)$$

此式称为胡克定律。它表明了在线弹性范围内杆件轴力与纵向变形间的线性关系。E 为弹性模量，表明材料的弹性性质，其单位与应力单位相同。不同的材料 E 值也不同，可由实验测得。EA 称为拉（压）杆截面的抗拉（压）刚度。

将 (5-1) 式和 (5-6) 式代入上式，可得胡克定律的另一种表达形式

$$\sigma = E\varepsilon, \qquad (5-8)$$

上式表示在材料线弹性范围内，正应力与线应变成正比关系。

关于 Δl 与 ε 的符号规定，应与轴力和正应力的符号规定相一致，即伸长时取正号，并分别称为纵向伸长和拉应变；缩短时取负号，并分别称为纵向缩短和压应变。

5.5.2 横向变形、泊松比

拉伸或压缩时，杆件不仅有纵向变形，还有横向变形，如图 5-13 所示。设拉杆变形前和变形后的横向尺寸，分别用 b 和 b_1 表示，则其横向缩短为 $\Delta b = b_1 - b$，与其相应的横向线应变为 $\varepsilon' = \frac{\Delta b}{b}$。

实验表明，在线弹性范围内，横向线应变与纵向线应变之比的绝对值为一常数，即

$$\nu = \left|\frac{\varepsilon'}{\varepsilon}\right|,$$

式中,ν 称为泊松比或横向变形系数,它也是材料的弹性常数,且是一个无量纲的量,其值可通过实验测定。

当杆件轴向伸长时横向缩短,而轴向缩短时横向增大,即 ε' 和 ε 的符号总是相反的,故有

$$\varepsilon' = -\nu\varepsilon. \tag{5-9}$$

表 5-2 列出工程中常用材料的 E 和 μ 的约值。

表 5-2 常用材料的弹性模量及横向变形系数的约值

材料的名称	E/GPa	ν
钢	186～216	0.25～0.33
灰铸铁	78～147	0.23～0.27
球墨铸铁	158	0.25～0.29
铜及其合金(黄铜、青铜)	73.5～127	0.31～0.42
锌及强铝	71.5	0.33
混凝土	13.7～35.3	0.16～0.18
橡胶	0.007 8	0.47
木材:顺纹 横纹	9.8～11.7 0.49	—

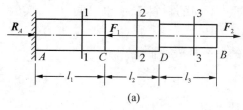

(a)

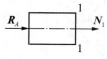

(b)

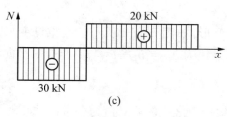

(c)

图 5-14

【例 5-6】 一钢制阶梯杆如图 5-14(a) 所示。已知轴向力 $F_1 = 50$ kN,$F_2 = 20$ kN,各段杆长 $l_1 = 120$ mm,$l_2 = l_3 = 100$ mm,横截面面积 $A_1 = A_2 = 500$ mm²,$A_3 = 250$ mm²,钢的弹性模量 $E = 200$ GPa,试求各段杆的纵向变形。

【解】 (1) 求约束反力。为了运算方便,先求出约束反力 R_A,如图 5-14(a) 所示,由平衡方程

$$\sum F_x = 0,\quad R_A - F_1 + F_2 = 0$$

得 $R_A = F_1 - F_2 = 50 - 20 = 30$ (kN)。

(2) 内力计算。用截面法将杆在 1-1 截面处截开取左段为研究对象,并设该截面的轴力 N_1 为拉力,如图 5-14(b) 所示,由平衡条件得

$$N_1 = -R_A = -30 \text{ kN}(压力)。$$

计算结果为负值,说明 N_1 实际方向与假设方向相反,应为压力。

同理可得截面 2-2、截面 3-3 的轴力

$$N_2 = N_3 = 20 \text{ kN}(拉力)。$$

作轴力图如图 5-14(c)所示。

(3) 计算纵向变形。全杆总的变形量等于各段杆变形量的代数和,即

$$\Delta l_{AB} = \Delta l_1 + \Delta l_2 + \Delta l_3 = \frac{N_1 l_1}{EA_1} + \frac{N_2 l_2}{EA_2} + \frac{N_3 l_3}{EA_3}$$

$$= \frac{-30 \times 10^3 \times 120}{200 \times 10^3 \times 500} + \frac{20 \times 10^3 \times 100}{200 \times 10^3 \times 500} + \frac{20 \times 10^3 \times 100}{200 \times 10^3 \times 250} = 0.024 \text{ (mm)}。$$

结果为正值,表示整个杆是伸长了。

5.6 材料在拉伸或压缩时的力学性能

所谓材料的力学性能,主要是指材料受力时在强度和变形方面表现出来的性能,又称材料的机械性能,如危险应力、弹性模量以及泊松比等等。材料的力学性能不但是进行构件的强度计算、变形计算和选择材料的主要依据,也是制定材料机械加工工艺和研制新型材料的重要依据。

本节主要介绍工程中广泛使用的两种金属材料低碳钢和铸铁,在常温和静载下受轴向拉伸或压缩时的力学性能。

5.6.1 材料拉伸时的力学性能

材料的力学性能是通过实验测定的。拉伸实验应按照国家标准进行,为了便于比较实验结果,规定将材料制成标准尺寸的试件(图 5-15)的长度,称为**标距**。l 为试件工作段长度,对圆截面标准试件,标距 l 和直径 d 有两种比例:$l = 5d$ 或 $l = 10d$;对于矩形截面的标准试件,有 $l = 5.65\sqrt{A}$ 或 $l = 11.3\sqrt{A}$。

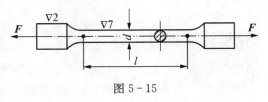

图 5-15

5.6.1.1 低碳钢在拉伸时的力学性能

实验时,将试件装夹在实验机上,缓慢加载直至试件被拉断为止。一般实验机均可将实验过程中的载荷 F 和对应的标距的伸长量 Δl 自动绘成曲线 $F - \Delta l$,称为拉伸图,如图 5-16 所示。

$F - \Delta l$ 曲线与试件的尺寸(A,l)有关,为了消除尺寸的影响,将拉力除以试件横截面的原始面积 A,得出试件横截面上正应力 $\sigma = N/A$;再将伸长量 Δl 除以标距的原始长度 l,得到

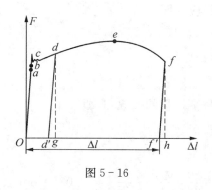

图 5-16

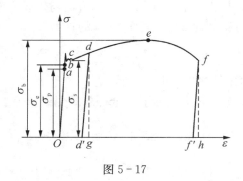

图 5-17

试件在工作段内的相对伸长量 $\varepsilon = \Delta l / l_1$。以 σ 为纵坐标，ε 为横坐标，绘出 σ-ε 曲线称为应力-应变图，如图 5-17 所示。

从该图和实验中观察到的现象可分析出材料的一些力学性能。

1. 变形发展的 4 个阶段

(1) 弹性阶段　弹性阶段可分为两段：直线段 Oa 和微弯段 ab。直线段表示应力与应变成正比关系，故称 Oa 段为比例阶段或线弹性阶段，在此阶段内，材料服从胡克定律，即公式 $\sigma = E\varepsilon$ 适用。a 点所对应的应力称为材料的比例极限，用 σ_p 表示。a 点是直线段的最高点，所以比例极限是材料应力与应变成正比的最大应力。

应力超过 σ_p 后，σ-ε 曲线开始微弯，即应力与应变不再保持线性关系，但材料的变形仍是弹性的，材料保持弹性变形的最大应力（对应图上的点 b）称为弹性极限 σ_e。实验表明，σ_e 和 σ_p 很接近，工程上对此不作严格区分，故也常说材料在弹性范围内服从胡克定律。

(2) 屈服阶段　当应力超过弹性极限 σ_e 以后，除产生弹性变形外，还将产生塑性变形，且出现应力没有明显增加而应变却急剧增大的现象，材料暂时失去抵抗变形的能力，**这种现象称为屈服或流动**。这一阶段曲线 bc 的最低点所对应的应力称为屈服极限，用 σ_s 表示。

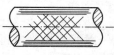

图 5-18

表面磨光的试件在屈服阶段，试件表面会出现与轴线成 45° 夹角的条纹，如图 5-18 所示。这是因为材料内部晶格间沿最大剪应力作用面发生滑移而出现的，故称为滑移线。一般认为，晶格间的滑移是产生塑性变形的根本原因。

由于材料屈服时出现明显的塑性变形，这将影响构件的正常工作，所以屈服极限 σ_s 是衡量材料强度的一个重要指标。

(3) 强化阶段　经过屈服阶段后，材料内部的组织起了变化，要使它继续变形必须增加拉力，这表示材料又恢复了抵抗变形的能力，这种现象称为材料的强化。强化阶段的最高点 e 点所对应的应力是材料被拉断前所能承受的最大应力，称为强度极限，用 σ_b 表示，它是衡量材料强度的另一个重要指标。

(4) 颈缩阶段　过了 e 点后，试件的变形将由纵向的均匀伸长和横向的均匀缩小，变为集中某一局部范围内的变形,该局部的横截面出现突然急剧收缩的现象,这种现象称为颈缩,如图 5-19 所示。由于颈缩处的横截面面积显著减小,试件继续伸长所需的拉力也相应减少。在 σ-ε 图中用原始横截面面积算出的应力 $\sigma=N/A$ 随之下降,直到 f 点,试件在颈缩处发生断裂。

图 5-19

上述每一阶段,都是由量变到质变的过程。4 个阶段的质变点就是比例极限 σ_p、屈服极限 σ_s 和强度极限 σ_b。故 σ_s 和 σ_b 是衡量材料强度的重要指标。

2. 塑性指标

试件拉断后,变形中的弹性部分随着外力的撤去而消失,只残留下塑性变形。工程上用试样拉断后的变形来计算材料的塑性。材料的塑性变形能力也是衡量材料力学性能的重要指标,一般称为塑性指标。工程中常用的有两个,一个是延伸率 δ,一个是截面收缩率 ψ。

$$\delta = \frac{l_1 - l}{l} \times 100\%, \tag{5-10}$$

$$\psi = \frac{A - A_1}{A} \times 100\%, \tag{5-11}$$

式中,l 为试件标距原长,l_1 为试件断裂后标距的长度,A 为试件的原始面积,A_1 为试件断裂后断口处的最小横截面面积,δ 和 ψ 都表示材料直到拉断时其塑性变形所能达到的最大限度,值愈大说明材料的塑性愈好。

工程上按常温、静载拉伸实验所得延伸率的大小,将材料分为两类:$\delta \geqslant 5\%$ 的称为塑性材料,如低碳钢、低合金钢、青铜、塑料等;$\delta < 5\%$ 的称为脆性材料,如铸铁、砖石、玻璃等。但应指出,材料的塑性和脆性并不是固定不变的,它们会因温度、载荷性质、制造工艺等条件的变化而转化。例如某些脆性材料在高温下会呈现塑性,而有些塑性材料在低温下则呈现脆性。又如,在铸铁中加入球化剂可使其变为塑性较好的球墨铸铁,等等。

3. 卸载定律和冷作硬化

如果试件拉伸到强化阶段任一点 d 处,然后逐渐卸载,则应力和应变关系将沿与 Oa 近乎平行的直线 dd' 下降到 d' 点。这说明,在卸载过程中,应力和应变按直线规律变化。这就是卸载定律。$d'g$ 表示消失的弹性变形,Od' 表示不能消失的塑性变形,如图 5-17 所示。

如果在卸载后不久又重新加载,应力应变关系基本上沿着卸载时的同一直线 dd' 上升到 d 点,然后沿着原来 σ-ε 曲线直到断裂。由此可见,在第二次加载时,材料的比例极限(亦即弹性阶段)有所提高,而塑性变形却减少了,这种现象称为材料的**冷作硬化**。工程上常利用冷作硬化来提高材料在弹性范围内的承载能力。例如建筑钢筋和起重机的钢缆等,一般用冷拔工艺以提高强度。又如对某些零件进行喷丸处理,使其表面发生塑性变形,形成冷硬层,以提高零件表面层的强度。但另一方面,零件初加工后,由于冷作硬化使材料变脆变硬,给下一步加工造成困难,且容易产生裂纹,往往就需要在工序之间安排退火,以消除冷作硬化的影响。

5.6.1.2 其他材料在拉伸时的力学性能

其他材料的拉伸实验和低碳钢实验的做法相同。现将它们的 $\sigma-\varepsilon$ 曲线和低碳钢的 $\sigma-\varepsilon$ 曲线相比较,以分析其力学性能。

1. 其他塑性材料在拉伸时的力学性能

图 5-20 所示为几种塑性材料的 $\sigma-\varepsilon$ 图。这些材料共同特点是延伸率较大,都属于塑性材料。差别在于有些材料没有明显的屈服现象。前已说明屈服极限是塑性材料的重要强度指标,因此,对于没有明显屈服现象的塑性材料,通常取对应于试件产生 0.2% 塑性变形时的应力作为材料的屈服极限,称为**名义屈服极限**,以 $\sigma_{0.2}$ 表示,如图 5-21 所示。

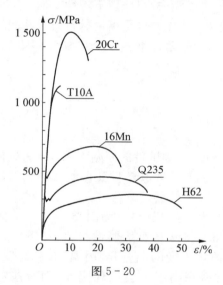

图 5-20

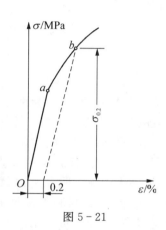

图 5-21

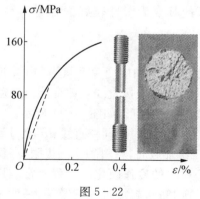

图 5-22

2. 铸铁在拉伸时的力学性能

铸铁为典型的脆性材料,其拉伸时的 $\sigma-\varepsilon$ 曲线如图 5-22 所示。这类材料明显的特点是:无屈服和颈缩现象;直到拉断时,试件的变形很小;且只能测得断裂时强度极限 σ_b。因此,强度极限 σ_b 是衡量脆性材料强度的唯一指标,且其抗拉强度很低,不宜承受拉伸。

此外,从铸铁的 $\sigma-\varepsilon$ 图中还可看出,即使应力很小也无明显的直线段。但在工程使用的应力范围内,与胡克定律偏差不大,常以割线(图 5-22 中虚线)代替原来的曲线,近似将其看作线性弹性材料。

5.6.2 材料压缩时的力学性能

金属的压缩试件一般为圆柱形,为避免压弯,其高度为直径的 1.5~3 倍。混凝土、石料等则制成立方形试块。

1. 低碳钢

图 5-23 所示为低碳钢在压缩时的 $\sigma\text{-}\varepsilon$ 曲线,将此图与低碳钢拉伸时的图比较,可以看出,在屈服阶段以前,二者基本重合,即拉伸和压缩的弹性模量 E、比例极限 σ_p 和屈服极限 σ_s 基本相同。但超过屈服极限后,随着压力的不断增加,试件将越压越扁而不断裂,因而测不到压缩时的强度极限。根据这种情况,像低碳钢这类塑性材料的力学性能,通常由拉伸实验测定,所以一般不做压缩破坏实验。

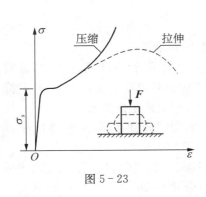

图 5-23

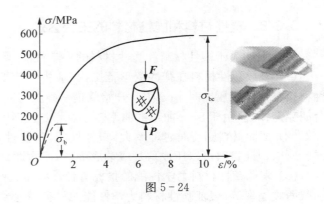

图 5-24

2. 铸铁

铸铁压缩时的 $\sigma\text{-}\varepsilon$ 图如图 5-24 所示。试件在应变不大时就突然发生破坏。破坏断面与轴线大致成 45°的倾角。铸铁没有屈服阶段,只能测得强度极限 σ_b,且受压时的强度极限比拉伸时的高 4~5 倍,故以铸铁为代表的这类脆性材料多用于制作承压构件。

综上所述,塑性材料的强度和塑性都优于脆性材料,特别是拉伸时,二者相差更为显著,所以承受拉伸、冲击、振动或需要冷加工的零件,一般采用塑性材料;而脆性材料也有其优点,如铸铁除具有抗压强度高、耐磨、价廉等优点外,还具有良好的浇注和吸振性能,因此常用于制造机器的底座、外壳和轴承座等受压零部件。表 5-3 列出几种常用材料在常温、静载下的主要力学性能。

表 5-3 几种常用材料在拉伸和压缩时的力学性能(常温、静载下)

材料名称	牌号	屈服极限 σ_s	强度极限 σ_b	延伸率 δ	截面收缩率 ψ
碳素结构钢	Q235	235	375~460	26	—
	Q275	275	490~610	20	45
优质碳素结构钢	35	315	530	20	40
	45	355	600	16	
低合金结构钢	16Mn	345	510~660	22	
	15MnTi	390	530~680	20	—

续表

材料名称	牌号	屈服极限 σ_s	强度极限 σ_b	延伸率 δ	截面收缩率 ψ
合金结构钢	40Cr	735	980	18	—
	45Cr	835	1 030	20	—
灰铸铁	HT150	—	120～175	—	—

5.6.3 塑性材料和脆性材料的主要区别

综合上述关于塑性材料和脆性材料的力学性能,归纳其区别如下。

(1) 多数塑性材料在弹性变形范围内,应力与应变成正比关系,符合胡克定律;多数脆性材料在拉伸或压缩时 σ-ε 图一开始就是一条微弯曲线,即应力与应变不成正比关系,不符合胡克定律,但由于 σ-ε 曲线的曲率较小,所以在应用上假设它们成正比关系。

(2) 塑性材料断裂时延伸率大,塑性性能好;脆性材料断裂时延伸率很小,塑性性能很差。所以塑性材料可以压成薄片或抽成细丝,而脆性材料则不能。

(3) 表征塑性材料力学性能的指标有弹性模量、弹性极限、屈服极限、强度极限、延伸率和截面收缩率等;表征脆性材料力学性能的只有弹性模量和强度极限。

(4) 多数塑性材料在屈服阶段以前,抗拉和抗压的性能基本相同,所以应用范围广;多数脆性材料抗压性能远大于抗拉性能,且价格低廉又便于就地取材,所以主要用于制作受压构件。

(5) 塑性材料承受动载荷的能力强,脆性材料承受动载荷的能力很差,所以承受动载荷作用的构件多由塑性材料制作。

值得注意的是,在常温、静载条件下,根据拉伸试验所得材料的延伸率,将材料区分为塑性材料和脆性材料。但是,材料是塑性的还是脆性的,将随材料所处的温度、加载速度和应力状态等条件的变化而不同。例如,具有尖锐切槽的低碳钢试样,在轴向拉伸时将在切槽处发生突然的脆性断裂。又如,将铸铁放在高压介质下作拉伸试验,拉断时也会发生塑性变形和颈缩现象。

5.6.4 许用应力、安全系数

在讨论强度计算时,曾提出按式 $[\sigma]=\dfrac{\sigma_{\lim}}{n}$ 确定许用应力 $[\sigma]$。在了解了材料的力学性能后,现在首先讨论材料的极限应力的确定。对于塑性材料,当应力到达屈服极限时,将发生明显的塑性变形,这是一般构件正常工作所不允许的,因此规定屈服极限 $\sigma_s(\sigma_{0.2})$ 作为塑性材料的极限应力。对于脆性材料,直到断裂也无明显的塑性变形,只在断裂后才丧失承载能力,故规定脆性材料以强度极限 σ_b 作为极限应力,即

塑性材料　　$\sigma_{\lim}=\sigma_s(\sigma_{0.2})$,　　脆性材料　　$\sigma_{\lim}=\sigma_b$。

其次,安全系数 n 是表示构件安全储备大小的一个系数。正确地选择安全系数是十分重要而又非常复杂的问题。影响安全系数的因素很多,确定安全系数时,一般考虑以下几点:

(1) 材料的素质,包括材料组织的均匀程度、质地的好坏,是塑性材料还是脆性材料等。
(2) 载荷情况,对载荷的估计是否准确,是静载荷还是动载荷等。
(3) 简化过程和计算方法的精确程度。
(4) 构件在设备中的重要性、工作条件、损坏后造成后果的严重程度、制造和维修的难易程度等。
(5) 对减轻设备自重和提高设备机动性的要求。

安全系数的选取和许用应力的确定关系到构件的安全与经济。安全与经济往往是互相矛盾的,应正确处理二者的关系,片面地强调任何一方面都不恰当。若片面强调安全,安全系数选得过大,不仅浪费材料,并使结构笨重;反之若选得过小,虽然用材较为经济,但安全耐用就得不到可靠保证,甚至会造成事故。

许用应力和安全系数的具体数据,我国有关部门有一些规范和手册可供参考。目前一般机械制造中常温、静载情况下,对塑性材料,取 $n_s = 1.2 \sim 2.5$;对脆性材料,由于材料均匀性较差,且突然破坏,有更大的危险性,故取 $n_b = 2 \sim 3.5$,甚至取到 3～9。

5.7 应力集中的概念

前面已讲过,等截面直杆受轴向拉伸或压缩时,横截面上的应力是均匀分布的。但实际上构件由于结构或工艺方面的要求,往往不是等截面的,一般常有键槽、切口、油孔、螺纹、轴肩等,在这些部位上,截面尺寸发生突然的变化。实验结果和理论分析表明:在构件尺寸突然改变的横截面上的应力,并不是均匀分布的。例如开有圆孔或切口的板条(图 5-25)受拉时,在圆孔或切口附近的区域内,应力将剧烈增加,但在离开圆孔或切口稍远处,应力就迅速降低而趋于均匀。这种因杆件外形突然变化,而引起局部增大的现象,称为**应力集中**。

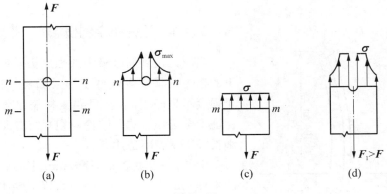

图 5-25

工程上用应力集中系数 α 来描述应力集中的程度,它是应力集中处的最大应力 σ_{max} 和平均应力 σ(按均匀分布计算)之比,即

$$\alpha = \frac{\sigma_{\max}}{\sigma} \text{。} \tag{5-12}$$

应力集中系数 α 是一个大于 1 的系数。应力集中区的应力分布比较复杂,必须采用弹性力学方法计算或通过实验方法,才能确定应力集中区的应力分布规律及 $\sigma_{\max}$ 值。研究结果表明,应力集中系数的大小主要取决于切口底部的曲率半径,曲率半径越小,应力集中系数越大,也就是说,截面尺寸改变越急剧、孔径越小、切口的角越大,应力集中的程度越严重。因此,在杆件上应尽可能避免带尖角、槽和小孔,在阶梯轴肩处应采用圆弧过渡,而且过渡圆弧的半径尽可能大些为好。

实验证明,应力集中对于塑性材料承受静载荷的能力没有什么影响。因为当外力使局部最大应力 $\sigma_{\max}$ 达到屈服极限 σ_s 时,该处材料的变形可以继续增加,而应力却保持 σ_s 不再升高。如外力继续增加,增加的力就由截面上尚处在弹性变形的其他部分来承担,截面上其他点的应力相继增大到屈服极限,当整个截面上的应力都达到屈服极限时,才是杆的极限状态,如图 5-25(b,d)所示。所以,材料的塑性具有缓和应力集中的作用。对于组织均匀的脆性材料,当载荷增加时,应力集中处的应力始终领先,最终达到强度极限 σ_b 而首先出现裂纹,致使截面被削弱。照此继续发展,很快导致整个截面破坏。可见即使在静载下,应力集中对于这种脆性材料的承载能力的影响也是很严重的。但是对于组织粗糙的脆性材料,例如铸铁,其内部存在着大量片状石墨、缺陷及杂质,其本身就存在着严重的应力集中,相比之下,构件外形变化而造成的应力集中是次要因素,对构件没有明显的影响。

当构件受周期性变化的应力或冲击载荷作用时,无论是塑性材料还是脆性材料,应力集中对构件强度的影响都很大,必须引起重视。

5.8 压杆的稳定

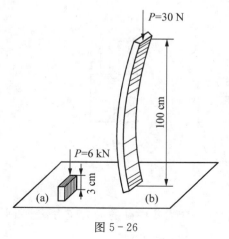

图 5-26

5.8.1 压杆稳定的概念

当应力达到屈服极限或强度极限时,在压力作用下的粗短杆将发生塑性变形或断裂。这种破坏是由于强度不足而引起的,只要压杆满足强度条件,就能保证安全工作。这个结论对粗短杆是正确的,但对于细长杆来说就不适用了。

例如,一根宽 3 cm,厚 5 mm,长 3 cm 的矩形截面的木杆,如图 5-26(a)所示,设其许用应力 $[\sigma] = 40$ MPa,按压缩强度条件计算,它的承载能力为 $P \leqslant A[\sigma] = 5 \times 30 \times 40 \times 10^{-3} = 6(\text{kN})$。

实验发现,当杆长为 100 cm,则只需要 30 N 的压力,杆就会变弯;压力若再增大,杆将产生显著的弯曲变形而失去工作能力,如图 5-26(b)所示。这说明细长压杆丧失工作能力,是由于它不能保持原来的直线形状而造成的。可见,细长压杆的承载能力不取决于它的压缩强度条件,而取决于它保持直线平衡状态的能力。**压杆保持原有直线平衡状态的能力,称为压杆的稳定性**;反之,压杆丧失直线平衡状态而被破坏的现象,称为丧失稳定或失稳。

工程中属于压杆稳定的例子很多,例如,液压启闭器的活塞杆如图 5-27(a)所示,螺旋千斤顶如图 5-27(b)所示,车床中的走刀丝杆如图 5-27(c)所示,桁架结构的某些杆件等。对这些压杆,必须保证它们具有足够的稳定性,否则会造成严重的事故。历史上就曾因压杆失稳而造成多起桥梁倒塌重大事故。1891 年瑞士一座长 42 m 的桥,当列车通过时,因结构失稳而坍塌,12 节车厢中的 7 节落入河中,200 多人死亡。1907 年加拿大魁北克省圣劳伦斯河上的钢结构大桥,在施工中,由于桁架中一根受压弦杆的突然失稳,造成了整个大桥的倒塌,九千吨钢结构变成了一堆废铁,在桥上施工的 86 名工人中有 75 人丧生。目前,高强度钢和超高强度钢的广泛应用,使压杆稳定性问题更加突出。因此研究压杆的稳定性是非常必要的。

(a)

(b)

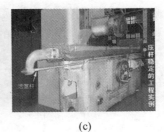
(c)

图 5-27

设图 5-28(a)中细长压杆在力 F 的作用下处于直线平衡状态,受外界(水平力 F')干扰后,杆经过若干次摆动,仍能回到原来的直线形状平衡位置,杆原来的直线形状平衡状态称为稳定平衡。若受外界干扰后,杆不能恢复到原来的直线形状而在弯曲形状下保持新的平衡,如图 5-28(b)所示,则杆原来的直线形状的平衡状态称为不稳定平衡,或称失稳。压杆的稳定性问题,就是对受压杆件能否保持它原来的直线形状的平衡状态而言的。

细长压杆的直线平衡状态是否稳定,与轴向压力 F 的大小有关。随着 F 的逐渐增大,压杆就会由稳定平衡状态过渡到不稳定平衡状态。这时,轴向压力 F 有个极限值,称为**临界压力**,简称为临界力,用 F_{cr} 表示。它是压杆保持直线平衡时能承受的最大压力,或说临界力就是使压杆丧失稳定的最小轴向压力。掌握临界力的计算是解决压杆稳定性的关键。

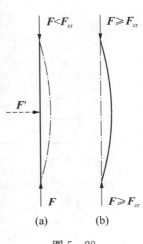

图 5-28

除了压杆外,其他弹性薄壁构件,只要壁内有压应力,就同样有可能出现失稳现象。本章只限于讨论压杆的稳定性问题,讨论中心受压直杆的稳定问题,研究确定压杆临界力的方法、压杆的稳定计算和提高压杆承载能力的措施。

5.8.2 压杆临界力和临界应力

1. 压杆临界力

在杆的变形不大,杆内应力不超过材料的比例极限时,根据弯曲变形理论可以求出杆的临界力大小为

$$F_{cr} = \frac{\pi^2 EI}{(\mu l)^2}, \tag{5-13}$$

上式称为欧拉公式。μ 是与支承情况有关的长度系数,其值随压杆的约束条件不同而不同;该式表明,压杆的临界力 F_{cr} 与其抗弯刚度 EI 成正比,与杆长 l 的平方成反比。也就是说,压杆越细长,其临界力越小,压杆越容易失稳。又由于压杆总是容易在抗弯能力最小的纵向平面内失稳,因此,当杆端两个方向的约束相同时,例如球形铰支座的情况,(5-13)式中的 I 应以截面的最小惯性矩 I_{min} 代入。所以临界力 F_{cr} 与材质的种类、截面的形状和尺寸、杆件的长度和两端的支座情况等方面的因素有关。表5-4列出了不同支承情况下的长度系数。

表5-4 不同支承情况的长度系数

拉杆端约束情况	两端铰支	一端固定一端自由	两端固定	一端固定一端铰支
挠度曲线形状	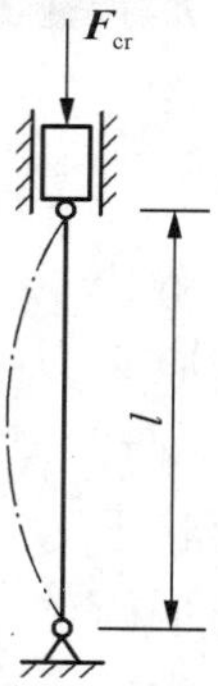	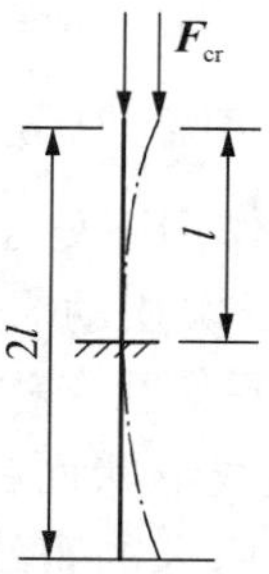	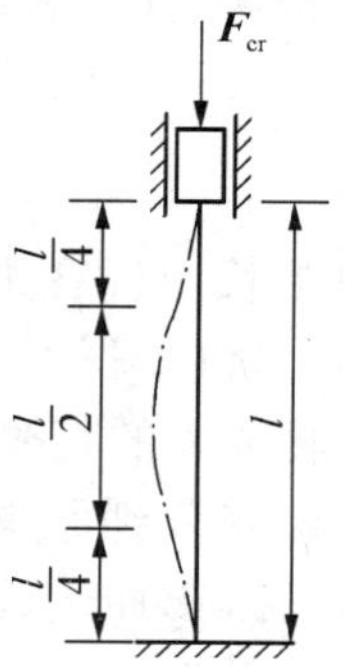	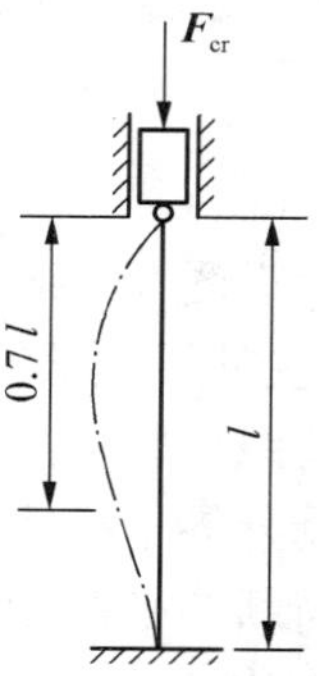
μ	1	2	0.5	0.7

2. 临界应力

将临界力 F_{cr} 除以压杆的横截面面积 A,则得到当压力达到临界值时压杆横截面上的应力,即临界应力,用 σ_{cr} 表示,即

$$\sigma_{cr} = \frac{F_{cr}}{A} = \frac{\pi^2 E}{(\mu l)^2} \frac{I}{A}, \tag{5-14}$$

式中,令 $i=\sqrt{\dfrac{I}{A}}$,是一个与截面形状、尺寸有关的长度,称为**截面的惯性半径**。代入上式得

$$\sigma_{cr}=\dfrac{\pi^2 E}{(\mu l)^2}i^2=\dfrac{\pi^2 E}{\left(\dfrac{\mu l}{i}\right)^2}。 \tag{5-15}$$

若令 $\lambda=\dfrac{\mu l}{i}$,则(5-15)式变为

$$\sigma_{cr}=\dfrac{\pi^2 E}{\lambda^2}。 \tag{5-16}$$

这就是计算压杆临界应力的欧拉公式。式中 $\lambda=\dfrac{\mu l}{i}$ 称为压杆的长细比,又称**为压杆的柔度**,它是一个无量纲的量。可以看出,柔度 λ 越大,杆件越细长,而其临界应力越低,也就是说,压杆越细长越容易失稳。反之,λ 越小,则杆件就越不太容易失稳,其临界应力就比较大。所以柔度 λ 是压杆稳定计算中的一个重要参数。

3. 欧拉公式的应用范围

因为欧拉公式是在材料服从胡克定律的条件下导出的,因此欧拉公式只能在压杆的临界应力 σ_{cr} 不超过材料的比例极限 σ_p 时才能应用,即 $\sigma_{cr}=\dfrac{\pi^2 E}{\lambda^2}\leqslant\sigma_p$。由此可求得对应于 $\sigma_{cr}=\sigma_p$ 的柔度值 λ_p 为

$$\lambda_p=\pi\sqrt{\dfrac{E}{\sigma_p}}。 \tag{5-17}$$

上式表明,当压杆的柔度 $\lambda\geqslant\lambda_p$ 时才可以应用欧拉公式计算临界力或临界应力。这类压杆称为大柔度杆或细长杆,欧拉公式只适用于较细长的大柔度杆。从(5-17)式可知,λ_p 的值取决于材料性质,不同的材料都有自己的 E 值和 σ_p 值,所以,不同材料制成的压杆,其 λ_p 也不同。例如 Q235 钢,$\sigma_p=200\text{ MPa}$,$E=200\text{ GPa}$,即可求得,$\lambda_p=100$。

由临界应力公式(5-16)可知,压杆的临界应力是柔度的函数。若以 σ_{cr} 为纵坐标,柔度 λ 为横坐标,根据(5-16)式可画出如图 5-29 所示的曲线 AB,称**为欧拉双曲线**。欧拉公式的适用范围可在此图上标出。曲线上的实线部分 BC 是适用部分;虚线部分 AC,由于应力已超过了比例极限,为无效部分。对应于 C 点的柔度即为 λ_p。

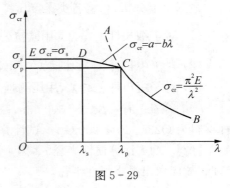

图 5-29

4. 经验公式

当压杆的柔度 $\lambda<\lambda_p$,也就是 $\sigma_{cr}>\sigma_p$ 时,欧拉公式则不再适用,这时的临界应力值可用

经验公式来确定。经验公式有直线公式和抛物线公式等。其中直线公式比较简单,应用方便,其形式为

$$\sigma_{cr} = a - b\lambda, \qquad (5-18)$$

式中,a,b 是与材料性质有关的常数,其单位为 Pa 或 MPa。表 5-5 给出了几种材料的 a,b 和 λ_p 值。

表 5-5 常用材料的 a, b, λ_p, λ_s

材料	a/MPa	b/MPa	λ_p	λ_s
Q235,10,25 钢	304	1.12	100	61.6
35 钢	461	2.57	100	60
45,55 钢	578	3.74	100	60
铸铁	332.2	1.45	80	
松木	28.7	0.19	110	40

(5-18)式也有一个适用范围。例如,对塑性材料制成的压杆,要求其临界应力不得超过材料的屈服极限 σ_s,即 $\sigma_{cr} = a - b\lambda < \sigma_s$。若把经验公式中的最小柔度极限值表示为 λ_s,则

$$\lambda_s = \frac{a - \sigma_s}{b}。 \qquad (5-19)$$

综上所述,可以确定公式(5-18)适用的范围应是 $\lambda_s < \lambda < \lambda_p$。一般将柔度介于 λ_p 和 λ_s 之间的压杆称为**中柔度杆或中长杆**。柔度小于 λ_s 的压杆称为小柔度杆或短粗杆。由(5-19)式可以求出各种材料的 λ_s 值。一些常用材料的 λ_s 值也列于表 5-5 中。

根据以上分析,可将各类柔度压杆临界应力计算归纳如下:

(1) 对于细长杆 $\lambda \geq \lambda_p$,用欧拉公式 $\sigma_{cr} = \dfrac{\pi^2 E}{\lambda^2}$ 计算;

(2) 对于中长杆 $\lambda_s < \lambda < \lambda_p$,用经验公式 $\sigma_{cr} = a - b\lambda$ 计算;

(3) 对于短粗杆 $\lambda \leq \lambda_s$,用压缩强度公式 $\sigma_{cr} = \sigma_s$ 计算。

例 5-7 有一长 $l = 300$ mm,截面宽 $b = 2$ mm,高 $h = 10$ mm 的压杆。两端铰接,压杆材料为 Q235,$E = 200$ Gpa。试计算压杆的临界应力和临界力。

【解】(1)计算惯性半径 i。因采用矩形截面,如果失稳必在刚度较小的平面内产生微弯曲,故应求出最小惯性半径

$$i_{min} = \sqrt{\frac{I_{min}}{A}} = \sqrt{\frac{hb^3}{12} \times \frac{1}{bh}} = \frac{b}{\sqrt{12}} = \frac{2}{\sqrt{12}} = 0.577(\text{mm})。$$

(2) 求柔度 λ。

$$\lambda = \frac{\mu l}{i}, \mu = 1 \text{(两端铰接)},$$

故
$$\lambda = \frac{1 \times 300}{0.577} = 520 > \lambda_p = 100。$$

属于大柔度杆,故采用欧拉公式计算临界应力 σ_{cr}。

(3) 计算临界应力 σ_{cr}。
$$\sigma_{cr} = \frac{\pi^2 E}{\lambda^2} = \frac{\pi^2 \times 200 \times 10^3}{520} = 7.3 \text{(MPa)}。$$

(4) 计算临界力 F_{cr}。
$$F_{cr} = \sigma_{cr} A = 7.3 \times 2 \times 10 = 146 \text{(N)}。$$

5.8.3 压杆的稳定性校核

为了保证压杆具有足够的稳定性,不仅要使压杆所承受的工作压力小于临界力 F_{cr} 或压杆工作应力小于临界应力 σ_{cr},并具有一定的安全裕度,即

$$F \leqslant \frac{F_{cr}}{[n_{st}]} \text{ 或 } \sigma \leqslant \frac{\sigma_{cr}}{[n_{st}]}, \qquad (5-20)$$

式中,F,σ 分别为压杆的工作压力、工作应力;F_{cr},σ_{cr} 分别为压杆的临界力、临界应力;$[n_{st}]$ 为规定的稳定安全系数。

压杆稳定也常用安全系数法做稳定校核。令 $n = \frac{F_{cr}}{F} = \frac{\sigma_{cr}}{\sigma}$,称为压杆的工作稳定安全系数,表示压杆工作时的实际稳定储备。为了使压杆有足够的安全度,必须使工作稳定安全系数大于规定的稳定安全系数,于是得到用安全系数表示的压杆稳定条件

$$n = \frac{F_{cr}}{F} = \frac{\sigma_{cr}}{\sigma} \geqslant [n_{st}], \qquad (5-21)$$

(5-20)式只是在形式上与(5-21)式不同,实质上是一样的。

由于压杆存在初曲率和载荷偏心等不利因素的影响。$[n_{st}]$ 值一般比强度安全系数要大些,并且 λ 越大,$[n_{st}]$ 值也越大。在静载荷下,对于钢材 $[n_{st}] = 1.8 \sim 3.0$;对于铸铁 $[n_{st}] = 4.5 \sim 5.5$;木材 $[n_{st}] = 2.5 \sim 3.5$。在实际工作中,具体取值可从有关设计手册中查到。

应当指出,在稳定计算中,压杆的横截面面积 A 均采用截面的毛面积计算,即当压杆在局部有横截面削弱(如钻孔、开口等)时,可不予考虑。因为压杆的稳定性取决于整个杆件的弯曲刚度,而局部的截面削弱对整个杆件的整体刚度来说,影响甚微。但是,对截面的削弱处,则应当进行强度校核。

例 5-8 千斤顶如图 5-30 所示,丝杠长度 $l = 375$ mm,直径 $d = 40$ mm,材料是 A3

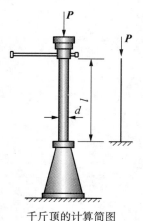

千斤顶的计算简图

图 5-30

钢,最大起重量 $P=80\,\text{kN}$,规定稳定安全系数 $[n_{st}]=3$。试校核丝杠的稳定性。

【解】 (1) 计算临界力。

$$\mu=2,\quad \lambda=\frac{\mu l}{i}=\frac{2\times 375}{\frac{40}{4}}=75。$$

对 A3 钢,$\lambda_p=100$,$\lambda_s=61.6$,$\lambda_s<\lambda<\lambda_p$ 属中柔度压杆。查表 5-5 得 $a=304\,\text{MPa}$,$b=1.12\,\text{MPa}$。临界载荷为

$$F_{cr}=\sigma_{cr}A=(a-b\lambda)\frac{\pi}{4}d^2$$

$$=(304-1.12\times 75)\times \frac{\pi}{4}\times 40^2=277(\text{kN})。$$

(2) 校核稳定性。

$$n=\frac{F_{cr}}{P}=\frac{277}{80}=3.46>[n_{st}]=3。$$

结论:千斤顶丝杠是稳定的。

5.8.4 提高压杆稳定性的措施

提高压杆的稳定性的关键在于提高临界应力 σ_{cr}。由临界应力图可知,σ_{cr} 与其柔度 λ 和材料的性质有关。λ 越小,σ_{cr} 越大;材料强度越高,σ_{cr} 越大。因此,可以从以下两方面来考虑。

5.8.4.1 减小柔度 λ

柔度 $\lambda=\frac{\mu l}{i}$ 综合了压杆的长度、约束情况和惯性半径等影响因素。

1. 改善约束条件、减小压杆长度

根据欧拉公式可知,压杆的临界力与其计算长度的平方成反比,而压杆的计算长度又与其约束条件有关。因此,改善约束条件,可以减小压杆的长度系数和计算长度,从而增大临界力。在相同条件下,从表 5-4 可知,自由支座最不利,铰支座次之,固定支座最有利。

减小压杆长度的另一方法是在压杆的中间增加支承,把一根变为两根甚至几根。

2. 选择合理的截面形状

压杆的临界力与其横截面的惯性矩成正比。因此,在截面面积一定时,应该选择截面惯性矩较大的截面形状。且当杆端各方向约束相同时,应尽可能使杆截面在各方向的惯性矩相等。如图 5-31 所示的两种压杆截面,在面积相同的情况下,空心截面(b)要比实心截面(a)合理,因为截面(b)的惯性矩大。由槽钢制成的压杆,有两种摆放形式,如图 5-32所示,(b)比(a)合理,因为(a)中截面对竖轴的惯性矩比另一方向小很多,降低了杆

的临界力。

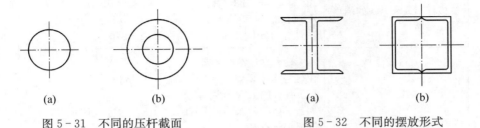

图 5-31　不同的压杆截面　　　　图 5-32　不同的摆放形式

5.8.4.2　合理选择材料

对于大柔度杆,临界应力与材料的弹性模量 E 成正比。因此钢压杆比铜、铸铁或铝制压杆的临界载荷高。但各种钢材的 E 基本相同,所以对大柔度杆选用优质钢材比低碳钢并无多大差别。对中柔度杆,由临界应力图可以看到,材料的屈服极限 σ_s 和比例极限 σ_p 越高,则临界应力就越大。这时选用优质钢材会在一定程度上提高压杆的承载能力。至于小柔度杆,本来就是强度问题,优质钢材的强度高,其承载能力的提高是显然的。

最后尚需指出,对于压杆,除了可以采取上述几方面的措施以提高其承载能力外,在可能的条件下,还可以从结构方面采取相应的措施。例如,将结构中的压杆转换成拉杆,就可以从根本上避免失稳问题。以图 5-1(b、c)所示的托架为例,在不影响结构使用的条件下,若图(b)所示结构改换成图(a)所示结构,则 AC 杆由承受压力变为承受拉力,从而避免了压杆的失稳问题。

完成第 5 章典型任务

如表 5-6 所示。

表 5-6　任务答案

任务 1	求 AB 和 AC 杆横截面上的内力	由平衡方程: AC 杆:$N_1 = \dfrac{F}{\sin 30°} = 2F = 260 \text{ kN}$; AB 杆:$N_2 = F\cot 30° = 1.732F = 225 \text{ kN}$
任务 2	求 AB 和 AC 杆横截面上的应力	由型钢表查得杆 AC 的面积 $A_1 = 2 \times 10.160 \times 10^2 \text{ mm}^2$, 杆 AB 的面积 $A_2 = \dfrac{\pi d^2}{4} = \dfrac{\pi \times 60^2}{4} = 2826 \text{ mm}^2$ 计算杆横截面上的应力: AC 杆:$\sigma_1 = \dfrac{N_1}{A_1} = \dfrac{260 \times 10^3}{2 \times 10.160 \times 10^2} = 128(\text{MPa})$, AB 杆:$\sigma_2 = \dfrac{N_2}{A_2} = \dfrac{225 \times 10^3}{2826} = 80(\text{MPa})$

续 表

任务3	校核杆 AB 和 AC 的强度是否足够	AC 杆:$\sigma_1 = 128(\text{MPa}) < [\sigma] = 130(\text{MPa})$; AB 杆:$\sigma_2 = 80(\text{MPa}) < [\sigma] = 130(\text{MPa})$。 由计算可知杆 AB 和 AC 的强度是足够的
任务4	求该吊车最大起吊重量	(1) 轴力和载荷的关系。 由任务1中得:$N_1 = 2F$,$N_2 = 1.732F$。 (2) 各杆的最大轴力。 斜杆 AC 的最大轴力 $N_{1\max} = A_1[\sigma] = 2 \times 10.160 \times 10^2 \times 130 = 264(\text{kN})$; 横杆 AB 的最大轴力 $N_{2\max} = A_2[\sigma] = 2\,826 \times 130 = 367(\text{kN})$。 (3) 确定许可载荷。 由轴力和载荷的关系,可得按斜杆 AC 强度确定的许可载荷为 $$F_{1\max} = \frac{N_{1\max}}{2} = \frac{264}{2} = 132(\text{kN})。$$ 同理,可得按横杆 AB 强度确定的许可载荷为 $$F_{2\max} = \frac{N_{2\max}}{1.732} = \frac{367}{1.732} = 212(\text{kN})。$$ 因此,要使两杆都能安全工作,吊车的最大许可载荷应取 $F_{\max} \leqslant 132\text{ kN}$,即悬臂吊车的最大起重量约为 132 kN
任务5	设计在最大起吊重量下两杆最经济的横截面尺寸	由题意可看出,斜杆 AC 已材尽所用,目前的等边角钢型号即为最经济的横截面尺寸,但横杆 AB 的强度仍有富裕。横杆 AB 在最大起吊重量下最经济的横截面尺寸为 $$\sigma_2 = \frac{N_{2\max}}{A_2} \leqslant [\sigma],$$ $$A_2 \geqslant \frac{N_{2\max}}{[\sigma]} = \frac{1.732F_{\max}}{[\sigma]} = \frac{1.732 \times 132 \times 10^3}{130} = 1\,758.6(\text{mm})^2,$$ $d \geqslant 47.3\text{ mm}$, 故应选用 $d = 50\text{ mm}$
任务6	从力学和材料力学性能分析,图 5-1(b,c) 两种结构下,AB 和 AC 杆选用同种材料是否合适?如条件允许,AB 和 AC 杆选用何种材料更合理(低碳钢、铸铁)?	图 5-1(b,c) 两种结构下,AB 和 AC 杆选用同种材料不合适。在图 5-1(b)结构中,AB 杆受拉,AC 杆受压;根据材料的力学性能,AB 杆应选用低碳钢等塑性材料(塑性材料抗拉不抗压),而 AC 杆应选用铸铁等脆性材料。在图 5-1(c)结构中,AB 杆受压,AC 杆受拉,故材料选用与图(b)结构相反。 从力学的角度看,图 5-1(b)所示结构承载能力大。考虑到压杆稳定性问题,应尽量避免细长压杆承受压力

小 结

本章主要知识点

1. 轴向拉压杆轴力的计算和轴力图的绘制。

2. 轴向拉压杆横截面上正应力。

3. 轴向拉压杆的强度计算问题。

4. 胡克定律的两种表达形式。

5. 低碳钢和铸铁拉压时的力学性能。

6. 欧拉公式适用范围及应用,稳定性校核。

本章重点内容和主要公式

1. 轴向拉伸与压缩时的内力:轴力 N。

(1) 轴力的大小等于所研究部分所有外力的代数和。

(2) 轴力的正负由外力的正负决定:外力的方向背离所研究截面时为正,指向时为负。

2. 轴向拉伸与压缩时的应力 $\sigma = \dfrac{N}{A}$,拉为正,压为负。

3. 轴向拉伸与压缩时的变形:

(1) 胡克定律的两种表达形式: $\Delta l = \dfrac{Nl}{EA}$, $\sigma = E\varepsilon$;

(2) 纵向线应变与横向线应变的关系: $\varepsilon' = -\mu\varepsilon$。

4. 材料的力学性能:

(1) 低碳钢的 σ-ε 图:变形发展的 4 个阶段,3 个极限应力:比例极限 σ_p、屈服极限 σ_s 和强度极限 σ_b。

(2) 强度和塑性指标:

强度指标:屈服极限 σ_s 和强度极限 σ_b。

塑性指标:延伸率 δ 和断面收缩率 ψ,若 $\delta \geqslant 5\%$ 为塑性材料,若 $\delta < 5\%$ 为脆性材料。

5. 轴向拉伸与压缩时强度条件 $\sigma = \dfrac{N}{A} \leqslant [\sigma]$。

3 类强度问题:(1)强度校核;(2)截面设计;(3)确定许可载荷。

6. 许用应力、安全系数和应力集中的概念。

7. 压杆的稳定性问题:

(1) 受压直杆不能保持直线状态的平衡,称为压杆失稳。

(2) 计算临界力和临界应力的公式:

对于细长杆 $\lambda > \lambda_p$,用欧拉公式 $\sigma_{cr} = \dfrac{\pi^2 E}{\lambda^2}$ 计算;

对于中长杆 $\lambda_s < \lambda < \lambda_p$,用经验公式 $\sigma_{cr} = a - b\lambda$ 计算;

对于短粗杆 $\lambda \leqslant \lambda_s$,用压缩强度公式 $\sigma_{cr} = \sigma_s$ 计算。

(3) 压杆稳定条件: $n = \dfrac{F_{cr}}{F} = \dfrac{\sigma_{cr}}{\sigma} \geqslant [n_{st}]$。

(4) 提高压杆稳定性措施:减小柔度 λ 和合理选择材料。

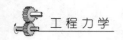

5-1 试判定图 5-33 所示杆件哪些属于轴向拉伸或压缩。

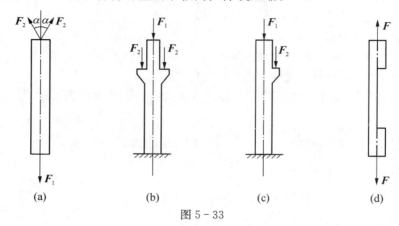

图 5-33

5-2 指出下列概念有什么区别,有什么联系。
(1) 绝对变形和相对变形; (2) 内力和应力;
(3) 弹性变形和塑性变形; (4) E 和 EA;
(5) 极限应力和许用应力。

5-3 已知 A3 钢的比例极限 $\sigma_p = 200\,\text{MPa}$, $E = 200\,\text{GPa}$, 现有一 A3 钢试件,拉伸到 $\varepsilon = 0.002$, 能否确定其应力为 $\sigma = E\varepsilon = 200 \times 10^9 \times 0.002 = 400(\text{MPa})$?

5-4 若两杆的横截面面积 A、长度 l 和载荷 F 都相同,但所用的材料不同,问两杆的应力和变形是否相同?

5-5 胡克定律有几种表达形式? 其适用条件是否相同?

5-6 两根相同材料制成的拉杆如图 5-34 所示。试说明它们的绝对变形是否相同? 如不相同,哪根变形大? 另外,不等截面直杆的各段应变是否相同? 为什么?

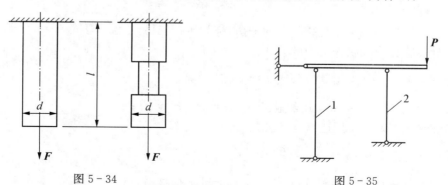

图 5-34　　　　　　　　　　图 5-35

5-7 现有低碳钢和铸铁两种材料,若杆 2 选用低碳钢,杆 1 选用铸铁,如图 5-35 所示,你认为合理吗？为什么？

5-8 如何利用材料的 σ-ε 图，比较材料的强度、刚度和塑性，图 5-36 中哪种材料的强度高，刚度大，塑性好？

5-9 购买钢材时，应先查阅钢材的材质单，材质单上有哪两项强度指标和哪两项塑性指标？试阐述其物理意义。

5-10 制造螺栓的棒材要先经过冷拔，其目的是什么？钢材经过冷拔后有什么优点和缺点？

5-11 压杆属于细长杆，中长杆还是短粗杆，是根据压杆的（　　）来判断的。

A．长度　　　B．横截面尺寸　　　C．临界应力　　　D．柔度

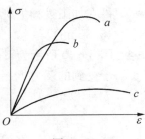

图 5-36

习题

5-1 试求下列各杆指定截面的轴力，并绘轴力图。

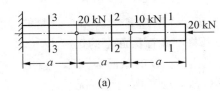
(a)

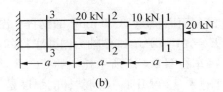
(b)

图 5-37

5-2 作用于图 5-38 所示零件上的拉力为 $P=38$ kN，试问零件内最大拉应力发生于哪个截面上？并求其值。

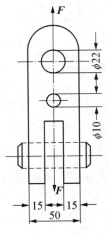

图 5-38

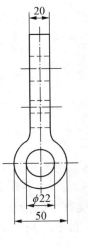

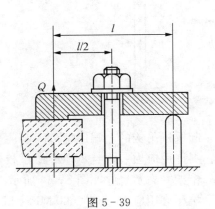

图 5-39

5-3 螺旋压板夹具如图5-39所示。已知螺栓为M18,材料许用应力$[\sigma]=50$ MPa,若工件在加工过程中所需的夹紧力$Q=2.5$ kN,试校核该螺栓的强度(螺栓内径$d_1=15.3$ mm)。

5-4 图5-40所示为飞机着陆部分结构。支撑杆AB与杆BC成53.1°角,飞机着陆时轮子受到的反力$F=20$ kN。试求支撑杆AB的应力。已知杆的外径$D=40$ mm,内径$d=30$ mm。

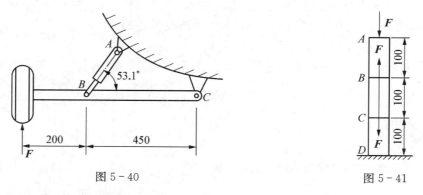

图5-40

图5-41

5-5 横截面面积为1 000 mm²的钢杆如图5-41所示。已知$F=20$ kN,材料的弹性模量$E=210$ GPa。试作轴力图并求杆的总伸长及杆下端横截面上的正应力。

5-6 吊车在图5-42所示托架的CD梁上移动,斜钢杆AB的截面为圆形,直径为20 mm,$[\sigma]=120$ MPa。试问斜杆的强度是否足够(提示:应考虑危险工况)。

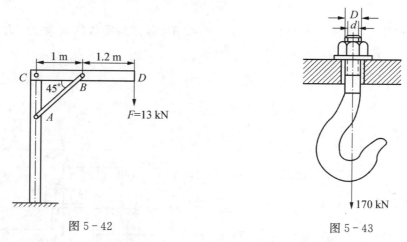

图5-42

图5-43

5-7 起重机吊钩的上端用螺母固定,图5-43所示,若吊钩螺栓部分内径$d=55$ mm,材料许用应力$[\sigma]=80$ MPa。试校核螺栓部分的强度。

5-8 桁架受力及尺寸如图5-44所示。$P=30$ kN,材料的抗拉许用应力$[\sigma_t]=120$ MPa,抗压许用应力$[\sigma_c]=60$ MPa。试设计AC及AD杆所需的等边角钢型号(提示:利用附录型钢表)。

5-9 蒸汽机的汽缸如图 5-45 所示。汽缸内径 $D = 560$ mm，内压强 $p = 2.5$ MPa，活塞杆直径 $d = 100$ mm。所有材料的屈服极限 $\sigma_s = 300$ MPa。
(1) 试求活塞杆的正应力及工作安全系数；
(2) 若联结汽缸和汽缸盖的螺栓直径为 30 mm，其许用应力 $[\sigma] = 60$ MPa，求联结每个汽缸盖所需的螺栓数。

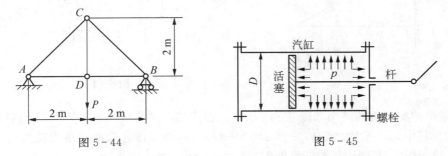

图 5-44　　　　　　　图 5-45

5-10 图 5-46 所示气动夹具的活塞杆直径 $d = 10$ mm，杆 AB 和 BC 的截面为 15 mm × 32 mm 的矩形，三者的材料相同，$[\sigma] = 100$ MPa，试按它们的强度确定该夹具的最大加紧力。

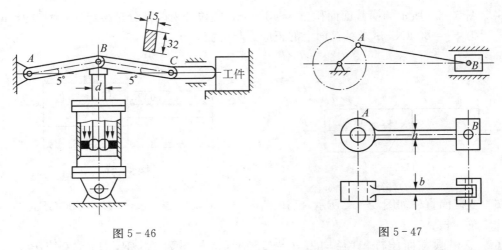

图 5-46　　　　　　　图 5-47

5-11 冷镦机的曲柄滑块机如图 5-47 所示。镦压工件时，连杆接近水平位置承受镦压力，镦压力 $P = 1100$ kN，连杆为矩形，长宽比 $h/b = 1.4$，材料为 45 号钢，许用应力 $[\sigma] = 58$ MPa。试确定截面尺寸 h 和 b。

5-12 在图 5-48 所示简易吊车中，BC 为钢杆，AB 为木杆。木杆 AB 的横截面面积 $A_1 = 100$ cm²，许用应力 $[\sigma]_1 = 7$ MPa，钢杆的横截面面积，许用应力 $[\sigma]_2 = 160$ MPa。试求许可吊重 P。

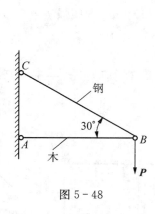

图 5-48

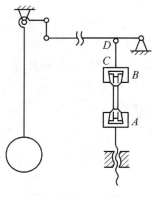

图 5-49

5-13 某拉伸实验机的结构如图 5-49 所示。设实验机的 CD 杆与试件 AB 材料同为低碳钢,其中,$\sigma_p = 200\,\text{MPa}$,$\sigma_s = 240\,\text{MPa}$,$\sigma_b = 400\,\text{MPa}$。实验机最大拉力为 100 kN。
(1) 用这一实验机作拉断实验时,试件直径最大可达多大?
(2) 若设计时取实验机的安全系数 $n = 2$,则 CD 杆的横截面面积为多少?
(3) 若试件直径 $d = 1\,\text{cm}$,今欲测弹性模量 E,则所加载荷最大不能超过多少?

5-14 图 5-50 所示的横截面面积 $A = 400\,\text{mm}^2$ 的拉杆由两部分粘接组成,承受的轴向拉力 $F = 80\,\text{kN}$。试求粘接面上的正应力与剪应力?

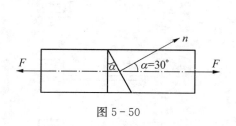

图 5-50

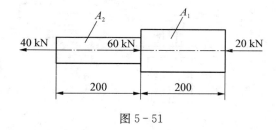

图 5-51

5-15 变截面直杆如图 5-51 所示,已知 $A_1 = 8\,\text{cm}^2$,$A_2 = 4\,\text{cm}^2$,$E = 200\,\text{GPa}$。求杆的总伸长 Δl。

5-16 三根圆截面压杆,直径均为 $d = 160\,\text{mm}$,材料为 A3 钢,$E = 200\,\text{GPa}$,$\sigma_s = 240\,\text{MPa}$。两端均为铰支,长度分别为 l_1,l_2 和 l_3,且 $l_1 = 2l_2 = 4l_3 = 5\,\text{m}$。试求各杆的临界压力 F_{cr}。

5-17 图 5-52 所示的压杆在主视图(a)所在平面内,两端为铰支,在俯视图(b)所在平面内,两端为固定,材料的弹性模量 $E = 210\,\text{GPa}$。试求此压杆的临界力。

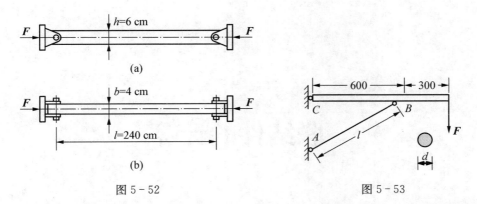

图 5-52

图 5-53

5-18 图 5-53 所示的托架，AB 杆的直径 $d=4$ cm，长度 $l=80$ cm，两端铰支，材料为 Q235 钢。

(1) 试根据 AB 杆的稳定条件确定托架的临界力 F_{cr}；

(2) 若已知实际载荷 $F=70$ kN，AB 杆规定的稳定安全系数 $[n_{st}]=2$，试问此托架是否安全？

第6章 联结件的计算

学习目标

了解剪切和挤压的概念,理解工程中常用的联结件发生的变形情况,掌握剪切面和挤压面的判定,理解联结件的剪切和挤压的实用计算方法,掌握其实用计算公式。

工程实例

图 6-1(a)所示是某铁索桥的拉杆和铁索上的夹板使用的螺栓联结,图 6-1(b)是其联结处的放大后的图形。若桥梁检修工人发现螺栓出现了严重的变形,如不及时更换,可能会因螺栓断裂而导致严重的事故。此螺栓应如何设计?

(a)

(b)

图 6-1

典型任务

学习本章知识后完成表 6-1 典型任务。

第6章 联结件的计算

表 6-1 第 6 章典型任务

任务分解	
图 6-1(a)是铁索桥的拉杆和铁索上的夹板使用的螺栓联结,图 6-1(b)是其联结处的放大后的图形。若已知拉杆受到的拉力 $P=160\,\text{kN}$,螺栓、固定板和拉杆使用相同的材料,许用正应力 $[\sigma]=100\,\text{MPa}$,许用剪应力 $[\tau]=80\,\text{MPa}$,许用挤压应力 $[\sigma_{bs}]=160\,\text{MPa}$,固定板的左右部分的厚度分别为 $t=15\,\text{mm}$,中间板的厚度 $\delta=20\,\text{mm}$,宽度 $b=100\,\text{mm}$,试设计螺栓的直径 d	
任务 1	根据图 6-1,画出联结件的计算简图
任务 2	分析螺栓、拉杆和固定板的受力情况
任务 3	分析剪切面和挤压面
任务 4	考虑螺栓的正常工作,设计螺栓直径
任务 5	如何考虑固定板的正常工作?
任务 6	如何考虑拉杆的正常工作?
任务 7	综合考虑联结件的正常工作,螺栓直径如何选取?

6.1 联结件的实例、剪切和挤压的概念

1. 联结件的工程实例

在实际工程中经常需要将一些单个的物体联结起来,以满足工程上的使用需要,常见的联结有:

(1) 螺栓联结件(销钉联结、铆钉联结等) 图 6-2(a)所示是输电线路中的塔架上利用螺栓将横杆和斜杆的两端联结在主杆的固定板上,以增强塔架的整体刚度和安全性;图 6-2(b)是工程上用来剪断导线等用的钳子,联结处也用到螺栓。销钉联结、铆钉联结与螺栓联结是相似的。

(a)　　　　　　　　　　　　(b)

图 6-2

上述螺栓联结的计算简图如图 6-3(a)所示。取螺栓为研究对象，螺栓受到上、下板传来的一对力，大小均等于 P，且作用线相隔很近，如图 6-3(b)所示。螺栓在两力 P 的作用下将沿着两力 P 之间的某截面 m-m 发生相对错动，如图 6-3(c,d)所示，这种变形称为**剪切**。发生相对错动的 m-m 截面称为剪切面。显然，此时螺栓的剪切面为圆形。

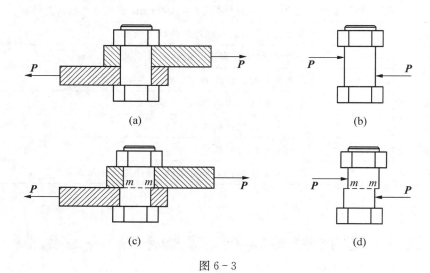

图 6-3

图 6-4(a)是工程中常用的起吊装置，联结处是销钉联结；图 6-4(b)是实际工程中常用的拉杆，杆与固定铰支座处用的螺栓联结；图 6-4(c)是水电站的弧形闸门与固定铰支座用销钉联结；图 6-5 是输电线路中常用的绝缘子上使用的销钉联结；图 6-6 是输电线路中的 UT 拉线环与固定在拉线盘上的拉线环之间所用的螺栓联结；图 6-7 是工程上常见的支架中的撑杆与其他物体之间使用的螺栓联结（斜撑杆就是二力杆）。

图 6-4

图 6-5

图 6-6　　　　　　　　　　　图 6-7

（2）键联结件　图 6-8(a)所示是机械工程中通常用来联结轮毂和轮轴的键。键上下部分分别受到轮毂和轮轴的作用力，这两组力使键沿 $m-m$ 截面错动。剪切面为矩形，如图 6-8(b，c)所示。

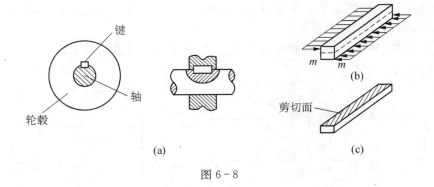

图 6-8

(3) 榫头联结　图6-9所示为工程和生活常用的榫头联结。

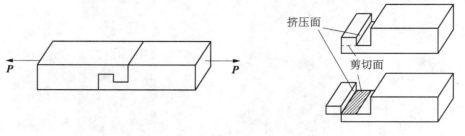

图6-9

(4) 焊接　图6-10所示焊缝处也会发生剪切变形。

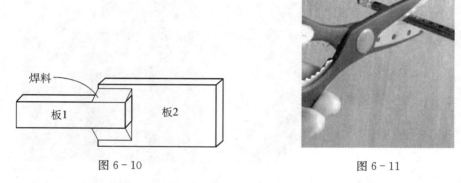

图6-10　　　　　　　　　图6-11

上面所分析的联结件均会发生剪切变形。由此可见,剪切变形是工程和生活中一种最常见的基本变形,再如,生活中常用剪刀来剪东西(图6-11),前面学习的工程上常见约束中的铰、固定铰支座、可动铰支座中的联结件、榫头联结、键联结、焊缝、建筑工程中的柱对基础的作用力使基础也会发生剪切变形等。在这些联结中,接头处如果发生破坏,将造成工程事故,甚至影响整个结构的正常工作,因此,它们的计算在整个结构设计中占有重要地位。

2. 剪切的受力特点

分析上面的工程实例可知,联结件受到等值、反向、作用线相距很近的两个力作用,如图6-12(a)所示。

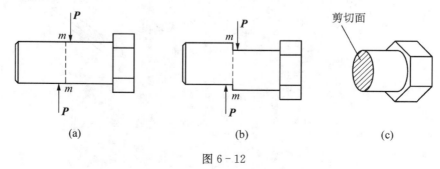

(a)　　　　　　　　(b)　　　　　　　　(c)

图6-12

3. 剪切的变形特点

上面的例子中,构件沿两力作用线之间的某截面发生相对错动。这就是剪切的变形特点,如图 6-12(b)所示。两力作用线之间相对错动的面,称为剪切面,如图 6-12(c)所示。这种只有一对剪切面的剪切变形又叫单剪,若联结件有两对剪切面,称为双剪。分析清楚了剪切的受力特点和变形特点后很容易得到其剪切面,图中的剪切面为螺栓的横截面,显然是圆形。

6.2 联结件的实用计算

6.2.1 联结件的剪切的实用计算

对联结件进行剪切的强度计算时,必须首先分析剪切面上的内力。下面以铆钉为例(螺栓、销钉是相似的),用截面法进行分析。图 6-13 剪切面上的内力必须与外力 P 平行。所以剪切面上的内力是与剪切面相切的一个力,该力称为剪力,用 F_Q(或 Q)表示,如图 6-13(b)所示。

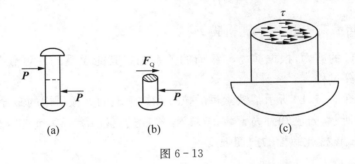

图 6-13

根据平衡条件 $\sum F_x = 0$ 得

$$F_Q - P = 0, \quad F_Q = P。$$

同理,可以分析其他联结件的剪力。

剪力 F_Q 由剪切面上的分布内力即应力组成。这种应力与剪切面相切,称为切应力(或剪应力),用 τ 表示,如图 6-13(c)所示。其单位与正应力相同。

由于剪切面上各点切应力分布规律十分复杂,无法像轴向拉压那样准确地求出各点的应力大小。在工程计算中,假设切应力是均匀分布在剪切面上的,即 $\tau \cdot A = F_Q$,则

$$\tau = \frac{F_Q}{A}, \tag{6-1}$$

式中,F_Q 为剪切面上的剪力,A 为剪切面的面积,τ 为剪切面上的切应力(也叫名义剪应力)。

上述公式计算的应力在工程中是实用的,因此这种计算也叫实用计算。

同轴向拉压的强度条件的建立一样,剪切的强度条件也应该是工作应力不超过许用应

力,即 $\tau \leqslant [\tau]$,所以,剪切的强度条件为

$$\tau = \frac{F_Q}{A} \leqslant [\tau], \quad (6-2)$$

式中,$[\tau]$ 为材料的许用切应力。许用切应力 $[\tau]$ 的大小可在工程手册中查到或通过剪切实验得到。它是通过相应的剪切实验确定出剪切强度极限 τ_b 除以安全系数 n 后得到的,即 $[\tau] = \frac{\tau_b}{n}$。其中的极限应力 τ_b 是通过实验测定出试件剪切破坏时的最大剪力 P_b 后利用 $\tau_b = \frac{P_b}{A}$ 计算出来的,它实际上也是名义应力,因此上述的剪切强度条件才得以实用。

根据上述剪切强度条件可进行 3 个方面的强度计算:

(1) 强度校核　校核 $\tau = \frac{F_Q}{A} \leqslant [\tau]$ 是否成立,若成立,则强度足够;若不成立,则强度不够。

(2) 截面设计　由 $\frac{F_Q}{A} \leqslant [\tau]$ 得 $A \geqslant \frac{F_Q}{[\tau]}$ 计算出联结件的面积,从而根据其形状确定其尺寸。

(3) 确定许可载荷　由 $\frac{F_Q}{A} \leqslant [\tau]$ 得 $F_Q \geqslant [\tau] \cdot A$。

计算出联结件的剪力,根据剪力与载荷的关系确定其能承受的许可载荷。下面举例说明剪切的强度计算过程。

例 6-1　图 6-1(b)所示某铁索桥的拉杆和铁索上的夹板所用的螺栓联结,其计算简图如图 6-14(a)所示,若已知外力 $P = 160\,\text{kN}$,螺栓的直径 $d = 30\,\text{mm}$。螺栓的许用切应力 $[\tau] = 60\,\text{Mpa}$,试校核此螺栓的剪切强度。

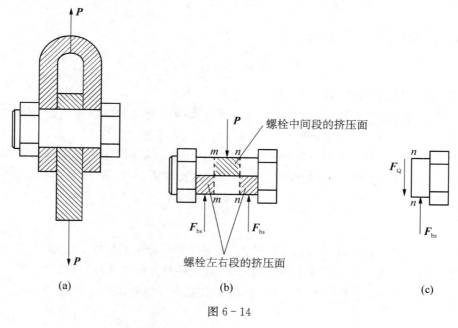

图 6-14

【解】 取螺栓为研究对象,所受外力的情况为中板处的 P 及夹板部分构件传递给螺栓的力,其大小各为 $\dfrac{P}{2}$,螺栓有两对剪切面 $m-m$ 和 $n-n$(这种具有两对剪切面的剪切称为双剪),如图 6-14(b)所示。用截面法分析剪切面上的剪力,如图 6-14(c)所示。显然

$$F_Q = \dfrac{P}{2},$$

$$\tau = \dfrac{F_Q}{A} = \dfrac{\dfrac{P}{2}}{\dfrac{\pi d^2}{4}} = \dfrac{80 \times 10^3}{\dfrac{\pi}{4} \times 30^2} = 113.2(\text{MPa}) > [\tau] = 60(\text{MPa})。$$

所以螺栓的剪切强度不够。

6.2.2 联结件的挤压的实用计算

联结件在发生剪切变形的同时,常常伴随着挤压。所谓**挤压,是指在剪切变形中传递力的接触面发生的局部受压现象**。联结件在传递力的接触面上受到压力作用,这种压力如果较大,可能会使接触表面压溃或产生较大的塑性变形,从而使联结件发生松动而不能正常工作。接触面上的这种压力称为挤压力,用 F_{bs} 来表示。联结件和被联结件间的接触面称为挤压面,如图 6-14(b)。挤压面上的应力称为挤压应力,用 σ_{bs} 来表示。

挤压应力的分布也很复杂,工程中同样采用实用计算。即假设挤压应力均匀分布在挤压面的计算面积上,所以有

$$\sigma_{bs} = \dfrac{F_{bs}}{A_{bs}}, \tag{6-3}$$

式中,F_{bs} 为挤压力,A_{bs} 为挤压面的计算面积(挤压面的最大正投影面面积)。

图 6-15(a)是图 6-15(b)的下部分,其中的阴影部分的右半部分半圆柱面是真实的挤压面,阴影部分是其挤压面的最大正投影,图 6-15(c)是挤压应力的分布(十分复杂),实用计算中认为是均匀分布在挤压面上的计算面积上,如图 6-15(d)所示。

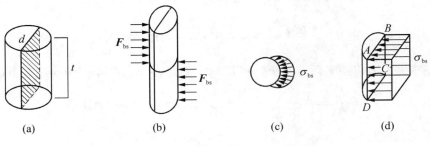

图 6-15

若挤压面为平面接触面积,则挤压面的计算面积等于挤压面的真实面积;若挤压面为曲面(如本例中为圆柱面),则挤压面的计算面积等于此曲面的最大正投影面面积,如本例中为

通过直径的投影面面积，$A_{bs} = t \cdot d$。挤压的强度条件为

$$\sigma_{bs} = \frac{F_{bs}}{A_{bs}} \leqslant [\sigma_{bs}], \tag{6-4}$$

式中，$[\sigma_{bs}]$为许用挤压应力，其值可查有关手册得到。

由上述强度条件可进行3个方面的强度计算：(1)强度校核；(2)截面设计；(3)确定许可载荷。这3个方面的强度计算与前面学过的轴向拉压、剪切的强度计算方法和过程是完全相似的。

由于剪切常常伴随有挤压。因此，在联结件的计算中一般应同时考虑剪切和挤压两个方面的强度问题。

例 6-2 图 6-16 中，已知轴的直径 $d = 50$ mm、传递的力矩 $M = 300$ N·m，键的尺寸 $b = 14$ mm，键长 $l = 80$ mm，键高 $h = 10$ mm。键为钢材所制，许用切应力 $[\tau] = 60$ MPa、许用挤压应力 $[\sigma_{bs}] = 200$ MPa，试校核键的强度。

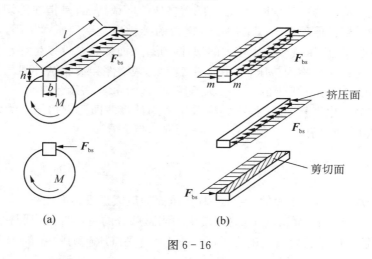

图 6-16

【解】 (1) 计算 F_{bs}。由图 6-16(a)可得 $M = F_{bs} \cdot \dfrac{d}{2}$，即

$$F_{bs} = \frac{2M}{d} = \frac{2 \times 300 \times 10^3}{50} = 12\,000(\text{N})。$$

(2) 校核键的剪切强度。$F_Q = F_{bs} = 12\,000$ N，$A = bl = 14 \times 80 = 1\,120(\text{mm})^2$，

$$\tau = \frac{F_Q}{A} = \frac{12\,000}{1\,120} = 10.7(\text{MPa}) < [\tau] = 60(\text{MPa})。$$

所以键的剪切强度足够。

(3) 校核键的挤压强度。挤压力 $F_{bs} = 12\,000$ N，计算挤压面积

$$A_{bs} = \frac{h}{2} \cdot l = \frac{10}{2} \times 80 = 400(\text{mm}^2)，$$

$$\sigma_{bs} = \frac{F_{bs}}{A_{bs}} = \frac{12\,000}{400} = 30(\text{MPa}) < [\sigma_{bs}] = 200(\text{MPa})。$$

挤压的强度足够。因此,键的剪切和挤压强度足够。

例 6-3 图 6-17(a)所示是架空输电线路中的拉线上使用的销钉联结件,图 6-17(b)是其计算简图。已知 $\delta = 15$ mm,销钉的许用剪应力 $[\tau] = 80$ MPa,销钉和销钉孔的许用挤压应力 $[\sigma_{bs}] = 200$ MPa,拉力 $P = 100$ kN,试确定销钉的直径 d。

【解】 (1) 按销钉的剪切强度设计其直径。由图 6-17(b)可得

$$F_Q = \frac{P}{2} = \frac{100}{2} = 50(\text{kN})。$$

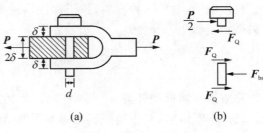

图 6-17

由剪切强度条件 $\tau = \dfrac{F_Q}{A} \leqslant [\tau]$ 得

$$\frac{50 \times 10^3}{\frac{\pi d^2}{4}} \leqslant 80,\text{所以 } d \geqslant 28.2 \text{ mm}。$$

(2) 按销钉的挤压强度设计直径。这里按销钉的中间段的挤压强度计算,

$$F_{bs} = P = 100 \text{ kN},\ A_{bs} = 2\delta \cdot d = 30d \text{ mm}^2。$$

由挤压强度条件 $\sigma_{bs} = \dfrac{F_{bs}}{A_{bs}} \leqslant [\sigma_{bs}]$ 得 $\dfrac{100 \times 10^3}{30 \times d} \leqslant 200$,所以 $d \geqslant 16.67$ mm。

综上所述,所取销钉直径 $d \geqslant 28.2$ mm。

思考:按销钉挤压的强度计算时,可否用销钉的上部挤压处或下部挤压处 $F_{bs} = \dfrac{P}{2}$ 的挤压来进行强度设计?

6.3 切应变与剪切胡克定律

当杆件受到一对等值、反向、作用线相隔较近的力作用时,杆件会沿两力作用线之间的剪切面发生相对错动,产生剪切变形。为了进一步分析剪切变形,在变形部分取一个微小的直角六面体,如图 6-18 所示。变形前该六面体如图 6-18(b)中的实线部分。变形后,直角六面体倾斜至图中的虚线位置。剪切变形使微体产生的直角改变量 γ 称为切应变(角应变或剪应变),其单位是弧度。

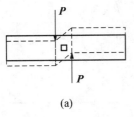
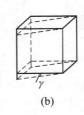

图 6-18

试验证明,当切应力不大时(不超过剪切的比例极限 τ_p)切应力与切应变成正比,可表示为

$$\tau = G \cdot \gamma, \tag{6-5}$$

式中 G 为材料的剪切弹性模量。它反映了材料抵抗剪切变形的能力,量纲与拉压弹性模量 E 相同,是材料的另一个弹性常数,其值可查有关手册或通过试验测定。(6-5)式称为剪切胡克定律。

拉压胡克定律 $\sigma = E\varepsilon$ 反映了正应力和线应变之间的关系;剪切胡克定律 $\tau = G\gamma$ 反映了剪应力和角应变之间的关系。

可以证明,对同一种材料,拉压弹性模量 E、剪切弹性模量 G 和泊松比 ν 之间存在着如下关系:

$$G = \frac{E}{2(1+\nu)}。\tag{6-6}$$

完成第 6 章典型任务

通过本章讲解,对于前面提出的本章典型任务应如下解决:

(1) 首先将用作螺栓的材料送力学实验室做剪切实验,测定出剪切破坏时的载荷 P_b,从而确定出剪切强度极限 $\tau_b = \dfrac{P_b}{A}$。

(2) 查有关手册,选取适当的安全系数 n。由 $[\tau] = \dfrac{\tau_b}{n}$ 得到许用剪应力 $[\tau]$。并确定出许用挤压应力 $[\sigma_{bs}]$。

(3) 测定出联结处的左、中、右 3 板的厚度(得到进行挤压强度计算时挤压面的高度)。

(4) 分别根据剪切强度条件 $\tau = \dfrac{F_Q}{A} \leqslant [\tau]$ 和挤压强度条件 $\sigma_{bs} = \dfrac{F_{bs}}{A_{bs}} \leqslant [\sigma_{bs}]$ 设计出螺栓的直径,取其中的较大者。

具体步骤如表 6-2 所示。

表 6-2 任务答案

任务 1	根据图 6-1,画出联结件的计算简图	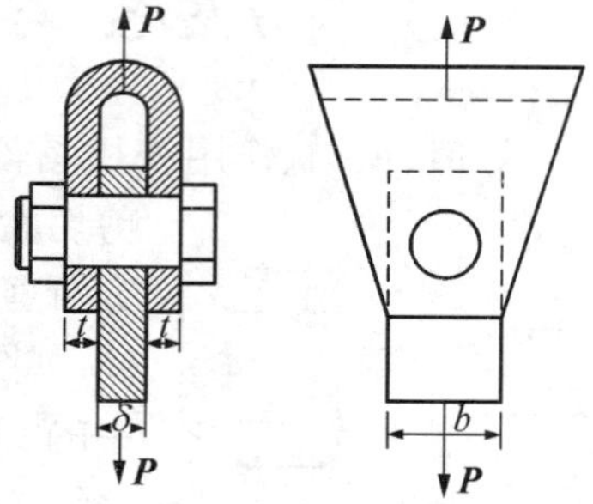 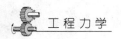

续 表

任务2	分析螺栓、拉杆和固定板的受力情况	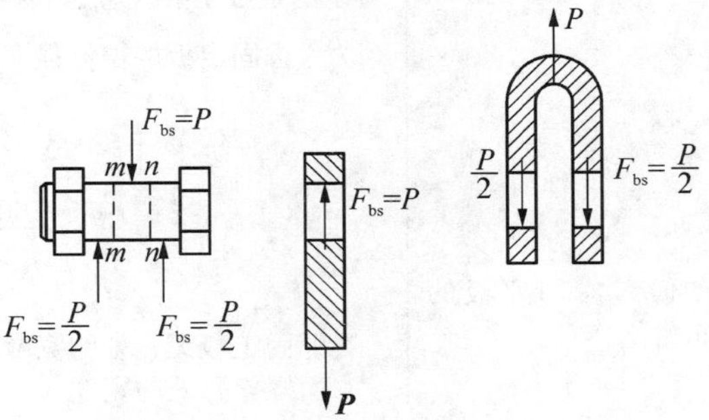
任务3	分析剪切面和挤压面	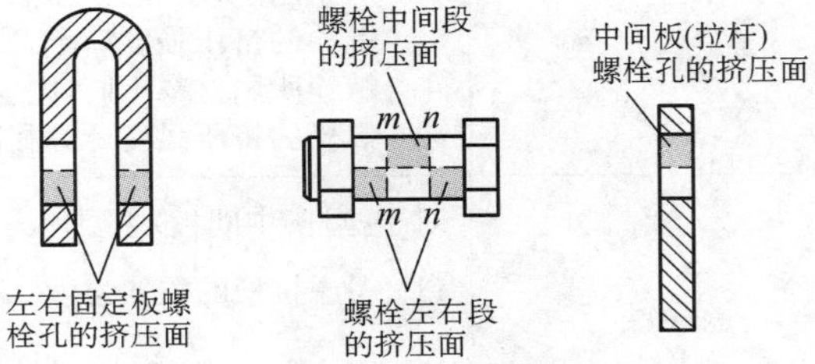 在上图中，螺栓的剪切面有 m-m，n-n 两对，这种剪切称为双剪
任务4	考虑螺栓的正常工作，设计螺栓直径	螺栓要正常工作必须要考虑其剪切强度和挤压强度两个方面： (1) 考虑其剪切强度。因螺栓发生双剪，故其一个剪切面上的剪力为 $F_Q=80$ kN。由 $\tau=\dfrac{F_Q}{A} \leqslant [\tau]$ 得 $$\dfrac{80 \times 10^3}{A} \leqslant 80, A \geqslant \dfrac{80 \times 10^3}{80} = 1 \times 10^3 (\text{mm}^2)。$$ $$\dfrac{\pi \times d^2}{4} \geqslant 1 \times 10^3 \text{ mm}^2, d \geqslant \sqrt{\dfrac{4 \times 1 \times 10^3}{\pi}} = 35.7 (\text{mm})。$$ (2) 考虑螺栓的挤压强度。由任务3的分析可知，螺栓的挤压面有3个，根据左右板和中间板的厚度以及任务2的受力分析可知，只需考虑螺栓中间段的挤压即可。$F_{bs}=160$ kN。由 $\sigma_{bs}=\dfrac{F_{bs}}{A_{bs}} \leqslant [\sigma_{bs}]$ 得 $$\dfrac{160 \times 10^3}{A_{bs}} \leqslant 160, A_{bs} \geqslant \dfrac{160 \times 10^3}{160} = 1 \times 10^3 (\text{mm}^2)，$$ $$\delta \times d \geqslant 1 \times 10^3 \text{ mm}^2, d \geqslant \dfrac{1 \times 10^3}{\delta} = \dfrac{1 \times 10^3}{30} = 33.3 (\text{mm})，$$ 故 $d \geqslant 35.7$ mm，取 $d=36$ mm

任务5	如何考虑固定板的正常工作?	对于固定板主要应考虑其拉伸强度和螺栓孔的挤压强度。 (1) 考虑固定板的拉伸强度。$F_N = 160$ kN。由 $\sigma = \dfrac{F_N}{A} \leqslant [\sigma]$ 得 $$\dfrac{160 \times 10^3}{A} \leqslant 100,$$ $$A \geqslant \dfrac{160 \times 10^3}{100} = 1.6 \times 10^3 \, (\text{mm}^2)。$$ $$2 \times t \times b \geqslant 1.6 \times 10^3 \, \text{mm}^2, \, b \geqslant 26.7 \, \text{mm}。$$ 即固定板无孔处的宽度 $b \geqslant 26.7$ mm 即可满足固定板的拉伸强度,而螺栓孔处的宽度 $$b_1 = b + d \geqslant 26.7 + 36 = 62.7 \, (\text{mm})。$$ (2) 对于固定板孔的挤压强度。如果固定板和螺栓所用材料相同,只要螺栓的挤压强度满足,固定板的挤压强度就能满足;如果固定板和螺栓所用材料不同,则应计算固定板孔的挤压强度,其计算方法和螺栓的挤压强度计算相同
任务6	如何考虑拉杆的正常工作?	对于拉杆(中间板)主要应考虑其拉伸强度和螺栓孔的挤压强度。 (1) 考虑拉杆的拉伸强度。$F_N = 160$ kN。由 $\sigma = \dfrac{F_N}{A} \leqslant [\sigma]$ 得 $$\dfrac{160 \times 10^3}{A} \leqslant 100,$$ $$A \geqslant \dfrac{160 \times 10^3}{100} = 1.6 \times 10^3 \, (\text{mm}^2)。$$ $$\delta \times b \geqslant 1.6 \times 10^3 \, \text{mm}^2, \, b \geqslant 80 \, \text{mm}。$$ 即中间板无孔处的宽度 $b \geqslant 80$ mm 即可满足拉杆的拉伸强度,而螺栓孔处的宽度 $b_1 = b + d \geqslant 80 + 36 = 116 \, (\text{mm})$。 由此可知:已知的中间板的宽度 100 mm,对于无孔处能满足拉伸强度,但在螺栓孔处,其宽度应加宽至 116 mm 以上。 因拉杆的中间段是圆形横截面,则有 $$A = \dfrac{\pi D^2}{4} \geqslant 1.6 \times 10^3 \, \text{mm}^2, \, D \geqslant 45.15 \, \text{mm}。$$ 即,若拉杆是圆形横截面,其直径应取 $D \geqslant 45.15$ mm 才能满足其拉伸强度。 (2) 对于中间板孔的挤压强度。如果中间板和螺栓所用材料相同,只要螺栓的挤压强度满足,中间的挤压强度就能满足;如果中间板和螺栓所用材料不同,则应计算中间板孔的挤压强度,其计算方法和螺栓的挤压强度计算相同
任务7	综合考虑联结件的正常工作,螺栓直径如何选取?	综合考虑联结件的正常工作:螺栓直径 $d \geqslant 35.7$ mm。当然,在实际工程中,也可去查当初的设计资料,查得此处螺栓所用的材料和直径

小　结

本章主要知识点

1. 剪切和挤压的受力特点。
2. 剪切面和挤压面确定。
3. 剪切和挤压的实用计算公式及强度条件。
4. 联结件的实用设计。

本章重点内容和主要公式

1. 剪切面和挤压面确定。

2. 剪切的实用计算公式：$\tau = \dfrac{F_Q}{A}$。

3. 挤压的实用计算公式：$\sigma_{bs} = \dfrac{F_{bs}}{A_{bs}}$。

4. 剪切强度条件：$\tau = \dfrac{F_Q}{A} \leqslant [\tau]$。

5. 挤压强度条件：$\sigma_{bs} = \dfrac{F_{bs}}{A_{bs}} \leqslant [\sigma_{bs}]$。

思考题

6-1　剪切变形的受力特点和变形特点是什么？

6-2　挤压变形的受力特点和变形特点是什么？

6-3　试分析图6-19所示联结件的剪切面和挤压面。

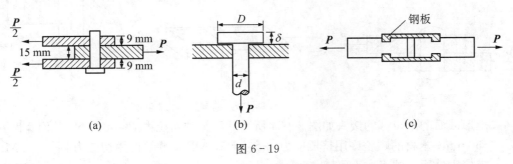

图 6-19

6-4　在图6-19(a)中，用哪里的挤压面进行强度计算？为什么？

6-5　什么是剪切面？剪切面是否可以是曲面？

6-6　什么是挤压面？挤压面是否可以是曲面？

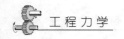

6-1 图 6-20 所示切料装置用刀刃把切料模中 $\phi 20$ mm 的料棒切断。料棒的抗剪强度 $\tau_b = 320$ MPa。试计算切断力。

6-2 图 6-21 所示螺栓受拉力 **F** 作用。已知材料的许用切应力 $[\tau]$ 和许用拉应力 $[\sigma]$ 的关系为 $[\tau] = 0.6[\sigma]$。试求螺栓直径 d 与螺栓头高度 h 的合理比例。

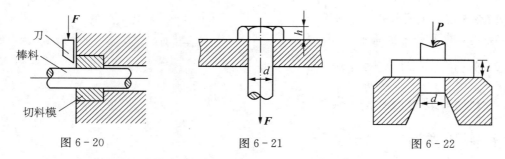

图 6-20　　　图 6-21　　　图 6-22

6-3 如图 6-22 所示钢板厚 $t = 10$ mm，剪切强度极限 $\tau_b = 340$ Mpa，若可冲压 $d = 18$ mm 的圆孔，冲床需要施加多大的冲力 P？

6-4 图 6-23 所示铆钉联结件，两板厚 t 为 20 mm，销钉为 A3 钢，$[\tau] = 80$ Mpa。铆钉的直径 $d = 30$ mm。考虑剪切的强度条件，联结件能够承受多大的拉力 P？

6-5 在 6-4 题中，销钉的挤压应力 $[\sigma_{bs}] = 200$ MPa 挤压的强度条件，联结件能承受多大的力 P？

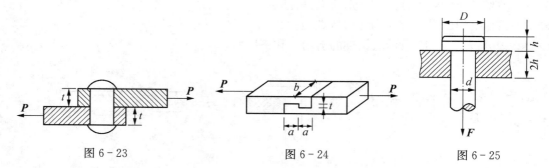

图 6-23　　　图 6-24　　　图 6-25

6-6 矩形截面的木拉杆的接头如图 6-24 所示。已知轴向拉力 $P = 50$ kN，截面宽度 $b = 250$ mm，木材的顺纹许用挤压应力 $[\sigma_{bs}] = 10$ MPa，顺纹许用切应力 $[\tau] = 1$ MPa。求接头处所需的尺寸 l 和 a。

6-7 图 6-25 所示联结构件中 $D = 2d = 32$ mm，$h = 12$ mm，拉杆材料的许用应力 $[\sigma] = 120$ MPa，$[\tau] = 70$ MPa，$[\sigma_{bs}] = 170$ MPa。试求拉杆的许用载荷 $[F]$。

6-8 两块厚度 $\delta = 6$ mm 的钢板用三个铆钉联结，如图 6-26 所示。若 $P = 50$ kN，许用切应力 $[\tau] = 100$ MPa、许用挤压应力 $[\sigma_{bs}] = 280$ MPa，求铆钉的直径 d。

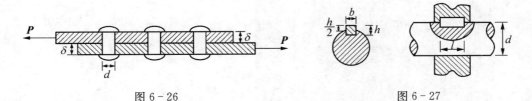

图 6-26　　　　　　　　　　　图 6-27

6-9　如图 6-27 所示，轴的直径 $d=80\,\text{mm}$，键宽 $b=22\,\text{mm}$、高 $h=14\,\text{mm}$、长 $l=120\,\text{mm}$。键的许用切应力 $[\tau]=80\,\text{MPa}$，许用挤压应力 $[\sigma_{bs}]=200\,\text{MPa}$，轴通过键传递的转矩 $M=2.5\,\text{kN}\cdot\text{m}$，试校核键的强度。

第 7 章 扭转圆轴的计算

学习目标

工程上将主要承受扭转的杆件称为轴,当轴的横截面上仅有扭矩作用时,与扭矩相对应的分布内力作用面与横截面重合。这种分布内力在一点处的集度,即为剪应力 τ。轴上任意两横截面间相对转过的角度,叫做扭转角,用符号 φ 表示。由于力偶产生转动效应,所以用角度来表示扭转变形。工程中大多数轴在传动中除有扭转变形以外,还常常伴有其他形式的变形。以齿轮和带轮传动为例,轮上的圆周力对轴心的转矩使轴发生扭转变形,而径向力会使轴发生弯曲变形。本章以工程中最为常见的圆形截面轴为例,研究圆轴扭转时内力、应力、变形、应变的特征与分布规律,以及扭转时的强度和刚度计算。

工程实例

如图 7-1(a)所示为汽车传动轴的实例图片,传动轴的作用是把变速箱的动力传到车后桥上,驱动车轮行驶。传动过程中,传动轴会受到主动力偶矩与工作力偶矩所形成的一对反向外力偶矩的作用,如图 7-1(b),使轴上的两力偶之间截面发生相对转动,轴产生扭转变形。

(a)

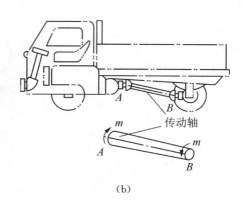

(b)

图 7-1

典型任务

在学习本章知识后,请完成表7-1中的各项任务。

表7-1 第7章典型任务

图7-1所示的汽车传动轴所受的外力偶矩为 $M_e = 1.5\ \text{kN} \cdot \text{m}$,轴由45钢无缝钢管制成,外径 $D = 90\ \text{mm}$,壁厚 $\delta = 2.5\ \text{mm}$,$[\tau] = 60\ \text{MPa}$	
任务分解	
任务1	传动轴所受扭矩为多大?
任务2	计算传动轴的内外径之比 α 及抗扭截面模量 W_P
任务3	校核传动轴的强度
任务4	若将传动轴的空心轴改用实心轴,并受与空心轴相同的最大剪应力,确定实心轴的直径
任务5	计算空心轴与实心轴的重量比,由其重量比可得出什么结论?
任务6	从受剪应力情况分析,空心轴与实心轴哪种截面更为合理?
任务7	为什么工程中常采用实心圆轴?
任务8	工程中,什么情况下采用空心轴结构?

7.1 圆轴扭转的概念与实例

轴是工程机械中主要构件之一,作为传递功率的轴,大多数为圆轴。轴在传递动力时往往受到力偶矩的作用。图7-2所示为火力发电厂中汽轮机通过传动轴带动发电机转动的结构简图。这种传递功率的轴主要承受扭转变形。传动轴 AB 的两端,受到来自汽轮机的主动力偶矩与来自发电机的工作力偶矩,并形成一对反向的外力偶矩。当传动轴匀速工作时,所受的两反向外向力偶相等。由于传动轴承受绕轴线转动的外力偶作用,其横截面上将有扭矩,会使轴上两力偶之间的截面发生相对转动,使轴内部产生扭转变形。

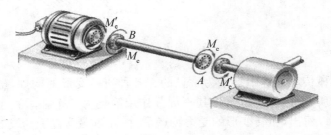

图7-2

如图7-3所示为起重机的传动系统示意图,其中的传动轴 AB,受到来自电动机的主动力偶矩和来自转轮的工作力偶矩,它们形成一对反向力偶矩。由于力偶对物体具有转动效应,会使轴上力偶之间的截面发生相对转动,使轴内部产生扭转变形。

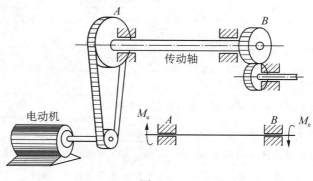

图 7-3

又如图 7-4(a)中攻丝的丝锥,当钳工攻螺纹时,加在手柄上的两个等值反向的力组成力偶,作用于锥杆的上端,工件的反力偶作用在锥杆的下端。图 7-4(b)中搅拌机的机轴,工作时分别受到来自马达和叶片的反向力偶作用,机轴截面产生相对转动。以上都是扭转的实例,这些轴工作时都受到一对反向力偶作用,轴的力偶之间的截面发生一定的相对转动。

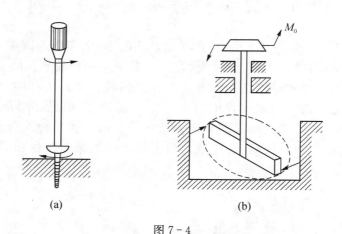

图 7-4

扭转变形在机械传动部件中是最为常见的。各种扭转变形的构件,虽然外力在构件上的具体作用方式有所不同,但总可以将其一部分作用简化为一个在垂直于轴线平面内的力偶。由以上实例可以看出,扭转变形的受力特点是:在轴两端垂直于轴线的平面内作用一对大小相等、方向相反的外力偶作用,其相应内力分量称为扭矩。变形特点是:反向力偶间各横截面绕轴线发生相对转动。

7.2 外力偶矩与扭矩的计算与扭矩图

7.2.1 外力偶矩的计算

作用在轴上的外力偶矩,一般可通过力的平移并利用平衡条件来确定。但是,对于传动轴等传动构件,通常外力偶矩 M_e 不是直接给出的,而是通过轴所传递的功率 P 和转速 n 计算得到的。这样,在分析内力之前,首先需要根据转速和功率计算出外力偶矩 M_e。

由物理学可知,力偶在单位时间内所做的功即功率 P 等于力偶矩 M_e 与角速度 ω 之积。如轴在 M_e 作用下匀速转动 φ 角,则力偶做功为 $A = M_e \cdot \varphi$。功率定义

$$P = \frac{dA}{dt} = M_e \frac{d\phi}{dt} = M_e \omega,$$

式中,ω 为轴转动角速度,单位为弧度/秒(rad/s),$\omega = 2\pi n/60$;n 为转速,单位为转/分(r/min);P 为轴传递的功率,单位为瓦(W);M_e 为外力偶矩,单位为牛米(N·m)。因此功率 P 的单位用千瓦(kW)时有关系式

$$P \times 10^3 = M_e \frac{2\pi n}{60},$$

整理得
$$M_e = 9\,549 \frac{P}{n} 。 \tag{7-1}$$

工程中,当功率 P 的单位为马力时,根据 1 马力 = 0.735 3 kW,可得

$$M_e = 7\,024 \frac{P}{n} 。 \tag{7-2}$$

可以看出,轴所承受的外力偶矩与所传递的功率成正比。因此,在传递同样大的功率时,低速轴所受的外力偶矩比高速轴大,所以在传动系统中,低速轴的直径要比高速轴的直径粗一些。

7.2.2 扭矩计算

在研究轴扭转变形时,先要计算出圆轴横截面上的内力。设轴 AB 在一对大小相等、转向相反的外力偶作用下产生扭转变形并处于平衡状态,如图 7-5 所示。此时横截面上也必然产生相应的内力。仍采用截面法来研究扭转圆轴上的内力。假想用一个截面在轴的任意位置 $n-n$ 处垂直地将轴截开,取左段为研究对象。由于 A 端作用一外力偶矩 M_e,为保持左段轴的平衡,在截面 $n-n$ 的平面内,必然存在内力偶矩 T 与它平衡。由力偶平衡方程

$$\sum M = 0, \quad T - M_e = 0, \quad T = M_e$$

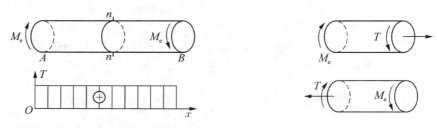

图 7-5

得左段 n-n 截面内力偶矩,大小为 $T=M_e$。取右段轴为研究对象也可得出同样的结果。可见,轴发生扭转变形时,其横截面上的内力是一个作用在横截面平面内的力偶,其力偶矩为 T,称为**截面上的扭矩**。取截面左边和右边部分为研究对象所求得的扭矩数值相等而方向相反,因为它们是作用与反作用的关系。

除轴的两端外,如果轴的其他地方还有外力偶矩作用,即轴上有多个外力偶作用时,则轴上每一段的扭矩值将不尽相同,这时轴的扭矩应分段计算。

7.2.3 扭矩计算法则及符号规定

扭矩是一个代数量,为了使截面法得到的左右两段同一截面上的扭矩不仅数值相等,而且正负号相同,需对扭矩 T 的大小和正负号作如下规定。

1. 扭矩大小

扭矩大小等于截面一侧所有外力偶矩代数和。

2. 扭矩符号

为使轴的左、右两端同一截面上的扭矩具有相同的正负号,采用右手螺旋法则,将扭矩作如下的符号规定:以右手 4 指弯曲的方向表示扭矩的转向,则拇指的指向与截面外法线方向一致时,扭矩取正号,如图 7-6(a)所示;反之,拇指的指向与截面外法线方向相反时,扭矩取负号,如图 7-6(b)所示。

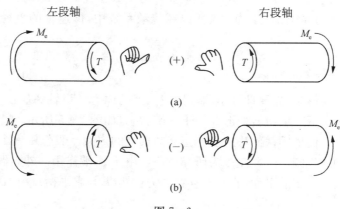

图 7-6

扭矩正负号判定方法也可表述为：右手 4 指与扭矩 T 的转向一致，大拇指的指向离开截面时扭矩为正；大拇指指向截面时的扭矩为负。在计算扭矩时，通常把未知扭矩假设为正。

注意：扭矩的"正"和"负"不是计算出来的。

7.2.4 扭矩图

为了清楚地表示扭矩沿轴线变化的规律，以便确定危险截面，常用与轴线平行的 x 坐标表示横截面的位置，以与之垂直的坐标表示相应横截面的扭矩，建立 T-x 坐标系，将各段截面上的扭矩按比例标在 T-x 坐标系中。正值扭矩画在 x 轴上方，负值扭矩画在 x 轴下方。这种图形称为扭矩图。

例 7-1 图 7-7(a)所示的传动轴，已知轴的转速 $n = 200\,\text{r/min}$，主动轮 A 的输入功率 $P_A = 40\,\text{kW}$，从动轮 B 和 C 的输出功率分别为 $P_B = 25\,\text{kW}$，$P_C = 15\,\text{kW}$。试求轴上 1-1 和 2-2 截面处的扭矩。

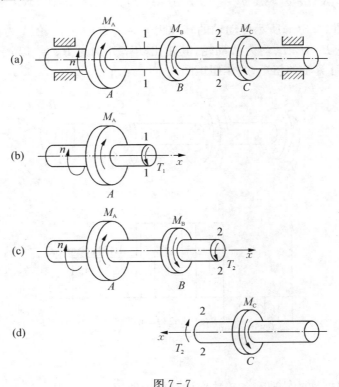

图 7-7

【解】（1）根据轴的转速和各轮功率计算轴外力偶矩。

$$M_A = 9\,549\,\frac{P_A}{n} = 9\,549\,\frac{40}{200} = 1\,910(\text{N}\cdot\text{m}),$$

$$M_B = 9\,549\,\frac{P_B}{n} = 9\,549\,\frac{25}{200} = 1\,194(\text{N}\cdot\text{m}),$$

$$M_C = 9\,549\,\frac{P_C}{n} = 9\,549\,\frac{15}{200} = 716(\text{N}\cdot\text{m})。$$

(2) 计算扭矩。假想将轴沿 1-1 截面截开,取左端为研究对象,截面上的扭矩 T_1 按正方向假设,受力图如图 7-7(b)所示。由平衡方程

$$\sum M_x(\boldsymbol{F}) = 0, \quad T_1 - M_A = 0 \text{ 得} \quad T_1 = M_A = 1\,910\,\text{N}\cdot\text{m}。$$

假想将轴沿 2-2 截面截开,取左端为研究对象,截面上的扭矩 T_2 按正方向假设,受力图如图 7-7(c)所示。由平衡方程

$$\sum M_x(\boldsymbol{F}) = 0, \quad T_2 + M_B - M_A = 0 \text{ 得} \quad T_2 = M_A - M_B = 716\,\text{N}\cdot\text{m}。$$

若取 2-2 截面的右端为研究对象,受力图如图 7-7(d)所示。由平衡方程

$$\sum M_x(\boldsymbol{F}) = 0, \quad T_2 - M_C = 0 \text{ 得} \quad T_2 = M_C = 716\,\text{N}\cdot\text{m}。$$

例 7-2 图 7-8(a)所示传动轴的转速为 $n = 400\,\text{r/min}$,轮 A 为主动轮,输入功率 $P_A = 150\,\text{kW}$,轮 B, C, D 均为从动轮,其输出功率分别为 $P_B = 40\,\text{kW}$, $P_C = 50\,\text{kW}$, $P_D = 60\,\text{kW}$。试计算轴的扭矩,并作扭矩图。

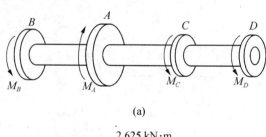

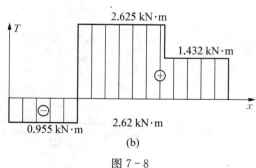

图 7-8

【解】 (1) 根据轴的转速和各轮功率计算外力偶矩。

$$M_A = 9.55\,\frac{P_A}{n} = 9.55\,\frac{150}{400} = 3.58(\text{kN}\cdot\text{m}),$$

$$M_B = 9.55\,\frac{P_B}{n} = 9.55\,\frac{40}{400} = 0.955(\text{kN}\cdot\text{m}),$$

$$M_C = 9.55 \frac{P_C}{n} = 9.55 \frac{50}{400} = 1.193 (\text{kN} \cdot \text{m}),$$

$$M_D = 9.55 \frac{P_D}{n} = 9.55 \frac{60}{400} = 1.432 (\text{kN} \cdot \text{m}).$$

(2) 计算扭矩。假想将轴沿 1-1 截面截开，取左端为研究对象，截面上的扭矩 T_1 按正方向假设，受力图如图 7-9(b)所示。由平衡方程

$$\sum M_x(F) = 0, \; T_1 + M_B = 0 \text{ 得 } \quad T_1 = -M_B = -0.955 \text{ kN} \cdot \text{m}.$$

假想将轴沿 2-2 截面截开，取左端为研究对象，受力图如图 7-9(c)所示。由平衡方程

$$\sum M_x(F) = 0, \; T_2 + M_B - M_A = 0 \text{ 得 } \quad T_2 = 3.58 - 0.955 = 2.625 (\text{kN} \cdot \text{m}).$$

假想将轴沿 3-3 截面截开，取右端为研究对象，受力图如图 7-9(d)所示。由平衡方程

$$\sum M_x(F) = 0, \; M_D - T_3 = 0 \text{ 得 } \quad T_3 = M_D = 1.432 \text{ kN} \cdot \text{m}.$$

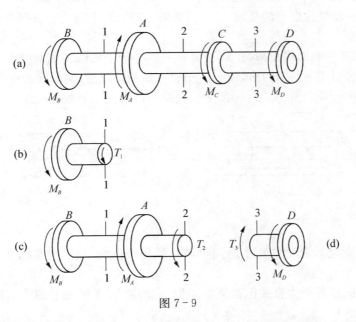

图 7-9

(3) 作出扭矩图。扭矩图要求在受力简图的下方作出，截面位置与受力简图一一对应，如图 7-8(b)所示。由于相邻外力偶矩之间所有截面扭矩值相同，故整个轴的扭矩图为两段平直线。将两段平直线用竖线连成封闭区域，区域内标明正负，用等距竖线填充，然后在平直线上方或下方标明扭矩值。这样就作出了完整的扭矩图。图中允许隐去横轴和纵轴，但必须形成封闭区域且与受力简图一一对应。扭矩图中每相邻两段间扭矩的代数差值正好等于两段相邻处外力偶矩的值，可利用这一点快速检验扭矩图是否正确。

画出的扭矩图，直观地显示出扭矩沿轴线的变化情况。由图 7-8(b)可以看出，最大扭

矩(绝对值)存在于 AC 段,通过后面的学习,可以证明如果此轴为相同材料的等截面轴,那么危险截面就在 AC 段,最大扭矩为 $T_{max} = 2.625\ \text{kN·m}$。

(4) 讨论。如果设计中重新排定各轮的顺序,会使最大扭矩值发生变化。如单纯为了排列方便而将主动轮 A 排在一侧,如左侧,则最大扭矩将增大为 $T_{max} = 3.58\ \text{kN·m}$。从提高强度的观点来看,这样排列显然没有题中的合理。在设计条件允许的情况下,将主动轮放在从动轮之间的合适位置上,是提高扭转强度简单而有效的办法。

7.3 圆轴扭转时的应力与强度计算

7.3.1 扭转时横截面上的应力

为了确定圆轴扭转时横截面上的应力,必须研究圆轴的变形。为此,我们按照材料力学建立应力公式的基本方法,对圆轴进行扭转变形试验,通过对其实验现象的观察与分析,提出一些假设,进一步寻找变形的几何关系,再综合考虑物理和静力学方面导出应力公式。

1. 平面假设

取一易变形的等截面橡皮棒,在其表面画一组平行于轴线的纵向线和代表横截面的横向圆周线,使表面形成一系列网格,如图 7-10(a)所示。然后,两端施加反向力偶矩,使圆轴发生微小的弹性变形,如图 7-10(b)所示。这时可以看到以下变形现象:

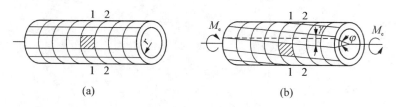

图 7-10

(1) 所有圆周线都绕轴线转过了不同角度,圆周线的大小、形状及相互之间的距离均保持不变。

(2) 所有纵向线近似为直线但都倾斜了同一角度,圆周表面上的小矩形格变形后错动成菱形。

根据观察到的现象,作如下圆轴扭转的平面假设:圆轴扭转变形前为平面的横截面,变形后仍为大小相同的平面,只是绕轴线相对转过一个角度,且相邻两横截面之间的距离不变。按照这一假设,可设想圆轴的横截面就像刚性平面一样绕轴线转过了一定的角度。以平面假设为基础导出的圆轴扭转的应力和变形计算公式,符合实验结果,且与弹性力学公式一致,说明该平面假设是正确的,且与实际情况是极其接近的,同时又忽略一些次要因素,使研究更加方便。

任意两截面之间相对转过的角度,称为扭转角 φ。两指定截面 A,B 之间的扭转角,用

φ_{AB} 表示。

由平面假设可推出如下推论:

(1) 横截面上无正应力。因为扭转变形时,横截面大小、形状、纵向间距均未发生变化,说明没有发生线应变。由胡克定律可知,没有线应变,也就没有正应力。

(2) 横截面上有剪应力。因为扭转变形时,相邻横截面间发生相对转动。只要不是轴心点,两截面上的相邻两点,实际发生的是相对错动。相对错动必会产生剪应变。由剪切胡克定律 $\tau = G\gamma$ 可知,有剪应变 γ,必有剪应力 τ。因错动沿周向,剪应力 τ 也沿周向,并与半径垂直。

2. 变形几何关系

图 7-11 中的受扭圆轴中取 $\mathrm{d}x$ 微段并放大于图 7-12 中,再从所取微段中任取半径为 ρ 的圆柱。横截面 1-1 相对于 2-2 转过的角度 $\mathrm{d}\varphi$ 称为相对扭转角。以 ρ 为半径的圆柱表面处的切应变用 γ 表示。1-1 截面上任意点 b 的扭转半径为 ρ,点 a 的旋转半径为 R。则 a,b 点的剪切绝对变形为

$$\widehat{aa_1} = R\mathrm{d}\varphi, \quad \widehat{bb_1} = \rho\mathrm{d}\varphi.$$

上式表明,横截面各点的剪切绝对变形与点的扭转半径成正比,圆心处变形为零,外圆上各点变形最大,同一圆上的各点变形相等。

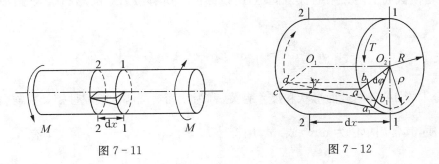

图 7-11　　　　　　图 7-12

b 点的剪应变为

$$\gamma = \frac{\widehat{bb_1}}{\mathrm{d}x} = \rho\frac{\mathrm{d}\varphi}{\mathrm{d}x},$$

式中,$\dfrac{\mathrm{d}\varphi}{\mathrm{d}x}$ 表示扭转角沿轴线长度方向的变化率,在同一截面上它为一常数。所以切应变 γ 与 ρ 成正比。

3. 物理关系

设圆轴服从胡克定律,则由剪切胡克定律 $\tau = G\gamma$ 可知,半径处的剪应力为

$$\tau = G\rho\frac{\mathrm{d}\varphi}{\mathrm{d}x}. \tag{7-3}$$

上式表明,在同一截面内,任一点的剪应力 τ 与该点到圆心的距离 ρ 成正比。由于 γ 与半径垂直,所以剪应力 τ 也与半径垂直。实心圆轴与空心圆轴的剪应力分布规律分别如图 7-13(a, b)所示。

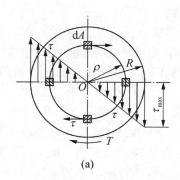 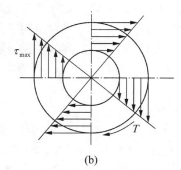

(a)   (b)

图 7-13

4. 静力学关系

由于(7-3)式中 $\dfrac{\mathrm{d}\varphi}{\mathrm{d}x}$ 未知,故必须利用静力学关系式求取。考察微面积 $\mathrm{d}A$ 上的剪力,如图 7-13(a)所示。设作用在微面积 $\mathrm{d}A$ 上的剪力为 $\tau \mathrm{d}A$,它对圆心 O 的微内力矩为 $\rho \cdot \tau \mathrm{d}A$,由于扭矩是横截面上内力系的合力偶矩,所以截面上所有微力矩的总和就等于同一截面上的扭矩 T,

$$T = \int_A \rho \cdot \tau \mathrm{d}A = \int_A \rho \cdot G\rho \frac{\mathrm{d}\varphi}{\mathrm{d}x} \mathrm{d}A = G\frac{\mathrm{d}\varphi}{\mathrm{d}x}\int_A \rho^2 \mathrm{d}A,$$

式中,积分 $\int_A \rho^2 \mathrm{d}A$ 仅与截面形状和尺寸有关,称为截面对圆心的极惯性矩,它描述截面的一种几何性质,其常用单位为 mm^4 或 m^4,用符号 I_P 表示。令 $I_P = \int_A \rho^2 \mathrm{d}A$ 则有

$$T = GI_P \frac{\mathrm{d}\varphi}{\mathrm{d}x},$$

所以
$$\frac{\mathrm{d}\varphi}{\mathrm{d}x} = \frac{T}{GI_P}。 \tag{7-4}$$

代入截面上扭转剪应力公式(7-3),得圆轴横截面上任一点的剪应力公式

$$\tau = \frac{T\rho}{I_P}, \tag{7-5}$$

式中,ρ 为点到圆心的距离。

7.3.2 最大剪应力

公式(7-5)表明,距圆心为 ρ 的一点处的切应力,与该点到圆心的距离成正比,与横截面

上的扭矩成正比,与该截面的极惯性矩成反比。对某一横截面而言,其上的扭矩 T 是常数,I_P 也是确定的。从剪应力分布情况来看,横截面上的剪应力在横截面上分布是不均匀的,剪应力是 ρ 的线性函数。在圆心处,$\tau = 0$,在圆轴表面处,$\tau = \tau_{\max}$,且 $\tau_{\max} = \dfrac{TR}{I_P}$。令 $W_P = \dfrac{I_P}{R}$,W_P 为圆截面的抗扭截面模量,单位为 mm^3 或 m^3。代入上式,得

$$\tau_{\max} = \frac{T}{W_P}。 \tag{7-6}$$

7.3.3 极惯性矩 I_P 与抗扭截面模量 W_P

要计算横截面上剪应力大小,必须先计算截面的极惯性矩 I_P 和抗扭截面模量 W_P。工程中,圆轴常采用圆形截面(实心)和圆环形截面(空心)两种情况,以下分别讨论它们的极惯性矩 I_P 和抗扭截面模量 W_P。

1. 圆形截面

对圆形截面,可取一半径为 ρ、宽为 $d\rho$ 的圆环形微面积,如图 7-14 所示,有 $dA = 2\pi\rho d\rho$,于是

$$I_P = \int_A \rho^2 dA = \int_0^{\frac{d}{2}} 2\pi\rho^3 d\rho = \frac{\pi d^4}{32} \approx 0.1d^4,\quad W_P = \frac{I_P}{d/2} = \frac{\pi d^3}{16} \approx 0.2d^3。$$

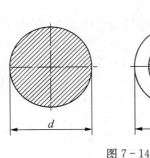

图 7-14   图 7-15

2. 圆环形截面

与圆形截面方法相同,如图 7-15 所示,有

$$I_P = \int_A \rho^2 dA = \int_{\frac{d}{2}}^{\frac{D}{2}} 2\pi\rho^3 d\rho = \frac{\pi}{32}(D^4 - d^4) \approx 0.1(D^4 - d^4)。$$

令 $\alpha = \dfrac{d}{D}$,上式可简写成

$$I_P = \frac{\pi D^4}{32}(1 - \alpha^4) \approx 0.1D^4(1 - \alpha^4)。$$

同理有 $W_P = \dfrac{I_P}{D/2} = \dfrac{\pi D^3}{16}(1-\alpha^4) \approx 0.2D^3(1-\alpha^4)$。

例 7 - 3 图 7-16(a)所示的圆轴，AB 段直径 $d_1 = 120\ \text{mm}$，BC 段直径 $d_2 = 100\ \text{mm}$，外力偶矩 $M_A = 22\ \text{kN·m}$，$M_B = 36\ \text{kN·m}$，$M_C = 14\ \text{kN·m}$。试求该轴的最大剪应力。

【解】（1）作扭矩图。用截面法求得 AB 段的扭矩为

$$T_1 = M_A = 22\ \text{kN·m}。$$

用截面法求得 BC 段的扭矩为

$$T_2 = -M_C = -14\ \text{kN·m}。$$

作出该轴的扭矩图如图 7-16(b)所示。

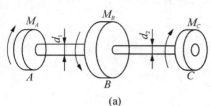

图 7-16

（2）计算最大切应力。由扭矩图可知，AB 段的扭矩较 BC 段的扭矩大，但因 BC 段直径较小，所以需分别计算各段轴横截面上的最大剪应力。由公式得

AB 段 $\qquad \tau_{\max} = \dfrac{T_1}{W_{P1}} = \dfrac{22 \times 10^6}{\dfrac{\pi}{16} \times 120^3}\ \text{MPa} = 64.8\ \text{MPa}$；

BC 段 $\qquad \tau_{\max} = \dfrac{T_2}{W_{P2}} = \dfrac{14 \times 10^6}{\dfrac{\pi}{16} \times 100^3}\ \text{MPa} = 71.3\ \text{MPa}$。

比较上述结果，该轴最大剪应力位于 BC 段内任一截面的边缘各点处，即该轴最大切应力为 $\tau_{\max} = 71.3\ \text{MPa}$。

例 7 - 4 实心阶梯轴如图 7-17 所示。已知 $M = 4\ \text{kN·m}$，$d_1 = 60\ \text{mm}$，$d_2 = 40\ \text{mm}$，1-1 截面上 K 点 $\rho_K = 20\ \text{mm}$。

（1）计算 1-1 截面上 K 点剪应力及截面最大剪应力；
（2）计算 2-2 截面上最大剪应力。

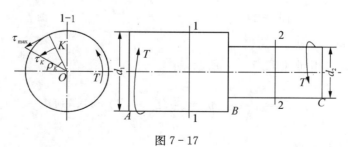

图 7-17

【解】（1）计算 1-1 截面上 K 点剪应力 τ_K 和最大剪应力 $\tau_{1\max}$。

$$\tau_K = \frac{T\rho_K}{I_{P1}} = \frac{T\rho_K}{0.1 \times d_1^4} = \frac{4 \times 10^6 \times 20}{0.1 \times 60^4} = 61.7(\text{MPa}),$$

$$\tau_{1\,\text{max}} = \frac{T}{W_{P1}} = \frac{4 \times 10^6}{0.2 \times d_1^3} = \frac{4 \times 10^6}{0.2 \times 60^3} = 92.6(\text{MPa})。$$

(2) 计算 2-2 截面上最大剪应力。

$$\tau_{2\,\text{max}} = \frac{T}{W_{P2}} = \frac{4 \times 10^6}{0.2 \times d_2^3} = \frac{4 \times 10^6}{0.2 \times 40^3} = 312.5(\text{MPa})。$$

例 7-5 如图 7-18 所示，AB 轴传递的功率 $P = 7.5\,\text{kW}$，转速 $n = 360\,\text{r/min}$，轴 AC 段为实心圆截面，BC 段为空心圆截面。已知 $D = 3\,\text{cm}$，$d = 2\,\text{cm}$。试计算 AC 及 CB 段的最大与最小剪应力。

【解】 (1) 计算扭矩。轴所受的外力偶矩为

$$M_e = 9\,549\,\frac{P}{n} = 9\,549\,\frac{7.5}{360} = 199(\text{N}\cdot\text{m})。$$

由截面法得扭矩为

$$T = M_e = 199\,\text{N}\cdot\text{m}。$$

(2) 计算极惯性矩。AC 段轴横截面的极惯性矩为

$$I_{P1} = \frac{\pi D^4}{32} = 7.95\,\text{cm}^4;$$

CB 段轴横截面的极惯性矩为

$$I_{P2} = \frac{\pi}{32}(D^4 - d^4) = 6.38\,\text{cm}^4。$$

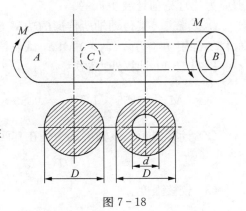

图 7-18

(3) 计算应力。AC 段轴在横截面边缘处及圆心的剪应力分别为

$$\tau_{\text{max}}^{AC} = \tau_{\text{外}}^{AC} = \frac{T}{I_{P1}} \cdot \frac{D}{2} = 37.5 \times 10^6\,\text{Pa} = 37.5\,\text{MPa}, \quad \tau_{\text{min}}^{AC} = 0。$$

CB 段轴横截面内、外边缘处的剪应力分别为

$$\tau_{\text{max}}^{CB} = \tau_{\text{外}}^{CB} = \frac{T}{I_{P2}} \cdot \frac{D}{2} = 46.8 \times 10^6\,\text{Pa} = 46.8\,\text{MPa}, \quad \tau_{\text{min}}^{CB} = 31.2\,\text{MPa}。$$

7.3.4 圆轴扭转强度条件

为使圆轴在工作时不被破坏，轴内的最大扭转剪应力不得超过材料的许用剪应力，即

$$\tau_{\text{max}} = \frac{T}{W_P} \leqslant [\tau], \tag{7-7}$$

式中,$[\tau]$为材料的许用剪应力。材料许用剪应力与许用正应力$[\sigma]$的确定方法相似,都是通过实验测得材料的极限剪应力,再以极限剪应力除以安全系数而得来,即

$$[\tau] = \frac{\tau_0}{n},$$

式中,τ_0为材料的极限剪应力,n为安全系数。

工程实践证明,材料的许用剪应力与许用正应力存在着一定的联系:

塑性材料$[\tau] = (0.5 \sim 0.6)[\sigma]$,脆性材料$[\tau] = (0.8 \sim 1.0)[\sigma]$。

因此,在已知材料许用正应力的前提下,也可以通过许用正应力来间接确定许用剪应力。

又因为工程中传动轴一类的构件受到的往往不是标准的静载荷,所以实际使用的许用剪应力比理论值还要更低些。

例 7-6 某传动轴所传递的功率 $P = 80 \text{ kW}$,其转速 $n = 582 \text{ r/min}$,直径 $d = 55 \text{ mm}$,材料的许用切应力$[\tau] = 50 \text{ MPa}$,试校核该轴的强度。

【解】 (1) 计算外力偶矩。

$$M_e = 9.55 \times 10^6 \frac{P}{n} = 9.55 \times 10^6 \frac{80}{582} \text{ N} \cdot \text{mm} = 1\,312\,700 \text{ N} \cdot \text{mm}。$$

(2) 计算扭矩。该轴可认为是在其两端面上受一对平衡的外力偶矩作用,由截面法得

$$T = M_e = 1\,312\,700 \text{ N} \cdot \text{mm}。$$

(3) 校核强度。

$$\tau_{\max} = \frac{T}{W_P} = \frac{1\,312\,700}{0.2 \times 55^3} \text{ MPa} = 39.5 \text{ MPa} < [\tau]。$$

所以,轴的强度满足要求。

7.3.5 扭转试验与扭转破坏现象

为了测定扭转剪切时材料的力学性能,需将材料制成扭转试样在扭转试验机上进行试验。对于低碳钢,采用薄壁圆管或圆筒进行试验,使薄壁截面上的剪应力接近均匀分布,这样才能得到反映剪应力与剪应变关系的曲线。对于铸铁这样的脆性材料由于基本上不发生塑性变形,所以采用实心圆截面试样也能得到反映剪应变关系的曲线。

扭转时,塑性材料(低碳钢)和脆弱性材料(铸铁)的试验 τ-γ 曲线分别如图 7-19(a)和图 7-19(b)所示。试验结果表明,低碳钢的剪应力与剪应变关系曲线,类似于拉伸正应力与正应变关系曲线,也存在线弹性、屈服和破断 3 个主要阶段。屈服极限和强度极限分别用 τ_s 和 τ_b 表示。

对于铸铁,整个扭转过程都没有明显的线弹性阶段和塑性阶段,最后发生脆性断裂。其强度极限用 τ_b 表示。

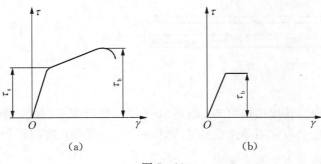

图 7-19

塑性材料与脆性材料扭转破坏时,其试样断口有明显的区别。塑性材料如低碳钢试样最后沿横截面剪断,断口较光滑、平整,如图 7-20(a)所示。脆性材料如铸铁试样扭转破坏时沿 45°螺旋面断开,断口呈细小颗粒状,如图 7-20(b)所示。

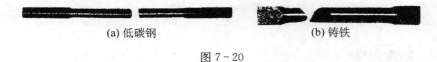

(a) 低碳钢　　　　　　　(b) 铸铁

图 7-20

7.4 圆轴扭转时的变形与刚度计算

7.4.1 扭转变形

1. 扭转角

扭转角是轴两横截面间绕轴线相对转过的角度,用 φ 表示。扭转角是无量纲量,常用单位是 rad(弧度),工程中也用度(°)表示。

通过变形几何关系、应力应变关系和静力学关系的综合分析,已建立了圆轴扭转变形基本关系式为

$$\frac{\mathrm{d}\varphi}{\mathrm{d}x} = \frac{T}{GI_\mathrm{P}}, \text{ 或 } \mathrm{d}\varphi = \frac{T}{GI_\mathrm{P}}\mathrm{d}x,$$

式中,$\mathrm{d}\varphi$ 是相距 $\mathrm{d}x$ 的两横截面间绕轴线相对旋转的角度,称为扭转角。乘积 GI_P 称为圆轴的抗扭刚度。所以,轴上相距为 l 的两横截面间绕轴线的扭转角为

$$\varphi = \int_l \mathrm{d}\varphi = \int_l \frac{T}{GI_\mathrm{P}}\mathrm{d}x。$$

若两横截面间的扭矩 T 为常量,且轴的直径不变,如图 7-21 所示,则两横截面间的扭转角为

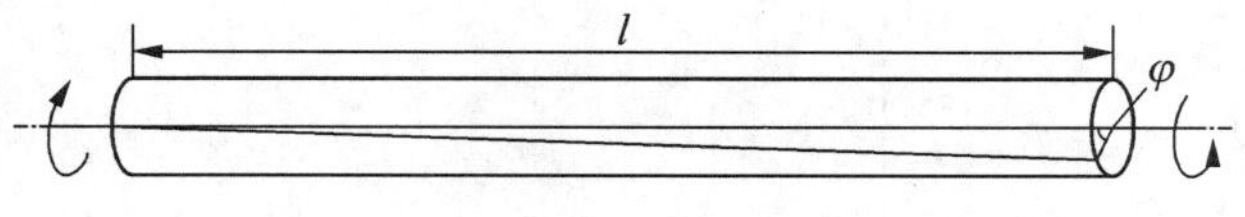

$$\varphi = \frac{Tl}{GI_P}. \tag{7-8}$$

图 7-21

2. 单位扭转角

工程中通常用单位长度扭转角 $d\varphi/dx$ 来衡量轴的扭转变形程度。单位长度扭转角用 θ 表示,其量纲为[长度$^{-1}$],常用单位是弧度/米(rad/m)。单位长度扭转角通常用来表示扭转变形的程度。由变形基本关系式可知 $\theta = \dfrac{d\varphi}{dx} = \dfrac{T}{GI_P}$。

对于 T 为常量,长度为 l 的等截面圆轴,单位长度扭转角可表示为 $\theta = \dfrac{\varphi}{l} = \dfrac{T}{GI_P}$。

工程计算中,常以度/米(°/m)作为单位扭转角的单位,所以,上式常写为

$$\theta = \frac{\varphi}{l} = \frac{T}{GI_P} \times \frac{180°}{\pi}. \tag{7-9}$$

7.4.2 刚度条件

工程中,通常限定轴的最大单位扭转角 θ_{max} 不得超过规定的许用单位扭转角 $[\theta]$(°/m),

即

$$\theta_{max} = \left(\frac{T}{GI_P}\right)_{max} \times \frac{180°}{\pi} \leqslant [\theta]. \tag{7-10}$$

许用单位扭转角 $[\theta]$ 的经验公式为:

精密机械的轴　　　　　　$[\theta] = 0.15 \sim 0.5°/m$;

一般传动轴　　　　　　　$[\theta] = 0.5 \sim 1.0°/m$;

精密要求较低的轴 $[\theta] = 1.0 \sim 4.0°/m$。

对于工程中较为精密的机械中的轴,通常需要同时考虑强度条件和刚度条件。根据圆轴扭转的强度条件和刚度条件,可进行轴的强度与刚度校核、截面设计和确定许可载荷等计算。

7.5 圆轴扭转应用实例

根据强度条件,可以解决 3 类不同的强度问题,即强度校核、设计截面尺寸、确定许可载荷。等截面圆轴由于加工比较方便,在工程中应用较为普遍。根据强度条件,等截面轴扭矩最大的部分最危险。因此,对于等截面轴强度问题,画出详细、准确的扭矩图是解决问题的

关键。

例 7-7 如图 7-22(a)所示的阶梯轴,直径分别为 $d_1 = 40$ mm, $d_2 = 55$ mm,已知 C 轮输入转矩 $M_{eC} = 1\,432.5$ N·m, A 轮输出转矩 $M_{eA} = 620.8$ N·m, $M_{eB} = 811.7$ N·m,轴的转速 $n = 200$ r/min,轴材料的许用剪应力 $[\tau] = 60$ MPa,许用单位长度扭角 $[\theta] = 2°/\text{m}$, $G = 80$ GPa,试校核该轴的强度和刚度。

【解】 (1) 计算扭矩并作扭矩图。

AB 段的扭矩为 $T_{AB} = M_{eA} = 620.8$ N·m;

BC 段的扭矩为 $T_{BC} = M_{eC} = 1\,432.5$ N·m。

作出该轴的扭矩图如图 7-22(b)所示。由扭矩图可看出,$T_{\max}$ 在 BC 段,但 AB 段较细。危险截面可能发生在的 d_1 截面处,也可能发生在 BC 段。

(2) 校核强度。

AB 段 $\tau_{d_1} = \dfrac{T_{AB}}{W_{P_1}} = \dfrac{620.8 \times 10^3}{0.2 \times 40^3}$ MPa $= 48.5$ MPa;

BC 段 $\tau_{BC} = \dfrac{T_{BC}}{W_{P_2}} = \dfrac{1\,432.5 \times 10^3}{0.2 \times 55^3}$ MPa $= 43.1$ MPa, $\tau_{\max} = \tau_{d_1} = 48.5$ MPa $< [\tau]$。

由轴的强度计算可知,轴满足强度要求。

(3) 校核刚度。

AD 段 $\theta_1 = \dfrac{T_{AD}}{GI_{P1}} \times \dfrac{180°}{\pi} = \left(\dfrac{620.8 \times 10^3 \times 180° \times 10^3}{80 \times 10^3 \times 0.1 \times 40^4 \pi}\right)°/\text{m} = 1.737°/\text{m}$;

BC 段 $\theta_2 = \dfrac{T_{BC}}{GI_{P2}} \times \dfrac{180°}{\pi} = \left(\dfrac{1\,432.5 \times 10^3 \times 180° \times 10^3}{80 \times 10^3 \times 0.1 \times 55^4 \pi}\right)°/\text{m} = 1.121°/\text{m}$,

$\theta_{\max} = \theta_1 = 1.737°/\text{m} < [\theta]$。

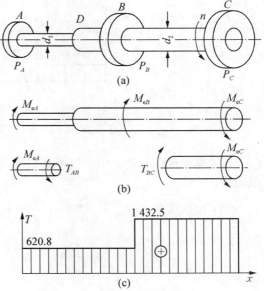

图 7-22

由轴的刚度计算可知,轴也满足刚度要求。

工程中有时根据设计的需要要采用非等截面轴,其中常用的是阶梯轴。阶梯轴的危险截面上除了要考虑扭矩的大小,还要考虑截面的极惯性矩及抗扭截面模量,这样有时会出现多处可能的危险截面,强度问题一定要考虑全面。

例 7-8 已知传动轴受力如图 7-23(a)所示。若材料采用 45 号钢, $G = 80$ GPa,取 $[\tau] = 60$ MPa, $[\theta] = 1.0°/\text{m}$。试根据强度、刚度条件设计轴的直径。

【解】 (1) 计算扭矩。

$$AB \text{ 段 } T_{AB} = 1\,000 \text{ N·m};$$

$$BC \text{ 段 } T_{BC} = 3\,000 \text{ N·m}; CD \text{ 段 } T_{CD} = -500 \text{ N·m}。$$

扭矩图如图 7-23(b)所示。

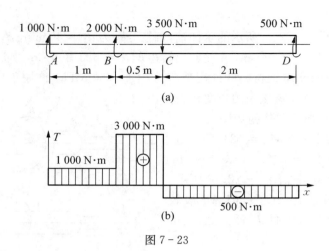

图 7-23

（2）危险截面分析。由于是等截面轴，扭矩（绝对值）最大的 BC 段同时是强度和刚度的危险段。

（3）由强度条件 $\tau_{max} = \dfrac{T_{max}}{W_T} = \dfrac{T_{max}}{\dfrac{\pi d^3}{16}} \leqslant [\tau]$，设计直径

$$d_1 \geqslant \sqrt[3]{\dfrac{16 T_{max}}{\pi [\tau]}} = \sqrt[3]{\dfrac{16 \times 3\,000 \times 10^3}{3.14 \times 60}} = 63.4 (\text{mm})。$$

（4）由刚度条件再设计直径。需要注意的是 $[\theta]$ 的单位是（°/m），所以长度单位最好统一用 m，扭矩用 N·m，G 用 Pa，这样计算单位是统一的。

$$\theta_{max} = \dfrac{T_{max}}{G I_P} \times \dfrac{180}{\pi} = \left(\dfrac{T_{max} \times 180}{G \times \dfrac{\pi d^4}{32} \times \pi} \right) \leqslant [\theta]，$$

$$d_2 \geqslant \sqrt[4]{\dfrac{32 T_{max} \times 180}{G \pi^2 [\theta]}} = \sqrt[4]{\dfrac{32 \times 3\,000 \times 180}{80 \times 10^9 \times 3.14^2 \times 1.0}} = 0.068\,4\text{ m} = 68.4\text{ mm}。$$

要同时满足强度和刚度条件，$d \geqslant d_{max}$，取 $d = 69$ mm 或 70 mm。

工程中对较为精密的轴或较长的轴，除了对刚度进行校核以外，往往十分关注特定截面间的扭转角 φ 的大小。

完成第 7 章典型任务

如表 7-2 所示。

表 7-2 任务答案

任务 1	传动轴所受扭矩为多大？	因为传动轴只在两端承受外加力偶，所以轴受扭矩的大小与外力偶矩相等，即 $T = M_e = 1.5$ kN·m

续 表

任务2	计算传动轴的内外径之比 α 及抗扭截面模量 W_P	计算传动轴内外径之比 $$\alpha = \frac{d}{D} = \frac{D-2\delta}{D} = \frac{90-2\times 2.5}{90} = 0.944$$ 计算抗扭截面模量 $$W_P = \frac{\pi D^3}{16}(1-\alpha^4) = \frac{\pi(90\times 10^{-3})^3}{16}(1-0.944^4) = 29.45\times 10^{-6}(\mathrm{m}^3)$$
任务3	校核传动轴的强度	计算最大剪应力 $$\tau_{\max} = \frac{T}{W_P} = \frac{1.5\times 10^3}{29.45\times 10^{-6}} = 50.9\times 10^6 (\mathrm{Pa}) = 50.9(\mathrm{MPa})$$ 由计算可知 $\tau_{\max} \leqslant [\tau]$，所以传动轴的强度是足够的
任务4	若将传动轴的空心轴改用实心轴，并受与空心轴相同的最大剪应力，确定实心轴的直径	根据实心轴与空心轴受同样大小的剪应力，实心轴横截面上的最大剪应力也必须等于 50.9 MPa。设实心轴直径为 d_1，则有 $$\tau_{\max} = \frac{T}{W_P} = \frac{1.5\times 10^3}{\pi d_1^3/16} = 50.9(\mathrm{MPa}),$$ 解上式 d_1，得 $$d_1 = \sqrt[3]{\frac{16\times 1.5\times 10^3}{\pi\times 50.9\times 10^6}} = \sqrt[3]{\frac{16\times 1.5\times 10^3}{\pi\times 50.9\times 10^6}}$$ $$= 0.0247(\mathrm{m}) = 24.7(\mathrm{mm})$$
任务5	计算空心轴与实心轴的重量比，由其重量比可得出什么结论？	由于二者长度相等，材料相同，所以重量比即为横截面的面积比，即 $$\eta = \frac{W_1}{W_2} = \frac{A_1}{A_2} = \frac{\dfrac{\pi(D^2-d^2)}{4}}{\dfrac{\pi d_1^2}{4}} = \frac{D^2-d^2}{d_1^2} = \frac{90^2-85^2}{53.1^2} = 0.31。$$ 当材料、长度、载荷、强度都相同时，空心轴用的材料仅为实心轴的 31%；另一方面，相同材料、相同重量的情况下，空心轴的强度要比实心轴高
任务6	从受剪应力情况分析，轴扭转时空心轴与实心轴哪种截面更为合理？	任务5的结果表明，空心轴远比实心轴轻，即采用空心轴比采用实心轴更合理。因为对实心轴而言，靠近轴心的剪应力是很小的，而较大的剪应力都作用在远离轴心的地方。从截面设计的合理性分析，空心圆轴要优于实心圆轴
任务7	为什么工程中常采用实心圆轴？	工程中常采用实心圆轴，是因为实心圆轴便于加工的缘故。因为空心轴的加工难度及造价要远高于实心轴，对于某些长轴，如车床中的光轴，纺织机械中的长传动轴等，都不适宜做成空心
任务8	工程中，什么情况下采用空心轴结构？	对于较为精密的机械，如飞机、轮船、汽车等，常采用空心轴来提高运输能力，因为不仅可以提高轴强度，还可以节省材料，减轻重量

小 结

本章主要知识点

1. 外力偶矩计算和扭矩的计算,作扭矩图。
2. 扭转的应力计算和扭转的强度计算。
3. 扭转的变形计算和刚度计算。

本章重点内容和主要公式

1. 扭转的概念:

受力特点:受到一对等值、反向、作用面垂直于轴线的力偶作用。

变形特点:截面间相对转动。

2. 外力偶矩计算: $M_e = 9\,550 \dfrac{P}{n}$,$M_e = 7\,024 \dfrac{P}{n}$。

3. 扭矩计算。

可用截面法计算,也可用扭矩计算法则计算。

扭矩计算法则:

(1) 扭矩大小等于截面一侧所有外力偶矩的代数和。

(2) 扭矩符号规定:用右手螺旋法则,以右手 4 指弯曲的方向表示扭矩的转向,拇指的指向与截面外法线方向一致时,扭矩取正号;反之,扭矩取负号。

4. 圆轴扭转时应力及最大应力。

(1) 圆轴横截面上任一点的切应力公式 $\tau = \dfrac{T\rho}{I_p}$。

(2) 横截面上最大剪应力公式 $\tau_{max} = \dfrac{T}{W_P}$。

(3) 截面极惯性矩和抗扭截面模量。

实心圆截面

$$I_P = \dfrac{\pi d^4}{32} \approx 0.1 d^4,\ W_P = \dfrac{\pi d^3}{16} \approx 0.2 d^3。$$

(2) 空心圆截面

$$I_p = \dfrac{\pi D^4}{32}(1-a^4) \approx 0.1 D^4(1-a^4),\ W_P = \dfrac{\pi D^3}{16}(1-a^4) \approx 0.2 D^3(1-a^4)。$$

5. 圆轴扭转强度条件

$$\tau_{max} = \dfrac{T}{W_P} \leqslant [\tau]。$$

6. 刚度条件

$$\theta_{\max} = \left(\frac{T}{GI_p}\right)_{\max} \times \frac{180}{\pi} \leqslant [\theta]。$$

7-1 请判断图 7-24 中的应力分布是否正确?

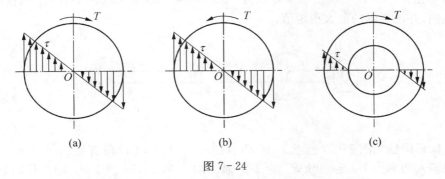

图 7-24

7-2 请从提高强度的角度说明传动轴上各传动轮如何分布更为合理?

7-3 几何参数和所受扭矩都相同,但材料不同的两个圆轴,它们的最大剪应力是否相同? 扭转角是否相同?

7-4 由空心圆轴的极惯性矩 $I_p = \dfrac{\pi D^4}{32} - \dfrac{\pi d^4}{32}$,能否推出其抗扭截面模量 $W_P = \dfrac{\pi D^3}{16} - \dfrac{\pi d^3}{16}$? 为什么?

7-5 从力学角度分析,为什么说空心圆轴比实心圆轴更为合理?

7-6 既然轴扭转时,采用空心轴比采用实心轴更合理,为什么工程中常采用实心圆轴?

7-7 对于阶梯轴而言,是否扭矩最大的截面就是危险截面,为什么?

7-8 塑性材料和脆性材料的许用剪应力与许用正应力存在怎样的关系?

7-9 低碳钢扭转的断裂方式是怎样的? 破坏原因是什么?

7-10 铸铁扭转时,断口情况与低碳钢断口情况是否相同?

7-11 工程中,受扭转的杆件常为圆轴,但还有其他形状截面的杆件,请说出受扭杆件的非圆截面形状?

7-1 如图 7-25 所示,求轴截面 1-1,2-2,3-3 上的扭矩,并画扭矩图。

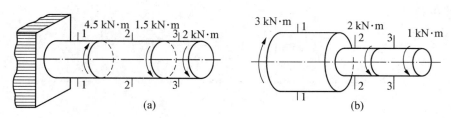

图 7-25

7-2 传动轴受力如图 7-26 所示。转速 $n=300\,\text{r/min}$,主动轮 A 输入功率 $P_A=50\,\text{kW}$,从动轮 B,C,D 的输出功率分别为 $P_B=P_C=15\,\text{kW}$,$P_D=20\,\text{kW}$。试作出轴的扭矩图,并确定轴的最大扭矩值。

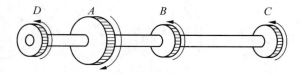

图 7-26

7-3 阶梯形圆轴如图 7-27 所示。AC 段直径 $d_1=4\,\text{cm}$,CD 段直径 $d_2=7\,\text{cm}$。主动轮 3 的输入功率为 $P_3=30\,\text{kW}$,轮 1 的输出功率为 $P_1=13\,\text{kW}$,轴工作时转速 $n=200\,\text{r/min}$,材料的许用剪应力 $[\tau]=60\,\text{MPa}$。试校核轴的强度。

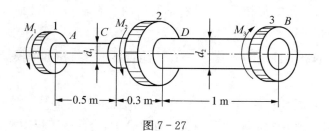

图 7-27

7-4 实心轴和空心轴通过牙嵌离合器相联,如图 7-28 所示。两轴材料相同,已知轴的转速 $n=100\,\text{r/min}$,传递的功率 $P=7.5\,\text{kW}$,若已知实心轴的直径 $d_1=45\,\text{mm}$,空心轴的内外径之比 $\alpha=d/D=0.5$,$D=46\,\text{mm}$。试分别确定实心轴和空心轴横截面上的最大剪应力。

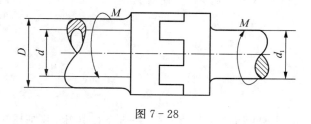

图 7-28

7-5 如图 7-29 所示,汽车转向盘的直径 $D_1 = 420$ mm,加在盘上的力 $F = 250$ N,盘下面竖轴所用材料的许用应力 $[\tau] = 65$ MPa。试求:
(1) 当竖轴为实心时,试设计轴的直径;
(2) 若采用空心轴,且内外直径之比 $\alpha = 0.8$,设计轴的外径 D_2;
(3) 比较实心轴和空心轴的重量。

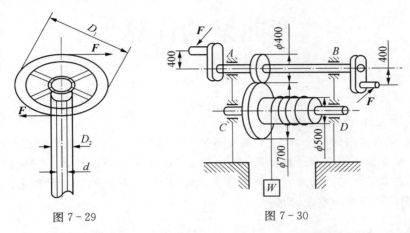

图 7-29   图 7-30

7-6 如图 7-30 所示,手摇绞车由两人同时操作,若每人加在手柄上的作用力 $F = 200$ N,已知轴的许用应力 $[\tau] = 40$ MPa。试根据扭转剪应力强度条件设计 AB 轴的直径,并确定最大起重量 W。(尺寸单位:mm)

7-7 某传动轴受力如图 7-31 所示。已知 $M_A = 0.5$ kN·m,$M_C = 1.5$ kN·m,轴截面的极惯性矩 $I_p = 2 \times 10^5$ mm^4,两段长度为 $l_1 = l_1 = 2$ m,轴的剪切弹性模量 $G = 80$ GPa。试计算 C 截面相对 A 截面的扭转角 ϕ_{AC}。

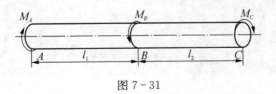

图 7-31

第8章 弯曲梁的计算

学习目标

了解弯曲变形的概念,掌握弯曲变形梁的内力计算方法,熟练掌握剪力图和弯矩图的绘制,掌握梁的正应力计算公式,熟练掌握梁的正应力强度计算,理解梁的切应力计算公式,基本掌握梁的切应力强度条件及强度计算,了解梁的变形的概念及简单计算,了解提高梁的强度和刚度的措施。

典型任务

图 8-1

学习本章知识后完成表 8-1 典型任务。

表 8-1　第 8 章典型任务

任务分解	
如图 8-1 所示是水电站的闸门,为工作需要,现将其提升起来放在两根工字钢梁上,如果闸门的总重量为 500 kN,应如何选择工字钢梁的型号?	
任务 1	画出工字钢梁的计算简图
任务 2	梁上的载荷如何简化?

任 务 分 解	
任务 3	按梁的正应力强度如何选择工字钢型号?
任务 4	按梁的切应力强度如何选择工字钢型号?
任务 5	是还要考虑梁的变形条件(刚度)来选择型号?

8.1 平面弯曲的概念与实例

8.1.1 弯曲的工程实例

工程中的一些杆件,在通过杆轴线的面内受到力偶或垂直于杆轴线的外力(即横向力)作用时,杆件的横截面要发生绕截面内的某轴的相对转动,杆件的轴线将由直线弯成曲线,这种变形称为**弯曲变形**。如图 8-2 所示。这种以弯曲变形为主要变形的杆件,通常称为梁。

梁是工程中应用非常广泛的一种构件。如图 8-3(a)所示的桥式吊车梁,其简图如图 8-3(b),其力学计算简图如图 8-3(c)所示。

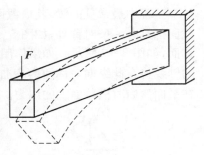

图 8-2

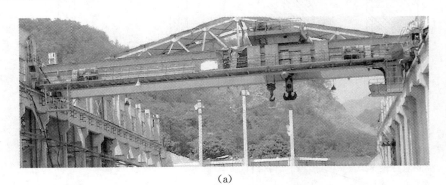

(a)

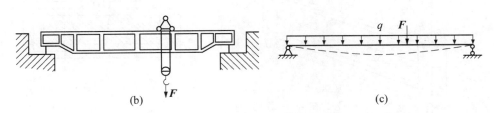

(b)   (c)

图 8-3

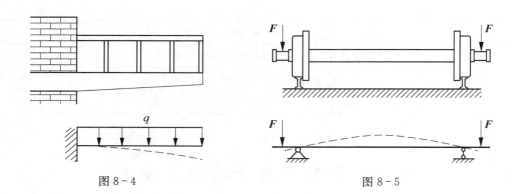

图 8-4 图 8-5

8.1.2 梁的平面弯曲的概念

工程中最常见的梁,其横截面通常都采用对称形状,如矩形、圆形、工字形及 T 形等,横截面都具有一条对称轴,如图 8-6 所示。各横截面的对称轴所组成的平面称为梁的纵向对称面,如图 8-7 所示。如果作用在梁上的所有外力或外力偶都在梁的纵向对称面内,则梁的轴线将在此纵向对称面内弯曲成一条曲线,这种弯曲称为平面弯曲。这里主要研究直梁在平面弯曲时横截面上的内力。

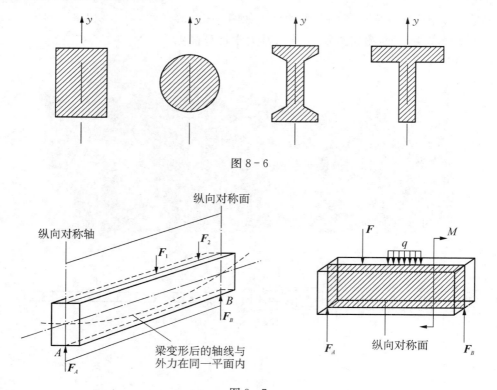

图 8-6

图 8-7

8.1.3 梁的计算简图及分类

1. 梁的计算简图

在进行梁的内力计算时,必须对其几何形状、载荷和支座进行合理的简化,抓住主要因素,忽略次要因素,将实际杆件简化成既能尽量反映实际情况又便于进行力学计算的简图。主要从以下 3 方面进行简化:

(1) 梁本身的简化 通常我们研究的都是杆件,而梁一般都是直杆(当然也有曲梁,这里不讨论),因而在计算中,用梁的轴线(直线)来代替梁,如图 8-8 所示。

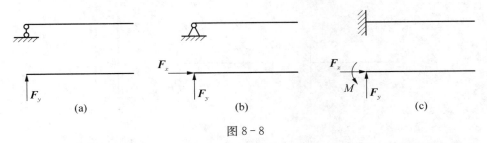

图 8-8

(2) 载荷的简化 作用在梁上的外力,包括载荷和支座反力,通常可以简化为集中力 F、分布载荷 q(包括均匀分布力和非均匀分布的)以及集中力偶 M 3 种形式,并直接作用于梁的轴线上,如图 8-9 所示。

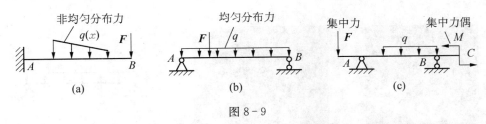

图 8-9

(3) 支座的简化 根据支座对梁约束的不同特点,支座可简化为 3 种形式:活动铰链支座,如图 8-8(a)所示,固定铰链支座,如图 8-8(b)所示和固定端支座,如图 8-8(c)所示。其反力的画法如图 8-8 所示。

2. 梁的分类

在工程实际中,梁的形式多种多样,根据支座的形式,最基本的静定梁有以下 3 类:

(1) 悬臂梁 梁的一端为固定端支座,另一端为自由端,如阳台的挑梁;又如图 8-10(a)所示输电杆上的横担,图 8-10(b)所示的变电站中的 T 形支架,这两种结构的左右两部分都可以分别简化为悬臂梁;图 8-10(c)所示的输电杆在导线拉力以及风载作用下也可以简化为悬臂梁。其计算简图分别如图 8-10(d)所示。

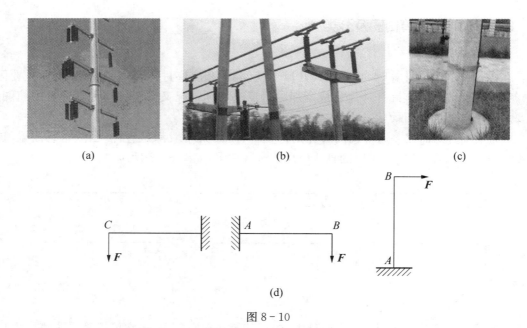

图 8-10

(2) 简支梁 梁的一端为固定铰支座，另一端为活动铰支座，如图 8-11(a)所示为一发电厂厂房中放置吊车梁的梁，图 8-11(b)所示房屋建筑中的梁，其力学计算简图如图 8-11(c)所示。

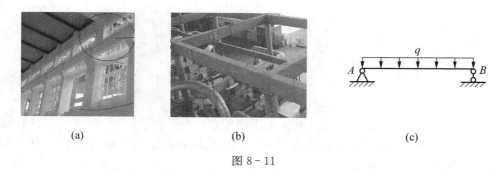

图 8-11

(3) 外伸梁 简支梁的一端或两端伸出支座之外，如图 8-12(a，b)所示的高速公路或桥梁下的支撑梁，其计算简图如图 8-12(c)所示。

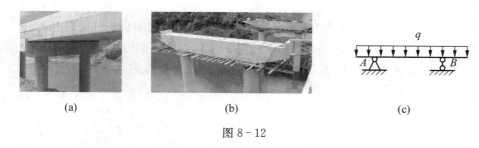

图 8-12

8.2 梁的内力——剪力与弯矩

8.2.1 截面法求梁的内力——剪力与弯矩

要对梁进行强度计算和刚度计算,首先必须确定梁在载荷作用下任意一截面上的内力。计算梁内力的基本方法仍然是截面法。

如图 8-13(a)所示的简支梁,求任意一横截面 m-m 上的内力。由梁的静力平衡条件,可求出梁在载荷作用下的支座反力 F_{Ay} 和 F_B,再用截面法计算 m-m 截面的内力。

取梁 AB 为研究对象,其受力图如图 8-13(a)所示,由平衡方程 $\sum M_A = 0$ 得

$F_B \times 7 - F \times 4 = 0$,即 $F_B \times 7 - 21 \times 4 = 0$,$F_B = 12$ kN;

由 $\sum F_y = 0$ 得 $F_{Ay} + F_B - 21 = 0$,即 $F_{Ay} = 9$ kN。

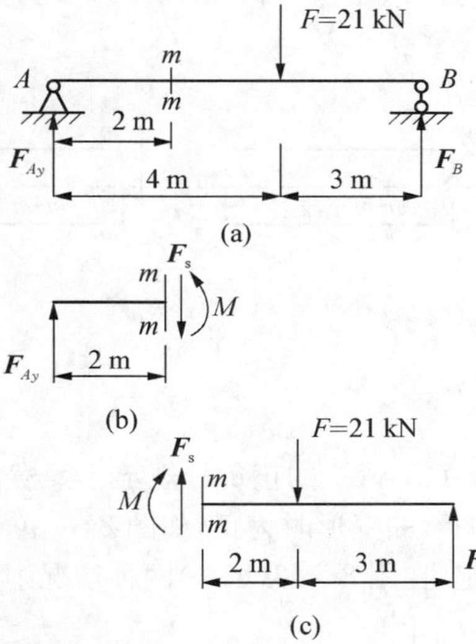

用一假想截面将梁在 m-m 处切开,分为左、右两段。任取一段为研究对象(例如取左段作为研究对象),如图 8-13(b)所示,因梁是平衡的,所以左部分梁也应处于平衡,要保持该部分梁的平衡,m-m 截面上必定有一个作用线与 F_{Ay} 平行而指向与 F_{Ay} 相反的内力,这个内力沿着梁的横截面方向,称为剪力,用 F_s 表示。对该左段梁建立平衡方程。

由 $\sum F_y = 0$ 得 $F_{Ay} - F_s = 0$,即 $F_s = F_{Ay} = 21$ kN。

又由图 8-13(b)可知,左段梁上的 F_{Ay} 与 F_s 实际上构成一个顺时针的力偶,根据力偶只能和力偶平衡的性质可知,在 m-m 截面上必然有一个内力偶,这个内力偶称为梁横截面上的弯矩,用 M 表示。现以横截面 m-m 的形心 O 为矩心,对该段梁建立力矩平衡方程

$\sum M_O = 0$ 得 $-F_{Ay} \times 2 + M = 0$,即 $M = 42$ kN·m。

由于水平方向的外力为零,因此由 $\sum F_x = 0$ 可知,梁横截面上法线方向的内力为零。

如果取右段为研究对象,同样可以求得横截面 m-m 上的内力 F_s 和 M,这里求出的 F_s 和 M 与前面求出的 F_s 和 M 分别大小相等、方向相反,如图 8-13(c)所示。

因此,一般情况下,梁的内力通常有剪力和弯矩。当然,有些情况下,梁的内力也会只有

图 8-13

弯矩,而剪力等于零。如果梁承受的外力(包括载荷和支座反力)不垂直于杆的轴线时,梁的内力还会有轴力,但这不是单纯的弯曲了。

8.2.2 剪力、弯矩的正负规定

在上面的分析中,取左段和取右面计算出的剪力和弯矩分别是等值反向的,为了使在计算梁的内力时,无论取左段梁还是取右段梁来研究得到的同一横截面上的剪力 F_s 和弯矩 M 不仅大小相等,而且正负号一致,对梁的剪力和弯矩的正负号作如下规定:

(1) 剪力的正负号规定 梁横截面上的剪力对其所在梁段内任一点之矩为顺时针方向时为正,如图8-14(a)所示,反之为负,如图8-14(b)所示。

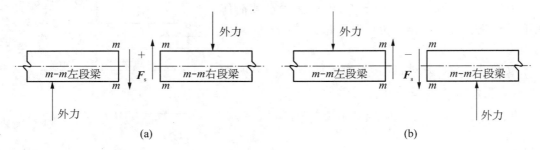

图8-14

(2) 弯矩的正负号规定 梁横截面上的弯矩使梁段上该截面处产生上部受压、下部受拉的弯曲变形时为正,如图8-15(a)所示,反之为负,如图8-15(b)所示。根据上述正负号规定,在图8-13(b,c)两种情况中,横截面 $m-m$ 上的剪力和弯矩均为正。

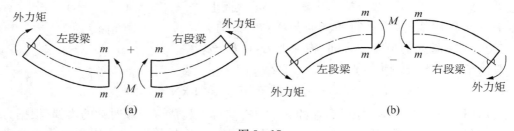

图8-15

在计算弯曲梁的内力时要注意以下几点:

(1) 在用截面法计算弯曲梁内力时,剪力、弯矩的方向一般假设成正方向,若计算结果为正时,说明内力的方向假设正确,同时,按照内力的正负规定,此内力也是正的;若计算结果为负时,说明内力的方向假设反了,同时,按照内力的正负规定内力也就是负的。这样不容易引起计算混乱。

(2) 从弯曲梁的内力计算结果判断出梁的变形情况。若剪力为正,则梁在该截面处产生左边向上、右边向下错动的剪切变形;反之,若剪力为负,则梁在该截面处产生左边向下、右边向上错动的剪切变形;若弯矩为正,则梁在该截面处下部受拉、上部受压,反之;若弯矩

为负,则梁在该截面处下部受压、上部受拉。

下面举例说明用截面法计算梁的指定截面处的剪力和弯矩的具体过程。

例8-1 外伸梁受载如图8-16(a)所示,试求横截面1-1,2-2,3-3上的剪力和弯矩。其中截面2-2,3-3的位置无限接近支座B。

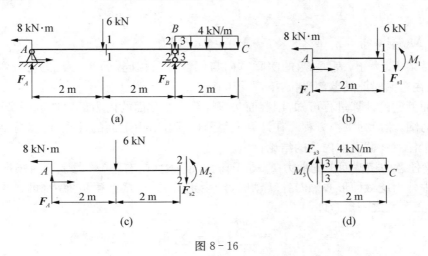

图8-16

【解】 (1) 计算梁的支座反力(一般情况下,对于简支梁和外伸梁,在计算内力前均需先计算出梁的支座反力,而对于悬臂梁,则可不计算支座反力)。取梁AC为研究对象,其受力图如图8-16(a)所示。

由$\sum M_A = 0$得 $8-6\times 2+F_B\times 4-4\times 2\times 5=0$,即$F_B = 11$ kN。

由$\sum F_y = 0$得 $F_A+F_B-6-4\times 2=0$,即$F_A = 3$ kN。

(2) 求横截面1-1上的剪力和弯矩。假想地沿截面1-1把梁切开成两段,因左段梁受力较简单,故取左段为研究对象,并把截面上的剪力F_{s1}和弯矩M_1均假设为正方向,受力图如图8-16(b)所示。列平衡方程。

由$\sum F_y = 0$得 $F_A-6-F_{s1}=0$,即$F_{s1}=F_A-6=-3$ kN;

由$\sum M_O = 0$得 $8-F_A\times 2+6\times 0+M_1=0$,即$M_1=-8+F_A\times 2=-2$ kN·m。

计算结果剪力F_{s1}为负,表明F_{s1}的实际方向与假设方向相反,即F_{s1}为负剪力;弯矩M_1也为负,说明梁在弯曲时此处上部受拉,下部受压。

(3) 求横截面2-2上的剪力和弯矩。假想地沿截面2-2把梁切开成两段,仍取左段梁为研究对象,把截面上的剪力F_{s2}和弯矩M_2均假设为正方向,受力图如图8-16(c)所示。列平衡方程。

由$\sum F_y = 0$得 $F_A-6-F_{s2}=0$,即$F_{s2}=F_A-6=-3$ kN;

由$\sum M_O = 0$得 $8-F_A\times 4+6\times 2+M_2=0$,

即 $M_2 = -8 + F_A \times 4 - 6 \times 2 = -8 + 3 \times 4 - 6 \times 2 = -8(\text{kN} \cdot \text{m})$。

计算结果 F_{s2} 为负,表明 $\boldsymbol{F}_{s2}$ 的实际方向与假设方向相反,即 $\boldsymbol{F}_{s2}$ 为负剪力;弯矩 M_2 也为负,说明梁在弯曲时此处上部受拉,下部受压。

(4) 求横截面 3-3 上的剪力和弯矩。受力图如图 8-16(d)所示。列平衡方程。

由 $\sum F_y = 0$ 得 $F_{s3} - 4 \times 2 = 0$,即 $F_{s3} = 4 \times 2 = 8 \text{ kN}$;

由 $\sum M_O = 0$ 得 $-4 \times 2 \times 1 - M_3 = 0$,即 $M_3 = -4 \times 2 \times 1 = -8(\text{kN} \cdot \text{m})$。

计算结果 F_{s3} 为正,表明 $\boldsymbol{F}_{s3}$ 的实际方向与假设方向相同,即 $\boldsymbol{F}_{s3}$ 为正剪力;弯矩 M_3 为负,说明梁在弯曲时此处上部受拉,下部受压。

从上面例题的计算过程可知,用截面法每计算一个截面的内力都要选取一个研究对象,画出其受力图,然后列平衡方程。在计算上很繁琐,因此,由上面的计算,可以总结出由外力直接计算梁任意一截面上**内力的结论**:

(1) 梁任意一横截面上的剪力 F_s 等于该截面左边(或右边)梁段上所有横向外力的代数和。其中外力绕截面形心顺时针转动时,产生正剪力,反之产生负剪力(即"外力左上右下,剪力为正",反之为负),即

$$F_s = \sum F_{左} = \sum F_{右}。 \tag{8-1}$$

(2) 梁任意一横截面上的弯矩 M 等于该截面左边(或右边)梁段上所有外力对该截面形心之矩的代数和。其中外力对梁截面形心 O 之矩使梁段上部受压、下部受拉时,产生正弯矩,反之产生负弯矩(即"外力左顺右逆,弯矩为正",反之为负),即

$$M = \sum M_O(\boldsymbol{F}_{左}) = \sum M_O(\boldsymbol{F}_{右})。 \tag{8-2}$$

利用(8-1)和(8-2)式,可以直接根据横截面左边或右边梁段上的外力计算该截面上的剪力和弯矩,而不必每计算一个截面的内力都取一个研究对象,画受力图,列平衡方程。下面举例说明利用上面的结论计算梁的内力。

例 8-2 悬臂梁受载如图 8-17 所示。试求横截面 1-1, 2-2, 3-3, 4-4 上的剪力和弯矩。

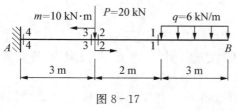

图 8-17

【解】(1) 求 1-1 截面上的剪力和弯矩。由上面的结论可知,1-1 截面上的剪力等于 1-1 截面右边梁段上所有横向外力的代数和(因为左段梁上有支座,如果研究左段梁,则需首先求出支座反力),1-1 截面右段梁上只有一个均布力 q,所以有

$F_{s1} = q \times 3 = 6 \times 3 = 18(\text{kN})$ (由"左上右下,剪力为正"知道其值为正,以下相同)。

1-1 截面上的弯矩等于 1-1 截面右边梁段上所有外力对 1-1 截面形心之矩的代数和,所以有

$M_1 = -q \times 3 \times 1.5 = -27 \text{ kN·m}$(由"左顺右逆,弯矩为正"知道其值为负,以下相同)。

(2) 求 2-2 截面上的剪力和弯矩。由上面的结论可知,2-2 截面上的剪力等于 2-2 截面右段梁上所有横向外力的代数和,所以有

$$F_{s2} = q \times 3 = 6 \times 3 = 18 \text{(kN)}。$$

2-2 截面上的弯矩等于 2-2 截面右段梁上所有外力对 2-2 截面形心之矩的代数和,所以有

$$M_2 = -q \times 3 \times (2 + 1.5) = -63 \text{(kN·m)}。$$

(3) 求 3-3 截面上的剪力和弯矩。与上同理可得

$$F_{s3} = P + q \times 3 = 20 + 6 \times 3 = 38 \text{(kN)},$$
$$M_3 = m - P \times 0 - q \times 3 \times (2 + 1.5) = -53 \text{(kN·m)}。$$

(4) 求 4-4 截面上的剪力和弯矩。

$$F_{s4} = P + q \times 3 = 20 + 6 \times 3 = 38 \text{(kN)},$$
$$M_4 = m - P \times 3 - q \times 3 \times (3 + 2 + 1.5) = -167 \text{(kN·m)}。$$

从本例的计算可知,利用上面关于剪力和弯矩计算的结论来计算梁的内力是相当简捷的。对于简支梁和外伸梁只需首先求出支座反力,然后利用上面的结论,便可很容易求出其内力。计算梁的内力的步骤:

(1) 计算支座反力(对于悬臂梁,可以不计算支座反力)。
(2) 利用结论(或截面法)计算指定截面的剪力,并确定正负。
(3) 利用结论(或截面法)计算指定截面的弯矩,并确定正负。

8.3 剪力方程与弯矩方程、剪力图与弯矩图

8.3.1 剪力方程和弯矩方程

从前面的计算可以看出,对于梁上的不同截面,其剪力和弯矩一般也是不同的,即剪力和弯矩一般随截面位置而变化。如果沿梁的轴线方向建立坐标轴 x 轴,用 x 表示梁的横截面的位置,则梁上各横截面的剪力和弯矩便是 x 的函数,即

剪力方程 $F_s = F_s(x)$,弯矩方程 $M = M(x)$。

通常将这两个函数关系式分别称为梁的剪力方程和弯矩方程。

在列剪力方程和弯矩方程时,可以根据方便的原则,取梁的左端或右端为坐标原点并根据梁上载荷的分布情况进行分段。一般情况下,集中力(包括支座反力)的作用点、集中力偶

的作用点和分布载荷的起点、终点均为分段点。

例 8-3 悬臂梁受载如图 8-18 所示。试列出其剪力方程和弯矩方程。

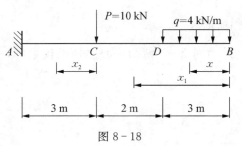

图 8-18

【解】 对于图 8-18 所示的梁，显然应分成 AC 段、CD 段、DB 段 3 段。DB 段以 B 为 x 的原点（即 $0<x<3$），任意截面上的剪力（剪力方程）和弯矩（弯矩方程）分别为

$$F_s(x) = qx = 4x, \quad M(x) = -q \cdot x \cdot \frac{x}{2} = -2x^2。$$

CD 段以 B 为 x_1 的原点（即 $3<x_1<5$），任意截面上的剪力（剪力方程）和弯矩（弯矩方程）分别为

$$F_s(x_1) = q \times 3 = 12 \text{ kN}, \quad M(x_1) = -q \times 3 \times (x_1 - 1.5) = -12x_1 + 18。$$

AC 段以 C 为 x_2 的原点（即 $0<x_2<3$），任意截面上的剪力（剪力方程）和弯矩（弯矩方程）分别为

$$F_s(x_2) = P + q \times 3 = 22 \text{ kN}, \quad M(x_2) = -P \cdot x_2 - q \times 3 \times (x_2 + 2 + 1.5)$$
$$= -22x_2 - 42。$$

8.3.2 绘制梁的剪力图和弯矩图

上面列出的剪力方程和弯矩方程反映了梁各截面上的内力随截面位置变化的关系，由这些方程很容易求出梁的任意截面上的内力。但这种表达还不够直观，梁各截面的剪力和弯矩沿梁轴线的变化情况可用图形更直观地表示。以平行于梁轴线的坐标 x 表示横截面位置，以垂直于梁轴线的坐标表示相应横截面上的剪力或弯矩，按剪力方程和弯矩方程绘出相应的图形，分别称为剪力图和弯矩图。

绘图时将正的剪力和弯矩绘在 x 轴的上方，负的剪力和弯矩绘在 x 轴下方，并标明正负号。

由于剪力图和弯矩图直观地反映了梁上各截面的剪切和弯矩，因此，可以很方便地确定梁的最大内力的数值及其所在的横截面位置（即梁的危险截面的位置），为梁的强度计算提供依据。

例 8-4 图 8-19(a) 所示的悬臂梁，在自由端 B 处受集中力 **P** 作用。试绘制其剪力图和弯矩图。

【解】 (1) 建立剪力方程和弯矩方程。以梁左端点 B 为坐标原点，由前面剪力和弯矩计算的结论可得（以 x 截面的左段为研究对象）

$$F_s(x) = -P \qquad 0 < x < l, \tag{1}$$

$$M(x) = -Px \qquad 0 \leqslant x \leqslant l。 \tag{2}$$

(2) 画剪力图(F_s图)。(1)式表明,梁 AB 各个截面上的剪力均等于 $-P$。所以,剪力图是一条平行于 x 轴的水平线,因为是负剪力,剪力图画在 x 轴的下方,如图 8-19(b)所示。

(3) 画弯矩图(M图)。(2)式表明,梁 AB 的弯矩是 x 的一次函数,即梁 AB 的弯矩图是一条斜直线。因此,只要求出两个点的弯矩值就可以画出弯矩图。

当 $x=0$ 时,$M=0$;$x=l$ 时,$M=-Pl$。

在坐标系上标出 $(0,0)$,$(l,-Pl)$ 位置,联结两点就得到 AB 梁的弯矩图,如图 8-19(c)所示。

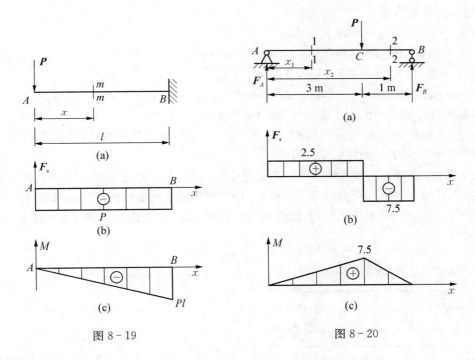

图 8-19   图 8-20

例 8-5　简支梁 AB 在 C 截面处受集中力 $P=10$ kN 作用,如图 8-20(a)所示。试作其剪力图和弯矩图。

【解】（1）计算支座反力。简支梁 AB 的受力图如图 8-20(a)所示。

由 $\sum M_A = 0$ 得 $F_B \times 4 - P \times 3 = 0$,$F_B \times 4 - 10 \times 3 = 0$,$F_B = 7.5$ kN。

由 $\sum F_y = 0$ 得 $F_A + F_B - P = 0$,$F_A + F_B - 10 = 0$,$F_A = 2.5$ kN。

(2) 建立剪力方程和弯矩方程。支座和外力 P 将梁分成 AC 和 CB 两段。

在 AC 段内,在距 A 端为 x_1 处截取左段梁为研究对象,列出剪力方程和弯矩方程

$$F_s(x_1) = F_A = 2.5 \text{ kN} \qquad (0 < x_1 < 3), \tag{1}$$

$$M(x_1) = F_A x_1 = 2.5 x_1 \qquad (0 \leqslant x_1 \leqslant 3). \tag{2}$$

在 CB 段内,在距 A 端 x_2 处截取左段梁为研究对象,列出剪力方程和弯矩方程

$$F_s(x_2) = F_A - P = 2.5 - 10 = -7.5(\text{kN}) \qquad (3 < x_2 < 4), \qquad (3)$$

$$M(x_2) = F_A \cdot x_2 - P \times (x_2 - 3) = 2.5 \cdot x_2 - 10 \times (x_2 - 3) \qquad (4)$$
$$= 30 - 7.5x_2 \qquad (3 \leqslant x_2 \leqslant 4).$$

(3) 分段绘制剪力图和弯矩图。由剪力方程(1)和(4)可知,两段梁的剪力图均为水平线。由弯矩方程(2)和(3)知,两段梁的弯矩图均为斜直线,但两直线的斜率不同。各主要控制点的剪力、弯矩值为:

当 $x_1 = 0$ 时,$F_{sA右} = 2.5 \text{ kN}$,$M_A = 0$;

$x_1 = 3$ 时,$F_{sC左} = 2.5 \text{ kN}$,$M_C = 7.5 \text{ kN} \cdot \text{m}$;

当 $x_2 = 3$ 时,$F_{sC右} = -7.5 \text{ kN}$,$M_C = 7.5 \text{ kN} \cdot \text{m}$;

$x_2 = 4$ 时,$F_{sB左} = -7.5 \text{ kN}$,$M_B = 0 \text{ kN} \cdot \text{m}$.

由上面各控制点的值作出剪力图和弯矩图,如图 8-20(b,c)所示。

由图 8-20(b)可知,在向下的集中力 P 作用的 C 处,剪力图的数值由"+"突变为"−",突变值等于集中力 P 的数值。

为了简便,在剪力图和弯矩图中可不必建立坐标系,而在剪力图旁注明"F_s 图",在弯矩图旁注明"M 图",并标明正负即可。有时剪力图、弯矩图中的竖线阴影线也可省略。

若简支梁的中点有集中力作用,如图 8-21(a)所示,其剪力图、弯矩图分别如图 8-21(b)、图 8-21(c)所示。

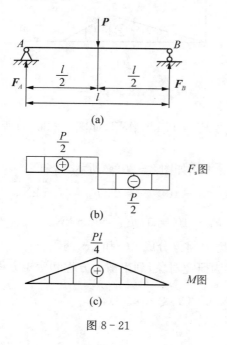

图 8-21

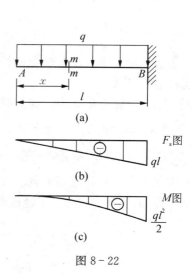

图 8-22

例 8-6 一悬臂梁 AB 受均布载荷作用,如图 8-22(a)所示,试作出剪力图和弯矩图。

【解】 (1) 建立剪力方程和弯矩方程。

$$F_s(x) = -qx \quad (0 < x < l), \quad M(x) = -q \cdot x \cdot \frac{x}{2} = -\frac{qx^2}{2} \quad (0 \leqslant x \leqslant l)$$

(2) 绘制剪力图和弯矩图。由剪力方程可知,剪力图是一条斜直线。当 $x=0$ 时,$F_{sB}=0$;当 $x=1$ 时,$F_{sB}=-ql$。联结两点得到的直线就是 AB 梁的剪力图,如图 8-22(b)所示。

由弯矩方程可知,弯矩图是一条二次抛物线,至少要计算出 3 个点的弯矩值才能大致绘出。但在本例中,由弯矩方程可知,二次抛物线的顶点在 $x=0$ 处,即抛物线在 $x=0$ 处应该与 x 轴相切。当 $x=0$ 时,$M_B=0$;$x=1$ 时,$M_A=-\dfrac{ql^2}{2}$。

由上面两处的弯矩便可以画出其弯矩图,如图 8-22(c)所示。

通过上面的例子可知,列剪力方程和弯矩方程来作梁的剪力图和弯矩图时,若梁被载荷和支座分成很多段时,就要分段列相应的剪力方程和弯矩方程,如果梁段很多时,就显得比较繁琐。从上面的作图可知,列剪力方程和弯矩方程的目的就是为了确定图形的形状以及计算各分段点和极值点的内力值(这些点通常称为控制点)。下面将介绍利用剪力、弯矩和载荷集度之间的微分关系得出的有关结论来直接作梁的剪力图和弯矩图。

8.3.3 作梁的内力图

在上节例 8-6 中,若将剪力方程和弯矩方程分别对 x 求导数,可得均布载荷集度(设 q 向上为正)和剪力方程、弯矩方程之间的关系

$$\frac{\mathrm{d}F_s(x)}{\mathrm{d}x} = -q(x), \tag{8-3}$$

$$\frac{\mathrm{d}M(x)}{\mathrm{d}x} = F_s(x)。 \tag{8-4}$$

由上两式还可得到

$$\frac{\mathrm{d}M^2(x)}{\mathrm{d}x^2} = -q(x)。 \tag{8-5}$$

以上 3 式就是剪力、弯矩与分布载荷集度之间的分关系。理论上也可以证明这种关系对任何梁段都成立。

(8-3)式表明,梁的剪力方程对 x 的一阶导数等于此梁段上分布载荷的集度,即剪力图的斜率等于此梁段上分布载荷的集度。

(8-4)式表明,梁的弯矩方程对 x 的一阶导数等于此梁段的剪力方程,即弯矩图的斜率等于此梁段上的剪力。

由上面 3 式,可进一步得出剪力图和弯矩图的特征和规律如下:

(1) 在无载荷作用的杆段(称为无载段,也即 $q(x)=0$ 的杆段),由 $\dfrac{\mathrm{d}F_s(x)}{\mathrm{d}x}=-q(x)=0$

可知，$F_s(x)$是常数，故剪力图为平行于x轴的直线。由此结论可知，要画此段杆的剪力图，只要计算出此段杆中任意一截面上的剪力就行了。又由$\dfrac{\mathrm{d}M(x)}{\mathrm{d}x}=F_s(x)=$常数可知，弯矩$M(x)$为$x$的一次函数，故弯矩图为斜直线。由此结论可知，要画此段杆的弯矩图，只要计算出此段杆的两端面处的弯矩就行了。此弯矩图斜直线的斜率就是此段杆的剪力值。特别是，若$\dfrac{\mathrm{d}M(x)}{\mathrm{d}x}=F_s(x)=$常数$=0$，则弯矩图为平行线（此段杆就是发生纯弯曲的杆段）。

(2) 在有均布载荷作用的杆段（称为均载段，即$q(x)=$常数$\neq 0$），由$\dfrac{\mathrm{d}F_s(x)}{\mathrm{d}x}=-q(x)=$常数$\neq 0$可知，该梁段$F_s(x)$为$x$的一次函数，而弯矩$M(x)$为$x$的二次函数，故剪力图是斜直线。由此结论可知，要画此段杆的剪力图，只要计算出此段杆的两端面处的剪力就行了。而弯矩图是抛物线，此结论告诉我们，要画此段杆的弯矩图，需要计算出此段杆中三处的弯矩，一般要计算此段杆的两端的弯矩和顶点的弯矩或中点的弯矩，顶点在剪力$F_s(x)=0$处。

当$q(x)>0$（均布载荷向上）时，剪力图为向右上倾斜的直线，弯矩图为向下凸的抛物线；当$q(x)<0$（均布载荷向下）时，剪力图为向右下倾斜的直线，弯矩图为向上凸的抛物线。

由$\dfrac{\mathrm{d}M(x)}{\mathrm{d}x}=F_s(x)$可知，若某截面上的剪力$F_s(x)=0$，则该截面上的弯矩$M(x)$必为极值。由$F_s(x)=0$可求出顶点位置，从而计算出顶点的弯矩值。

(3) 在集中力作用处剪力图出现突变，突变值等于此集中力的大小；在集中力偶作用处弯矩图出现突变，突变值等于此集中力偶的大小。

为使用方便，将以上规律和剪力图、弯矩图的特征列于表8-2。

表8-2 F_s，M图特征表

梁上载荷情况	无载段 $q(x)=0$	均载段		集中力作用处	集中力偶作用处
		$q>0$	$q<0$	P	m
F_s图特征	水平线	倾斜线		产生突变 C,P	无变化
	求任意一个截面的剪力值即可画出剪力图	求出此段杆两端的剪力值即可画出剪力图			
M图特征	$F_s>0$; $F_s<0$; $F_s=0$	二次抛物线，$F_s=0$处有极值		在C处有转折角	产生突变 C,m
	求出此段杆两端的弯矩值即可画出弯矩图	求出此段杆两端及顶点的弯矩值即可画出弯矩图			

例 8 – 7 图 8 – 23(a)所示的悬臂梁,在自由端 B 处受集中力偶 m 作用,中点受一集中力作用,试绘制其梁的剪力图和弯矩图。

【解】 AC 段为无载段,剪力图为平行线,弯矩图为斜直线(由于此梁为悬臂梁,在计算任意截面上的剪力和弯矩时都可以该截面的右段杆来计算,故不需要计算约束反力,以后不再说明)。AC 段中任意一个截面的剪力为 $F_{sAC} = P$。由此便可画出 AC 段的剪力图,如图 8 – 23(b)所示。

AC 段两端的弯矩

$$M_{AC} = -P \times l + (-m) = -2Pl, \quad M_{CA} = -m = -Pl.$$

由此两弯矩值可画出 AC 段的弯矩,如图 8 – 23(c)所示。

CB 段也为无载段,剪力图为平行线,弯矩图为斜直线,任意一个截面的剪力 $F_{sCB} = 0$。由此可画出 CB 段的剪力图,如图 8 – 23(b)所示。

CB 段两端的弯矩

$$M_{CB} = -m = -Pl, \quad M_{BC} = -m = -Pl.$$

由此两弯矩值可画出 AC 段的弯矩,此段杆两端弯矩值相同,故其弯矩图为平行线,如图 8 – 23(c)所示。

显然,在集中力 P 作用处,剪力图有突变,突变值等于此处集中力的大小 P。

利用上面的微分关系的结论,不仅可以作梁的内力图,也可以检查梁的内力图是否正确。由上面的微分关系的结论可以进一步得到下面的作剪力图和弯矩图的简便方法。

8.3.4 控制截面法

为准确地作出各段杆的剪力图和弯矩而计算的数值称为控制点。计算这些值的截面称为控制截面。而这些控制截面的剪力值和弯矩值的计算均可由前面关于指定截面上内力计算的结论直接计算。各控制截面位置的确定如下:

(1) 梁段的两端,取左端偏右(如下图中的 1,3,5 处)、右端偏左(如下图中的 2,4,6 处)为控制截面,如图 8 – 24 所示。

图 8 – 24

(2) 梁上集中力、集中力偶作用处,取偏左、偏右两控制截面,如图 8 – 25(a,b)所示。

(3) 分布载荷作用处取起点和止点,如图 8 – 25(c)所示。

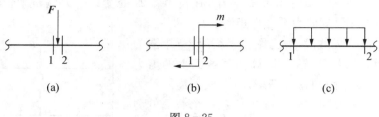

图 8-25

(4) 特殊点，如剪力图中 $F_s=0$ 时的位置，弯矩将出现极值。

上述偏左、偏右两点间的位置实际上无限接近，因此绘图时，两控制截面的数值在同一截面处画出。

在计算中，为了清楚地表示各处的内力，可使用双下标，如 M_{AC} 表示 AC 段杆 A 端的弯矩，M_{CA} 表示 AC 段杆 C 端的弯矩，F_{sAC} 表示 AC 段杆 A 端的剪力，F_{sCA} 表示 AC 段杆 C 端的剪力。

例 8-8 简支梁 AB 受力如图 8-26(a)所示，试作此梁的剪力图和弯矩图。

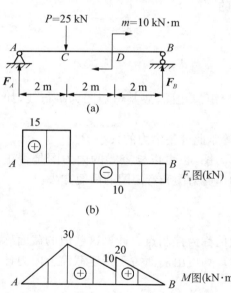

图 8-26

【解】 (1) 计算支座反力。取 AB 梁为研究对象，其受力图如图 8-26(a)所示。

由 $\sum M_A = 0$ 得 $-P\times 2-m+F_B\times 6=0$，即 $F_B=10$ kN；

由 $\sum M_B = 0$ 得 $P\times 4-m-F_A\times 6=0$，即 $F_A=15$ kN。

(2) 计算控制点的值。此梁被载荷和支座分为 3 段：AC 段、CD 段、DB 段。3 段均为无载段，故其剪力图分别为 3 段平行线，每一段中任意计算一个截面的剪力即可作出其剪力图；而 3 段杆的弯矩图分别为 3 条斜直线，每一段杆只需计算出两端的弯矩值即可作出其弯矩图。其控制点的值为：

AC 段　$F_{sAC}=F_A=15$ kN，

$M_{AC}=0$，$M_{CA}=F_A\times 2=30$ kN·m。

CD 段　$F_{sCD}=F_A-25=-10$(kN)，

$M_{CD}=F_A\times 2-P\times 0=30$ kN·m，

$M_{DC}=F_A\times 4-P\times 2=10$ kN·m。

DB 段　$F_{sDB}=F_A-25=-10$(kN)，

$M_{DB}=F_A\times 4-P\times 2-m=20$ kN·m，$M_{BD}=F_B\times 0=0$。

(3) 作剪力图和弯矩图。由以上控制点的值和结论作剪力图和弯矩图如图 8-26(b,c)

所示。从图中可以看出 C 处截面上的剪力发生突变,突变值等于该处集中力的大小;D 处截面上的弯矩发生突变,突变值等于该处集中力偶矩的大小。

例 8-9 简支梁 AB 在梁端 A 处受集中力偶 m 作用,如图 8-27(a)所示。试作该梁的剪力图和弯矩图。

【解】 (1) 计算支座反力。AB 梁的受力图如图 8-27(a)所示,

由 $\sum M_A = 0$ 得 $\quad m + F_B \times l = 0$,即 $F_B = -\dfrac{m}{l}$。

说明:由于在计算梁的某截面上的剪力和弯矩时,可以根据该截面的左段梁或右段梁上的外力来计算,因此,可以不必计算出全部约束反力,而只需计算出求内力时所研究段上的反力。故本例中只求出了 B 处的反力,当然也可以只求 A 处的反力。

(2) 求控制截面上内力值。由于梁只有 AB 一段,且为无载段,故 AB 段的剪力图为一条平行线(只要计算出其上任意一个截面的剪力值即可),弯矩图为一条斜直线(只要计算出此段杆两端的弯矩值即可)。

$$F_{sAB} = -F_B = \dfrac{m}{l}, \quad M_{AB} = F_A \times 0 = 0, \quad M_{BA} = F_B \times 0 + m = m。$$

(3) 绘制剪力图和弯矩图。由上面控制点的值作出梁的剪力图和弯矩图,如图 8-27(b,c)所示。

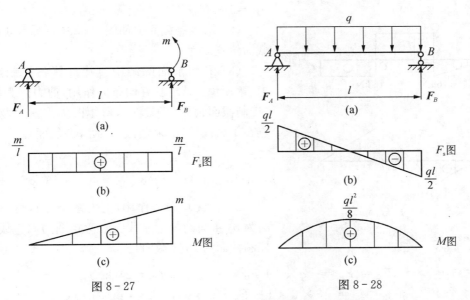

图 8-27　　　　　　　　　　图 8-28

例 8-10 图 8-28(a)所示简支梁 AB 受均布载荷作用,均布载荷竖直向下,其集度为 q,试作该梁的剪力图和弯矩图。

【解】 (1) 计算支座反力。根据对称关系(或列平衡方程计算)可得 $F_A = F_B = \dfrac{ql}{2}$。

(2) 求控制截面上内力值。由于梁只有 AB 一段,且为均载段,故 AB 段的剪力图为一条斜直线,弯矩图为一条抛物线。

$$F_{sAB} = F_A = \frac{ql}{2}, \quad F_{sBA} = -F_B = -\frac{ql}{2}, \quad M_{AB} = F_A \times 0 = 0, \quad M_{BA} = F_B \times 0 = 0.$$

顶点在剪力等于零处,可根据上面的剪力值先画出剪力图,由剪力图中的比例关系,可得,弯矩图的顶点在中点,即距端为 $\frac{l}{2}$ 处,有

$$M_{顶} = F_A \times \frac{l}{2} - q \times \frac{l}{2} \times \frac{l}{4} = \frac{ql^2}{8}.$$

(3) 作剪力图和弯矩图。根据上面求出的值,绘出梁的剪力图和弯矩图如图 8-28(b,c) 所示。

例 8-11 作图 8-29(a)所示外伸梁的剪力图、弯矩图。

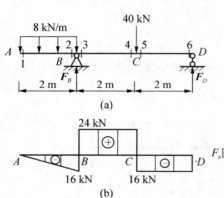

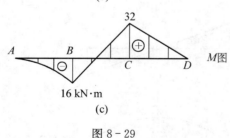

图 8-29

【解】 (1) 计算支座反力。

由 $\sum M_B = 0$ 得 $8 \times 2 \times 1 - 40 \times 2 + F_D \times 4 = 0$,即 $F_D = 16 \text{ kN}$;

由 $\sum F_y = 0$ 得 $8 \times 2 - 40 + F_B + F_D = 0$,即 $F_B = 40 \text{ kN}$。

(2) 取控制截面。如图 8-29(a)所示共计 6 个截面位置。

(3) 利用前面的结论直接计算各控制点的剪力、弯矩值。AB 段有均布力作用,剪力图为斜直线(控制截面为 1,2 截面),弯矩图为二次抛物线(顶点在 1 截面处,故控制截面为 1,2 截面)。

$F_{s1} = 0, \quad F_{s2} = -q \times 2 = -8 \times 2 = -16 (\text{kN});$
$M_1 = 0, \quad M_2 = -8 \times 2 \times 1 = -16 (\text{kN} \cdot \text{m})$。

BC 段无均布力作用,剪力图为平行线(控制截面为 3,4 间的任意一截面),弯矩图为斜直线线(故控制截面为 3,4 截面)。

$$F_{s3} = F_{s4} = -q \times 2 + F_B = -8 \times 2 + 40 = 24 (\text{kN}),$$
$$M_3 = -8 \times 2 \times 1 + F_B \times 0 = -16 (\text{kN} \cdot \text{m}),$$
$$M_4 = -40 \times 0 + F_D \times 2 = 32 (\text{kN} \cdot \text{m}).$$

CD 段无均布力作用,剪力图为平行线(控制截面为 5,6 间的任意一截面),弯矩图为斜直线(故控制截面为 5,6 截面)。

$F_{s5} = F_{s6} = -F_D = -16\ \text{kN}, M_5 = F_D \times 2 = 32\ \text{kN·m}, M_6 = F_D \times 0 = 0$。

（4）由上述各控制截面的内力值作出剪力图和弯矩图如图 8-29(b,c)所示。

例 8-12 绘出图 8-30(a)所示外伸梁的剪力图和弯矩图。

【解】（1）计算支座反力。

由 $\sum M_A = 0$ 得 $F \times 2 - m - q \times 3 \times 4.5 + F_B \times 6 = 0$，即 $F_B = 20\ \text{kN}$；

由 $\sum M_B = 0$ 得 $F \times 8 - m + q \times 3 \times 1.5 - F_A \times 6 = 0$，即 $F_A = 30\ \text{kN}$。

（2）分 CA，AD 和 DB 3 段求各控制点的内力值。

CA 段（无载段） $F_{sCA} = -20\ \text{kN}, M_C = 0, M_{AC} = -F \times 2 = -40\ \text{kN·m}$；

AD 段（无载段） $F_{sAD} = -20 + F_A = -20 + 30 = 10\ (\text{kN}), M_{AD} = -40\ \text{kN·m}$，
$M_D^{左} = -20 \times 5 + F_A \times 3 = -10\ (\text{kN·m})$。

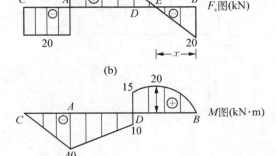

图 8-30

以上两段均为无载段，剪力图是水平直线，弯矩图是斜直线。求出了控制点的剪力值和弯矩值后，可以得到这两段的剪力图和弯矩图，如图 8-30(b,c)所示。

DB 段（有载段）剪力图是斜直线，可找出 D，B 两处的剪力值绘出剪力图。

$$F_{sDB} = F_{sAD} = 10\ \text{kN}, F_{sBD} = -F_B = -20\ \text{kN}。$$

作出 DB 段的剪力图，如图 8-30(b)所示。

弯矩是二次抛物线，可找 D，B 两处的弯矩及极值点处的弯矩。

$$M_D^{右} = F_B \times 3 - q \times 3 \times \frac{3}{2} = 15\ \text{kN·m}, M_B = 0。$$

极值发生在剪力为零处。首先求出极值点位置 E，极值点位置可通过剪力图求得。图中设 $BE = x$，根据相似三角形的比例关系有

$$\frac{DE}{10} = \frac{EB}{20}，即 \frac{3-x}{1} = \frac{x}{2}，x = 2\ \text{m}，$$

所以 $M_E = F_B \times 2 - q \times 2 \times \frac{2}{2} = 20\ \text{kN·m}$，由 $M_D^{右}$，M_B 和 M_E 3 点的弯矩值，联结成光滑的抛物线。最后得到的剪力图、弯矩图，如图 8-30(b,c)所示。

8.3.5 叠加法

在小变形的情况下，结构在几个载荷共同作用下所产生的反力、内力、应力、变形等，等

于每一个载荷单独作用时所产生的相应量的叠加,这就是**叠加原理**。

如图 8-31(a)所示,悬臂梁同时承受均布力 q 和集中力 P 作用,其剪力和弯矩应该等于均布力 q 和集中力 P 单独作用的叠加。剪力图和弯矩图是两者对应图叠加,如图 8-31(b,c)所示。

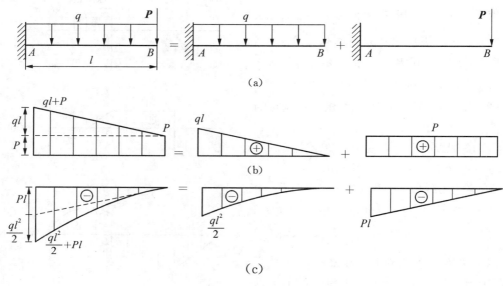

图 8-31

应该注意,两个弯矩、剪力图的叠加并非是两图形的简单拼合,而是指两图中对应的纵坐标相叠加。这样,同侧的纵坐标应相加,异侧的纵坐标应相减。

例 8-13 试用叠加法作图 8-32(a)所示简支梁弯矩图。

【解】 先将图 8-32(a)所示简支梁分成两个分别由 q 和 M 单独作用下的梁,分别作出它们的弯矩图然后叠加,即为简支梁在 q,M 共同作用下的弯矩图,如图 8-32(b)所示。

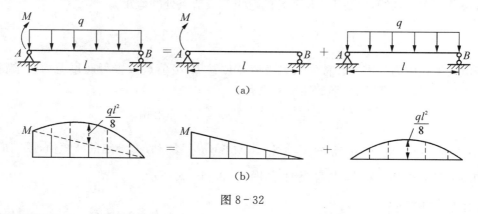

图 8-32

例 8-14 试用叠加法作图 8-33(a)所示简支梁的弯矩图。

【解】 先将图 8-33(a)所示简支梁分成由 m_1，m_2 单独作用下的梁和 q 单独作用下的梁，分别作出它们的弯矩图然后叠加，即为简支梁在 q，m_1，m_2 共同作用下的弯矩图，如图 8-33(b)所示。

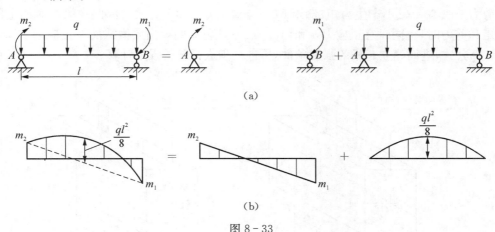

图 8-33

此例表明，如果某梁段上有均布力作用，要画此段杆的弯矩图时，可先求出此段杆两端的弯矩(m_1，m_2)，由此两弯矩联结成一条直线。在此直线的基础上，再叠加上与此段杆同跨度的简支梁全梁承受相同的均布力作用时的弯矩图，如图 8-34 所示。这种方法称为区段叠加法。

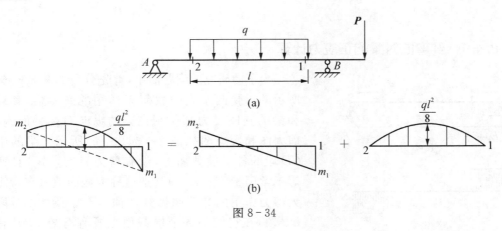

图 8-34

8.4 纯弯曲梁的正应力计算

通过前面的弯曲内力的计算的学习可知，梁的横截面上一般有两种内力：剪力 F_s 和弯矩 M，如图 8-35(a)所示。但是仅仅知道梁内力的大小，还不能确定梁是否能正常工作，也不能设计出梁的截面尺寸。还必须进一步研究梁横截面上的内力的分布规律(应力的分布规律及大小)。因为,引起材料破坏的原因归根到底还是作用在杆件上的工作应力超过了材料的极限应力。由图 8-35(b)可知,梁的横截面上的剪力 F_s 应与截面上微剪力 τdA 有关,而微剪力 τdA 对 z 轴不产生力矩;弯矩 M 应与微力矩 $y\sigma dA$ 有关。因此在梁横截面上同时有弯矩和剪力时,也同时有正应力 σ 和切应力 τ。这里简要导出梁横截面上正应力 σ 和切应力 τ 计算公式,进而建立起梁的强度条件,再进一步进行梁的强度计算。

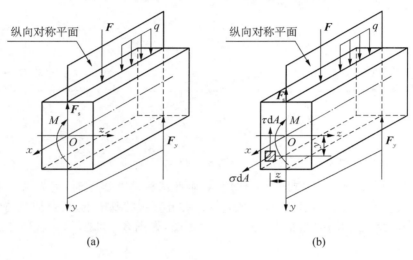

(a)   (b)

图 8-35

8.4.1 纯弯曲时梁的正应力计算

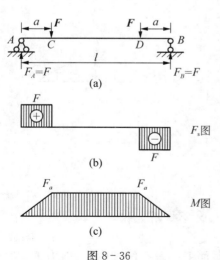

图 8-36

为了使研究的问题简单,首先分析如图 8-36(a)所示的承受两个集中载荷 F 作用的简支梁,其载荷和梁的支座反力都作用在梁的纵向对称平面内,其剪力图和弯矩图如图 8-36(b,c)所示。梁的中段 CD 段的各个横截面上,没有剪力只有弯矩,且弯矩等于常用量 $F \cdot a$。通常把这种横截面上只有弯矩而无剪力作用的弯曲叫做纯弯曲。至于梁的 AC 段和 DB 段,在它们的各个横截面上既有弯矩 M 又有剪力 F_s 作用,通常把这种弯曲叫做横力弯曲(或剪力弯曲)。

下面以 8-37(a)矩形截面梁为例,研究梁在纯弯曲时横截面上的正应力计算,进而推广应用到其他截面形状的梁发生横力弯曲时横截面的正应力计算。

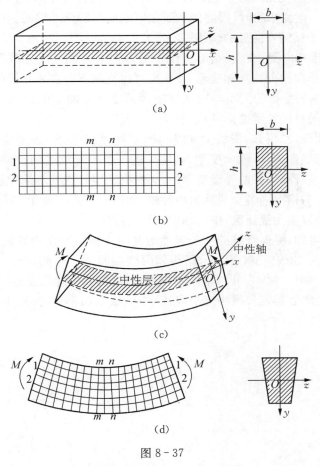

图 8-37

8.4.1.1 梁发生纯弯曲时正应力的计算公式

1. 几何变形

梁发生纯弯曲时,其横截面上的正应力究竟是怎样分布的?其大小如何计算?要解决这些问题,首先必须了解梁在弯曲时的变形情况。通过对矩形截面橡皮模型梁在纯弯曲时的实验可以观察到其变形:

(1) 所有纵向线(如图中的 1-1 线、2-2 线)都弯成了曲线,并仍旧与弯曲了的梁轴线(**挠曲轴**)保持曲线平行。但靠近梁下边缘(凸边)的纵向线伸长了,靠近梁上边缘(凹边)的纵向线缩短了,如图 8-37(b,d)所示。

(2) 所有横向线(如图中的 m-m 线、n-n 线)仍保持为直线,只是倾斜了一个角度,且仍与弯成曲线的纵向线保持垂直,也就是说各个小方格的直角在梁弯曲变形后仍为直角,如图 8-37(b,d)所示。

(3) 矩形截面梁的上部变宽,下部变窄,如图 8-37(d)所示。

根据上述观察到的现象,通过判断和推理,对纯弯曲的梁,可作出如下的假设:

(1) 平面假设 在纯弯曲时,梁的横截面在弯曲变形后仍然保持为平面,且梁纯弯曲后的横截面仍然垂直于梁的弯曲后的轴线;

(2) 各纵向纤维单向受拉(压)变形假设 可以把梁看成是由无数根纵向纤维组成,而各纵向纤维只受到单向拉伸或压缩变形,而纵向纤维之间不存在相互挤压;

(3) 各纵向纤维的变形的大小与它在梁横截面宽度方向上的位置无关,即在梁横截面上处于同一高度处的纵向纤维变形都相同。

由现象(3)和假设(2)可知,梁的上部纵向线缩短,截面变宽,表明梁的上部各纤维受到压缩变形;梁的下部纵向伸长,截面变窄,表明梁的下部各纤维受到拉伸变形。从上部各层纤维缩短到下部各层纤维伸长的连续变形中,必然有一层纤维既不缩短也不伸长,这层纤维称为**中性层**,中性层与横截面的交线称为**中性轴**,如图 8-37(c)所示。中性轴将梁横截面分成两个区域:中性轴以上为**受压区**,中性轴以下为**受拉区**。

根据平面假设可知,纵向纤维的伸长或缩短是由于横截面绕中性轴转动的结果。现在求任意一根纤维 $a_1 b_1$ 的线应变。为此,用相邻两横截面 $m-m$ 和 $n-n$ 从梁上截取一长为 dx 的梁段,如图 8-38(a)所示。设 $O_1 O_2$ 为中性层(其具体位置现在还不知道),两相邻横截面 $m-m$ 和 $n-n$ 转动后其延长线相交于 O 点(中性层的曲率中心)。中性层的曲率半径为

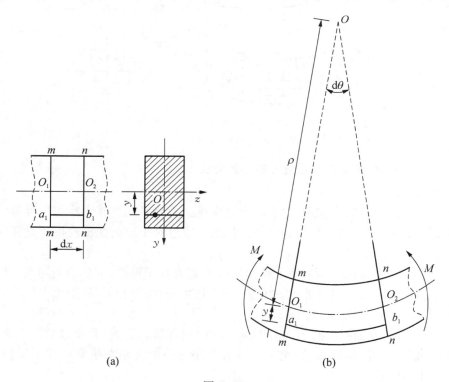

图 8-38

ρ。变形后两个横截面 m-m 和 n-n 间的夹角为 $\mathrm{d}\theta$。设 y 轴为横截面的纵向对称轴，z 轴为中性轴（由平面弯曲可知中性轴一定垂直于横截面的纵向对称轴），现求距中性层为 y 处的纵向纤维 a_1b_1 的线应变，如图 8-38(b)所示。

纤维 a_1b_1 的原长 $\overline{a_1b_1} = \mathrm{d}x = O_1O_2 = \rho\mathrm{d}\theta$，变形后的长度为 $\widehat{a_1b_1} = (\rho+y)\mathrm{d}\theta$，故线应变为

$$\varepsilon = \frac{\widehat{a_1b_1} - \overline{a_1b_1}}{\overline{a_1b_1}} = \frac{(\rho+y)\mathrm{d}\theta - \rho\mathrm{d}\theta}{\rho\mathrm{d}\theta} = \frac{y}{\rho}。 \tag{1}$$

对于确定的截面，ρ 是常量。由此可知，各纤维的纵向线应变与它到中性层的距离 y 成正比。对图 8-38(a)所示的梁，当所考虑的纤维在中性层以下时，距离 y 为正值，应变 ε 也为正值，说明此处纤维被拉伸；当所考虑的纤维在中性层以上时，则 y 与 ε 都为负值，说明此处纤维被压缩。

注意：上式是根据平面截面假设和梁挠曲轴的几何条件推导出来的，它与梁的材料特性无关，因此，上式对任何材料制成的梁都是适用的。

2. 物理关系方面

对于发生弹性变形的梁，根据拉、压胡克定律：$\sigma = E \cdot \varepsilon$，可得

$$\sigma = E \cdot \varepsilon = E \cdot \frac{y}{\rho}。 \tag{2}$$

对于确定的截面和材料，ρ 与 E 均为常量。因此，(2)式表明：纯弯曲的梁横截面上任一点的正应力 σ 与该点到中性轴的距离 y 成正比，即弯曲正应力 σ 沿梁截面高度 h 按线性规律分布，受拉区的 σ 为拉应力，受压区的 σ 为压应力，中性轴上的点正应力为零。其正应力分布情况见图 8-39(a)所示。

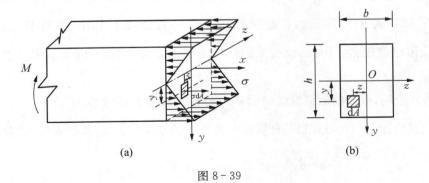

图 8-39

3. 静力学关系方面

(2)式只给出了弯曲正应力的分布规律。若要用此式计算正应力的数值，还需要确定中性轴的位置和曲率半径 ρ 的大小。

纯弯曲的梁横截面上的内力只有弯矩 M。如果在梁的横截面上任意取微面积 $\mathrm{d}A$，微面

积的形心坐标为(z,y)，则作用在此微面积上的微内力为$\mathrm{d}F_N = \sigma \mathrm{d}A$。

纯弯曲梁的内力中，轴力等于0，剪力也等于0，弯矩为M。所以有

$$\int_A \sigma \mathrm{d}A = 0, \tag{3}$$

$$\int_A y\sigma \mathrm{d}A = M。\tag{4}$$

将(2)式代入(3)式，得$\int_A \dfrac{E}{\rho}y\mathrm{d}A = 0$，或$\dfrac{E}{\rho}\int_A y\mathrm{d}A = 0$。由于$\dfrac{E}{\rho} \neq 0$，所以有$\int_A y\mathrm{d}A = 0$，而$\int_A y\mathrm{d}A = S_z$就是截面对中性轴($z$轴)的静矩。此式表明截面对中性轴的静矩等于零。由此可知，**发生平面弯曲的梁，中性轴z必然通过截面的形心，并且与横截面的对称轴（即y轴）垂直**。利用此结论可以确定梁横截面上中性轴的位置。

再将(2)式代入(4)式得

$$\int_A \dfrac{E}{\rho} y^2 \mathrm{d}A = M, \text{或} \quad \dfrac{E}{\rho}\int_A y^2 \mathrm{d}A = M。$$

而$\int_A y^2 \mathrm{d}A$就是横截面的面积A对中性轴z的惯性矩I_z，即令$I_z = \int_A y^2 \mathrm{d}A$（参看附录）。因此有

$$\dfrac{1}{\rho} = \dfrac{M}{EI_z}, \tag{8-6}$$

式中$\dfrac{1}{\rho}$是中性层的曲率。由于梁的轴线位于中性层内，所以$\dfrac{1}{\rho}$也是梁弯曲后梁轴线的曲率，它反映了梁的弯曲变形程度。EI_z称为梁的抗弯刚度，表示梁抵抗弯曲变形的能力，EI_z越大，曲率$\dfrac{1}{\rho}$就越小，即梁的弯曲变形也就越小；反之，EI_z越小，则曲率$\dfrac{1}{\rho}$就越大，即梁的弯曲变形也就越大。因此，改变梁的抗弯刚度EI_z的大小，可以调节和控制梁的变形大小。

(8-6)式表明，梁弯曲后梁轴线的曲率$\dfrac{1}{\rho}$与梁横截面上的弯矩M成正比，而与梁的抗弯刚度EI_z成反比。(8-6)式也是计算梁弯曲变形的基本公式，将其代入(2)式得

$$\sigma = E\dfrac{y}{\rho} = E \times \dfrac{M}{EI_z} \times y, \text{即} \ \sigma = \dfrac{M}{I_z}y。\tag{8-7}$$

这就是梁在纯弯曲时横截面上任意一点处正应力的计算公式。由此可知：**梁横截面上任意一点的正应力σ，与截面上的弯矩M和该点到中性轴的距离y成正比，而与截面对中性轴的惯性矩I_z成反比**。

在应用(8-7)式计算梁横截面上任意一点的正应力时，应注意应力的正负。有两种

解决应力正负的办法,一种是将 M 和 y 的数值及正负号一同代入(y 轴以向下为正方向),如果得出 σ 是正值,就是拉应力,如果得出的 σ 是负值,就是压应力;另一种是在计算时,只将 M 和 y 的绝对值代入公式,而正应力的性质(拉应力或压应力)则由弯矩 M 的正负号及所求点的位置来判断。当 M 为正时,中性轴以上各点为压应力,σ 则取负值;中性轴以下各点为拉应力,σ 则取正值,如图 8-40(a)所示。当弯矩 M 为负时则相反,如图 8-40(b)所示。

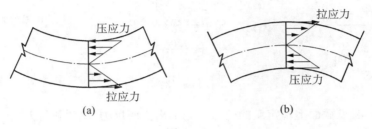

图 8-40

8.4.1.2 弯曲梁的正应力公式的适用条件

由正应力计算公式(8-7)的推导过程知道,它的适用条件是:(1)纯弯曲梁;(2)梁的最大正应力 σ 不超过材料的比例极限 σ_P,即梁处于弹性变形范围内。

(8-7)式虽然是由矩形截面梁推导出来的,但它也适用于横截面有纵向对称轴的梁(发生平面弯曲的梁均适用)。例如圆形、工字形、T 形、圆环形等,如图 8-41 所示。

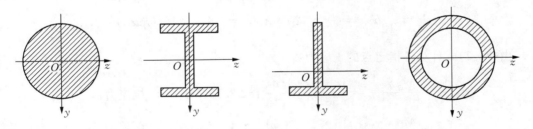

图 8-41

剪切弯曲是弯曲问题中最常见的,梁横截面上不仅有正应力,还有切应力。由于切应力梁的横截面将会发生翘曲。此外,在与中性层平行的纵截面之间,还会有横向力引起的挤压应力。它们都会对正应力有一定的影响,但理论分析证明,对于梁的跨度 l 与横截面高度 h 之比 $\dfrac{l}{h}$ 大于 5 时,上述切应力对正应力的影响甚小,可以忽略不计。而在工程中常见梁的 $\dfrac{l}{h}$ 值一般都远大于 5,所以(8-7)式在一般情况下也可以用于剪切弯曲时横截面上各点正应力的计算。

8.4.1.3 梁内的正应力计算举例

例 8-15 简支梁受均布载荷 q 作用,如图 8-42(a)所示。已知 $q = 10 \text{ kN/m}$,梁的跨

度 $l = 4$ m,截面为矩形,且 $b = 120$ mm,$h = 180$ mm。试求:

(1) C 截面上 a,b,c 3 点处的正应力;

(2) 梁的最大正应力 σ_{max} 及其位置。

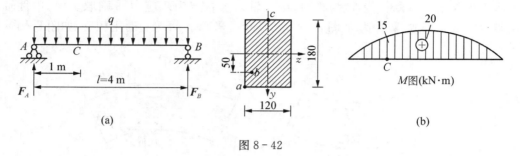

图 8-42

【解】 (1) 求 C 截面上指定点的应力。先求出支座反力,由对称性及 $\sum F_y = 0$ 得

$$F_A = F_B = \frac{ql}{2} = \frac{10 \times 4}{2} = 20(\text{kN})(\uparrow)。$$

再计算 C 截面的弯矩。

$$M_C = F_A \times 1 - q \times 1 \times 0.5 = (20 \times 1 - 10 \times 1 \times 0.5) = 15(\text{kN} \cdot \text{m})。$$

由附录得矩形截面对中性轴 z 的惯性矩

$$I_z = \frac{1}{12}bh^3 = \frac{1}{12} \times 120 \times 180^3 = 58.3 \times 10^6 (\text{mm}^4)。$$

由(8-7)式计算各指定点的正应力:

$$\sigma_a = \frac{M_C \cdot y_a}{I_z} = \frac{15 \times 10^6 \times 90}{58.3 \times 10^6} = 23.15(\text{MPa}) \quad (拉应力),$$

$$\sigma_b = \frac{M_C \cdot y_b}{I_z} = \frac{15 \times 10^6 \times 50}{58.3 \times 10^6} = 12.88(\text{MPa}) \quad (拉应力),$$

$$\sigma_c = \frac{M_C \cdot y_c}{I_z} = \frac{15 \times 10^6 \times (-90)}{58.3 \times 10^6} = -23.15(\text{MPa}) \quad (压应力)。$$

(2) 绘出该梁的弯矩图如图 8-42(b)所示。由图可知,最大弯矩发生在梁的跨中截面,其值为

$$M_{max} = \frac{1}{8}ql^2 = \frac{1}{8} \times 10 \times 4^2 = 20(\text{kN} \cdot \text{m})。$$

梁的最大正应力发生在最大弯矩 M_{max} 所在截面的上、下边缘处。由梁的变形情况(或弯矩的正负)可以判定,最大拉应力发生在跨中截面的下边缘处;最大压应力发生在跨中截面的上边缘处。其最大正应力的值为

$$\sigma_{\max} = \frac{M_{\max} \cdot y_{\max}}{I_z} = \frac{20 \times 10^6 \times 90}{58.3 \times 10^6} = 33.38(\text{N/mm}^2) = 33.38(\text{MPa})。$$

例 8-16 悬臂梁受均布载荷作用,已知 $q = 3\,\text{kN/m}$,梁长 $l = 2\,\text{m}$。该梁由 20a 型槽钢平置制成,如图 8-43(a)。试计算梁的最大拉应力 $\sigma_{t\max}$ 和最大压应力 $\sigma_{c\max}$ 以及它们发生的位置。

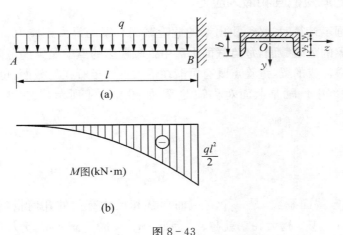

图 8-43

【解】 (1) 作梁的弯矩图如图 8-43(b)所示。由图可知,最大弯矩(绝对值最大的弯矩)发生在靠近固定端的截面上,其值为

$$|M|_{\max} = \frac{1}{2}ql^2 = \frac{1}{2} \times 3 \times 2^2 = 6(\text{kN} \cdot \text{m})。$$

(2) 查附录得热轧普通槽钢表得 20a 型槽钢截面的有关几何数据为

$$I_z = 128.0\,\text{cm}^4 = 128.0 \times 10^4\,\text{mm}^4,\ y_1 = 2.01\,\text{cm} = 20.1\,\text{mm},$$
$$y_2 = b - y_1 = 73\,\text{mm} - 20.1\,\text{mm} = 52.9\,\text{mm}。$$

(3) 计算最大拉应力和最大压应力。最大拉应力发生在靠近固定端截面处的上边缘各点,其值为

$$\sigma_{t\max} = \frac{|M|_{\max} \cdot y_1}{I_z} = \frac{6 \times 10^6 \times 20.1}{128.0 \times 10^4} = 94.2(\text{MPa})。$$

最大压应力发生在靠近固定端截面处的下边缘各点上,其值为

$$\sigma_{c\max} = -\frac{|M|_{\max} \cdot y_2}{I_z} = -\frac{6 \times 10^6 \times 52.9}{128.0 \times 10^4} = -248.0(\text{MPa})。$$

8.5 弯曲梁的正应力强度条件及强度计算

8.5.1 梁的危险截面和最大应力

在进行梁的强度计算时,必须找出梁的危险截面和梁的最大正应力。等截面直梁**弯矩最大的截面就是梁的危险截面,危险截面上离中性轴最远的点就是梁的危险点**(关于中性轴不对称的脆性材料做成的梁,危险点既有可能在最大正弯矩所在的截面,也有可能在最大负弯矩所在的截面)。中性轴是截面对称轴的梁,如图 8-44 所示,其最大正应力为 $\sigma_{max} = \frac{M_{max}}{I_z} \cdot y_{max}$。令 $W_z = \frac{I_z}{y_{max}}$,则

$$\sigma_{max} = \frac{M_{max}}{W_z}, \tag{8-8}$$

式中,W_z 称为抗弯截面系数,是一个与截面形状和尺寸有关的几何量(见附录),其常用单位是 m^3 或 mm^3。W_z 越大,σ_{max} 就越小,因此,W_z 反映了截面形状及尺寸对梁的强度的影响。

截面高为 h、宽为 b 的矩形截面,如图 8-44(a)所示,其抗弯截面系数为

$$W_z = \frac{I_z}{y_{max}} = \frac{\frac{bh^3}{12}}{\frac{h}{2}} = \frac{bh^2}{6}。 \tag{8-9}$$

直径为 d 的圆形截面,如图 8-44(b)所示,其抗弯截面系数为

$$W_z = \frac{I_z}{y_{max}} = \frac{\frac{\pi d^4}{64}}{\frac{d}{2}} = \frac{\pi d^3}{32}。 \tag{8-10}$$

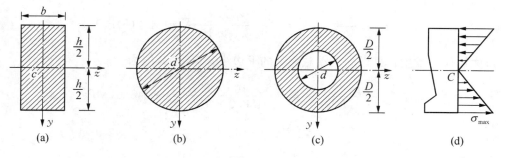

图 8-44

空心圆形截面,如图 8-44(c)所示,其抗弯截面系数为

$$W_z = \frac{I_z}{y_{\max}} = \frac{\frac{\pi d^4}{64}(1-\alpha^4)}{\frac{d}{2}} = \frac{\pi d^3}{32}(1-\alpha^4), \qquad (8-11)$$

其中,α 为空心圆形截面的内外径之比,即 $\alpha = \dfrac{d}{D}$。

各种型钢截面的抗弯截面系数可以直接从书末附录中的型钢表中(或有关工程手册中)查得。其他复杂截面的抗弯截面系数可以查相关手册得到。

中性轴不是截面对称轴的梁,例如图 8-45 所示的 T 形截面梁,在正弯矩 M 作用下,梁的下边缘各点产生最大拉应力 $\sigma_{t\max}$,上边缘各点产生最大压应力 $\sigma_{c\max}$,其值分别为

$$\sigma_{t\max} = \frac{My_1}{I_z}, \quad \sigma_{c\max} = \frac{My_2}{I_z}。$$

令 $W_{z1} = \dfrac{I_z}{y_1}$,$W_{z2} = \dfrac{I_z}{y_2}$,则有

$$\sigma_{t\max} = \frac{M}{W_{z1}}, \quad \sigma_{c\max} = \frac{M}{W_{z2}}。$$

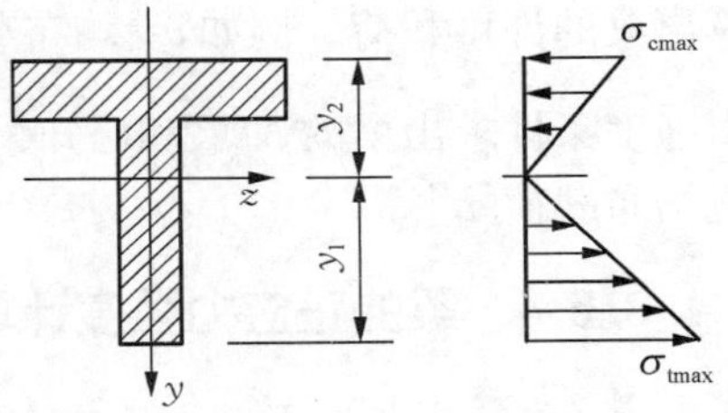

图 8-45

8.5.2 梁的正应力强度条件

为了保证梁能安全经济地工作,必须使梁内的最大正应力不超过材料的许用正应力 $[\sigma]$,这就是梁的正应力强度条件。分两种情况表达如下:

(1) 若材料的抗拉和抗压能力相同,其正应力强度条件为

$$\sigma_{\max} = \frac{M_{\max}}{W_z} \leqslant [\sigma]。 \qquad (8-12)$$

(2) 若材料的抗拉和抗压能力不同,应分别对最大拉应力和最大压应力建立强度条件,即

$$\sigma_{t\max} = \frac{M_{\max}}{W_z} \leqslant [\sigma_t], \quad \sigma_{c\max} = \frac{M_{\max}}{W_z} \leqslant [\sigma_c]。 \qquad (8-13)$$

值得注意的是,(8-13)式中的 $M_{\max}$ 不一定是同一截面上最大弯矩,其中一个可能是最大正弯矩,另一个可能是最大负弯矩。

8.5.3 梁的正应力强度计算

根据梁的正应力强度条件,可以解决梁的 3 个方面的强度计算问题:

(1) 强度校核　在已知梁的材料、横截面的形状和尺寸(即已知 $[\sigma]$,W_z)以及梁上所受载荷(即能求出梁的 $M_{\max}$)的情况下,验算梁是否满足正应力强度条件(8-12)式或(8-13)

式,若条件满足,则梁的强度是足够的,否则,梁的强度是不够。

(2) 设计截面尺寸　当已知梁上所受的载荷和梁所使用材料时(即已知梁许用正应力 $[\sigma]$、并能根据梁上的载荷求出 M_{max}),可以根据强度条件(8-12)式或(8-13)式,计算梁所需的抗弯截面系数 $W_z \geqslant \dfrac{M_{max}}{[\sigma]}$。然后根据梁的横截面形状进一步确定出截面的尺寸。如横截面是圆形,可求出其圆截面的直径 d;如横截面是矩形,则可计算出梁截面的 h 与 b 的数值来;对于型钢,可根据计算出的 W_z 查表(或手册)确定其型号;对于其他形状的截面,根据 W_z 与截面尺寸间的关系,也可以求出相应的截面尺寸。

(3) 确定许可载荷　已知梁的材料和截面尺寸(即已知 $[\sigma]$,W_z),则可先根据梁的强度条件计算出梁所能承受的最大弯矩,即 $M_{max} \leqslant W_z \cdot [\sigma]$。然后由 M_{max} 与载荷之间的关系计算出梁的许可载荷。例如,受均布载荷 q 作用的简支梁,其跨中最大弯矩 $M_{max} = \dfrac{1}{8}ql^2$,在由强度条件求出梁的 M_{max} 和已知梁的跨度 l 的前提下,进而可以确定出梁上所能承受的许可均布载荷 $[q]$ 等。

8.5.4　梁的正应力强度计算举例

例 8-17　一矩形截面简支木梁,受均布载荷 $q = 5 \text{kN/m}$,如图 8-46(a)所示,已知 $l = 4 \text{m}$,$b = 140 \text{mm}$,$h = 210 \text{mm}$,木材的许用正应力 $[\sigma] = 10 \text{MPa}$,试校核此梁的强度。

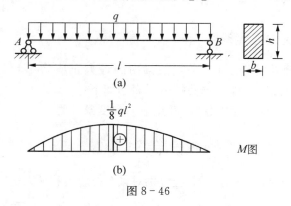

图 8-46

【解】　首先绘出梁的弯矩图,如图 8-46(b)所示,由 M 图可知,梁的最大弯矩发生在跨中截面上,其最大弯矩为

$$M_{max} = \frac{1}{8}ql^2 = \frac{1}{8} \times 5 \times 4^2 = 10 (\text{kN} \cdot \text{m})。$$

矩形截面的抗弯截面系数为

$$W_z = \frac{1}{6}bh^2 = \frac{1}{6} \times 140 \times 210^2 \text{ mm}^3 = 1.029 \times 10^6 \text{ mm}^3。$$

其最大正应力发生在最大弯矩所在的跨中截面的上、下边缘处的各点上,其值为

$$\sigma_{\max} = \frac{M_{\max}}{W_z} = \frac{10 \times 10^6}{1.029 \times 10^6} \text{N/mm}^2 = 9.72 \text{ N/mm}^2 = 9.72 \text{ MPa} < [\sigma].$$

所以该简支梁满足强度要求。

思考：若将此梁平放，梁的强度有何变化？

例 8-18 一 T 形截面外伸梁的受力及支承情况、截面尺寸如图 8-47(a)所示。已知材料的许用拉应力 $[\sigma_t] = 33 \text{ MPa}$，许用压应力 $[\sigma_c] = 80 \text{ MPa}$，试校核该梁的正应力强度。

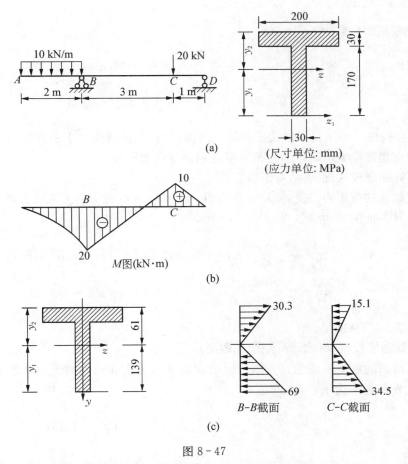

图 8-47

【解】（1）首先绘出梁的弯矩图如图 8-47(b)所示。由 M 图可见，B 截面处有最大负弯矩，C 截面处有最大正弯矩。

（2）确定横截面中性轴位置并计算截面对中性轴的惯性矩。因为中性轴必通过截面形心，设截面形心距截面下边缘的距离为 y_1，距截面上边缘的距离为 y_2，则有

$$y_1 = \frac{\sum A_i y_i}{\sum A_i} = \left(\frac{30 \times 170 \times 85 + 200 \times 30 \times 185}{30 \times 170 + 200 \times 30}\right) = 139 \text{(mm)},$$

$$y_2 = 200 - y_1 = (200 - 139) = 61 \text{(mm)}.$$

截面对中性轴的惯性矩为

$$I_z = I_{1z} + I_{2z} = \frac{30 \times 170^3}{12} + 30 \times 170 \times (139 - 75)^2 + \frac{200 \times 30^3}{12} + 200 \times 30 \times (61 - 15)^2$$
$$= 40.3 \times 10^6 \text{(mm}^4\text{)}.$$

所以抗弯截面系数为

$$W_{z1} = \frac{I_z}{y_1} = \frac{40.3 \times 10^6}{139} = 2.9 \times 10^5 \text{(mm}^3\text{)},$$

$$W_{z2} = \frac{I_z}{y_2} = \frac{40.3 \times 10^6}{61} = 6.6 \times 10^5 \text{(mm}^3\text{)}.$$

(3) 强度校核。由于材料的抗拉和抗压性能不同,且横截面关于中性轴不对称,所以对梁的最大正弯矩和最大负弯矩所在截面应分别进行强度校核。

B 截面处强度校核(最大负弯矩所在截面):

由于该截面的弯矩为负值,故最大拉应力 $\sigma_{t\max}^B$ 发生在 B 截面的上边缘各点;最大压应力 $\sigma_{c\max}^B$ 发生在 B 截面的下边缘各点,

$$\sigma_{t\max}^B = \frac{M_B}{W_{z2}} = \frac{20 \times 10^6}{6.6 \times 10^5} = 30.3 \text{(MPa)} < [\sigma_t] = 32 \text{(MPa)},$$

$$\sigma_{c\max}^B = \frac{M_B}{W_{z1}} = \frac{20 \times 10^6}{2.9 \times 10^5} = 69.0 \text{(MPa)} < [\sigma_c] = 80 \text{(MPa)}.$$

所以 B 截面的强度足够。

C 截面处强度校核(最大正弯矩所在截面):

由于该截面的弯矩为正值,因此,最大拉应力 $\sigma_{t\max}^C$ 发生在截面的下边缘各点,最大压应力 $\sigma_{c\max}^C$ 发生在截面上边缘各点,且

$$\sigma_{t\max}^C = \frac{M_C}{W_{z1}} = \frac{10 \times 10^6}{2.9 \times 10^5} = 34.5 \text{(MPa)} > [\sigma_t],$$

$$\sigma_{c\max}^C = \frac{M_C}{W_{z2}} = \frac{10 \times 10^6}{6.6 \times 10^5} = 15.2 \text{(MPa)} < [\sigma_c].$$

所以 C 截面的强度不够。因此,此梁的强度不够。

由上面的计算得知,C 截面的弯矩绝对值虽然不是最大的,但因为截面的受拉边缘距中性轴较远($y_1 > y_2$),因而求得的最大拉应力比 B 截面的最大拉应力大,而材料抗拉强度又比较小,所以 C 截面是此梁的危险截面。

由本例可以看出,当材料的抗拉与抗压性能不同,且截面又关于中性轴不对称时,对梁

内的最大正弯矩和最大负弯矩所在截面均应进行正应力的强度计算。

例8-19 如图8-48(a)所示,外伸梁用Q235钢做成,其许用正应力$[\sigma] = 160$ MPa。若该梁分别用工字形型钢、矩形(设$h/b = 2$)和圆形截面做成,试分别设计这3种截面的截面尺寸,并比较其重量。

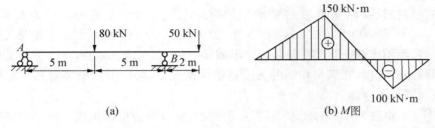

图 8-48

【解】 (1) 计算梁的支座反力并作出梁的弯矩图,如图8-48(b)所示,由弯矩图可知最大弯矩为$M_{\max} = 150$ kN·m。

(2) 由弯曲的正应力强度条件计算梁的抗弯截面系数W_z。由$\sigma_{\max} = \dfrac{M_{\max}}{W_z} \leqslant [\sigma]$得

$$W_z \geqslant \frac{M_{\max}}{[\sigma]} = \frac{150 \times 10^6}{160} \text{ mm}^3 = 938 \times 10^3 \text{ mm}^3。$$

(3) 分别确定3种横截面的截面尺寸。

1) 工字形截面尺寸 由书末的附录查得36c号工字钢的$W_z = 962 \times 10^3$ mm³,大于由计算所得的$W_z = 938 \times 10^3$ mm³,故可选用36c号工字钢,其横截面面积为$A = 90.7$ cm²。但从表中可查得40a号工字钢的$W_z = 1\,090 \times 10^3$ mm³,其横截面面积为$A = 86.1$ cm²,因此,从安全和经济两方面来考虑,显然选用40a号工字钢比选用36c号工字钢更合理。

2) 计算矩形截面的尺寸 由矩形截面的抗弯截面系数$W_z = \dfrac{1}{6}bh^2 = \dfrac{1}{6} \times b \times (2b)^2 = \dfrac{2}{3}b^3$,得$\dfrac{2}{3}b^3 \geqslant 938 \times 10^3$ mm³。所以

$$b \geqslant \sqrt[3]{\frac{3W_z}{2}} = \sqrt[3]{\frac{3 \times 938 \times 10^3}{2}} \text{ mm} = 112 \text{ mm}。$$

$$h = 2b \geqslant 2 \times 112 \text{ mm} = 224 \text{ mm}。$$

取$b = 112$ mm,$h = 224$ mm。

3) 计算圆形截面的尺寸 由圆形截面的抗弯截面系数$W_z = \dfrac{\pi d^3}{32}$得

$$d \geqslant \sqrt[3]{\frac{32 W_z}{\pi}} = \sqrt[3]{\frac{32 \times 938 \times 10^3}{3.14}} \text{ mm} = 211 \text{ mm}。$$

(4) 比较 3 种截面梁的重量。

工字形截面　查 40a 号工字钢得 $A_\text{工} = 8\,610\ \text{mm}^2$；

矩形截面　$A_\text{矩} = b \times h = 112 \times 224\ \text{mm}^2 = 25\,088\ \text{mm}^2$；

圆形截面　$A_\text{圆} = \dfrac{\pi}{4}d^2 = \dfrac{3.14}{4} \times 211^2\ \text{mm}^2 = 34\,949\ \text{mm}^2$。

在梁的材料、长度相同时，3 种截面梁的重量之比应等于它们的横截面面积之比，即 $A_\text{工} : A_\text{矩} : A_\text{圆} = 8\,610 : 25\,088 : 34\,949 = 1 : 2.91 : 4.06$。矩形截面梁的重量是工字形截面梁的 2.91 倍，而圆形截面梁的重量是工字形截面梁的 4.06 倍。显然，在这 3 种横截面方案中，工字形截面最合理（在满足相同的强度要求的情况下，可以节约很多材料），矩形截面次之，圆形截面梁最不合理。

例 8 - 20　如图 8 - 49(a)所示，悬臂梁由两根 10 号等边角钢构成。材料的许用正应力 $[\sigma] = 60\ \text{MPa}$，试确定该梁能承受的许可载荷 F。

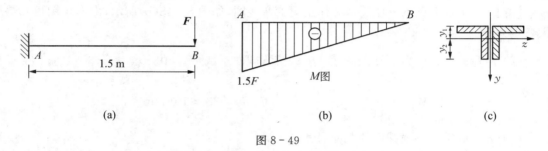

图 8 - 49

【解】(1) 绘出梁的弯矩图，如图 8 - 49(b)所示，由弯矩图可得

$$M_\text{max} = Fl = 1.5F,$$

最大弯矩是力 F 的函数。

(2) 查型钢表得截面的几何量 I_z 及 y_1，y_2。等边角钢的惯性矩

$$I_{1z} = 179.51 \times 10^4\ \text{mm}^4,$$
$$I_z = 2 \times I_{1z} = 2 \times 179.51 \times 10^4 = 359.02 \times 10^4\ (\text{mm}^4),$$
$$y_1 = 2.84\ \text{cm} = 28.4\ \text{mm},\quad y_2 = 100 - y_1 = 71.6\ \text{mm}.$$

(3) 确定梁的许可载荷 F。由于梁的弯矩为负，即梁的中性轴的下侧受压，上侧受拉，材料的抗拉能力和抗压能力相同，故最危险的点是梁的 A 截面的下边缘上的点。

$$W_z = \dfrac{I_z}{y_2} = \dfrac{359.02 \times 10^4}{71.6} = 5.01 \times 10^4\ (\text{mm}^3) = 5.01 \times 10^{-5}\ (\text{m}^3).$$

由强度条件 $\sigma_\text{max} = \dfrac{M_\text{max}}{W} \leqslant [\sigma]$ 得 $\dfrac{1.5F}{5.01 \times 10^{-5}} \leqslant 60 \times 10^6$，

$$F \leqslant \dfrac{60 \times 10^6 \times 5.01 \times 10^{-5}}{1.5} = 2\,004\ (\text{N}) = 2.004\ (\text{kN}),$$

即该梁能承受的许可载荷为 $[F]=2.004\ \text{kN}$。

8.6 弯曲梁的切应力计算

在剪力弯曲时,梁的横截面上同时有弯矩 M 和剪力 F_s 两种内力,因而横截面上除了正应力 σ 以外,必然还有切应力 τ。这里简要介绍切应力及其强度计算。

8.6.1 矩形截面梁的切应力计算公式

根据理论分析和推导可得

$$\tau = \frac{F_s S_z^*}{I_z b}。 \tag{8-14}$$

(8-14)式就是矩形截面梁横截面上任意一点的切应力计算公式。式中,F_s 为横截面上的剪力,I_z 为横截面对中性轴的惯性矩,b 为横截面的中性轴处截面宽度,S_z^* 为所求切应力作用点处的水平横线以下(或以上)部分截面积 A^* 对中性轴的面积矩。

剪力 F_s 和面积矩 S_z^* 均为代数量,但在应用(8-14)式计算切应力 τ 时,F_s 与 S_z^* 均可以绝对值代入,切应力的方向可根据剪力的方向来确定。

上式虽然是从矩形截面梁推导出来的,但对于其他截面形状的梁也适用。

同一横截面上不同的点,在(8-14)式中 F_s,I_z 和 b 均为常量,只有面积矩 S_z^* 随所求应力的点到中性轴的距离 y 而变化。在图 8-50(a)所示的矩形截面中,有

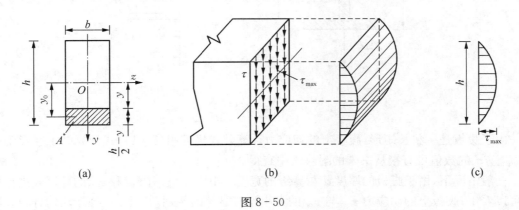

图 8-50

$$S_z^* = A^* y_0 = b\left(\frac{h}{2}-y\right)\left[y+\left(\frac{h}{2}-y\right)/2\right] = \frac{b}{2}\left(\frac{h^2}{4}-y^2\right),$$

所以由(8-14)式,得 $\tau = \frac{6F_s}{bh^3}\left(\frac{h^2}{4}-y^2\right)$。切应力 τ 沿截面高度按二次抛物线规律变化,如

图 8-50(b，c)所示。当 $y=\pm\dfrac{h}{2}$ 时，$\tau=0$；当 $y=0$ 时，$\tau=\tau_{\max}$，即中性轴上剪应力最大。其值为

$$\tau_{\max}=\dfrac{3F_s}{2bh}=\dfrac{3}{2}\dfrac{F_s}{A}=1.5\bar{\tau}, \tag{8-15}$$

式中，$\bar{\tau}=\dfrac{F_s}{A}$ 为横截面上的平均切应力，故有矩形截面上的最大切应力为其平均切应力的 1.5 倍。

8.6.2 工程中常用截面的最大切应力计算

1. 工字形截面梁的切应力

工字形截面梁由腹板和翼缘组成。翼缘和腹板上均存在竖向切应力，而翼缘上还存在与翼缘长边平行的水平切应力。理论分析和计算表明，横截面上剪力的 95%~97% 由腹板分担，而翼缘仅承担了剪力的 3%~5%，并且翼缘上的切应力情况比较复杂。为了满足实际工程计算和设计的需要，现仅分析腹板上的切应力，如图 8-51(a，b)所示。

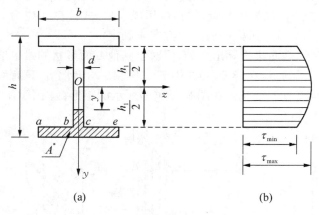

图 8-51

由于腹板是一狭长矩形，腹板上的切应力计算公式仍可用(8-14)式计算。工字形钢截面 $S^*_{z\max}/d$ 的数值可直接从书末的附录表中查得。

一般情况下，由于腹板的厚度 d 与翼缘的宽度 b 相比很小，对 $\tau_{\max}$ 和 $\tau_{\min}$ 的计算式进行比较可以看出，腹板上的切应力 $\tau_{\max}$ 与 $\tau_{\min}$ 的大小没有显著的差别，并且 τ 近似于均匀分布。所以，腹板上的最大切应力也可以近似地用下面的公式计算，即

$$\tau_{\max}=\dfrac{F_s}{h_1 d}。 \tag{8-16}$$

上式就是工字形截面最大切应力的实用计算公式，在工程设计中是偏于安全的。

2. 圆形和圆环形截面梁的最大切应力

圆形和圆环形截面梁的切应力情况比较复杂,可以证明,其竖向切应力 τ 也是沿梁高按二次抛物线规律分布的,并且中性轴上的切应力最大,如图 8-52(a,b)所示。

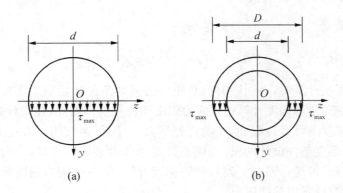

图 8-52

容易推导出,圆形截面最大切应力为

$$\tau_{max} = \frac{4}{3}\frac{F_s}{A} = \frac{4}{3}\bar{\tau}, \tag{8-17}$$

式中,A 为圆形截面的截面面积,且 $A = \dfrac{\pi d^2}{4}$。可见,**圆形截面梁横截面上的最大切应力为其平均切应力的 4/3 倍**。

圆环形截面最大切应力为

$$\tau_{max} = 2\frac{F_s}{A} = 2\bar{\tau}, \tag{8-18}$$

式中,A 为圆环形截面的截面面积。**薄壁圆环形梁横截面上的最大切应力为其平均切应力 $\bar{\tau}$ 的 2 倍**。

8.6.3 梁的切应力强度条件

与梁的正应力强度计算一样,为了保证梁安全工作,梁在载荷作用下产生的最大切应力,也不能超过材料的许用切应力。由前面的讨论已经知道,横截面上的最大切应力发生在中性轴上。对整个梁来说,最大切应力发生在剪力最大的截面上,此最大切应力不超过材料的许用切应力$[\tau]$,即

$$\tau_{max} = \frac{F_{s\,max} S_{z\,max}^*}{I_z b} \leqslant [\tau]。 \tag{8-19}$$

(8-19)式即为梁的切应力强度条件。式中 $F_{s\,max}$ 为梁的最大剪力,b 为梁截面中性轴处的宽

度。在具体应用时,对于不同截面形状的梁,可以直接应用下面的公式进行切应力强度计算。

对矩形截面梁　　$\tau_{\max} = \dfrac{3F_{s\max}}{2A} \leqslant [\tau]$；对圆形截面梁　　$\tau_{\max} = \dfrac{4F_{s\max}}{3A} \leqslant [\tau]$；

对圆环形截面梁　　$\tau_{\max} = 2\dfrac{F_{s\max}}{A} \leqslant [\tau]$；

对工字形截面梁　　$\tau_{\max} = \dfrac{F_{s\max}}{hd} \leqslant [\tau]$。($h$ 为腹板的高度)

在进行梁的强度计算时,必须同时满足正应力强度条件和切应力强度条件。但二者有主次,在一般情况下,梁的强度计算由正应力强度条件控制。因此,在设计梁的截面时,一般都是先按正应力强度条件设计截面,在确定好截面尺寸后,再按切应力强度条件进行校核。工程中,按正应力强度条件设计的梁,切应力强度条件大多可以满足,因而不一定需要对切应力进行强度校核。但是在遇到下列几种特殊情况时,梁的切应力强度条件就可能起控制作用,就必须注意校核梁内的切应力：

(1) 梁的跨度较短,或在支座附近作用有较大的集中载荷时,此时梁的最大弯矩较小而剪力却很大；

(2) 在铆接或焊接的组合型截面(例如工字形)钢梁中,如果其横截面的腹板厚度与高度之比,较一般型钢截面的相应比值为小；

(3) 由于木材在顺纹方向的抗剪强度比较差,同一品种木材在顺纹方向的许用切应力 $[\tau]$ 常比其许用正应力 $[\sigma]$ 要低很多,所以木材在横力弯曲时可能因为中性层上的切应力过大而使梁沿其中性层发生剪切破坏。

在设计梁时除必须进行正应力强度校核和切应力强度校核以外,由于在梁的横截面上一般是既存在有正应力又存在切应力,因此在某些特殊情况下,在某些特殊点处,由这些正应力和切应力综合而成的折算应力可能会使梁产生更危险的情况,必须对这些特殊点进行强度校核。关于这个问题将在应力状态分析及常用强度理论中作进一步的介绍。

8.6.4　切应力计算及切应力强度计算举例

例8-21　一简支梁承受均布载荷 q 作用,如图 8-53(a)所示,其横截面为矩形,$b = 100$ mm,$h = 200$ mm。试求：

(1) 截面 $A_{右}$ 上距中性轴 $y_1 = 50$ mm 处 k 点的切应力,如图 8-53(d)所示；

(2) 比较矩形截面梁的最大正应力和最大切应力；

(3) 若用 32a 工字形钢梁,计算其最大切应力；

(4) 计算工字梁截面 $A_{右}$ 上腹板与翼缘交点处 m 点(腹板上)的切应力,如图 8-53(e)。

【解】　(1) 计算 $A_{右}$ 截面上 k 点的切应力。绘出梁的剪力图 F_s 和弯矩图 M,如图 8-53(b,c)所示,$A_{右}$ 截面的剪力为 $F_{s右} = 24$ kN。

计算 I_z 及 S_z^*。

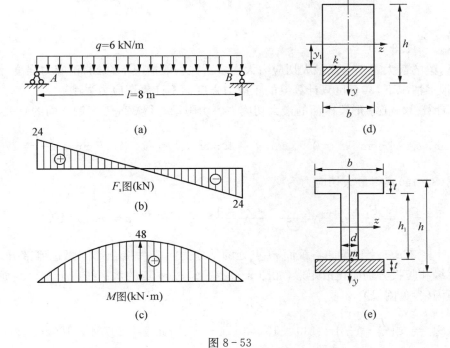

图 8-53

$$I_z = \frac{bh^3}{12} = \frac{100 \times 200^3}{12} \text{ mm}^4 = 66.7 \times 10^6 \text{ mm}^4,$$
$$S_z^* = 100 \times 50 \times 75 = 375 \times 10^3 \text{ mm}^3。$$

由(8-14)式得 k 点的切应力为

$$\tau_k = \frac{F_{sA右}S_z^*}{I_z b} = \frac{24 \times 10^3 \times 375 \times 10^3}{66.7 \times 10^6 \times 100} = 1.349(\text{MPa})。$$

(2) 比较梁的最大正应力 σ_{max} 和最大切应力 τ_{max}。由剪力图和弯矩图可知,梁的最大剪力和最大弯矩分别为

$$F_{s\,max} = 24 \text{ kN} \quad (\text{在 } A \text{ 支座稍右截面处和 } B \text{ 支座稍左截面处}),$$
$$M_{max} = 48 \text{ kN} \cdot \text{m} \quad (\text{在梁的跨中截面处})。$$

最大正应力发生在梁的跨中截面的上、下边缘处,其值为

$$\sigma_{max} = \frac{M_{max}}{W_z} = \frac{48 \times 10^6}{\frac{1}{6} \times 100 \times 200^2} = 72(\text{MPa})。$$

最大切应力发生在 A 支座稍右截面处和 B 支座稍左截面处的中性轴上,其值为

$$\tau_{\max} = \frac{3}{2} \frac{F_{s\max}}{A} = \frac{3}{2} \times \frac{24 \times 10^3}{100 \times 200} \text{ MPa} = 1.8 \text{ MPa}。$$

故 $\dfrac{\sigma_{\max}}{\tau_{\max}} = \dfrac{72}{1.8} = 40$。

可见，梁的最大正应力比最大切应力大得多。在一般情况下，梁的正应力强度计算是主要的，在很多情况下，甚至可只计算梁的正应力强度而不计算切应力强度。

(3) 计算 32a 工字形梁截面的最大切应力。由附录查得 32a 工字钢截面的有关数据为

$$h = 32 \text{ cm}, \ b = 13 \text{ cm}, \ d = 0.95 \text{ cm}, \ t = 1.5 \text{ cm}, \ I_z = 11\ 075.5 \text{ cm}^4, \ \frac{I_z}{S_z^*} = 27.5 \text{ cm}。$$

根据(8-14)式得最大切应力为

$$\tau_{\max} = \frac{F_{s\max} S_{z\max}^*}{I_z d} = \frac{24 \times 10^3}{27.5 \times 10^1 \times 0.95 \times 10} \text{ MPa} = 9.19 \text{ MPa}。$$

(4) 计算 32a 工字形梁 $A_{右}$ 截面 m 点处的切应力。略去接合部圆弧过渡部分，把工字型钢的翼缘和腹板分别简化成矩形，如图 8-53(e)。过 m 点的水平线以下部分截面对中性轴的静矩为（参见附录）

$$S_z^* = bt\left(\frac{h}{2} - \frac{t}{2}\right) = 130 \times 15 \times \left(\frac{230}{2} - \frac{15}{2}\right) \text{ mm}^3 = 297.4 \times 10^3 \text{ mm}^3。$$

由(8-14)式得

$$\tau_m = \frac{F_s S_z^*}{I_z d} = \frac{24 \times 10^3 \times 297.4 \times 10^3}{11\ 075.5 \times 10^4 \times 0.95 \times 10} \text{ MPa} = 6.78 \text{ MPa}。$$

例 8-22 试为图 8-54(a)中所示的施工用钢轨枕木选择矩形截面尺寸。已知矩形截面尺寸的 $b : h = 3 : 4$，枕木弯曲时其许用正应力$[\sigma] = 15.6$ MPa，许用切应力$[\tau] = 1.7$ MPa，钢轨传给枕木的压力 $F = 49$ kN。

【解】 (1) 绘出枕木的计算简图如图 8-54(b)所示，并作出枕木的剪力图 F_s 和弯矩图 M(图 8-54(c, d))，由内力图可知，梁的最大弯矩和最大剪力分别为

$$M_{\max} = 49 \times 0.2 = 9.8 \text{ kN} \cdot \text{m} \quad \text{（发生在 } CD \text{ 段）}，$$

$$F_{s\max} = F = 49 \text{ kN} \quad \text{（发生在 } AC \text{ 段和 } DB \text{ 段）}。$$

(2) 根据正应力强度条件选择截面尺寸。由强度条件 $\sigma_{\max} = \dfrac{M_{\max}}{W_z} \leqslant [\sigma]$ 得

$$\sigma_{\max} = \frac{9.8 \times 10^6}{\dfrac{\left(\dfrac{3}{4}h\right)h^2}{6}} \text{ MPa} \leqslant 15.6 \text{ MPa}。$$

因此

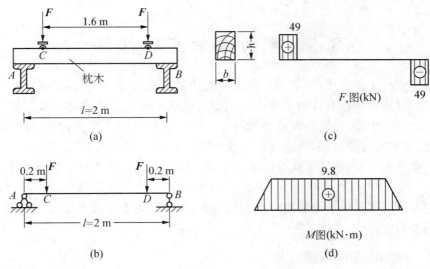

图 8-54

$$h^3 \geqslant \frac{9.8 \times 10^6 \times 6 \times 4}{3 \times 15.6} \text{ mm}^3 = 5.03 \times 10^6 \text{ mm}^3, \quad h \geqslant 172 \text{ mm}。$$

取 $h = 180$ mm。

$$b = \frac{3}{4}h = \frac{3}{4} \times 180 \text{ mm} = 135 \text{ mm},$$

取 $b = 140$ mm。

(3) 按切应力强度条件校核。由 $\tau_{max} = \frac{3}{2} \frac{F_{smax}}{A}$ 得

$$\tau_{max} = \frac{3}{2} \times \frac{49 \times 10^3}{140 \times 180} = 2.92(\text{MPa}) > [\tau] = 1.7(\text{MPa}),$$

即按正应力强度条件设计的截面尺寸不能够满足切应力强度条件,因此,必须根据切应力强度条件重新选择截面尺寸。由 $\tau_{max} = \frac{3}{2} \frac{F_{smax}}{A} \leqslant [\tau]$ 得 $\frac{3}{2} \times \frac{49 \times 10^3}{\frac{3}{4}h \times h} \leqslant 1.7$,即

$$h^2 \geqslant \frac{3 \times 4 \times 49 \times 10^3}{2 \times 3 \times 1.7} \text{ mm}^2 = 5.76 \times 10^4 \text{ mm}^2, \quad h \geqslant 240 \text{ mm}。$$

因此 $b = \frac{3}{4}h \geqslant \frac{3}{4} \times 240$ mm $= 180$ mm。

最后确定该枕木的矩形截面尺寸为 $b = 180$ mm, $h = 240$ mm。

8.7 弯曲梁的变形计算

为了保证梁的正常工作,除了满足强度方面的要求外,还要求梁必须有足够的刚度,也就是要求梁的变形必须在允许的范围内。例如起重机大梁在起吊重物后弯曲变形过大,会使起重机运行时产生振动;转动机械的轴若变形过大,会使传动不平稳,造成轴承的磨损,降低使用寿命;如轧辊变形过大,将造成轧制钢板厚薄不匀,影响产品质量;又如房屋建筑中的楼板梁若弯曲变形过大,会使下面的抹灰层开裂、脱落。因此,梁要正常工作,必须考虑其变形问题。

本节主要研究梁发生平面弯曲时变形的概念、变形计算的原理和方法。主要目的就是解决梁的刚度问题。

8.7.1 梁的挠曲线方程

如图 8-55 所示,设悬臂梁 AB 受集中力 F 作用。在平面弯曲的情况下,梁的轴线 AB 变形后弯成一条光滑连续的平面曲线 AB_1。此曲线称为梁的挠曲线。选取图 8-55 所示的坐标则挠曲线 AB_1 的形状可表示成 x 的函数 $\omega = f(x)$,称为梁的挠曲线方程。

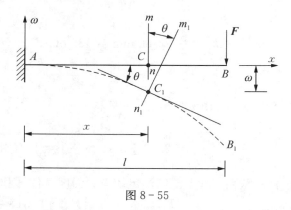

图 8-55

8.7.2 梁的挠度和转角

梁的轴线 AB 弯成曲线 AB_1 后,梁的各横截面将产生两种位移:挠度和转角。

1. 挠度 ω

梁轴线上任一点(即横截面形心)变形后在垂直方向的线位移,称为该截面的挠度,用 ω 表示,如图 8-55 中 CC_1 即为 C 截面的挠度,规定向上为正,向下为负。事实上,由于中性层在变形后长度不变,C 点除沿 ω 方向的位移 CC_1 外,还有沿 x 方向的线位移。但在小变形下,沿 x 方向的位移可以忽略不计。

2. 转角 θ

梁任一横截面相对其原来位置绕中性轴转动的角位移称为该截面的转角,用 θ 表示,如图 8-55 中 θ 即为 C 截面的转角。规定转角 θ 逆时针转向为正,顺时针转向为负。根据平面假设,梁变形前横截面垂直于轴线 AB,变形后横截面垂直于挠曲线 AB_1。因此,弯曲后梁各横截面均要转动一个角度。

3. 挠度和转角的关系

过 C_1 点作挠曲线的切线,显然该切线与 x 轴的夹角即为 C 截面的转角 θ。由微分知识可知,过挠曲线上任意点的切线与 x 轴夹角的正切就是挠曲线上该点的切线的斜率,即

$$\tan\theta = \frac{d\omega}{dx} = \omega'。$$

由于挠曲线非常平坦(小变形),θ 角很小,故有 $\tan\theta \approx \theta$,因此有

$$\theta = \frac{d\omega}{dx} = \omega',$$

即,梁任意一横截面的转角等于挠曲线在该截面形心处的切线的斜率。由此可见,计算梁的挠度和转角,关键在于建立梁的挠曲线方程。

8.7.3 梁的挠曲线近似微分方程

梁的挠曲线和梁受到的力、梁的截面形状等因素有关。因此,为了得到挠曲线方程,必须建立变形与受到的力之间的关系。

前面推导纯弯曲梁的正应力公式时有 $\frac{1}{\rho} = \frac{M}{EI_z}$。此式表达了纯弯曲时梁的变形与受力之间的关系。式中的 ρ 就是梁的挠曲线的曲率半径。在横力弯曲时梁横截面上除弯矩外还有剪切力。但细长梁剪力 F_s 对变形的影响很小,可忽略不计,上式仍然成立。不过这时弯矩 M 和曲率 ρ 均随截面位置坐标 x 而变化,故上式应改写成

$$\frac{1}{\rho(x)} = \frac{M(x)}{EI_z}。 \tag{1}$$

(1)式即为梁弯曲时挠曲线的曲率方程。

由高等数学可知,平面曲线 $\omega = f(x)$ 任意点的曲率为

$$\frac{1}{\rho(x)} = \pm \frac{\dfrac{d^2\omega}{dx^2}}{\left[1 + \left(\dfrac{d\omega}{dx}\right)^2\right]^{\frac{3}{2}}} = \pm \frac{\dfrac{d^2\omega}{dx^2}}{\sqrt[3]{1 + \left(\dfrac{d\omega}{dx}\right)^2}}。 \tag{2}$$

由(1)和(2)式可得

$$\pm \frac{\dfrac{d^2\omega}{dx^2}}{\left[1 + \left(\dfrac{d\omega}{dx}\right)^2\right]^{\frac{3}{2}}} = \frac{M(x)}{EI_z}。 \tag{8-20}$$

(8-20)式就是挠曲线微分方程,由此式可求得梁的挠曲线方程。但因(8-20)式求解困难,而且在小变形下转角 $\theta = \dfrac{d\omega}{dx}$ 甚小,且远小于 1,故可将该式分母中的 $\left(\dfrac{d\omega}{dx}\right)^2$ 略去,将其简化为

$$\pm \dfrac{d^2\omega}{dx^2} = \dfrac{M(x)}{EI_z}。 \tag{3}$$

(3)式左边的正负号可由坐标系的选择和弯矩的正负号规定来确定。在选定坐标 ω 向上为正,以及"下凸弯曲正弯矩,上凸弯曲负弯矩",如图 8-56(a,b)的符号规定下,$\left(\dfrac{d\omega}{dx}\right)^2$ 与 $M(x)$ 的正负号始终一致。因此,(3)式两边应取相同的符号,因此有

$$\dfrac{d^2\omega}{dx^2} = \dfrac{M(x)}{EI_z},或 \omega'' = \dfrac{M(x)}{EI_z}。 \tag{8-21}$$

(8-21)式称为梁的挠曲线近似微分方程。结合边界条件(约束条件)和变形的光滑连续条件解此挠曲线近似微分方程,即可得出梁的转角方程和挠曲线方程,从而求得梁的最大挠度和最大转角。

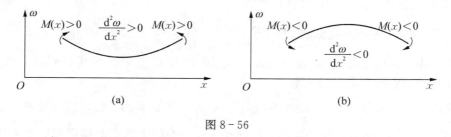

图 8-56

8.7.4 梁在简单载荷作用下的变形计算

等截面直梁抗弯刚度 EI_z 为常量,梁的挠曲线微分方程(8-21)式可改写成

$$\theta = \omega' = \dfrac{1}{EI_z}\int M(x)dx + C,\ \omega = \dfrac{1}{EI_z}\int\left(\int M(x)dx\right)dx + Cx + D。$$

在选定的坐标系中,如果求出了梁的弯矩方程 $M(x)$,并知道梁的边界条件和光滑连续条件,进而可以用二次积分法确定梁的转角方程和挠度方程,便可以确定梁任意截面的转角和挠度,这就是用"积分法"求梁的变形的方法。下面举一个例子说明其过程和方法。其余从略,只把用"积分法"求出的梁在常见载荷作用下的变形结果列在附录中,供大家需要时直接查用。

例 8-23 试求图 8-57 所示的悬臂梁 A 点的挠度 ω_A 和转角 θ_A。

【解】 (1) 列弯矩方程 $M(x) = -Fx$。

(2) 挠曲线的近似微分方程。由 $\omega'' = \dfrac{M(x)}{EI_z}$ 得 $\omega'' = \dfrac{-Fx}{EI_z}$。

(3) 积分求挠曲线方程。

$$\theta = \omega' = \int \frac{-Fx}{EI_z} dx + C = -\frac{Fx^2}{2EI_z} + C, \quad (1)$$

$$\omega = \int \left(-\frac{Fx^2}{2EI_z} + C\right) dx + D = -\frac{Fx^3}{6EI_z} + Cx + D。\quad (2)$$

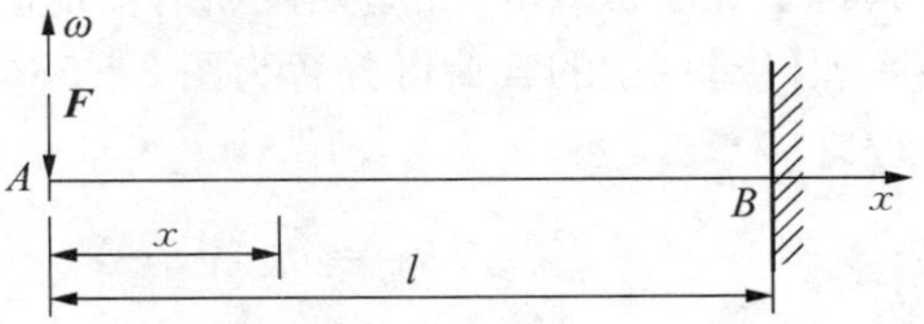

图 8-57

(4) 由边界条件(约束条件)确定积分常数 C, D。

边界条件为：$x=l$ 处 $\omega_B = 0$, $\theta_B = 0$, 分别代入(1)和(2)式得

$$\theta_B = -\frac{Fl^2}{2EI_z} + C = 0, \quad \omega_B = -\frac{Fl^3}{6EI_z} + Cl + D = 0。$$

由此解得 $C = \frac{Fl^2}{2EI_z}$, $D = \frac{Fl^3}{6EI_z} - \frac{Fl^2}{2EI_z} l = -\frac{Fl^3}{3EI_z}$。

所以转角方程和挠曲线方程为

$$\theta = -\frac{Fx^2}{2EI_z} + \frac{Fl^2}{2EI_z}, \quad \omega = -\frac{Fx^3}{6EI_z} + \frac{Fl^2}{2EI_z} x - \frac{Fl^3}{3EI_z}。$$

(5) 求 A 点的挠度 ω_A 和转角 θ_A。A 点 ($x=0$ 处)，即将 $x=0$ 代入上面的转角方程和挠曲线方程得

$$\theta_A = \frac{Fl^2}{2EI_z} \quad (\text{逆时针}), \quad \omega_A = -\frac{Fl^3}{3EI_z} \quad (\downarrow)。$$

通过本例可以看出，积分法求梁的变形的过程是比较繁琐的，特别是梁段较多的时候，积分常数较多，需要利用边界条件和光滑连续条件确定这些积分常数。

8.7.5 叠加原理及叠加法

在小变形及材料服从胡克定律的条件下导出的挠曲线近似微分方程式 $\dfrac{d^2\omega}{dx^2} = \dfrac{M(x)}{EI_z}$ 是线性方程。根据初始尺寸进行计算，弯矩 $M(x)$ 与外力之间也呈线性关系。因此，按(8-21)式求得的挠度 ω 及转角 θ 与外力之间亦存在线性关系。所以，当梁上同时作用有多个载荷时，这些载荷共同作用引起的变形，等于各载荷单独作用所引起变形的叠加。这就是梁变形的**叠加原理**。根据叠加原理，为求多个载荷同时作用下所引起的挠度及转角，可先计算各载荷单独作用时产生的挠度及转角，然后进行叠加。这就是计算挠度及转角的叠加法。

在工程中，计算复杂载荷下梁的挠度和转角，可先利用叠加法直接使用附录中的结果，大大地加快了计算进度。

8.7.6 叠加法计算实例

例 8-24 如图 8-58(a)所示的简支梁承受均布力 q 和集中力 F 作用，试用叠加法求

其跨中挠度 ω_C 和两支座处截面的转角 θ_A 和 θ_B。该梁截面弯曲刚度 EI 为常数。

【解】 梁的载荷可分解为图 8-58(b,c)所示两种单一载荷作用的叠加。则按叠加原理有

$$\theta_A = \theta_{Aq} + \theta_{AF}, \quad \theta_B = \theta_{Bq} + \theta_{BF}, \quad \omega_C = \omega_{Cq} + \omega_{CF},$$

式中，θ_{Aq} 表示分布载荷 q 单独作用时在 A 截面处所产生的转角，θ_{AF} 表示集中载荷 F 单独作用时在 A 截面处所产生的转角，其他位移量角标含义与上相仿。

查附录得

$$\theta_{Aq} = \frac{ql^3}{24EI}, \quad \theta_{Bq} = -\frac{ql^3}{24EI}, \quad \omega_{Cq} = \frac{5ql^4}{384EI},$$

$$\theta_{AF} = \frac{Fl^2}{16EI}, \quad \theta_{BF} = -\frac{Fl^2}{16EI}, \quad \omega_{CF} = \frac{Fl^3}{48EI}。$$

则两种载荷共同作用下有

$$\theta_A = \frac{ql^3}{24EI} + \frac{Fl^2}{16EI} = \frac{ql^3}{24EI} + \frac{ql^3}{16EI} = \frac{5ql^3}{48EI}, \quad \theta_B = -\theta_A = -\frac{5ql^3}{48EI},$$

$$\omega_C = \frac{5ql^4}{384EI} + \frac{Fl^3}{48EI} = \frac{5ql^4}{384EI} + \frac{ql^4}{48EI} = \frac{13ql^4}{384EI} \quad (\downarrow)。$$

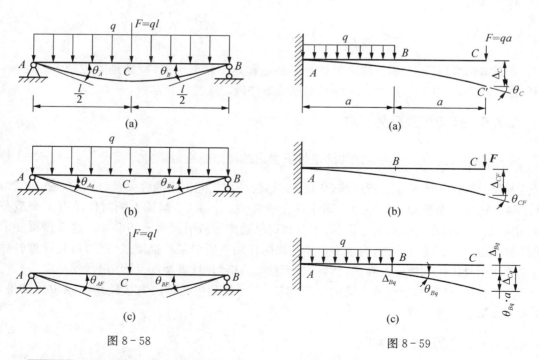

图 8-58

图 8-59

例 8-25 应用叠加法计算图 8-59(a)所示悬臂梁 C 截面的挠度 ω_C 和转角 θ_C。设 EI

为常数已知。

【解】 可分解为图 8-59(b, c)两种情况的叠加。显然

$$\omega_C = \omega_{CF} + \omega_{Cq} = \omega_{CF} + \omega_{Bq} + \theta_{Bq} \cdot a, \tag{1}$$

$$\theta_C = \theta_{CF} + \theta_{Cq} = \theta_{CF} + \theta_{Bq}。 \tag{2}$$

从附表中查得

$$\theta_{CF} = \frac{qa(2a)^2}{2EI} = \frac{2qa^3}{EI}, \omega_{CF} = \frac{qa(2a)^3}{3EI} = \frac{8qa^4}{3EI}, \theta_{Bq} = \frac{qa^3}{6EI}, \omega_{Bq} = \frac{qa^4}{8EI}。$$

代入(1)和(2)式可得 C 截面挠度和转角为

$$\omega_C = \frac{8qa^4}{3EI} + \frac{qa^4}{8EI} + \frac{qa^3}{6EI} \cdot a = \frac{71qa^4}{24EI} \quad (\downarrow), \theta_C = \theta_{CF} + \theta_{Bq} = \frac{2qa^3}{EI} + \frac{qa^3}{6EI} = \frac{13qa^3}{6EI}。$$

8.8 梁的刚度条件及其应用

根据梁的强度条件设计了梁的截面以后,需进一步按梁的刚度条件检查梁的变形是否在允许的范围内,以便保证梁正常工作。

8.8.1 梁的刚度条件

控制梁的过度变形,主要把梁的最大挠度 $\omega_{\max}$ 和最大转角 $\theta_{\max}$ 控制在规定的范围内。梁的刚度条件为

$$\theta_{\max} \leqslant [\theta], \omega_{\max} \leqslant [\omega], \tag{8-22}$$

式中,$[\theta]$ 为许用转角,$[\omega]$ 为许用挠度,它们的数值应根据构件的工程用途,从有关设计规范中查取。如在机械工程中,对轴的许用转角和许用挠度有如下规定:

起重机大梁　　　$[\omega] = (0.001 \sim 0.002)l$;
普通机床主轴　　$[\omega] = (0.0001 \sim 0.0005)L, [\theta] = (0.001 \sim 0.005)\text{rad}$;
发动机凸轮轴　　$[\omega] = (0.05 \sim 0.06)\text{mm}$;
滑动轴承处　　　$[\theta] = 0.001 \text{ rad}$;
向心轴承处　　　$[\theta] = 0.005 \text{ rad}$。

8.8.2 梁的刚度条件应用实例

例 8-26 行车大梁采用 45a 工字钢,跨度 $L = 9.2 \text{ m}$,如图 8-60(a)所示。已知电动葫芦重 5 kN,最大起重量为 50 kN,许用挠度 $[\omega] = \dfrac{L}{500}$,试校核该行车大梁的刚度。

【解】 将行车大梁简化为图 8-60(b)所示的简支梁。梁的自重为均布载荷 q,起重量

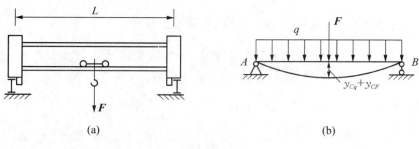

图 8-60

和电动葫芦自重为集中力 F。当电动葫芦处于梁中点时,梁的变形最大。

(1) 利用叠加法求变形。查附录中的型钢表得

$$q = 80.4 \text{ kg/m} \times 9.8 \text{ m/s}^2 = 788 \text{ N/m}, \quad I_z = 32\,240 \text{ cm}^4。$$

又 $E = 200 \text{ GPa}$,$F = (50+5)\text{kN} = 55 \text{ kN}$。查梁的变形计算表附表得

$$\omega_{CF} = \frac{FL^3}{48EI_z} = \frac{55 \times 10^3 \times (9.2)^3}{48 \times 200 \times 10^9 \times 32\,240 \times 10^{-8}} = 1.38 \times 10^{-2} \text{ (m)},$$

$$\omega_{Cq} = \frac{5qL^4}{348EI_z} = \frac{5 \times 788 \times (9.2)^4}{384 \times 200 \times 10^9 \times 32\,240 \times 10^{-8}} = 1.14 \times 10^{-3} \text{ (m)},$$

$$\omega_{C\max} = \omega_{CF} + \omega_{Cq} = 1.38 \times 10^{-2} + 1.14 \times 10^{-3} = 1.49 \times 10^{-2} \text{ (m)}。$$

(2) 校核刚度。梁的许用挠度为

$$[\omega] = \frac{L}{500} = \frac{9.2}{500} = 1.84 \times 10^{-2} \text{ (m)},$$

$$\omega_{C\max} = 1.49 \times 10^{-2} \text{ m} < [\omega] = 1.84 \times 10^{-2} \text{ m}。$$

故梁符合刚度要求。

8.8.3 提高梁弯曲刚度的措施

梁的挠度和转角与梁的抗弯刚度 EI、梁的跨度 L、载荷作用情况等有关,因此,要提高梁的弯曲刚度可以从下面几方面考虑。

1. 增大梁的抗弯刚度 EI

梁的变形与 EI 成反比,增大梁的 EI 将使变形减小。增大梁的抗弯刚度主要是设法增大梁截面的惯性矩 I。在截面面积不变的情况下,采用合理的截面形状,例如采用工字形、箱形及圆环截面等截面,可提高惯性矩 I。

2. 减小梁的跨度

梁的变形与其跨度的 n 次幂成正比。设法减小梁的跨度,将会有效地减小梁的变形。如均布载荷作用下的简支梁,在跨中的最大挠度为 $\omega = \dfrac{5ql^4}{384EI}$,如图 8-61(a)所示。若在跨中

增加一支座,如图 8-61(b) 所示,则梁的最大挠度约为原梁的 $\frac{1}{38}$(这种情况下的变形计算已经是超静定问题了,这里只是用来作比较),即 $\omega_1 = \frac{1}{38}\omega$。

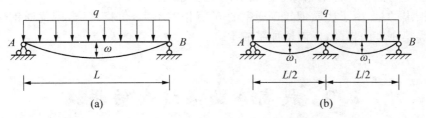

图 8-61

如果条件许可,可以将简支梁的支座向中间适当移动,将简支梁变成外伸梁,如图 8-62(a) 所示。一方面减小了梁的跨度,减小跨中最大挠度;另一方面在梁外伸部分的载荷作用下,使梁跨中产生向上的挠度,如图 8-62(b) 所示,使梁中段在载荷作用下产生的向下的挠度被抵消一部分,减小了跨中的最大挠度值,如图 8-62(c) 所示。

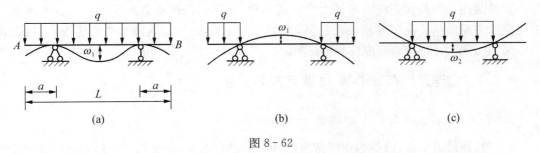

图 8-62

3. 改善载荷的布置降低大弯矩

在结构允许的条件下,合理地调整载荷的位置及分布情况,以降低弯矩,减少梁的变形。如图 8-63 所示,将集中力分散作用,甚至改为分布载荷,就能降低弯矩,减小变形。

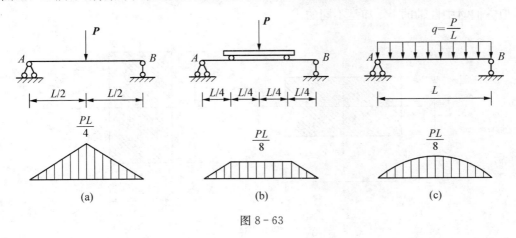

图 8-63

4. 选择梁的合理截面

梁的合理截面应该是用较小的截面面积获得较大的抗弯截面系数（或较大的截面惯性矩）。从梁横截面正应力的分布情况来看，应尽可能将材料放在离中性轴较远的地方。因此工程上许多受弯曲构件都采用工字形、箱形、槽形等截面形状。

需要指出的是，由于优质钢与普通钢的 E 值相差不大，价格悬殊，用优质钢代替普通钢达不到提高梁刚度的目的，反而增加了成本。

8.9 提高弯曲梁强度的措施

在设计梁时，一方面要保证梁具有足够的强度，使梁在载荷作用下能安全可靠地工作。同时，应使设计的梁能充分发挥材料的潜力，节省材料，减轻自重，做到物尽其用，达到既安全又经济的目的。

在一般情况下，梁的弯曲强度由正应力强度条件 $\sigma_{\max} = \dfrac{M_{\max}}{W_z} \leqslant [\sigma]$ 控制。

梁横截面上的最大正应力与最大弯矩成正比，与抗弯截面系数成反比。所以改善梁的弯曲强度主要应从提高抗弯截面系数 W_z 和降低最大弯矩 $M_{\max}$ 这两个方面考虑。其次，也可以采用 $[\sigma]$ 较大的材料，合理地利用材料。

8.9.1 合理选择截面形状，尽量增大 W_z 值

1. 根据 W_z 与截面面积 A 的比值 $\dfrac{W_z}{A}$ 选择截面

合理选择截面形状，就是指在横截面积 A 相同的情况下，通过选择合理的截面形状而得到较大的 W_z，提高梁的承载能力，改善梁的弯曲强度。

例如，对于图 8-64 所示的矩形截面梁，设 $h = 2b$，则 $A = 2b^2$。根据经验知道，梁平放时比梁竖放时更容易弯曲破坏。矩形截面梁不论平放还是竖放，虽然梁的截面面积 A 没有变化，但它们对中性轴的 W_z 却是不同的。

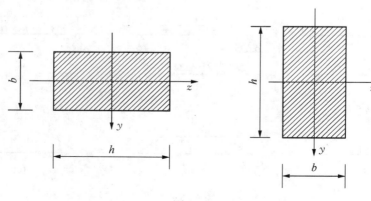

图 8-64

梁平放时　　　$W_z = \dfrac{2b \cdot b^2}{6} = \dfrac{b^3}{3}$，$\dfrac{W_z}{A} = \dfrac{\dfrac{1}{3}b^3}{2b^2} = \dfrac{1}{6}b$；

梁竖放时　　　$W_z = \dfrac{b \cdot h^2}{6} = \dfrac{b \cdot (2b)^2}{6} = \dfrac{2b^3}{3}$，$\dfrac{W_z}{A} = \dfrac{\dfrac{2}{3}b^3}{2b^2} = \dfrac{1}{3}b$。

梁竖放时 $\dfrac{W_z}{A}$ 比平放时的 $\dfrac{W_z}{A}$ 大 1 倍，因此梁竖放时的最大应力仅为梁平放时的 0.5 倍，故其承载能力也增大 1 倍，这说明梁竖放比平放能大大提高梁的强度。

如果在上面的矩形截面梁中，设矩形截面的高度 $h = 4b$，宽度为 $\dfrac{1}{2}b$，则

$$A = 4b \times \dfrac{1}{2}b = 2b^2,\ W_z = \dfrac{bh^2}{6} = \dfrac{\dfrac{1}{2} \times b \times (4b)^2}{6} = \dfrac{8}{6}b^3 = \dfrac{4}{3}b^3,\ \dfrac{W_z}{A} = \dfrac{4b^3/3}{2b^2} = \dfrac{2}{3}b。$$

可见，W_z 值比梁 $h = 2b$ 时又增大 1 倍，说明在截面面积 A 相同情况下，梁截面越高，W_z 值越大，因而 W_z/A 也就越大，梁截面也就越合理。但是，实际工程中，在截面积不变的情况下，梁截面的高度与宽度相差也不能过大。工字形、槽形截面比矩形截面合理，矩形截面比圆形截面合理（$\dfrac{W_z}{A}$ 值越大截面越趋于合理）。

截面形状的合理性还可以从正应力分布规律来说明。梁内的弯曲正应力沿截面高度呈直线规律分布，在中性轴附近正应力很小。但弯曲正应力强度条件 $\sigma_{\max} = \dfrac{M_{\max}}{W_z} \leqslant [\sigma]$ 却是以梁的最大正应力 $\sigma_{\max}$ 作为控制条件，因此，中性轴附近的材料就没有得到充分的利用。如果把中性轴附近的材料布置在距中性轴较远处，$\dfrac{W_z}{A}$ 值就越大，这样截面形状就显得合理。所以，在工程上常采用工字形、圆环形、箱形，如图 8-65 所示的截面形式，建筑中常用的空心板也是这个道理。

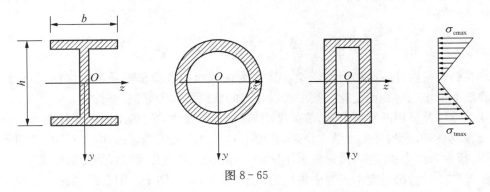

图 8-65

2. 根据材料特性选择截面

对于抗拉和抗压强度相同的塑性材料，一般采用对称于中性轴的截面，如圆形、矩形、工

字形、箱形等截面,使得上、下边缘的最大拉应力和最大压应力相等,同时达到材料的许用应力值,这样比较合理。

对于抗拉和抗压不相同的脆性材料,最好选用关于中性轴不对称的截面,如 T 形、槽形截面等。

根据强度公式(8-13),使截面上、下边缘的应力同时达到材料的许用应力,有

$$\sigma_{t\,max} = [\sigma_t], \sigma_{c\,max} = [\sigma_c]。$$

而下、上边缘的应力之比为

$$\frac{\sigma_{t\,max}}{\sigma_{c\,max}} = \frac{\dfrac{M_{max}}{I_z} \cdot y_t}{\dfrac{M_{max}}{I_z} \cdot y_c} = \frac{y_t}{y_c}, 或 \frac{y_t}{y_c} = \frac{[\sigma_t]}{[\sigma_c]}。$$

由此可以确定截面中性轴的位置,使截面上的最大拉应力和最大压应力同时达到材料的许用拉应力和许用压应力,这是最合理的。

8.9.2 合理布置梁的形式和载荷

这种措施包括减小杆长、增加支座、改变载荷作用方式和位置等,这和提高梁的刚度的措施是相同的。

8.9.3 采用变截面梁

在进行梁的强度计算时,根据危险截面上的最大弯矩设计截面,而其他截面上的弯矩都小于最大弯矩。如果采用等截面梁,弯矩比较小的地方材料就没有充分发挥作用,要想更好地发挥材料的作用,应该在弯矩比较大的地方采用较大的截面,在弯矩较小的地方采用较小的截面,这种横截面沿着梁轴线变化的梁称为**变截面梁**,也称为**等强度梁**。最理想的变截面梁,是使梁内各个横截面上的最大正应力同时达到材料的容许应力。由 $\sigma_{max} = \dfrac{M(x)}{W_z(x)} = [\sigma]$ 得

$$W_z(x) = \frac{M(x)}{[\sigma]},$$

式中,$M(x)$ 为梁内任一截面上的弯矩,$W(x)$ 为该截面的抗弯截面系数。这样,各个截面的大小将随截面上的弯矩而变化。按上式设计出的截面梁称为等强度梁。

从强度以及材料的利用上看,等强度梁很理想,但这种梁的加工制造比较困难。当梁上载荷比较复杂时,梁的外形也随之复杂,其加工制造将更加困难。因此,工程中,特别是建筑工程中,很少采用等强度梁,而是根据不同的具体情况,采用其他形式的变截面梁。

图 8-66 所示梁是土木工程中常见的几个变截面梁的例子。阳台或雨篷的悬臂梁常采用图 8-66(a)的形式。跨中弯矩大、两边弯矩逐渐减小的简支梁,常采用图 8-66(c,d)所示的形式。图 8-66(b)为上、下加盖板的钢梁,如汽车板弹簧,图 8-66(c)为屋盖上的薄腹

梁,中间截面较高而两端截面则较低,中间有预留孔洞以减轻梁的重量。一般情况下,考虑到便于布置,梁的宽度 b 可以保持不变,仅变化截面高度 h 即可。

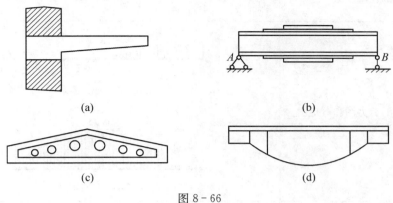

图 8-66

8.9.4 合理利用材料

例如,工程中常用的钢筋混凝土构件,常在受拉区域加入钢筋,以承担构件弯曲时所产生的拉应力。因为混凝土的抗拉能力低,所以在受拉区(该例为梁的下边缘)加入抗拉能力强的钢筋以充分发挥钢筋分抗拉作用,如图 8-67 所示;由于混凝土的抗压能力强,所以受压区的压应力仍然由混凝土来担当。因此,钢筋混凝土构件在合理使用材料方面,是最优越的。

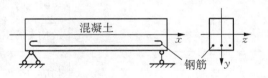

图 8-67

完成第 8 章典型任务

如表 8-3 所示。

表 8-3 任务答案

任务 1	画出工字钢梁的计算简图	分析梁的受力情况可知:梁的一端可简化为固定铰支座,另一端可简化为可动铰支座(实际上梁的两端的约束情况是相同的,但在竖向载荷作用下,水平方向没有约束反力,故可以把一端简化为可动铰支座,但也不能把两端都简化为可动铰支座,这样就是一个可变的体系了),即简化为简支梁 q 0.3 m 1 m 0.3 m
任务 2	梁上的载荷如何简化?	由于闸门的总重量 500 kN,由两根工字钢支承,所以每根工字钢承受的载荷为 250 kN,分布在长为 1 m 的梁上,故 $q = 250$ kN/m q A C D B 0.3 m 1 m 0.3 m

任务3	求梁的支座反力	由平衡方程 $\sum F_y = 0$, $\sum m_A(F) = 0$(或对称性)得 $F_A = F_B = 125$ kN
任务4	作梁的剪力图和弯矩图	F_s 图(kN),125, 37.5, 68.75, 37.5, M 图(kN·m)
任务5	按梁的正应力强度如何选择工字钢型号?	由 M 图知 $M_{max} = 68.75$ kN·m(发生在跨中截面)。由正应力强度条件 $\sigma_{max} = \dfrac{M_{max}}{W_z} \leqslant [\sigma]$ 得 $$W_z \geqslant \dfrac{M_{max}}{[\sigma]} = \dfrac{68.75 \times 10^6}{160} = 429.7 \times 10^3 \text{ mm}^3 = 429.7 \text{ cm}^3.$$ 由附录的型钢表,选用 28a 工字钢,$W_z = 508.15$ cm³,满足大于 429.7 cm³ 的条件且与计算所得的 429.7 cm³ 值最为相近。故按梁的正应力强度可选择 28a 号工字钢
任务6	按梁的切应力强度如何选择工字钢型号?	切应力强度校核。由 F_s 图知 $F_{s\,max} = 125$ kN(发生在梁的 AC 和 DB 两段)。由附录的型钢表查得 28a 工字钢的有关数据 $$\dfrac{I_z}{S^*_{z\,max}} = 24.62 \text{ cm}, \quad d = 0.85 \text{ cm},$$ $$\tau_{max} = \dfrac{F_{s\,max} S^*_{z\,max}}{I_z d} = \dfrac{F_{s\,max}}{(I_z/S^*_{z\,max})d}$$ $$= \dfrac{125 \times 10^3}{24.62 \times 10 \times 0.85 \times 10}$$ $$= 59.7.2 \text{(MPa)} > [\tau] = 50 \text{(MPa)}.$$ 因 τ_{max} 大于 $[\tau]$,所选 28a 号工字钢不能满足切应力强度条件,故应重选工字钢型号。按切应力强度条件重选工字钢型号。由 $$\tau_{max} = \dfrac{F_{s\,max} S^*_{z\,max}}{I_z d} = \dfrac{F_{s\,max}}{(I_z/S^*_{z\,max})d} \leqslant [\tau] \text{ 得}$$ $$\dfrac{125 \times 10^3}{(I_z/S^*_{z\,max})d} \leqslant 50, \quad (I_z/S^*_{z\,max})d \geqslant \dfrac{125 \times 10^3}{50} = 2.5 \times 10^3 \text{(mm}^2).$$ 由此可知选用 $(I_z/S^*_{z\,max})$ 与 d 之积大于 2.5×10^3 mm² 工字钢。28b 号工字钢的 $\dfrac{I_z}{S^*_{z\,max}} = 24.24$ cm,$d = 10.5$ mm,

续 表

		$(I_z/S_{z\max}^*)d = 242.4 \times 10.5 = 2.542 \times 10^3 (\text{mm}^2) > 2.5 \times 10^3 \text{ mm}^2$。 故选取用 28b 号工字钢能满足切应力要求且最经济。这时横截面的最大正应力为 $$\sigma_{\max} = \frac{M_{\max}}{W_z} = \frac{68.75 \times 10^6}{534.29 \times 10^3} = 128.7(\text{MPa}) < [\sigma],$$ 显然满足正应力强度要求,确定选用 28b 号工字钢
任务 7	是否还要考虑梁的变形条件(刚度)来选择型号?	这种工程中临时用的梁,且梁的跨度也比较小,可以不考虑其刚度要求

小 结

本章主要知识点
1. 平面弯曲的概念。
2. 梁的内力——剪力和弯矩的计算。
3. 梁的剪力图和弯矩图的绘制。
4. 梁的正应力计算、正应力强度条件及正应力强度计算。
5. 梁的切应力计算、剪应力强度条件及简单计算。
6. 梁的变形的概念及变形计算。

本章重点内容和主要公式
1. 剪力和弯矩的计算。
(1) 梁任一横截面上的剪力 F_s 的大小等于该截面左边(或右边)梁段上所有横向外力的代数和。其中外力绕截面形心呈顺时针转动时,产生正剪力,反之产生负剪力。
(2) 梁任一横截面上的弯矩 M 的大小等于该截面左边(或右边)梁段上所有外力对该截面形心之矩的代数和。其中外力对梁截面形心 O 之矩使梁段上部受压、下部受拉时,产生正弯矩,反之产生负弯矩。
2. 剪力图和弯矩图的绘制。
(1) 根据剪力方程和弯矩方程绘图。
(2) 依据内力规律,用控制截面法绘图。
(3) 应用剪力图和弯矩图的特征和规律绘图。
(4) 用叠加法作图。
3. 平面弯曲梁横截面上正应力的计算公式为 $\sigma = \dfrac{My}{I_z}$。
4. 梁的最大正应力发生在弯矩最大的横截面上且离中性轴最远的边缘处,计算公式
$$\sigma_{\max} = \frac{M_{\max} y_{\max}}{I_z}。$$

5. 梁的正应力强度条件为 $\sigma_{max} = \dfrac{M_{max}}{W_z} \leqslant [\sigma]$。

6. 横力弯曲(剪切弯曲)时,矩形截面梁的最大切应力发生在最大截面的中性轴上,计算公式为 $\tau_{max} = \dfrac{F_s S_{z\,max}^*}{I_z b}$。

7. 梁的切应力强度条件为 $\tau_{max} \leqslant [\tau]$。

思考题

8-1 什么叫弯曲变形?平面弯曲有什么特点?什么叫纯弯曲?

8-2 一般情况下,弯曲梁的内力有哪些?其正、负如何确定?

8-3 某梁段的受力图如图 8-68 所示,截面上的剪力和弯矩的方向是假定的,请回答下列问题:
(1) 图中假设的剪力、弯矩是正还是负?
(2) 由该梁段的平衡方程求得 $F_s = -1$ kN, $M = +10$ kN·m,梁段在该截面上 F_s,M 的实际方向和转向应该怎样?

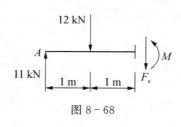

图 8-68

8-4 发生弯曲变形的梁,均载段剪力图和弯矩图有何特征?

8-5 在集中力、集中力偶作用处剪力图和弯矩图有何特征?

8-6 如何确定均载段杆的弯矩的极值?弯矩图上的极值是否就是梁内的最大弯矩?

8-7 什么叫中性层?什么叫中性轴?如何确定中性轴的位置?

8-8 梁发生平面弯曲时,横截面上的正应力是怎样分布的?

8-9 考虑梁的正应力,如何确定梁的危险截面?何谓梁的危险点?

8-10 若材料的抗拉和抗压性能不同,其正应力强度条件应当如何建立?

8-11 矩形截面梁弯曲时,横截面上的弯曲切应力是如何分布的?

8-12 合理选择梁截面的原则是什么?

8-13 假设高度 h 都相同,为什么工字形截面梁比矩形截面梁合理?而矩形截面梁又比圆形截面梁合理?圆环截面的情况又如何(α = 内径/外径)?

8-14 材料的抗拉与抗压性能相同时,应如何选择梁的截面形状?若材料的抗拉与抗压能力不同时,又应该如何选择梁的截面形状?

8-15 有哪些工程措施降低梁的最大弯矩?

8-16 试分别绘出矩形和 T 形截面上的正应力分布规律。

习题

8-1 求图 8-69 所示各梁指定截面上的剪力和弯矩。

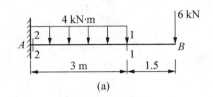
(a)

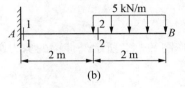
(b)

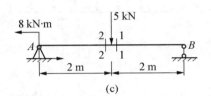
(c)

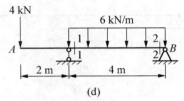
(d)

图 8-69

8-2 试作图 8-70 所示悬臂梁的剪力图和弯矩图

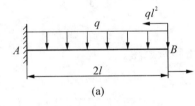
(a)

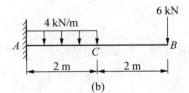
(b)

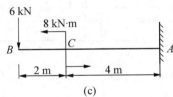
(c)

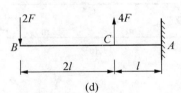
(d)

图 8-70

8-3 试作图 8-71 所示简支梁的剪力图和弯矩图。

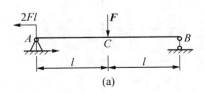
(a)

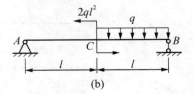
(b)

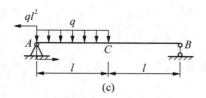
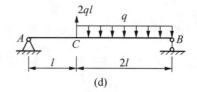

图 8-71

8-4 试作图 8-72 所示外伸梁的剪力图和弯矩图。

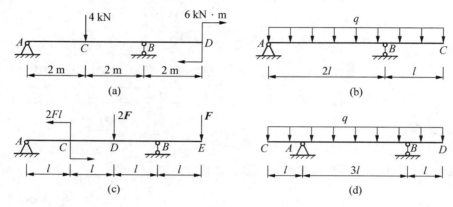

图 8-72

8-5 试用叠加法绘制图 8-73 所示各梁的剪力图和弯矩图。

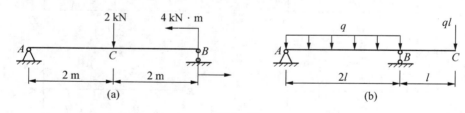

图 8-73

8-6 图 8-74 所示一简支梁,试求其截面 C 上 a, b, c, d 4 点处的正应力的大小,并说明是拉应力还是压应力。

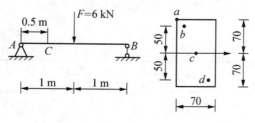

图 8-74

8-7 试求图 8-75 所示各梁的最大正应力及其所在的位置。

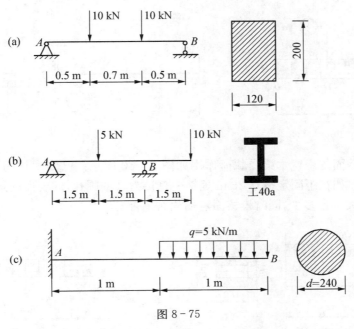

图 8-75

8-8 简支梁受力和尺寸如图 8-76 所示,材料的许用应力 $[\sigma] = 160$ MPa。试按正应力强度条件设计 3 种形状截面尺寸:(1)圆形截面直径 d;(2) $h/b = 2$ 矩形截面的 b, h;(3)工字形截面。并比较 3 种截面的耗材量。

8-9 图 8-77 所示简支梁,已知钢材的 $[\sigma] = 170$ MPa,要求:
(1) 选择 $h/b = 1.5$ 的矩形截面;
(2) 选择工字钢的型号;
(3) 比较两种截面耗用钢材的情况。

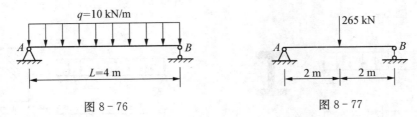

图 8-76 　　　　　　　图 8-77

8-10 由 10 号工字钢制成的钢梁 AB,在 D 点由钢杆 CD 支承,如图 8-78 所示。已知梁和杆的许用应力均为 $[\sigma] = 160$ MPa,试求均布载荷的许可值及圆杆直径 d。

8-11 图 8-79 所示悬臂梁采用 20a 号槽钢,$F = 10$ kN,$M_e = 70$ kN·m,许用拉应力 $[\sigma_t] = 35$ MPa,许用压应力 $[\sigma_c] = 120$ MPa。试校核梁的强度。

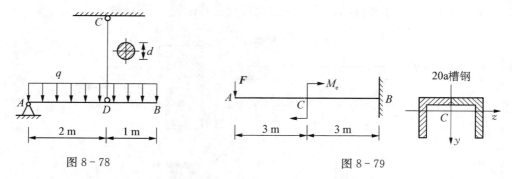

图 8-78 图 8-79

8-12 一方形截面的悬臂木梁受载荷作用如图 8-80 所示。已知木材的许用应力 $[\sigma] = 10$ MPa。如在距固定端 0.25 m 处钻一直径为 d 的圆孔,问要保证梁的强度,孔的直径 d 最大可达多少,同时校核固定端截面是否安全。

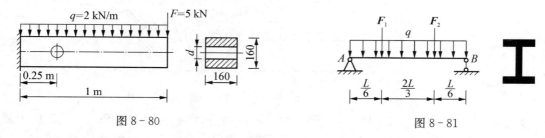

图 8-80 图 8-81

8-13 试求图 8-74 中 AB 梁的 C 截面上 a, b, c, d 的切应力大小和方向。

8-14 一简支工字型钢梁,工字钢的型号 28a,梁上载荷如图 8-81 所示,已知 $L = 6$ m,$F_1 = 60$ kN,$F_2 = 40$ kN,$q = 8$ kN/m。钢材的许用应力 $[\sigma] = 170$ MPa,$[\tau] = 100$ MPa,试校核梁的强度。

8-15 一简支工字型钢梁,梁上载荷如图 8-82 所示,已知 $L = 6$ m,$q = 6$ kN/m,$F = 20$ kN,钢材的许用正应力 $[\sigma] = 170$ MPa,许用切应力 $[\tau] = 100$ MPa,试选择工字钢的型号。

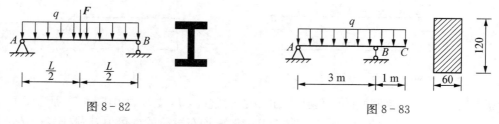

图 8-82 图 8-83

8-16 一矩形截面木梁,其截面尺寸及载荷如图 8-83 所示。已知 $q = 1.5$ kN/m,$[\sigma] = 10$ MPa,$[\tau] = 2$ MPa,试校核该梁的正应力强度和切应力强度。

8-17 图 8-84 所示某施工支架上钢梁的计算简图。如果钢梁是由两个槽钢组成,材料为 Q235 号钢。其许用应力 $[\sigma] = 170$ MPa,$[\tau] = 100$ MPa,问在不计梁的自重时应该选用多大的槽钢？

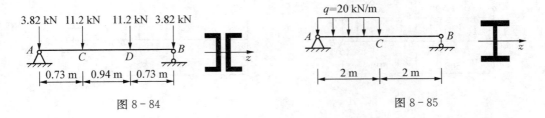

图 8-84　　　　　　　　　　图 8-85

8-19 一工字型钢梁承受载荷如图 8-85 所示。已知钢材的许用应力为 $[\sigma] = 160\,\text{MPa}$，$[\tau] = 100\,\text{MPa}$。试选择工字钢的型号。

8-19 图 8-86 所示，一根 22b 工字钢制成的外伸梁，跨度 $L = 6\,\text{m}$，承受均布载荷 q。如果要使梁在支座 A，B 处和跨中 C 处截面上的最大正应力都为 $\sigma = 170\,\text{MPa}$，问悬臂的长度 a 和载荷集度 q 各应该为多少？

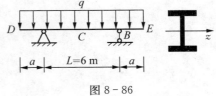

图 8-86

8-20 试用叠加法求图 8-87 所示各梁中指定截面的挠度和转角，设各梁中的抗弯刚度 EI_z 为常量。

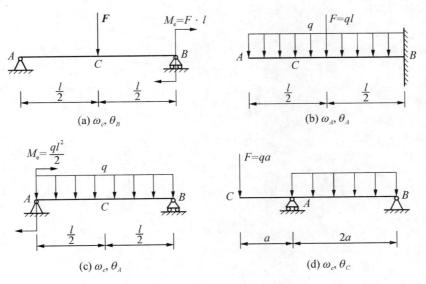

图 8-87

8-21 图 8-88 为简化后的电机轴的受载情况。已知轴材料 $E = 200\,\text{GPa}$，直径 $d = 130\,\text{mm}$，定子与转子间的空隙（即轴的许用挠度）$[f] = 0.35\,\text{mm}$，试校核该轴的刚度。

8-22 工字钢悬臂梁如图 8-89 所示。已知 $q = 15\,\text{kN/m}$，$l = 2\,\text{m}$，$E = 200\,\text{GPa}$，$[\sigma] = $

160 MPa，最大许用挠度 $[\omega] = 4$ mm，试选取该工字钢的型号。

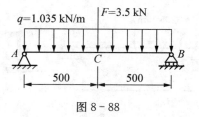

图 8-88

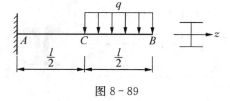

图 8-89

第9章 强度理论和组合变形的计算

学习目标

了解应力状态的概念,理解平面图应力状态分析的方法,掌握主应力计算和主平面的确定,理解常用强度理论的内容,了解组合变形的概念及种类,掌握拉压与弯曲的组合和弯曲与扭转的组合的应力分析方法、应力计算和强度计算。

典型任务

学习本章知识后完成表 9-1 典型任务

表 9-1 第九章典型任务

任务分解	
某减速器齿轮箱中一传动轴如图所示,该轴转速为 $n = 265$ r/min;输入功率 $P_c = 10$ kW;C,D 两轮的节圆直径分别为 $D_1 = 396$ mm;$D_2 = 168$ mm;轴径 $d = 50$ mm;齿轮压力角 $\alpha = 20°$;若轴的许用应力 $[\sigma] = 100$ MPa,试按第四强度理论校核轴的强度	

任务 1	绘制减速器传动轴的计算简图
任务 2	分析传动轴发生哪些基本变形
任务 3	绘制每种基本变形的内力图
任务 4	应用强度理论对传动轴进行计算

9.1 一点应力状态的概念

在前面几章中讨论的都是构件在单一变形情况下的强度和刚度问题,而实际工程中所遇到的构件(如图9-1所示的发电机的机墩和塑柄手摇钻)在外力作用下通常会同时存在两种或以上的变形。对于这类构件是否还能按前面的强度条件计算,保证构件安全呢?

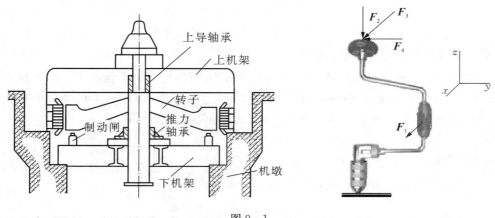

图 9-1

在前面的轴向拉压、圆周扭转和弯曲的各章中,构件的强度理论为 $\sigma_{max} \leqslant [\sigma]$ 或 $\tau_{max} \leqslant [\tau]$。式中材料的许用应力 $[\sigma]$ 或 $[\tau]$ 是用直接实验方法(如拉伸试验或扭转试验)测得材料的相应极限应力除以安全系数求得的,没有也无需考虑材料失效(断裂或屈服)的原因。此外,从前述内容可知,在受力构件的同一截面上各点的应力一般是不同的,即使是同一点处的应力,其不同方位截面上的应力一般也是不同(见第5章第5.3节中关于轴向拉压杆的应力)。对于轴向拉压和纯弯曲中的正应力,由于构件危险点处横截面上的正应力是通过该点各方位截面上正应力的最大值,且该截面仅受正应力作用,故将其与材料在单轴拉压时的许用应力相比较来建立强度条件;同样,对于圆周扭转和弯曲而言,也是由于构件危险点处横截面上的切应力是通过该点各方位截面上切应力的最大值,且该点在横截面上仅受剪应力作用,从而与纯剪状态下许用应力比较而建立起的强度条件。但一般情况下,受力构件内的一点处既有正应力又有切应力,如图9-1所示情况。若需对这类点的应力进行强度计算,则不能单纯地分别按正应力或切应力来建立强度条件,而需综合考虑正应力和切应力的影响,建立相应的强度条件进行强度计算,以确保结构安全。

9.1.1 一点应力状态的概念

各种基本变形的应力公式都是计算横截面上的应力,但构件破坏经常发生于斜截面上,如混凝土梁弯曲破坏时常以斜裂缝为标志,如图 9-2(a)所示,因此,有必要研究斜截面上的应力。同一斜面上各点应力是不同的,所以以点为研究对象。**受力构件内一点不同方位截面上的应力的集合,称为一点的应力状态**。为了研究一点的应力状态,可以围绕所研究的点,切取一边长趋于零的微小正六面体作为研究对象,这个微小的正六面体,称为该点的**单元体**。例如,研究图 9-2(b)所示矩形截面悬臂梁内 K 点处的应力状态,围绕 K 点取出一个单元体,如图 9-2(c)所示。由于单元体十分微小,故可以认为单元体各面上的应力都是均匀分布的,大小等于所研究点在对应截面上的应力;而且在互相平行的截面(如图 9-2(c)中两侧面或前、后面)上的应力大小也应相等。这样,单元体上各个面上的应力,就是构件相应截面在该点处的应力。单元体的应力状态,也就代表了确定截面上相应点的应力状态。

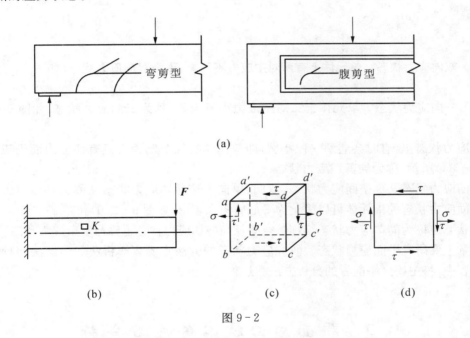

图 9-2

9.1.2 应力状态的分类

为了便于分析和研究,通常根据单元体上主应力的情况,把应力状态分为如下 3 类:

(1) 单向应力状态　**单元体上只有一对主应力不为零,称为单向应力状态**,如图 9-3(a,d)所示。例如,拉、压杆及纯弯曲变形直梁上各点(中性层上的点除外)的应力状态,都属于单向应力状态。

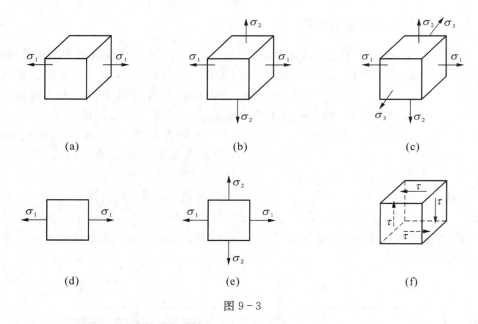

图 9-3

(2) **双向应力状态** 单元体上有两对主应力不为零,称为双向应力状态,如图 9-3(b,e)所示。

(3) **三向应力状态** 单元体上三对主应力均不为零,称为三向应力状态,如图 9-3(c)所示。

在应力状态里,有时会遇到一种特例,即单元体的四个侧面上只有切应力而无正应力,如图 9-3(f)所示,称为**纯剪切应力状态**。

三向应力状态又称空间应力状态,双向、单向及纯剪切应力状态又称为平面应力状态。处于平面应力状态的单元体可以简化为平面简图来表示,如图 9-2(d)和图 9-3(d,e)。单向应力状态也称为简单应力状态,双向、空间及纯剪切应力状态也称为复杂应力状态。

本章主要研究平面应力状态。研究应力状态的方法主要有解析法和图解法两种,在下一节内容中,将主要介绍前者的分析方法和过程。

9.2 平面应力状态的应力分析

平面应力状态的普遍形式如图 9-4(a)所示,即在单元体两对平面上分别有正应力(σ_x,σ_y)和切应力(τ_x,τ_y)。现研究在普遍形式的平面应力状态下,根据单元体各面上已知的应力分量来确定其任一斜截面上的未知应力分量,并确定该点处的最大正应力和所在截面的方位。

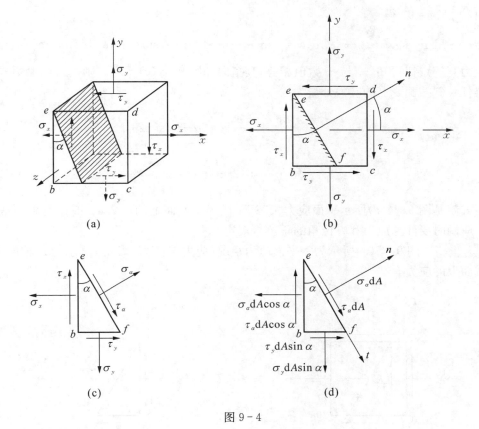

图 9-4

9.2.1 解析法求解斜截面上的应力

已知一平面应力状态单元体上的应力为 σ_x，τ_x 和 σ_y，τ_y，如图 9-4(a)所示。由于前后两平面上没有应力，可将该单元体用平面图形来表示，如图 9-4(b)所示。为求得该单元体与前后两平面垂直的任一斜截面上的应力，可应用截面法。习惯上常用 α 表示斜截面 $e-f$ 的外法线 n 与 x 轴正向间的夹角，如图 9-4(b)所示，所以又把这个斜截面简称为 α 截面。并且规定：从 x 轴到外法线 n 逆时针转向的方位角 α 为正。α 截面上的应力用 σ_α 和 τ_α 表示。对正应力 σ_α，规定拉应力为正，压应力为负；对切应力 τ_α，则以其对单元体内任一点的矩为顺时针转向为正，反之为负。

假想用一平面沿 $e-f$ 将单元体截开，取 bef 为脱离体，如图 9-4(c)所示。设斜截面 $e-f$ 的面积为 dA，斜截面上的应力 σ_α 和 τ_α 均为正值。如图 9-4(d)所示，考虑作用在单元体各面上的力的平衡，对于斜截面的法线 n 和切线 t 两参考轴，列出平衡方程。

由 $\sum F_n = 0$，得

$$\sigma_\alpha dA + (\tau_x dA\cos\alpha)\sin\alpha - (\sigma_x dA\cos\alpha)\cos\alpha + (\tau_y dA\sin\alpha)\cos\alpha - (\sigma_y dA\sin\alpha)\sin\alpha = 0;$$

由 $\sum F_t = 0$,得

$\tau_\alpha dA - (\tau_x dA\cos\alpha)\cos\alpha - (\sigma_x dA\cos\alpha)\sin\alpha + (\tau_y dA\sin\alpha)\sin\alpha + (\sigma_y dA\sin\alpha)\cos\alpha = 0$。

由切应力互等定律可知,τ_x 与 τ_y 数值相等,其指向如图 9-4(c)所示。则代入以上两式整理即可得任一斜截面 α 上的应力分量为

$$\sigma_\alpha = \frac{\sigma_x + \sigma_y}{2} + \frac{\sigma_x - \sigma_y}{2}\cos 2\alpha - \tau_x \sin 2\alpha, \tag{9-1}$$

$$\tau_\alpha = \frac{\sigma_x - \sigma_y}{2}\sin 2\alpha + \tau_x \cos 2\alpha。 \tag{9-2}$$

以上两式就是图 9-4(a)所示平面应力状态下,任一 α 截面上的应力 σ_α 和 τ_α 的解析法计算公式。应用时要注意应力和方位角的正负号规定。

例 9-1 图 9-5(a)所示为一平面应力情况(应力单位为 MPa),试求与 x 轴成 30°角的斜截面上的应力。

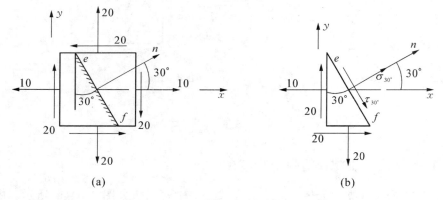

图 9-5

【解】 由图 9-5(a)和关于应力分析的有关正负号规定,有

$$\sigma_x = 10 \text{ MPa}, \sigma_y = 20 \text{ MPa}, \tau_x = 20 \text{ MPa}, \alpha = 30°。$$

沿 e-f 将单元体截开,取出脱离体,绘制受力图如图 9-5(b)所示,将上述数值直接代入公式(9-1)和(9-2),得

$$\sigma_{30°} = \frac{10+20}{2} + \frac{10-20}{2}\cos 60° - 20 \times \sin 60° = -4.82(\text{MPa}),$$

$$\tau_{30°} = \frac{10-20}{2}\sin 60° + 20\cos 60° = 5.67(\text{MPa})。$$

$\sigma_{30°}$ 为负值,说明其实际方向与图 9-5(b)上所设的应力方向相反,即为压应力。$\tau_{30°}$ 为正值,说明实际方向与所假设的方向相同,为正切应力。

例 9 - 2 试用解析法求图 9 - 6 所示的单元体在 $\alpha = 30°$ 的斜截面上的应力。

【解】 根据平面应力状态分析的解析法中应力正负号的规定，对照图 9 - 6 有

$\sigma_x = 25 \text{ MPa}, \sigma_y = -125 \text{ MPa}, \tau_x = -130 \text{ MPa}, \alpha = 30°$。

直接代入(9 - 1)和(9 - 2)式，即可求得 α 截面上的应力为

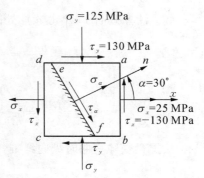

图 9 - 6

$$\sigma_\alpha = \frac{\sigma_x + \sigma_y}{2} + \frac{\sigma_x - \sigma_y}{2}\cos 2\alpha - \tau_x \sin 2\alpha$$

$$= \frac{25 + (-125)}{2} + \frac{25 - (-125)}{2}\cos 60° - (-130)\sin 60°$$

$$= -50 + \frac{150}{4} - (-130)\frac{\sqrt{3}}{2} = 100 (\text{MPa}),$$

$$\tau_\alpha = \frac{\sigma_x - \sigma_y}{2}\sin 2\alpha + \tau_x \cos 2\alpha = \frac{25 - (-125)}{2}\sin 60° + (-130)\cos 60°$$

$$= 75\frac{\sqrt{3}}{2} - 65 = 0 。$$

例 9 - 3 图 9 - 7(a)所示为矩形截面简支梁。试求在 a 点处 $\alpha = -30°$ 的斜截面上应力的大小和方向。

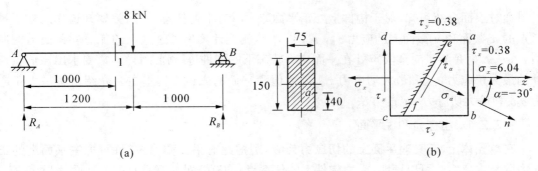

(a)　　　　　　　　　　　　　　　(b)

图 9 - 7

【解】 (1) 计算 1 - 1 截面上的内力。由 $\sum M_B(F) = 0$ 得支座反力 $R_A = \frac{40}{11}$ kN，所以截面 1 - 1 上的内力为

$$F_{Q1-1} = \frac{40}{11} \text{ kN}, M_{1-1} = \frac{40}{11} \text{ kN} \cdot \text{m}。$$

(2) 计算截面 1-1 上 a 点处的正应力 σ_x，σ_y 和切应力 τ_x，τ_y。

$$I_z = \frac{bh^3}{12} = \frac{75 \times 150^3}{12}\,\text{mm}^4 = 21.09 \times 10^6\,\text{mm}^4,$$

$$\sigma_x = \frac{M}{I_z}y = \frac{\frac{40}{11} \times 10^3}{21.09 \times 10^{-6}} \times 35 \times 10^{-3} = 6.04(\text{MPa})。$$

根据梁受纯弯曲时纵向纤维各层之间相互不挤压的假定，可以近似认为 $\sigma_y = 0$。

$$\tau_x = \frac{F_Q S_z^*}{I_z b} = \frac{\frac{40}{11} \times 10^3 \times \left(\frac{150^2}{4} - 35^2\right) \times 10^{-6}}{21.09 \times 10^{-6} \times 2} = 0.38(\text{MPa}),$$

$$\tau_y = -\tau_x = -0.38\,\text{MPa}。$$

在 a 点处取出单元体，并且将 σ_x，σ_y，τ_x，τ_y 的代数值表示在单元体上，如图 9-7(b) 所示。代入 (9-1) 和 (9-2) 式得

$$\sigma_{-30°} = \frac{6.04 + 0}{2} + \frac{6.04 - 0}{2}\cos(-60°) - 0.38 \times \sin(-60°) = 4.86(\text{MPa}),$$

$$\tau_{-30°} = \frac{6.04 - 0}{2}\sin(-60°) + 0.38\cos 60° = -2.43(\text{MPa})。$$

其方向如图 9-7(b) 所示。

9.2.2 受力构件内一点处的最大应力

通过上面介绍可知，对于构件上处于平面应力状态下的任意一点，只要知道作用在通过这点的 x 截面和 y 截面上的应力 σ_x，τ_x，σ_y，τ_y，就能计算出通过这点的任意斜截面上的应力 σ_α，τ_α。但是为了对危险点处在平面应力状态下的构件进行强度计算，需要求出该危险点处的最大正应力 σ_{max} 和最大切应力 τ_{max} 的数值和它们的方位。这里主要介绍求解最大正应力 σ_{max} 和最大切应力 τ_{max} 的方法。

9.2.2.1 主应力和主平面

在单元体上，若某对平面上的切应力为零，则把此对平面称为主平面；把主平面上的正应力称为主应力。可以证明，受力构件上的任意点，均有 3 对相互垂直的主平面，因而就有 3 对相应的主应力。主应力应按其代数值的大小编号按序排列，分别用符号 σ_1，σ_2，σ_3 表示，并规定 $\sigma_1 \geqslant \sigma_2 \geqslant \sigma_3$。例如，某单元体上的 3 个主应力值为 $-80\,\text{MPa}$（压应力），$10\,\text{MPa}$（拉应力），0，则按规定有 $\sigma_1 = 10\,\text{MPa}$，$\sigma_2 = 0$，$\sigma_3 = -80\,\text{MPa}$。

通过分析知道，主应力就是过某确定横截面上一点处所有斜截面上的正应力极值。下面研究如何确定单元体的主平面位置和主应力数值。

如前所述，在主平面上切应力为零。设主平面的方位角为 α_0，则由 $\tau_{\alpha_0} = 0$ 可求得主平

面的方位角 α_0，即 $\tan 2\alpha_0 = -\dfrac{2\tau_x}{\sigma_x - \sigma_y}$，所以有

$$2\alpha_0 = \arctan\left(-\dfrac{2\tau_x}{\sigma_x - \sigma_y}\right). \tag{9-3}$$

可以看出，α_0 和 $\alpha_0 + 90°$ 都能满足该式，这就是说，处于平面应力状态的单元体上有两个主平面，并且这两个主平面是互相垂直的。由三角函数关系可得

$$\sin 2\alpha_0 = \pm\sqrt{\dfrac{4\tau_x^2}{(\sigma_x - \sigma_y)^2 + 4\tau_x^2}},\ \cos 2\alpha_0 = \mp\sqrt{\dfrac{(\sigma_x - \sigma_y)^2}{(\sigma_x - \sigma_y)^2 + 4\tau_x^2}}.$$

将以上两式代入 (9-1) 式得

$$\sigma_{\alpha_0} = \begin{cases}\sigma_1 \\ \sigma_2\end{cases} = \dfrac{\sigma_x + \sigma_y}{2} \pm \dfrac{1}{2}\sqrt{(\sigma_x - \sigma_y)^2 + 4\tau_x^2}. \tag{9-4}$$

将由上式求得的两个主应力 σ_1，σ_2 与单元体零应力面上的零值主应力比较，3 个主应力值按代数值的大小顺序排列，便可确定 3 个主应力 σ_1，σ_2 和 σ_3。例如，通过 (9-4) 式计算得到的两个主应力一个为拉应力而另外一个为压应力，则前者为 σ_1、后者为 σ_3，另外一个主应力 $\sigma_2 = 0$；同理，若求得的两个主应力都为压应力，则他们应分别为 σ_2 和 σ_3，而 $\sigma_1 = 0$。

将 (9-4) 式的 σ_1，σ_2 相加可得

$$\sigma_1 + \sigma_2 = \sigma_x + \sigma_y = \text{常数}, \tag{9-5}$$

说明在平面单元体上互相垂直的两个任意截面上的正应力之和是常数，切应力服从切应力互等定理。利用这个关系可以检查主应力的计算结果是否正确。在实验应力分析中有时也要用到它。

根据 (9-4) 式可以计算出在平面应力状态下的两个主应力的数值，也可以根据 (9-3) 式确定其主平面的方位角 α_0（从式中不难看出，$2\alpha_0$ 总是小于或等于 $90°$，因此 α_0 总是小于或等于 $45°$ 的锐角，也就是说由 α_0 确定方向的那个主应力总是偏向于 x 轴的）。为此必须进一步判断出 α_0 究竟是 σ_x 与哪一个主应力的夹角，才能确定每一个主应力的方向。根据计算实践经验和理论分析知道，较大的主应力总是偏向于 σ_x 和 σ_y 中的较大者，较小的主应力则总是偏向于 σ_x 和 σ_y 中的较小者。因此，可以归纳出确定主应力方向的规则如下：

(1) 当 $\sigma_x > \sigma_y$ 时，α_0 是 σ_x 与两个主应力中代数值较大者的夹角；

(2) 当 $\sigma_x < \sigma_y$ 时，α_0 是 σ_x 与两个主应力中代数值较小者的夹角；

(3) 当 $\sigma_x = \sigma_y$ 时，$\alpha_0 = 45°$，主应力的方向可以从单元体上的应力情况直接判断出来。

为了便于记忆，可把上述的规则通俗的叙述为"小偏小来大偏大，夹角不比 $45°$ 大"。

例 9-4 试求图 9-8(a) 所示单元体的主应力（应力单位为 MPa）及其所在截面（主平

面)的方位角。

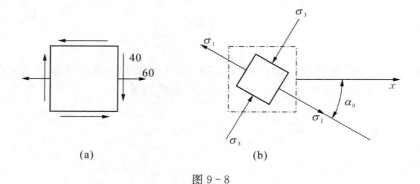

图 9 - 8

【解】 由图 9 - 8(a)可知，$\sigma_x = 60$ MPa，$\sigma_y = 0$，$\tau_x = 40$ MPa。

(1) 确定主应力的大小。

$$\left.\begin{array}{c}\sigma_1\\\sigma_2\end{array}\right\} = \frac{\sigma_x + \sigma_y}{2} \pm \frac{1}{2}\sqrt{(\sigma_x - \sigma_y)^2 + 4\tau_x^2} = \frac{60+0}{2} \pm \frac{1}{2}\sqrt{(60-0)^2 + 4 \times 40^2}$$

$$= \begin{cases} 80 \\ -20 \end{cases} (\text{MPa})。$$

与另一个为零的主应力比较得 $\sigma_1 = 80$ MPa，$\sigma_2 = 0$，$\sigma_3 = -20$ MPa。

(2) 确定主平面的方位角。由

$$\tan 2\alpha_0 = -\frac{2\tau_x}{\sigma_x - \sigma_y} = -\frac{2 \times 40}{60-0} = -\frac{4}{3}$$

可得 $2\alpha_0 = -53°$，$\alpha_0 = -26.5°$。画出主单元体如图 9 - 8(b)所示。

9.2.2.2 最大切应力及其作用面位置

1. 最大切应力平面方位角的确定

首先用解析法确定最大切应力 τ_{max} 所在的平面方位。将(9 - 2)式对 α 求导并令其等于零，即 $\frac{d\tau_\alpha}{d\alpha} = (\sigma_x - \sigma_y)\cos 2\alpha - 2\tau_x \sin 2\alpha = 0$，整理得

$$(\sigma_x - \sigma_y) - 2\tau_x \tan 2\alpha = 0。$$

如果用 α_τ 表示最大切应力所在平面的外法线与 x 轴之间的夹角，则可由上式得出

$$\tan 2\alpha_\tau = \frac{\sigma_x - \sigma_y}{2\tau_x}。 \tag{9 - 6}$$

将(9 - 6)式与 $\tan 2\alpha_0 = -\dfrac{2\tau_x}{\sigma_x - \sigma_y}$ 比较，可以知道

$$\tan(2\alpha_0 + 90°) = -\cot 2\alpha_0 = \frac{\sigma_x - \sigma_y}{2\tau_x} = \tan 2\alpha_\tau,$$

即 $\tan 2(\alpha_0 + 45°) = \tan 2\alpha_\tau$,或 $\alpha_\tau = \alpha_0 + 45°$。这说明最大切应力所在平面应与主平面相交成 $45°$ 角。

2. 最大切应力 $\tau_{\max}$

将 $\dfrac{\mathrm{d}\tau_\alpha}{\mathrm{d}\alpha} = (\sigma_x - \sigma_y)\cos 2\alpha - 2\tau_x \sin 2\alpha = 0$ 代入(9-1)式可得在最大切应力作用的平面上的正应力 $\sigma_\alpha = \dfrac{\sigma_x + \sigma_y}{2}$,代入(9-2)式,求得的 τ_α 值即为最大切应力

$$\tau_{\max} = \pm \frac{1}{2}\sqrt{(\sigma_x - \sigma_y)^2 + 4\tau_x^2}。 \tag{9-7}$$

将(9-7)和(9-4)式比较可以看出,最大切应力与主应力在数值上的关系是

$$\tau_{\max} = \pm \frac{\sigma_1 - \sigma_2}{2}。$$

上式表明,单元体上的最大切应力的数值等于最大主应力与最小主应力之差的一半。

当单元体上的3个主应力按代数值排列是 $\sigma_1 \geqslant \sigma_2 \geqslant \sigma_3$ 时,则最大切应力的计算公式应该写为

$$\tau_{\max} = \pm \frac{\sigma_1 - \sigma_3}{2}。 \tag{9-8}$$

(9-7)式和(9-8)式都是计算最大切应力的公式,算得的结果有正、负两个数值。这说明最大切应力是成对出现的,它们的数值相等,正负号相反,作用面互相垂直,符合切应力互等定理。

例9-5 已知某结构物种一点处为平面应力状态,$\sigma_x = -30$ MPa,$\sigma_y = -20$ MPa,$\tau_x = \tau_y = 0$。试求该点处的最大切应力。

【解】 根据给定的应力可知,主应力 $\sigma_1 = 0$,$\sigma_2 = \sigma_y = -20$ MPa,$\sigma_3 = \sigma_x = -30$ MPa,将有关主应力值代入(9-8)式可得

$$\tau_{\max} = \frac{\sigma_1 - \sigma_3}{2} = \frac{1}{2}[0 - (-30)] = 15(\text{MPa})。$$

9.2.2.3 各种基本变形杆件的应力状态

1. 拉压杆

从图 9-9(a)所示的拉伸杆件内任一点处取一单元体,左右一对面为杆件横截面的一部分。由于该单元体只在左右一对面上有拉应力 σ,可知该点处于单向应力状态,绘制单元体如图 9-9(b)所示。令 $\sigma_x = \sigma$,$\sigma_y = 0$,$\tau_x = 0$。

(1) 由(9-4)式得 $\sigma_1 = \sigma$,$\sigma_2 = \sigma_3 = 0$,$\alpha_0 = 0$,说明拉压杆件的最大正应力发生在横截

面上,该截面上不存在切应力。

(2) 由(9-8)式有 $\tau_{\max}=\pm\dfrac{\sigma}{2}$,最大切应力发生在 45°斜截面上,该斜截面上同时存在正应力 $\sigma_{45°}=\dfrac{\sigma}{2}$。

2. 扭转圆轴

从图 9-10(a)所示扭转圆轴内任一点处取一单元体,左右一对面为杆件横截面的一部分。由于该单元体只在左右、上下两对面上有数值相等的切应力 τ,可知处于纯切应力状态。

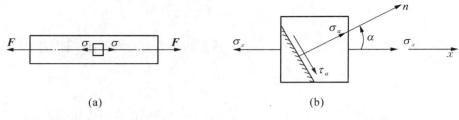

图 9-9

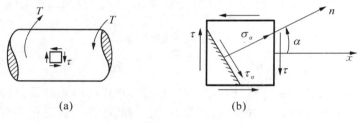

图 9-10

同理可以判定,图 9-10(b)所示单元体主应力 $\sigma_1=\tau$ 所在平面的外法线与 x 轴成 $-45°$ 夹角,$\sigma_3=-\tau$ 所在平面的外法线与 x 轴成 45°夹角,最大切应力发生在横截面上。

3. 梁

图 9-11(a)所示一简支梁,在梁的任一横截面 $m-m$ 上,从梁顶到梁底各点处的应力状态并不相同。现沿 $m-m$ 的 a,b,c,d,e 5 个点处分别取单元体进行分析,如图 9-11(b)所示。

梁顶 a 点处的单元体只有一对压应力;梁底 e 点处的单元体只有一对拉应力;均处于单向应力状态。中性层 c 点处的单元体,只有两对切应力,处于纯切应力状态。梁顶、梁底与中性层之间 b,d 点处的单元体均为一般二向应力状态,其主应力及主应力方向可按(9-3)和(9-4)式求得。5 个点处的主应力方向在图 9-11(b)中标出。

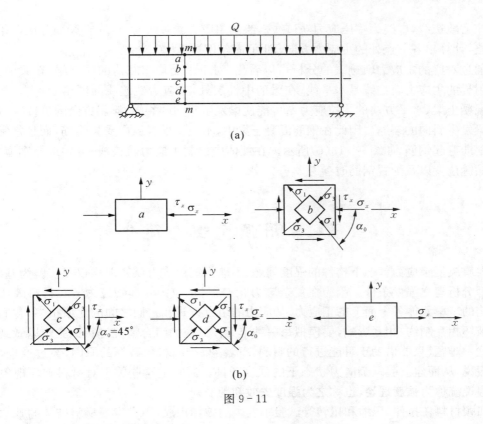

图 9-11

9.2.3 主应力轨迹线的概念

可用上述方法求出平面结构内任一点处的两个主应力大小及其方向。在工程结构的设计中，往往还需要知道结构内各点主应力方向的变化规律。例如钢筋混凝土结构，由于混凝土的抗拉能力很差，设计时需知道结构内各点主拉应力方向的变化情况，以便配置钢筋。为了反映结构内各点的主应力方向，需绘制主应力轨迹线。所谓**主应力轨迹线**，是两组正交的曲线，其中一组曲线是主拉应力轨迹线，另一组曲线是主压应力轨迹线。在这些曲线上任意一点处的切线方向就是在该点处的主应力方向。下面以梁为例，说明绘制主应力轨迹线的方法。

用梁的应力状态分析方法，可求出如图 9-11 所示梁内各点处的主应力方向。已知梁内各点处的主应力方向后，即可绘制出梁的主应力轨迹线，如图 9-12(a)所示。图中实线为

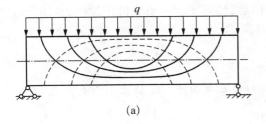

(a)

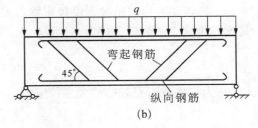

(b)

图 9-12

主拉应力轨迹线,虚线为主压应力轨迹线。绘制主应力轨迹线时,可先将梁划分成若干细小的网格,计算出各节点处的主应力方向,即可描绘出主应力轨迹线。

通过对梁的主应力轨迹线的分析可以看出,对于承受均布载荷的简支梁,在梁的上、下边缘附近的主应力轨迹线是水平线;在梁的中性层处,主应力轨迹线的倾角为 45°。如果是钢筋混凝土梁,水平方向的主拉应力 σ_t 可能使梁发生竖向的裂缝,倾斜方向的主拉应力 σ_t 可能使梁发生斜向的裂缝。因此在钢筋混凝土梁中,不但要配置纵向受拉钢筋,而且常常还要配置斜向弯起钢筋,如图 9-12(b)所示。在坝体中绘制主应力轨迹线,可供选择廊道、管道和伸缩缝位置以及配置钢筋时参考。

9.3 常用强度理论简介

要解决复杂应力状态下构件的强度问题,不能像简单应力状态那样仅以实验为基础,通过推理分析建立强度条件。因为在复杂应力状态下,正应力 σ 和切应力 τ 对材料破坏是相互影响的。单元体各个面上的正应力、切应力的组合方式和它们之间的比值很多,它们对材料的破坏相互制约、相互影响,要模拟每一种单元体的应力组合情况进行试验难以做到。要解决这一难题,只能借助于可能进行的材料试验结果推断材料破坏的原因,经过推理,提出一些假说,从而建立起复杂应力状态下的强度条件。通常把这些关于对材料破坏现象的原因的假说统称为**强度理论**,也称之为**强度失效判别准则**。

回顾材料在拉伸、压缩和扭转等试验中发生的破坏现象,不难发现材料破坏的基本形式有两种类型:一类是没有明显塑性变形的情况下发生突然断裂,称为脆性断裂,如铸铁试样在拉伸时沿横截面的断裂和铸铁圆试样在扭转时沿斜截面的断裂;另一类是材料发生显著的塑性变形而使构件丧失正常工作的能力,即塑性屈服。通过长期的生产实践和科学研究,对这两种破坏形式形成了常用的 5 个强度理论。

9.3.1 常用的 5 种强度理论简介

1. 最大拉应力理论(第一强度理论)

最大拉应力理论认为,引起材料脆断破坏的原因是最大拉应力 σ_t。不论在什么应力状态下,只要构件内一点处的 3 个主应力中最大的拉应力 σ_t(即 σ_1)达到单向拉伸断裂时的抗拉强度极限 σ_b,材料便发生断裂破坏。于是,按照这一强度理论,脆性断裂的判断依据是 $\sigma_1 = \sigma_b$。将该式右边的抗拉强度极限除以安全因数,即可得到材料的许用拉应力,因此按第一强度理论建立的强度条件为

$$\sigma_1 \leqslant [\sigma] \tag{9-9}$$

式中,σ_1 为构件危险点处的最大主拉应力,$[\sigma]$ 为材料在单向拉伸时的许用应力。

2. 最大拉应变理论（第二强度理论）

最大拉应变理论认为，引起材料断裂破坏的主要因素是最大拉应变，无论材料处于何种应力状态，只要单元体的3个主应变中的最大主拉应变 ε_1 达到材料单向拉伸断裂时的最大拉应变极限值 $\varepsilon_{\lim}$，材料即发生断裂破坏。按此理论，材料的断裂破坏条件为 $\varepsilon_1 = \varepsilon_{\lim}$。

如果材料从开始受力直到发生断裂破坏时其应力、应变关系近似符合胡克定律，则复杂应力状态下的最大拉应变为 $\varepsilon_1 = \frac{1}{E}[\sigma_1 - \nu(\sigma_2 + \sigma_3)]$。而材料在单向拉伸断裂破坏时的应变值为 $\varepsilon_{\lim} = \frac{\sigma_{\lim}}{E}$。这样，材料的断裂破坏条件又可以写为

$$\frac{1}{E}[\sigma_1 - \nu(\sigma_2 + \sigma_3)] = \frac{\sigma_{\lim}}{E}, \text{ 或者为 } \sigma_1 - \nu(\sigma_2 + \sigma_3) = \sigma_{\lim}$$

将上式右边的抗拉强度极限除以安全因数后，即可得到按第二强度理论建立的强度条件

$$\sigma_1 - \nu(\sigma_2 + \sigma_3) \leqslant [\sigma] \tag{9-10}$$

必须注意，(9-10)式右边 $[\sigma]$ 是材料在单轴拉伸时发生脆性断裂的许用拉应力。像低碳钢一类塑性材料是不可能通过单轴拉伸试验得到材料在脆断时的极限值 $\varepsilon_{\lim}$ 的。所以对低碳钢等塑性材料在三轴拉伸应力下，该式右边的 $[\sigma]$ 不能理解为材料在单轴拉伸时的许用拉应力。

实验表明，这一理论与石料、混凝土等脆性材料在压缩时纵向开裂的现象是一致的，对铸铁等脆性材料受二向拉伸和压缩时且压应力较大的情况较为适用。这一理论考虑了其余两个主应力 σ_2，σ_3 对材料强度的影响，在形式上较第一强度理论更为完善。但实际上并不一定总是合理的，如在二轴或者三轴受拉情况下，按这一理论反比单轴受拉时不易断裂，显然和实际情况不相符合。

3. 最大切应力理论（第三强度理论）

最大切应力理论认为，材料引起屈服破坏（剪切破坏）的主要因素是最大切应力。而且认为，无论材料处于何种应力状态，只要它的最大切应力 $\tau_{\max}$ 达到材料在单向拉伸屈服时的最大切应力 τ_s，材料即发生屈服破坏。按此理论，材料的屈服破坏条件（或屈服条件）为 $\tau_{\max} = \tau_s$。

根据(9-8)式，复杂应力状态下的最大切应力为 $\tau_{\max} = \frac{\sigma_1 - \sigma_3}{2}$。而材料在单向拉伸时的最大切应力为 $\tau_s = \frac{\sigma_s}{2}$。于是，材料的屈服破坏条件又可以写为

$$\frac{\sigma_1 - \sigma_3}{2} = \frac{\sigma_s}{2}, \text{ 或者 } \sigma_1 - \sigma_3 = \sigma_s$$

将上式右边材料的屈服极限 σ_s 除以安全系数 K_s 后，即可得到按照第三强度理论建立的强度条件为

$$\sigma_1 - \sigma_3 \leqslant [\sigma]。 \tag{9-11}$$

该强度理论被许多塑性材料的试验所证实,且偏于安全。又因为该理论所提供的计算式比较简单,因此它在工程设计中得到了广泛的应用。不足之处是没有考虑 σ_2 的影响,而试验又表明,σ_2 对材料的屈服确实存在着一定影响。并且,按照这个理论,材料在三向均匀受拉时应该不容易破坏,但这点并没有被实验所证实。

4. 形状改变能理论(第四强度理论)

形状改变能理论认为,形状改变能密度是引起材料屈服破坏的主要因素,而且认为,不论材料处于何种应力状态,只要其材料的形状改变能密度 u_f 达到材料单向拉伸屈服时的形状改变能密度值 u_{fs},材料便发生屈服破坏。按此理论,材料的屈服破坏条件为 $u_f = u_{fs}$。式中

$$u_f = \frac{(1+\mu)}{6E}[(\sigma_1-\sigma_2)^2+(\sigma_2-\sigma_3)^2+(\sigma_3-\sigma_1)^2], \quad u_{fs} = \frac{1+\nu}{3E}\sigma_s^2。$$

为此,按照第四强度理论写出的屈服破坏条件为

$$\sqrt{\frac{1}{2}[(\sigma_1-\sigma_2)^2+(\sigma_2-\sigma_3)^2+(\sigma_3-\sigma_1)^2]} = \sigma_s。$$

将上式右边材料的屈服极限 σ_s 除以安全因数后,即可得到按第四强度理论所建立的强度条件为

$$\sqrt{\frac{1}{2}[(\sigma_1-\sigma_2)^2+(\sigma_2-\sigma_3)^2+(\sigma_3-\sigma_1)^2]} \leqslant [\sigma]。 \tag{9-12}$$

可见,第四强度理论比第三强度理论综合考虑了 σ_1,σ_2,σ_3 对材料屈服破坏的影响,因此,也就更符合塑性材料的实验结果。但第三强度理论的数学表达式比较简单,因此第三与第四强度理论在工程中均得到了广泛的应用。但是,第四强度理论与第三强度理论一样,均不能说明材料在三向均匀拉伸时材料破坏的原因。

5. 莫尔强度理论

由于在工程建造中使用了大量的脆性材料,而脆性材料的抗拉强度一般都低于其抗压强度。应用莫尔强度理论就能较为准确地确定其脆性材料的破坏抗力,并且比第一和第二强度理论有更大的优越性。由于莫尔强度理论的阐述比较繁杂,涉及应力圆、包络线、复杂应力状态下的材料实验等知识,在此仅做简介。莫尔强度理论的要点如下:

(1) 该理论认为,材料危险状态的到达,虽然主要取决于某一截面上的切应力,但也与该截面上的正应力有关;

(2) 材料破坏时不一定发生在最大切应力作用平面上,而是发生在 $(\tau - f \cdot \sigma)$ 值为最大的切面上,f 为材料的摩擦因数;

(3) 在特定的应力状态下,材料发生屈服破坏时的极限应力 σ_{jx} 是破坏面上正应力的函数,并且与材料的性质有关,这个破坏极限应力 σ_{jx} 的简化公式为

$$\sigma_{jx} = \sigma_1 - \frac{\sigma_{tjx}}{\sigma_{cjx}}\sigma_3 。$$

莫尔强度理论的屈服破坏条件为

$$\sigma_{jx} = \sigma_{tjx}, \text{即} \sigma_1 - \frac{\sigma_{tjx}}{\sigma_{cjx}}\sigma_3 = \sigma_{tjx},$$

式中,σ_1 和 σ_3 是处于复杂应力单元体中的最大主应力和最小主应力,σ_{tjx} 和 σ_{cjx} 是材料的抗拉极限应力和抗压极限应力,均由实验测得。

将上式中的极限应力除以强度安全因数后,就得到经过简化处理的莫尔强度条件为

$$\sigma_1 - \frac{[\sigma_t]}{[\sigma_c]}\sigma_3 \leqslant [\sigma] 。 \tag{9-13}$$

莫尔强度理论考虑了材料在剪切滑动时内摩擦的影响。对一般塑性材料来说,由于有 $[\sigma_t] = [\sigma_c]$,因而莫尔强度理论就变为 $\sigma_1 - \sigma_3 \leqslant [\sigma]$,这就与最大切应力理论相当,因而具有最大切应力理论的优点。在莫尔破坏条件中,考虑了脆性材料 $[\sigma_t]$ 与 $[\sigma_c]$ 不等的因素,这就使莫尔强度理论比最大切应力理论更符合实际。

像铸铁一类脆性材料的许用拉应力、压应力显然不相等,因此,莫尔强度理论为这一类材料在复杂应力状态下最大和最小主应力分别为拉应力和压应力的情况建立了强度条件。这种处理方法并不严格,因为铸铁在单轴拉伸和压缩时发生脆性断裂的原因并不相同。但作为一种工程上的实用方法还是可取的。

从(9-9)~(9-13)式的形式来看,按照5个强度理论所建立的强度条件可统一写作

$$\sigma_{ri}^* \leqslant [\sigma], \tag{9-14}$$

式中,σ_r 是根据不同强度理论所得到的构件危险点处3个主应力的某些组合。从(9-14)式的形式来看,这种主应力的组合 σ_r 和单向拉伸时的拉应力在安全程度上是相当的,因此,通常称 σ_{ri}^* 为相当应力或折算应力。5个强度理论的相当应力分别为

$$\begin{cases} \sigma_{r1}^* = \sigma_1, \\ \sigma_{r2}^* = [\sigma_1 - \mu(\sigma_2 + \sigma_3)], \\ \sigma_{r3}^* = (\sigma_1 - \sigma_3), \\ \sigma_{r4}^* = \sqrt{\frac{1}{2}[(\sigma_1 - \sigma_2)^2 + (\sigma_2 - \sigma_3)^2 + (\sigma_3 - \sigma_1)^2]}, \\ \sigma_{rM}^* = \sigma_1 - \frac{[\sigma_t]}{[\sigma_c]}\sigma_3 。 \end{cases} \tag{9-15}$$

9.4 强度理论在工程中的简单应用

所有强度理论的提出都是以生产实践和科学试验为基础,而且每一个强度理论的建立

都需经受实验和实践的检验。强度理论着眼于材料的破坏规律,试验表明,不同材料的破坏因素可能不同,同一种材料在不同的应力状态下的破坏因素也可能不同。如 Q235 钢在单向拉伸时发生塑性屈服,但在三向拉伸时却又发生脆性断裂;又如石料类脆性材料在三向压缩应力状态下也会产生很大的塑性变形。因此,在实践中还要根据不同的应力状态和可能的破坏形式选用合适的强度理论。

根据试验资料,可把各种强度理论的使用范围归纳如下:

(1) 本章所述强度理论均仅适用于常温、静载荷条件下的均质、连续、各向同性的材料。

(2) 不论是脆性还是塑性材料,在三轴拉伸应力状态下,都会发生脆性断裂,宜采用最大拉应力理论(第一强度理论)。但对于塑性材料,由于从单轴拉伸试验结果不可能得到材料发生断裂的极限应力,所以,在按第一强度理论进行校核时,(9-9)式右边的许用应力$[\sigma]$就不能取在单轴拉伸时的许用应力值,而应用发生断裂时的最大主应力 σ_1 除以安全因素。

(3) 对于脆性材料,在二向拉伸应力状态下应采用最大拉应力理论;在复杂应力状态的最大和最小主应力分别为拉应力和压应力时,由于材料的许用拉应力、压应力不等,宜采用莫尔强度理论。

(4) 像低碳钢一类的塑性材料,除受三向拉伸应力状态外,各种复杂应力状态下都会发生屈服现象,一般应采用形状改变能理论(第四强度理论)。但最大切应力理论(第三强度理论)的物理概念较为直观,计算简捷,而且计算结果偏于安全,因而常采用最大切应力理论。

(5) 在三向压缩应力状态下,不论是塑性材料还是脆性材料,通常都会发生屈服失效,故一般采用第四强度理论。但脆性材料不可能得到单轴拉伸的屈服极限应力,所以,许用应力也不能用脆性材料在单轴拉伸时的许用应力值。

严格地说,在使用强度理论时,应区分为脆性状态和塑性状态。前者使用第一或第二强度理论,后者使用第三或第四强度理论。

例 9-6 对图 9-13(a)所示的纯剪切应力状态,按照第三和第四强度理论建立塑性材料在纯剪切状态下的强度条件,并导出剪切许用应力$[\tau]$与拉伸许用应力$[\sigma]$之间的关系。

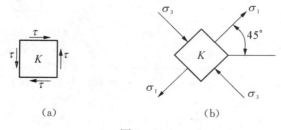

图 9-13

【解】 (1) 首先求出如图 9-13(b)所示纯剪切状态下的 3 个主应力

$$\sigma_1 = \tau, \ \sigma_2 = 0, \ \sigma_3 = -\tau. \tag{1}$$

(2) 图 9-13(a)所示单元体的纯剪切强度条件为

$$\tau \leqslant [\tau]. \tag{2}$$

(3) 根据强度理论建立的强度条件。

1) 按第三强度理论的强度条件,有 $\sigma_1 - \sigma_3 \leqslant [\sigma]$,将(1)式代入,得到纯剪切状态下的强度条件为 $2\tau \leqslant [\sigma]$。与纯剪切强度条件(2)比较,则 $[\tau]$ 与 $[\sigma]$ 之间的关系为

$$[\tau] = \frac{[\sigma]}{2} = 0.5[\sigma]. \tag{3}$$

2) 按第四强度理论的强度条件,得

$$\sqrt{\frac{1}{2}[(\sigma_1-\sigma_2)^2+(\sigma_2-\sigma_3)^2+(\sigma_3-\sigma_1)^2]} \leqslant [\sigma].$$

将(1)式代入,得到纯剪切状态下的强度条件为 $\sqrt{3}\tau \leqslant [\sigma]$。与纯剪切强度条件(2)式进行比较,则 $[\tau]$ 与 $[\sigma]$ 之间的关系为

$$[\tau] = \frac{[\sigma]}{\sqrt{3}} = 0.577[\sigma]. \tag{4}$$

综前所述,许用切应力 $[\tau]$ 与许用拉伸应力 $[\sigma]$ 之间的关系为 $[\tau] = (0.5 \sim 0.6)[\sigma]$,与塑性材料实验值的范围一致。

例 9-7 试根据第三和第四强度理论,建立如图 9-14 所示单向拉压与纯剪组合应力状态的强度理论。

【解】 令 $\sigma_x = \sigma$, $\sigma_y = 0$, $\tau_x = \tau$,代入(9-4)式得

$$\sigma_1 = \frac{\sigma}{2} + \frac{1}{2}\sqrt{\sigma^2+4\tau^2}, \quad \sigma_2 = 0, \quad \sigma_3 = \frac{\sigma}{2} - \frac{1}{2}\sqrt{\sigma^2+4\tau^2}.$$

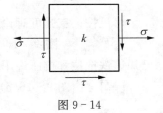

图 9-14

代入第三和第四强度理论的公式,得到相应的强度条件为

$$\sigma_{r3} = \sqrt{\sigma^2+4\tau^2} \leqslant [\sigma], \quad \sigma_{r4} = \sqrt{\sigma^2+3\tau^2} \leqslant [\sigma].$$

上述两个公式在塑性材料制成的非纯弯曲梁和其他构件及组合变形的计算中广泛应用。

例 9-8 等厚钢制薄壁圆筒如图 9-15 所示,其平均直径 $d = 100\,\text{cm}$,筒内液体压强 $p = 3.6\,\text{MPa}$。材料的许用应力 $[\sigma] = 160\,\text{MPa}$,试设计圆筒的壁厚。

【解】 对图 9-15(c,d)所示研究对象分析,分别建立方程。

$$\sum F_x = 0, \quad \sigma_x \pi dt = p\frac{\pi d^2}{4}, \quad \text{有} \quad \sigma_x = \frac{pd}{4t};$$

$$\sum F_y = 0, \quad 2\sigma_t L t = pdL, \quad \text{有} \quad \sigma_t = \frac{pd}{2t}.$$

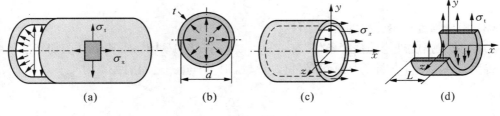

图 9-15

在 $d \gg t$ 的条件下，p 与 σ_t 相比很小可略去不计，故主应力为

$$\sigma_1 = \sigma_t, \sigma_2 = \sigma_x, \sigma_3 \approx 0。$$

钢材在这种应力状态下发生屈服失效，则按第三强度理论 $\sigma_1 - \sigma_3 = \dfrac{pd}{2t} \leqslant [\sigma]$，有

$$t \geqslant \dfrac{pd}{2[\sigma]} = \dfrac{3.6 \times 1\,000}{2 \times 160} = 11.25(\text{mm})。$$

按第四强度理论 $\sqrt{\dfrac{1}{2}\left[\left(\dfrac{pd}{2t} - \dfrac{pd}{4t}\right)^2 + \left(\dfrac{pd}{4t}\right)^2 + \left(\dfrac{pd}{2t}\right)^2\right]} \leqslant [\sigma]$，有

$$t \geqslant \dfrac{\sqrt{3}}{4} \dfrac{pd}{[\sigma]} = \dfrac{\sqrt{3} \times 3.6 \times 1\,000}{4 \times 160} = 9.75(\text{mm})。$$

可见按第三强度理论计算较第四强度理论偏安全。

例 9-9 图 9-16 所示为一 T 形截面的铸铁外伸梁，试校核危险截面 a 点的强度。已知铸铁抗拉和抗压许用应力分别为 $[\sigma_t] = 30$ MPa，$[\sigma_c] = 160$ MPa。

【解】 由图 9-16(a) 可知，图示简支梁危险截面发生在 B 截面，

$$M_{B^-} = 4 \text{ kN} \cdot \text{m}, F_{sB^-} = -6.5 \text{ kN}。$$

根据截面尺寸可以求得 $I_z = 763 \text{ cm}^4$，$S_z^* = 67.2 \text{ cm}^3$，则

$$\sigma_a = \dfrac{My}{I_z} = \dfrac{4 \times 10^6 \times 32}{763 \times 10^4} = 16.8(\text{MPa}),$$

$$\tau_a = \dfrac{F_s S_z^*}{I_z b} = \dfrac{6.5 \times 10^3 \times 67.2 \times 10^3}{763 \times 10^4 \times 20} = 2.86(\text{MPa})。$$

该点单元体应力状态如图 9-16(c) 所示。求出主应力

$$\left.\begin{array}{c}\sigma_1 \\ \sigma_3\end{array}\right\} = \dfrac{16.8}{2} \pm \sqrt{\left(\dfrac{16.8}{2}\right)^2 + 2.86^2} = \begin{cases} 17.3 \\ -0.47 \end{cases}(\text{MPa})。$$

由于铸铁的抗拉、压强度不等，应使用莫尔准则，有

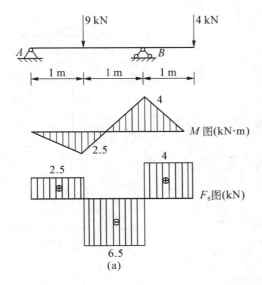
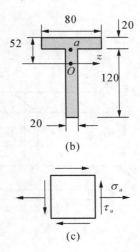

图 9-16

$$\sigma_{rM} = \sigma_1 - \frac{[\sigma_t]}{[\sigma_c]}\sigma_3 = 17.3 - \frac{30}{160}(-0.47) = 17.4(\text{MPa}) < [\sigma_t]_\circ$$

满足强度理论的要求。

9.5 组合变形的概念及工程实例

9.5.1 组合变形的概念

在前面几章中,分别研究了杆件在基本变形(拉伸、压缩、剪切、扭转、弯曲)时的强度和刚度。在实际工程中,有许多构件在载荷作用下常常同时发生两种或者两种以上的基本变形,这种情况称为**组合变形**。如图 9-17(a)所示梁在力 **P** 作用下,其作用线并不通过截面的任何形心主惯性轴,此时,梁发生的就不再是平面弯曲了。但可以分解为梁水平、竖直两个纵向对称平面内的平面弯曲,这种情况称为**斜弯曲或者双向弯曲**。如图 9-17(b)所示的钻床立柱则同时产生了弯曲变形与拉伸变形。

处理组合变形问题的方法有:
(1) 将构件的组合变形分解为基本变形;
(2) 计算构件在每一种基本变形情况下的应力;
(3) 将同一点的应力叠加起来,便可得到构件在组合变形情况下的应力。

叠加原理是解决组合变形计算的基本原理。叠加原理应用条件:即在材料服从胡克定

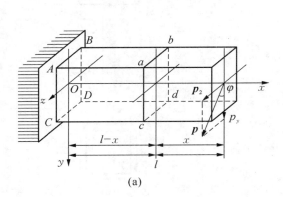
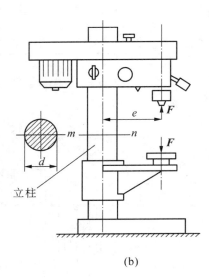

图 9-17

律,构件产生小变形,所求力学量定载荷的一次函数的情况下,计算组合变形时可以将几种变形分别单独计算,然后再叠加,即得组合变形杆件的内力、应力和变形。

9.5.2 组合变形的工程实例

组合变形的实例在工程中非常多,常见的组合变形有弯曲与拉伸(压缩)组合、弯曲与扭转组合等,如图 9-18 所示。本章主要研究压缩(拉伸)与弯曲组合变形和扭转与弯曲组合变形。

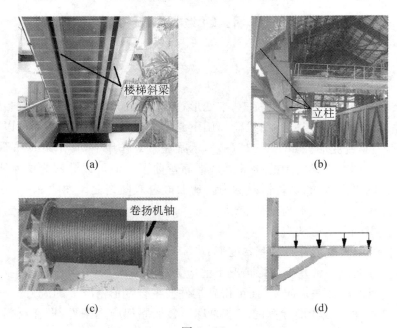

图 9-18

9.6 弯曲与拉伸组合变形的强度计算

由杆件的基本变形可知,杆件在受作用线与轴线重合的外力作用时产生轴向拉伸或压缩变形,在受与轴线垂直的横向力作用时产生弯曲变形。在下述两类载荷作用下,杆件将产生拉伸(压缩)与弯曲组合变形:

(1) 杆件受轴向力和横向力共同作用。如图9-18(a)所示的楼梯斜梁为压弯组合变形,图9-18(d)所示的支架的横梁 AB 梁为拉弯组合变形。

(2) 杆件受作用线与轴线平行但不通过截面形心的外力,即受偏心力作用。如图9-18(b)所示的吊车梁的牛腿柱为偏心压弯组合变形。

这些实例中反映的构件横截面上应力特点是:轴力和弯矩都将在横截面上产生正应力,横截面上只有正应力而无剪应力。

对于弯曲刚度 EI 较大的杆,由于横向力引起的挠度与横截面的尺寸相比很小,因此,可以忽略其压缩变形和弯曲变形间的相互影响。于是,可分别计算由横向力和轴向力引起的杆横截面上的正应力,按叠加原理求其代数和,即得在拉伸(压缩)和弯曲组合变形下杆横截面上的正应力。

9.6.1 横向力与轴向力共同作用

现以图9-17(b)所示的钻床立柱为例分析弯曲与拉伸(弯压组合情况需将轴力反向后计算)组合变形的强度计算。

如图9-19(a)所示,轴向拉力 N 使立柱产生拉伸作用,弯矩 M 使立柱产生平面弯曲,故立柱的变形为拉伸与弯曲的组合变形。轴向拉力 N 在 $m-n$ 截面上产生拉伸正应力,弯矩 M 在 $m-n$ 截面上产生弯曲正应力。这两种基本变形在立柱 $m-n$ 截面上产生的都是正应力,因此在计算 $m-n$ 截面上的总应力时,只须将这两种正应力进行代数相加即可,如图9-19(b)所示。对于弯拉组合变形,相加结果为截面左侧边缘处有最小应力(可能为压,也可能为拉,甚至可能为零),截面右侧边缘处有最大应力(必为拉),其值分别为

$$\sigma_{\min} = \frac{N}{A} - \frac{M}{W_z}, \quad \sigma_{\max} = \frac{N}{A} + \frac{M}{W_z} \quad \quad (9-16)$$

当杆件发生弯曲与轴向拉伸(压缩)的组合变形时,对于抗拉与抗压强度相同的塑性材料,只需按截面上的最大应力进行强度计算即可,其强度条件为

$$\sigma_{\max} = \frac{N}{A} + \frac{M}{W_z} \leqslant [\sigma] \quad \quad (9-17)$$

对于抗压强度与抗拉强度不相等的材料,如脆性材料,且截面上又同时出现了拉应力和压应力的弯拉组合情况,则要分别计算抗拉强度和抗压强度:

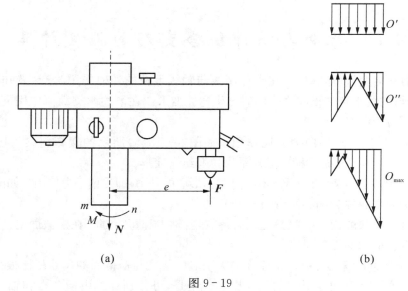

图 9-19

$$\sigma_{\max}^+ = \frac{N}{A} + \frac{M}{W_z} \leqslant [\sigma^+], \quad \sigma_{\max}^- = \left|\frac{N}{A} - \frac{M}{W_z}\right| \leqslant [\sigma^-]。 \tag{9-18}$$

对抗压强度与抗拉强度相等的材料,或截面上只有拉应力的弯拉组合变形,则上述强度公式只有第一式有效。对于弯压组合变形,应力叠加情况正好相反,其强度条件表达式略有不同。

例 9-10 有一三角形托架如图 9-20(a)所示,杆 AB 为一工字钢。已知作用在点 B 处的集中载荷 $P = 8$ kN,型钢的许用应力 $[\sigma] = 100$ MPa,试选择杆 AB 的工字钢型号。

【解】 (1) 计算杆 AB 的内力,并作内力图。杆 AB 的受力图如图 9-20(b)所示,由 $\sum M_A = 0$,有 $F_{Cy} \times 2.5 - 8 \times 4 = 0$,求得 $F_{Cy} = 12.8$ kN($\uparrow$)。

而 $F_{Cx} = F_{Cy} \tan 30° = 12.8 \times 1.732 = 22.17$ (kN)。

作出杆 AB 的弯矩图和轴力图分别如图 9-20(c,d)所示。

(2) 从内力图上可看出最大弯矩(绝对值)及最大轴力均发生在截面 C 上,分别为

$$M_{\max} = 12 \text{ kN} \cdot \text{m}, \quad N_{\max} = 22.17 \text{ kN}。$$

(3) 计算最大正应力,根据叠加原理,杆 AB 在截面 C 上的最大拉应力为

$$\sigma_{\max} = \frac{N_{\max}}{A} + \frac{M_{\max}}{W_z} = \frac{22.17 \times 10^3}{A} + \frac{12 \times 10^3}{W_z}, \tag{9-19}$$

式中,A 为杆 AB 横截面的面积,W_z 为相应的抗弯截面系数。

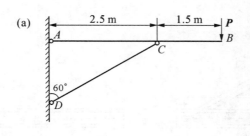

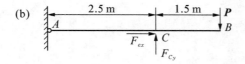
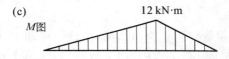
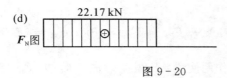

图 9-20

(4) 选择工字钢的型号。

因(9-19)式中的 A 和 W_z 均为未知，故需采用试算法。首先选用 18 号工字钢，由附录 Ⅱ 型钢表可查得 $A = 30.8 \times 10^2 \text{ mm}^2$，$W_z = 185 \times 10^3 \text{ mm}^3$，代入(9-19)式得

$$\sigma = \frac{22.17 \times 10^3}{30.8 \times 10^2 \times 10^{-6}} + \frac{12 \times 10^3}{185 \times 10^3 \times 10^{-9}} = 72.1 \times 10^6 (\text{N/m}^2)$$
$$= 72.1(\text{MPa}) < [\sigma] = 100(\text{MPa})。$$

强度是够的，但富余太多，不经济。改选 16 号工字钢，其 $A = 26.1 \times 10^2 \text{ mm}^2$，$W_z = 141 \times 10^3 \text{ mm}^3$，代入(9-19)式得

$$\sigma = \frac{22.17 \times 10^3}{26.1 \times 10^2 \times 10^{-6}} + \frac{12 \times 10^3}{141 \times 10^3 \times 10^{-9}} = 93.6 \times 10^6 (\text{N/m}^2)$$
$$= 93.6(\text{MPa}) < [\sigma] = 100(\text{MPa})。$$

既能满足强度条件，用材又比较经济，确定选用 16 号工字钢。

例 9-11 图 9-21(a)所示为简易起重机，其最大起吊重量 $G = 15.5$ kN，横梁 AB 为工字钢，许用应力 $[\sigma] = 170$ MPa，若梁的自重不计，试按正应力强度条件选择工字钢的型号。

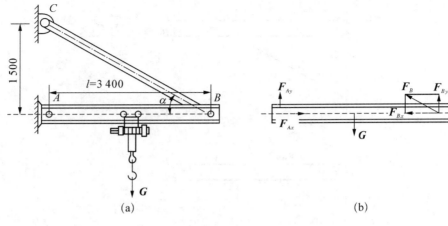

图 9-21

【解】 (1) 横梁的静力分析。横梁可简化为简支梁,由分析可知,当电葫芦移动到梁跨中点时,梁处于最危险的状态。将拉杆 BC 的作用力 F_B 分解为 F_{Bx} 和 F_{By},如图 9-21(b)所示,列静力平衡方程可求得

$$F_{By} = F_{Ay} = \frac{G}{2} = 7.75 \text{ kN}, \quad F_{Bx} = F_{Ax} = F_{By}\cos\alpha = 17.57 \text{ kN}。$$

力 G,F_{Bx} 和 F_{By} 沿 AB 梁横向作用使梁 AB 发生弯曲变形;力 F_{Ax} 与 F_{Bx} 沿 AB 梁的轴向作用使梁 AB 发生轴向压缩变形。所以梁 AB 发生压缩与弯曲的组合变形。

(2) 横梁的内力分析。当载荷作用于梁跨中点时,简支梁 AB 中点截面的弯矩值最大,其值为

$$M_{\max} = GL/4 = 15.5 \times 3.4/4 = 13.18 (\text{kN} \cdot \text{m})。$$

横梁各截面的轴向压力为 $F_N = F_{Ax} = 17.57 \text{ kN}$。

(3) 初选工字钢型号。按抗弯强度条件初选工字钢的型号。由 $\sigma_{\max} = \dfrac{M_{\max}}{W_z} \leqslant [\sigma]$ 得

$$W_z \geqslant \frac{M_{\max}}{[\sigma]} = \frac{13.18 \times 10^6}{170} = 77.5 \times 10^3 (\text{mm}^3) = 77.5 (\text{cm}^3)。$$

查型钢表,初选工字钢型号为 14 号工字钢,$W_z = 102 \text{ cm}^3$,$A = 21.5 \text{ cm}^2$。

(4) 校核横梁抗组合变形强度。横梁最大应力出现在中点截面的上边缘各点处。由压弯组合变形的强度条件得

$$\sigma_{\max}^+ = \frac{N}{A} + \frac{M}{W_z} = \frac{17.57 \times 10^3}{21.5 \times 10^2} + \frac{13.18 \times 10^6}{102 \times 10^3} = 137(\text{MPa}) < [\sigma]。$$

选用 14 号工字钢作为横梁强度足够。倘若强度不满足,可以将所选的工字钢型号再放大一号进行校核,直到满足强度条件为止。

9.6.2 偏心压缩(拉伸)

当外载荷作用线与杆轴线平行但不重合时,杆件将产生压缩(拉伸)和弯曲两种基本变形,这类问题称为**偏心压缩**(拉伸)。偏心受压杆的受力情况一般可抽象为如图 9-22 所示的两种偏心受压情况。如图 9-22(a)所示,当偏心压力 F(或方向向上的拉力)作用在杆件横截面对称轴上时,则产生轴向压缩(或拉伸)和单向平面弯曲的组合变形,称为单向偏心压缩(或拉伸);如图 9-22(b)所示,当偏心压力 F(或拉力)作用在横截面的任意点上,则产生轴向压缩(拉伸)和双向平面弯曲的组合变形,称为双向偏心压缩(拉伸)。

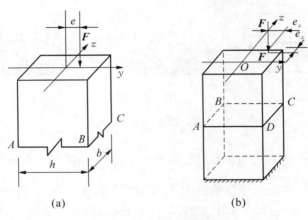

图 9-22 偏心压缩

1. 单向偏心受压(拉)

如图 9-23(a)所示,为了将偏心载荷分解为基本受力形式的叠加,可以将外力直接向截面形心简化,简化结果如图 9-23(b)所示。杆件在轴向压力 F 和弯矩 $M_z = Fe$ 共同作用下,其任一横截面受力均相同,杆件将产生轴向压缩与纯弯曲的组合变形。

轴力 F 在横截面上引起均匀分布的正应力 $\sigma' = \dfrac{N}{A}$,如图 9-23(c)所示,弯矩 $M_z = Fe$ 引起的正应力 $\sigma'' = \pm \dfrac{M_z y}{I_z}$,如图 9-23(d)所示,则横截面上应力 σ 分布规律如图 9-23(e)所示。某一点处的应力为

$$\sigma = \sigma' + \sigma'' = \dfrac{N}{A} \pm \dfrac{M_z y}{I_z}。$$

则最大、最小正应力必将发生在横截面的上、下边缘,于是

$$\sigma_{\max} = -\dfrac{N}{A} + \dfrac{M_z}{W_z}, \quad \sigma_{\min} = \bar{\sigma}_{\max} = -\dfrac{N}{A} - \dfrac{M_z}{W_z}。 \tag{9-20}$$

如果杆件材料的抗拉、抗压强度不相等,且横截面上拉、压应力同时出现时,则应分别计算拉、压强度,其强度条件为

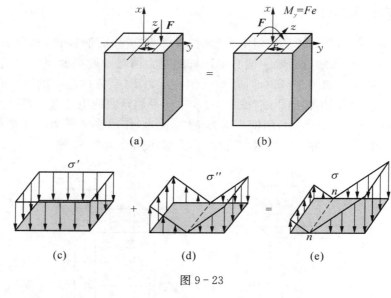

(a)   (b)   (c)   (d)   (e)

图 9-23

$$\sigma_{\max}^{+} = \frac{N}{A} + \frac{M_z}{W_z} \leqslant [\sigma^+], \quad \sigma_{\max}^{-} = \left| \frac{N}{A} + \frac{M_z}{W_z} \right| \leqslant [\sigma^-]. \tag{9-21}$$

例 9-12 图 9-24 所示矩形截面柱，柱顶有屋架传来的压力 $P_1 = 100$ kN，牛腿上承受吊车梁传来的压力 $P_2 = 45$ kN，P_2 与柱轴线的偏心距 $e = 0.2$ m。已知柱宽 $b = 200$ mm，求：

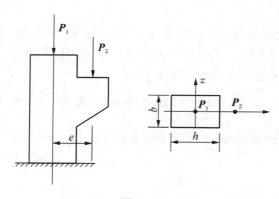

图 9-24

（1）若 $h = 300$ mm，则柱截面中的最大拉应力和最大压应力各为多少？

（2）要使柱截面不产生拉应力，截面高度 h 应为多少？在所选的 h 尺寸下，柱截面中的最大压应力为多少？

【解】（1）求 $\sigma_{\max}^{+}$ 和 $\sigma_{\max}^{-}$。将载荷力向截面形心平移，得柱的轴心压力为 $N = -P_1 - P_2 = -145$ kN。

截面的弯矩为 $M_z = P_2 \cdot e = 45 \times 0.2 = 9 (\text{kN} \cdot \text{m})$。

最大拉应力

$$\sigma_{\max}^{+} = \frac{N}{A} + \frac{M_z}{W_z} = -\frac{145 \times 10^3}{200 \times 300} + \frac{9 \times 10^6}{\frac{200 \times 300^2}{6}} = -2.42 + 3 = 0.58 (\text{MPa})。$$

最大压应力 $\sigma_{\max}^{-} = \dfrac{N}{A} - \dfrac{M_z}{W_z} = -2.42 - 3 = -5.42 (\text{MPa})$。

(2) 求 h 及 $\sigma_{\max}^-$。要使截面不产生拉应力,应满足

$$\sigma_{\max} = \frac{N}{A} - \frac{M_z}{W_z} \leqslant 0, \text{即} - \frac{145 \times 10^3}{200h} + \frac{9 \times 10^5}{\frac{200h^2}{6}} \leqslant 0。$$

解得 $h \geqslant 372$ mm,取 $h = 380$ mm。截面的最大压应力为

$$\sigma_{\max}^- = \frac{N}{A} - \frac{M_z}{W_z} = -\frac{145 \times 10^3}{200 \times 380} - \frac{9 \times 10^6}{\frac{200 \times 380^2}{6}} = -1.908 - 1.87 = -3.78 \text{(MPa)}。$$

例9-13 某水库溢洪道的浆砌块石挡土墙如图 9-25 所示(墙高与基宽的比例尺未画成一致),通常是取单位长度的挡土墙进行计算。已知墙的自重 $G = G_1 + G_2$,$G_1 = 72$ kN 的作用线到横截面 BC 的形心 O 的距离为 $x_1 = 0.8$ m,$G_2 = 77$ kN 的作用线到点 O 的距离为 $x_2 = 0.03$ m;在横截面 BC 以上的土壤作用在墙面上的总土压力 $F = 95$ kN,其作用线与水平面的夹角 $\theta = 42°$,其在墙面上的作用点 D 到点 O 的水平距离和竖直距离分别为 $x_0 = 0.43$ m 和 $y_0 = 1.67$ m;砌体的许用压应力为 3.5 MPa,许用拉应力为 0.14 MPa。计算出作用在截面 BC 上点 B 和点 C 处的正应力并进行强度校核。

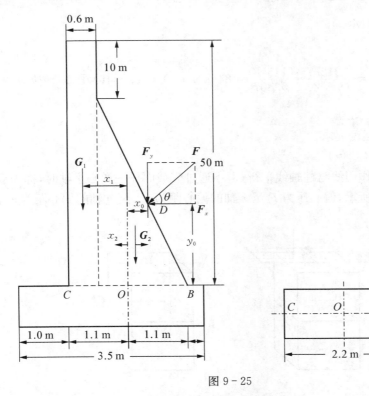

图 9-25

【解】 (1) 土压力 F 的水平分力和竖直分力分别为

$$F_x = F\cos\theta = 95\cos 42° = 70.6 \text{ kN}, \quad F_y = F\sin\theta = 95\sin 42° = 63.7(\text{kN})。$$

作用在横截面 BC 上的全部竖向压力为

$$N = -G_1 - G_2 - F_y = -72 - 77 - 63.7 = -212.7(\text{kN})。$$

各力对横截面 BC 的形心 O 的总力矩为

$$M = G_1 x_1 - G_2 x_2 + F_x y_0 - F_y x_0$$
$$= 72 \times 0.8 - 77 \times 0.03 + 70.6 \times 1.67 - 63.7 \times 0.43 = 145.8(\text{kN} \cdot \text{m})。$$

横截面 BC 的面积(按 1 m 长的挡土墙计算) $A = 1 \times 2.2 = 2.2(\text{m}^2)$,其抗弯截面模量为

$$W = \frac{bh^2}{6} = \frac{1 \times 2.2^2}{6} = 0.807(\text{m}^3)。$$

(2) 由(9-20)式可求得点 C 处的正应力

$$\sigma_{\max}^- = \frac{N}{A} - \frac{M_z}{W_z} = -\frac{212.7}{2.2} - \frac{145.8}{0.807} = -278(\text{kN/m}^2) = -0.278(\text{MPa}) \quad (压应力),$$

即 $\sigma_{\max}^- < [\sigma]_c = 3.5(\text{MPa})$。

点 B 处的正应力

$$\sigma_{\max}^+ = \frac{N}{A} + \frac{M_z}{W_z} = -\frac{212.7}{2.2} + \frac{145.8}{0.807} = 84(\text{kN/m}^2) = 0.084(\text{MPa}) \quad (拉应力),$$

即 $\sigma_{\max}^+ < [\sigma]_t = 0.14 \text{ MPa}$。

故截面 BC 满足强度要求。

2. 双向偏心压缩(拉伸)

当偏心压力 P 的作用线与柱轴线平行,但不通过横截面任一形心主轴时,称为双向偏心压缩。如图 9-26(a)所示,偏心压力 P 至 z 轴的偏心距为 e_y,至 y 轴的偏心距为 e_z。

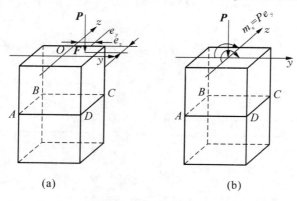

图 9-26

如图 9-26(a)所示。

(1) P 平移至 z 轴，附加力偶矩为 $m_z = Pe_y$；
(2) 再将压力 P 从 z 轴上平移至与杆件轴线重合，附加力偶矩为 $m_y = Pe_z$；
(3) 如图 9-26(b)所示，力 P 经过两次平移后，得到轴向压力 P 和两个力偶矩 m_z，m_y，所以双向偏心压缩实际上就是轴向压缩和两个垂直的平面弯曲的组合。

由截面法截取任一横截面 $ABCD$，其内力为

$$N = -P, \quad M_z = Pe_y, \quad M_y = Pe_z。$$

对横截面上 $ABCD$ 任意一点 K，坐标为 y，z。

(1) 由轴力 P 引起 K 点的压应力为 $\sigma_N = -\dfrac{P}{A}$；
(2) 由弯矩 M_z 引起 K 点的应力为 $\sigma_{M_z} = \pm\dfrac{M_z \cdot y}{I_z}$；
(3) 由弯矩 M_y 引起 K 点的应力为 $\sigma_{M_y} = \pm\dfrac{M_y \cdot y}{I_z}$。

所以，K 点的总应力为

$$\sigma = \sigma_N + \sigma_{M_z} + \sigma_{M_y} = -\frac{P}{A} \pm \frac{M_z \cdot y}{I_z} \pm \frac{M_y \cdot z}{I_y}。 \tag{9-22}$$

计算时，上式中 P，M_z，M_y，y，z 都可用绝对值代入，第二项和第三项前的正负号由观察弯曲变形的情况来确定。

由上式可得

$$\sigma = -\frac{P}{A} - \frac{M_z \cdot y}{I_z} - \frac{M_y \cdot z}{I_y}, \quad 即 \quad \frac{P}{A} + \frac{M_z \cdot y}{I_z} + \frac{M_y \cdot z}{I_y} = 0。$$

设 y_0，z_0 为中性轴上点的坐标，则中性轴方程为

$$\frac{P}{A} + \frac{Pe_y}{I_z}y_0 + \frac{Pe_z}{I_y}z_0 = 0, \quad 即 \quad 1 + \frac{e_y}{i_z^2}y_0 + \frac{e_z}{i_y^2}z_0 = 0。 \tag{9-23}$$

上式也称为零应力线方程，是一直线方程。式中 $i_z^2 = \dfrac{I_z}{A}$，$i_y^2 = \dfrac{I_y}{A}$ 分别称为截面对 z，y 轴的惯性半径，也是截面的几何量。

中性轴的截距：

当 $z_0 = 0$ 时，$y_1 = y_0 = -\dfrac{i_z^2}{e_y}$；当 $y_0 = 0$ 时，$z_1 = z_0 = -\dfrac{i_y^2}{e_z}$。

从而可以确定中性轴位置。力作用点坐标 e_y，e_z 越大，截距 y_1，z_1 越小；反之亦然。说明外力作用点越靠近形心，则中性轴越远离形心。式中负号表示中性轴与外力作用点总是位于形心两侧。中性轴将截面划分成两部分，一部分为压应力区，另一部分为拉应力区。

由图 9-26 可见，最小正应力（为最大压应力）$\sigma_{\min}$ 发生在 C 点，最大正应力（可能为拉、压或零）$\sigma_{\max}$ 发生在 A 点，其值为

$$\sigma_{\max} = \frac{N}{A} + \frac{M_z}{W_z} + \frac{M_y}{W_y}, \quad \sigma_{\min} = N/A - \frac{M_z}{W_z} - \frac{M_y}{W_y}. \tag{9-24}$$

危险点 A，C 都处于单向应力状态，所以可类似于单向偏心压缩的情况建立相应的强度条件。

当杆件材料抗拉、抗压强度不相等，且横截面同时出现拉压应力时，其强度条件为

$$\sigma_{\max}^+ = \frac{N}{A} + \frac{M_z}{W_z} + \frac{M_y}{W_y} \leqslant [\sigma^+], \quad \sigma_{\max}^- = \left| N/A - \frac{M_z}{W_z} - \frac{M_y}{W_y} \right| \leqslant [\sigma^-]. \tag{9-25}$$

如果横截面不出现拉应力或材料抗拉、抗压强度相等，则上述强度条件只有第二个式子有效。

3. 截面核心

从前面的分析可知，构件受偏心压缩时，横截面上既有轴向压力引起的压应力，又有偏心弯矩引起的弯曲压应力或拉应力，它们合成为构件横截面上的正应力。当偏心压力的偏心距较小时，则相应产生的偏心弯矩较小，从而使 $\sigma_M \leqslant \sigma_N$，即横截面上就只会有压应力而无拉应力；反过来，如果偏心压力的偏心距较大，则相应产生的偏心弯矩较大，就会使 $\sigma_M \geqslant \sigma_N$，则横截面上不仅存在压应力，还会有拉应力。

另一方面，在工程上有不少材料的抗拉性能较差而抗压性能较好且价格便宜，如砖、石材、混凝土、铸铁等，用这些材料制造而成的构件，适于承压，在使用时要求在整个横截面上没有拉应力。这就要限制偏心受压时压力作用点的位置，把偏心压力控制在某一区域范围内，从而使截面上只有压应力而无拉应力，这一范围即称为**截面核心**。因此，截面核心是指某一个区域，当压力作用在该区域内时，截面上就只产生压应力。

可以看出，中性轴在横截面的两个形心主轴上的截距 y_1，z_1 随压力作用点的坐标 y 和 z 变化。当压力作用点离横截面形心越近时，中性轴离横截面形心越远；当压力作用点离横截面形心越远时，中性轴离横截面形心越近。随着压力作用点位置的变化，中性轴可能与横截面周边相切，或在横截面以外，此时，横截面只产生压应力。

图 9-27 为任意形状的截面，为了确定截面核心的边界，首先确定截面的形心主轴 y，z，然后，可将与截面周边相切的任一直线 I 看作是中性轴，它在 y，z 两个形心主轴上的截距分别为 y_1 和 z_1。根据这两个值，就可确定与该中性轴对应的外力作用点 1，亦即截面核心边界上一个点的坐标（ρ_{y1}，ρ_{z1}）：

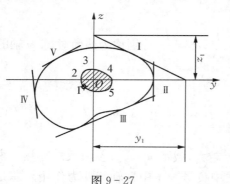

图 9-27

$$\rho_{y1}=-\frac{i_z^2}{y_1},\ \rho_{z1}=-\frac{i_y^2}{z_1}。 \tag{9-26}$$

同样,分别将与截面周边相切的直线 Ⅱ,Ⅲ,⋯ 等看作是中性轴,并按上述方法求得与它们对应的截面核心边界上点 2,3,⋯ 等的坐标。联结这些点所得到的一条封闭曲线,就是所求截面核心的边界线,而该边界曲线所包围的带阴影线的面积,即为截面核心。

例 9-14 试确定图 9-28 所示矩形截面的截面核心。

【解】 矩形截面对称,故 Oy 和 Oz 是形心主轴。该截面的惯性半径为

$$i_y^2=\frac{I_y}{A}=\frac{b^2}{12},\ i_z^2=\frac{I_z}{A}=\frac{h^2}{12}。$$

先将与 AB 边重合的直线作为中性轴 Ⅰ,它在 Oy 和 Oz 轴上的截距分别为

$$y_1=\infty,\ z_1=-b/2。$$

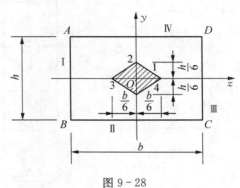

图 9-28

由(9-26)式得到与之对应的 1 点坐标为

$$\rho_{y1}=-\frac{i_z^2}{y_1}=0,\ \rho_{z1}=-\frac{i_y^2}{z_1}=\frac{b}{6}。$$

同理可求得当中性轴 Ⅱ 与 BC 边重合时,与之对应的 2 点坐标为

$$\rho_{y2}=\frac{h}{6},\ \rho_{y2}=0。$$

中性轴 Ⅲ 与 CD 边重合时,与之对应的 3 点坐标为

$$\rho_{y3}=0,\ \rho_{z3}=-\frac{b}{6}。$$

中性轴 Ⅳ 与 DA 边重合时,与之对应的 4 点坐标为

$$\rho_{y4}=-\frac{h}{6},\ \rho_{z4}=0。$$

确定了截面核心边界上的 4 个点后,还要确定这 4 个点之间的点,亦确定截面核心边界的形状。

现研究中性轴从与一个周边相切,转到与另一个周边相切时,外力作用点的位置变化。

外力作用点由 1 点沿截面核心边界移动到 2 点的过程中,与外力作用点对应的一系列中性轴将绕 B 点旋转,B 点是这一系列中性轴共有的点。因此,将 B 点的坐标 y_B 和 z_B 代入 (9-23)式得

$$1+\frac{\rho_y\cdot y_B}{i_z^2}+\frac{\rho_z\cdot z_B}{i_y^2}=0。 \tag{9-27}$$

在这一方程中,只有外力作用点的坐标 ρ_y 和 ρ_z 是变量,所以方程是一个直线方程。该式表明,当中性轴绕 B 点旋转时,外力作用点沿直线移动。因此,联结1点和2点的直线,就是截面核心的边界。同理,2点、3点和4点之间也分别是直线。最后可得截面的截面核心是一个菱形,如图 9-28 所示。

在图 9-29 中画出了圆形、矩形、工字形和槽形等 4 种截面的截面核心。

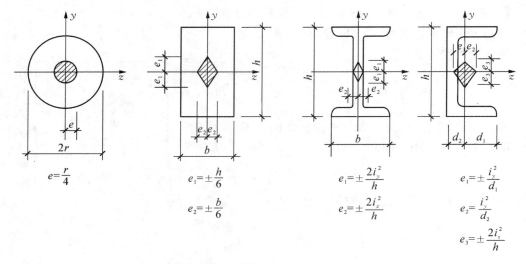

图 9-29

9.7 弯曲与扭转组合变形的强度计算

第 7 章研究杆件的扭转时只考虑了扭矩对杆的作用。实际上,工程中的许多受扭杆件,在发生扭转变形的同时,还常会发生弯曲变形,当这种弯曲变形不能忽略时,则应按弯曲与扭转的组合变形问题来处理。例如卷扬机轴,绳子的拉力除使机轴发生扭转以外还将使机轴发生弯曲。又如图 9-30 中所示的传动轴,在两个轮子的边缘上作用有沿切线方向的力

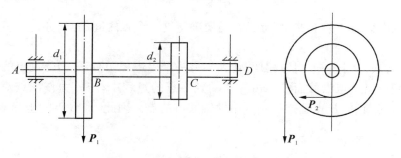

图 9-30

P_1 和 P_2，这些力不但会使轴发生扭转，同时还会使它发生弯曲。本节将以圆截面杆为研究对象，介绍杆件在扭转与弯曲组合变形情况下的强度计算问题。

为了确定圆轴危险截面的位置，必须先分析轴的内力情况。如图 9-31(a)所示，圆轴在力 F 和力偶 M_A 的作用下，横截面上存在弯矩与扭矩，分别作出圆轴的弯矩图和扭矩图，如图 9-31(c, d)所示。圆轴各截面上的扭矩相同，而弯矩则在固定端 B 截面处为最大，故 B 截面为圆轴的危险截面，其弯矩值和扭矩值分别为 $M_{max} = FL$ 和 $T = FR$。弯矩 M 将引起垂直于横截面的弯曲正应力 σ，扭矩 T 将引起平行于横截面的切应力 τ，B 截面上的应力分布规律如图 9-31(e)所示。由图可知，B 截面上 K_1，K_2 两点处弯曲正应力和扭转切应力同时为最大值，所以这两点称为危险截面上的危险点。危险点的最大正应力和最大切应力的值分别为

$$\sigma_{max} = \frac{M_{max}}{W_z} \text{ 和 } \tau_{max} = \frac{T}{W_P},$$

式中，M_{max} 为危险截面上的弯矩，T 为危险截面上的扭矩，W_z 为抗弯截面系数，W_P 为弯抗扭截面系数。

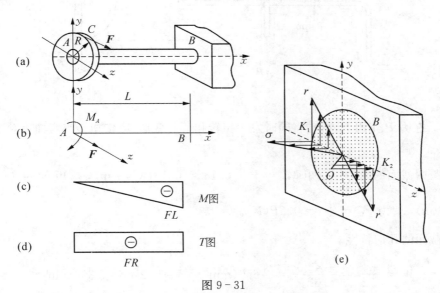

图 9-31

由于弯扭组合变形中危险点上既有正应力又有切应力，属于复杂应力状态，不能将正应力和切应力简单地代数相加，而必须应用强度理论建立强度条件。机械中产生弯扭组合变形的转轴大都采用塑性材料，实践证明，适用于塑性材料的强度理论是最大切应力理论和形状改变比能理论。两者都认为最大切应力是造成塑性材料屈服破坏的主要原因。据此，建立强度条件进行强度计算：

$$\sigma^*_{r3} = \sqrt{\sigma^2 + 4\tau^2} \leqslant [\sigma], \quad \sigma^*_{r4} = \sqrt{\sigma^2 + 3\tau^2} \leqslant [\sigma],$$

式中，σ_{r3}^* 为第三强度理论的相当应力，σ_{r4}^* 为第四强度理论的相当应力。

将圆轴弯扭组合变形的弯曲正应力 $\sigma_{max} = M_{max}/W_z$ 和扭转切应力 $\tau_{max} = T/W_P$ 及 $W_P = 2W_z$ 代入上式，即得到圆轴弯扭组合变形时第三、第四强度理论的强度条件分别为

$$\sigma_{r3}^* = \frac{\sqrt{M_{max}^2 + T^2}}{W_z} \leqslant [\sigma], \qquad (9-28)$$

$$\sigma_{r4}^* = \frac{\sqrt{M_{max}^2 + 0.75T^2}}{W_z} \leqslant [\sigma]. \qquad (9-29)$$

例 9-15 试根据最大剪应力理论确定图 9-32 中所示手摇卷扬机（辘轳）能起吊的最大许可载荷 P 的数值。已知机轴的横截面为直径 $d = 30$ mm 的圆形，机轴材料的许用应力 $[\sigma] = 160$ MPa。

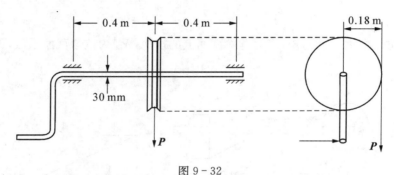

图 9-32

【解】 在力 P 作用下，机轴将同时发生扭转和弯曲变形，应按扭转与弯曲组合变形问题计算。

(1) 跨中截面的内力。扭矩 $M_n = P \times 0.18 = 0.18P(\text{N} \cdot \text{m})$，弯矩 $M = \dfrac{P \times 0.8}{4} = 0.2P(\text{N} \cdot \text{m})$，剪力 $F_Q = \dfrac{P}{2} = 0.5P(\text{N})$。

(2) 截面的几何特性。

$$W = \frac{\pi d^3}{32} = \frac{\pi \times 30^3}{32} = 2\,650(\text{mm}^3), \ W_P = 2W = 5\,300 \text{ mm}^3,$$

$$A = \frac{\pi d^2}{4} = \frac{\pi \times 30^2}{4} = 707(\text{mm}^2).$$

(3) 应力计算。

$$\tau_n = \frac{M_n}{W_P} = \frac{0.18P}{5\,300 \times 10^{-9}} = 0.034P \times 10^6 (\text{Pa}),$$

$$\tau_Q = \frac{4}{3}\frac{F_Q}{A} = \frac{4}{3} \times \frac{0.5P}{707 \times 10^{-6}} = 0.001P \times 10^6 = 0.001P(\text{MPa}),$$

$$\sigma_m = \frac{M}{W} = \frac{0.2P}{2\,650 \times 10^{-9}} = 0.076P \times 10^6 = 0.076P\,(\text{MPa}).$$

由(9-4)式求主应力

$$\begin{Bmatrix}\sigma_1\\\sigma_3\end{Bmatrix} = \frac{\sigma_M}{2} \pm \sqrt{\left(\frac{\sigma_M}{2}\right)^2 + \tau_n^2} = \frac{0.076P}{2} \pm \sqrt{\left(\frac{0.076P}{2}\right)^2 + (0.034P)^2}$$

$$= 0.038P \pm 0.051P = \begin{cases} 0.089P \\ -0.013P \end{cases}(\text{MPa}).$$

(4) 根据最大剪应力理论求许可载荷。因

$$\sigma_1 - \sigma_3 = 0.089P + 0.013P = 0.102P \leqslant [\sigma] = 160\,(\text{MPa}),$$

故 $P \leqslant \dfrac{160}{0.102} = 1\,570\,(\text{N}) = 1.57\,(\text{kN})$。

由本例题可以看出,在实心轴中由剪力 F_Q 产生的剪应力 τ_Q 一般很小,可以忽略。

完成第9章典型任务

如表9-2所示。

表9-2 任务答案

任务1	绘制减速器传动轴的计算简图	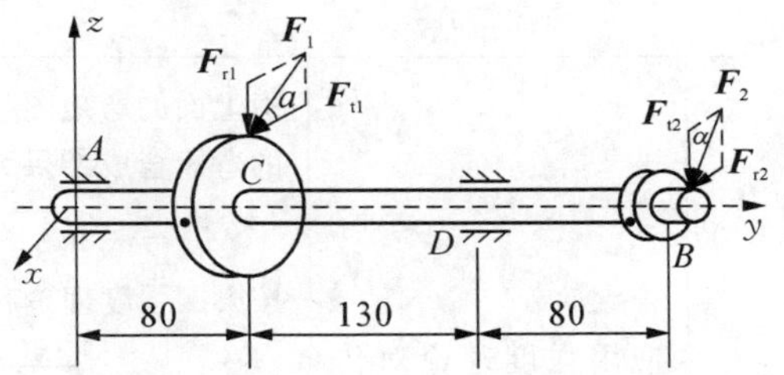 其计算简图如右图所示 $M_C = M_D = 9\,550 \times \dfrac{10}{265}\,\text{N}\cdot\text{m} = 360.38\,\text{N}\cdot\text{m},$ $F_{r1} = \dfrac{2M_C}{D_1} = \dfrac{2 \times 360.38 \times 10^3}{396}\,\text{N} = 1\,820\,\text{N},$ $F_{t1} = F_{r1} \times \tan\alpha = 1\,820\,\text{N} \times \tan 20° = 662\,\text{N},$ $F_{t2} = \dfrac{2M_D}{D_2} = \dfrac{2 \times 360.38 \times 10^3}{168}\,\text{N} = 4\,290\,\text{N},$ $F_{r2} = F_{t2} \times \tan\alpha = 4\,290\,\text{N} \times \tan 20° = 1\,561\,\text{N}$
任务2	分析传动轴发生哪些基本变形	由于齿轮的啮合力与杆轴垂直,但不过轴心,由力的平移定理可知,轴将发生两个方向的平面弯曲和扭转的组合

任务3	绘制每种基本变形的内力图。在 yz 平面内的弯曲的计算简图和弯矩图如图(a)所示。在 xy 平面内的弯曲的计算简图和弯矩图如图(b)所示。扭矩图如图(c)所示	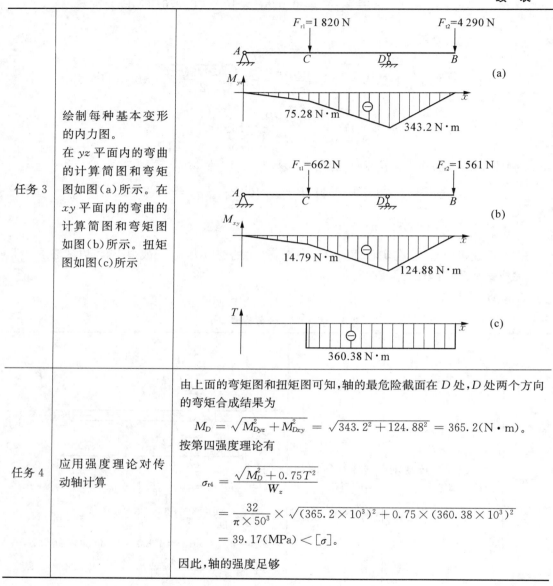
任务4	应用强度理论对传动轴计算	由上面的弯矩图和扭矩图可知,轴的最危险截面在 D 处, D 处两个方向的弯矩合成结果为 $$M_D = \sqrt{M_{Dyz}^2 + M_{Dxy}^2} = \sqrt{343.2^2 + 124.88^2} = 365.2(\text{N}\cdot\text{m})。$$ 按第四强度理论有 $$\begin{aligned}\sigma_{r4} &= \frac{\sqrt{M_D^2 + 0.75T^2}}{W_z} \\ &= \frac{32}{\pi \times 50^3} \times \sqrt{(365.2\times 10^3)^2 + 0.75\times(360.38\times 10^3)^2} \\ &= 39.17(\text{MPa}) < [\sigma]。\end{aligned}$$ 因此,轴的强度足够

小　　结

本章主要知识点

1. 点的应力状态的概念、平面应力状态分析、主平面和主应力的确定。
2. 强度理论的概念,常用的 5 种强度理论:最大拉应力理论(第一强度理论)、最大拉应变理论(第二强度理论)、最大切应力理论(第三强度理论)、形状改变比能理论(第四强度理论)和莫尔强度理论。

3. 组合变形的概念,常见的组合变形(拉压与弯曲的组合、扭转与弯曲的组合等)。

4. 拉压与弯曲的组合(包括偏心拉压)的内力分析、应力分析及强度计算。

5. 扭转与弯曲的组合的内力分析、应力分析及强度计算。

6. 平面应力状态分析、主平面和主应力的确定。

(1) 斜截面上的正应力计算公式为

$$\sigma_\alpha = \frac{\sigma_x + \sigma_y}{2} + \frac{\sigma_x - \sigma_y}{2}\cos 2\alpha - \tau_x \sin 2\alpha。$$

(2) 斜截面上的切应力计算公式为

$$\tau_\alpha = \frac{\sigma_x - \sigma_y}{2}\sin 2\alpha + \tau_x \cos 2\alpha。$$

(3) 主应力的计算公式。

主平面的方向 $\quad \tan 2\alpha_0 = -\dfrac{2\tau_x}{\sigma_x - \sigma_y}$,

主应力的大小 $\quad \begin{cases} \sigma_1 \\ \sigma_2 \end{cases} = \dfrac{\sigma_x + \sigma_y}{2} \pm \dfrac{1}{2}\sqrt{(\sigma_x - \sigma_y)^2 + 4\tau_x^2}$。

(4) 最大切应力计算公式 $\quad \tau_{\max} = \pm \dfrac{\sigma_1 - \sigma_3}{2}$。

7. 强度理论的相当应力计算公式为

$$\begin{cases} \sigma_{r1}^* = \sigma_1, \\ \sigma_{r2}^* = [\sigma_1 - \mu(\sigma_2 + \sigma_3)], \\ \sigma_{r3}^* = (\sigma_1 - \sigma_3), \\ \sigma_{r4}^* = \sqrt{\dfrac{1}{2}[(\sigma_1 - \sigma_2)^2 + (\sigma_2 - \sigma_3)^2 + (\sigma_3 - \sigma_1)^2]}, \\ \sigma_{rM}^* = \sigma_1 - \dfrac{[\sigma_t]}{[\sigma_c]}\sigma_3。 \end{cases}$$

8. 第三、第四强度理论在梁结构强度分析中的应用公式为

$$\sigma_{r3} = \sqrt{\sigma^2 + 4\tau^2} \leqslant [\sigma],\ \sigma_{r4} = \sqrt{\sigma^2 + 3\tau^2} \leqslant [\sigma]。$$

9. 弯拉(压)组合变形。

对于抗压强度与抗拉强度不相等的材料,且截面上又同时出现了拉应力和压应力的弯拉组合情况,则要分别计算抗拉强度和抗压强度。其强度条件为

$$\sigma_{\max}^+ = \frac{N}{A} + \frac{M}{W_z} \leqslant [\sigma^+],\ \sigma_{\max}^- = \left|\frac{N}{A} - \frac{M}{W_z}\right| \leqslant [\sigma^-]。$$

如果是抗压强度与抗拉强度相等的材料,或截面上只有拉应力的弯拉组合变形,则上述强度公式只有第一式有效。

(1) 单向偏心受压。如果杆件材料的抗拉、抗压强度不相等,且横截面上拉、压应力同时出现时,则应分别计算拉、压强度,其强度条件为

$$\sigma_{\max}^+ = \frac{N}{A} + \frac{M_z}{W_z} \leqslant [\sigma^+], \quad \sigma_{\max}^- = \left|\frac{N}{A} + \frac{M_z}{W_z}\right| \leqslant [\sigma^-].$$

如果横截面上不出现拉应力,或杆件材料抗拉、抗压强度相等,则上述强度公式只有第二个式子有效。

(2) 双向偏心受压。当杆件材料抗拉、抗压强度不相等、且横截面同时出现拉压应力时,其强度条件为

$$\sigma_{\max}^+ = \frac{N}{A} + \frac{M_z}{W_z} + \frac{M_y}{W_y} \leqslant [\sigma^+], \quad \sigma_{\max}^- = \left|\frac{N}{A} - \frac{M_z}{W_z} - \frac{M_y}{W_y}\right| \leqslant [\sigma^-].$$

如果横截面不出现拉应力或材料抗拉、抗压强度相等,则上述强度条件只有第二个式子有效。

10. 弯扭组合变形。

圆轴弯扭组合变形时第三强度理论的强度条件为 $\sigma_{r3}^* = \dfrac{\sqrt{M_{\max}^2 + T^2}}{W_z} \leqslant [\sigma]$;

圆轴弯扭组合变形时第四强度理论的强度条件为 $\sigma_{r4}^* = \dfrac{\sqrt{M_{\max}^2 + 0.75 T^2}}{W_z} \leqslant [\sigma]$。

思考题

9-1 何谓一点处的应力状态?
9-2 4 种基本变形杆件的单元体是怎样的?试分别绘出四种基本变形杆件的单元体。
9-3 何谓主平面?何谓主应力?
9-4 对于图 9-33 所示的单元体,其余面上的切应力应该是怎样的?
9-5 怎样用解析法确定任一斜截面上的应力?应力和方向角的正负号是如何确定的?
9-6 单元体上的主应力与其正应力有什么关系?
9-7 怎样用解析法确定主应力的大小和主平面的方位?
9-8 最大切应力作用面与主应力作用面之间的夹角是多少?
9-9 在一单元体中,最大正应力作用的平面上有无切应力?在最大切应力作用的平面上有无主应力?

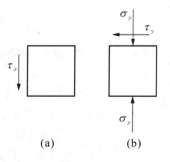

图 9-33

9-10 何谓强度理论？构件主要有几种破坏形式？相应有几类强度理论？

9-11 什么是相当应力？5种强度理论的相当应力公式是怎样的？

9-12 当圆轴受弯曲与扭转组合变形时，危险点位于何处？如何计算危险点的应力并建立建立相应的强度条件？

9-13 当矩形截面杆件处于双向弯曲、拉(压)组合变形时，危险点位于何处？如何计算危险点的应力并建立建立相应的强度条件？

9-14 什么叫组合变形？

9-15 用叠加原理处理组合变形问题，将外力分组时应注意些什么？

9-16 悬臂梁受力如图9-34所示，采用不同形式截面，将发生什么样的变形？

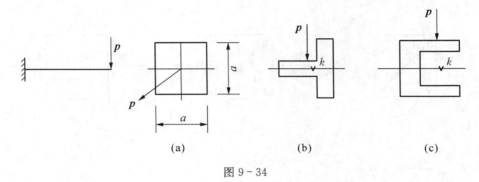

图 9-34

9-17 试分析图示杆件各段杆的变形类型。

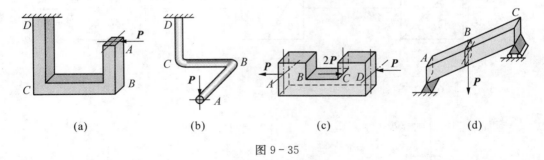

图 9-35

9-18 什么是截面核心？怎样画出一截面的截面核心？

9-1 试用解析法分别求出图9-36所示各单元体中指定斜截面上的正应力和切应力(应力单位:MPa)。

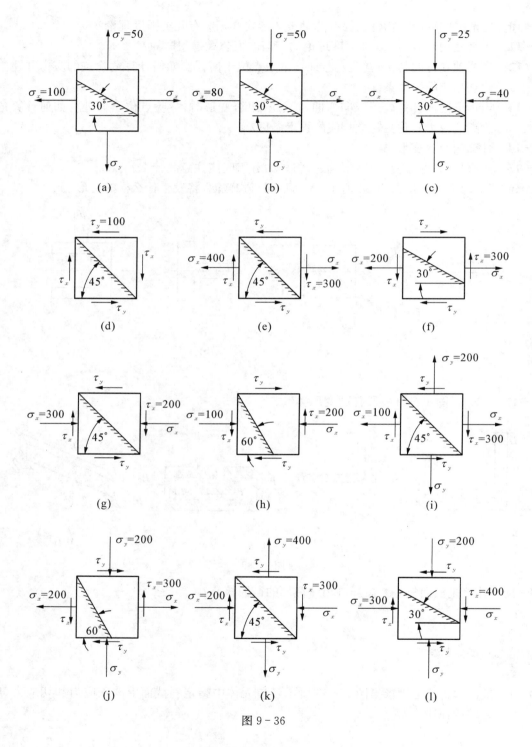

图 9-36

9-2 试用解析法分别求出图 9-37 所示各单元体中主应力的数值、方向和最大切应力的数值(应力单位:MPa)。

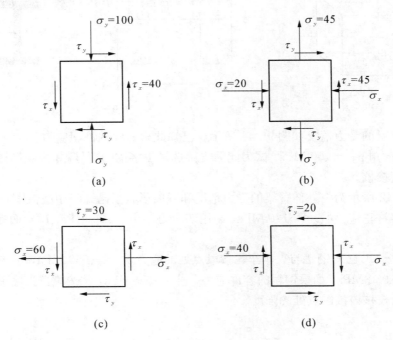

图 9-37

9-3 图 9-38 所示工字形截面简支梁的受力情况和尺寸,已知 $F=480\,\text{kN}$,$q=40\,\text{kN/m}$,试用解析法求此梁在 $C_左$ 截面上点 K 处的主应力的大小及方向(尺寸单位:mm)。

9-4 已知应力状态如图 9-39 所示,试求出主应力、最大正应力与最大切应力,并画出主应力的分布图(应力单位:MPa)。

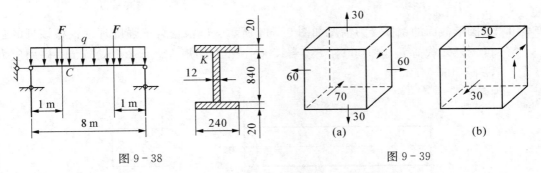

图 9-38   图 9-39

9-5 已知应力状态如图 9-40 所示,试求主应力的大小(应力单位:MPa)。

9-6 已知低碳钢的许用应力 $[\sigma]=120\,\text{MPa}$,其由此材料制成的构件内一危险点的主应力 $\sigma_1=-50\,\text{MPa}$,$\sigma_2=-70\,\text{MPa}$,$\sigma_3=-160\,\text{MPa}$,试校核此构件的强度。

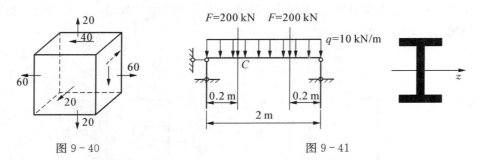

图 9-40　　　　　　　　　图 9-41

9-7 某简支梁的受力情况如图 9-41 所示。已知此梁材料的许用应力 $[\sigma] = 170$ MPa，许用切应力 $[\tau] = 100$ MPa。试为此简支梁选择工字钢的型号，并按照第四强度理论进行强度校核。

9-8 图 9-42 所示为一外伸臂梁的受力情况和截面形状。已知集中载荷 $F = 500$ kN，材料的容许正应力 $[\sigma] = 170$ MPa，许用切应力 $[\tau] = 100$ MPa。试全面地校核此梁的强度。

9-9 如图 9-43，已知钢轨与火车车轮接触点处的应力 $\sigma_1 = -650$ MPa，$\sigma_2 = -700$ MPa，$\sigma_3 = -900$ MPa。如果钢轨的容许应力 $[\sigma] = 250$ MPa，试按第三强度理论和第四强度理论校核该接触点处的强度。

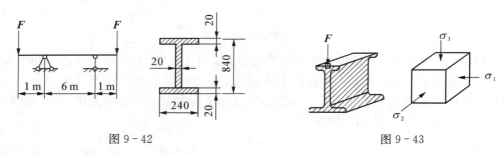

图 9-42　　　　　　　　　图 9-43

9-10 某圆形截面的钢杆受力情况如图 9-44 所示。试根据第三强度理论校核该杆的强度。已知载荷 $F_1 = 500$ N，$F_2 = 15$ kN，外力偶矩 $M_e = 1.2$ kN·m，许用应力 $[\sigma] = 160$ MPa。

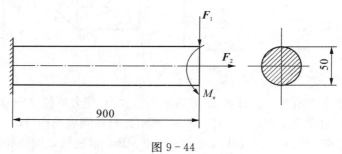

图 9-44

9-11 一圆柱形气瓶,内径 $D = 200$ mm,壁厚 $\delta = 8$ mm,许用应力 $[\sigma] = 200$ MPa。试按照第四强度理论确定气瓶的许用压力 $[P]$。

9-12 设一构件中危险点的应力状态为 $\sigma_x = 40$ MPa, $\sigma_y = -20$ MPa, $\tau_x = -\tau_x = -30$ MPa。试根据不同的强度理论,求出与之对应的相当应力。

9-13 如图 9-45 所示的传动轴 ABC 传递的功率 $P = 2$ kW,转速 $n = 100$ r/m,带轮直径 $D = 250$ mm,带的张力 $F_T = 2F_t$,轴材料的许用应力 $[\sigma] = 80$ MPa。试按照第三强度理论校核该轴的强度。

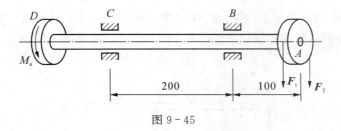

图 9-45

9-14 如图 9-46 所示的混凝土重力坝,剖面为三角形,坝高 $h = 30$ m,混凝土的密度为 2.396×10^3 kg/m³。若只考虑上游水压力和坝体自重的作用,在坝底截面上不允许出现拉应力,试求所需的坝底宽度 b 和在坝底上产生的最大压应力。

9-15 如图 9-47 所示为一浆砌块石挡土墙,墙高 4 m。已知墙背承受的土压力 $P_a = 137$ kN,且其作用线与竖直线之间的夹角 $\alpha = 45.7°$,浆砌块石的密度 $\rho_1 = 2.345 \times 10^3$ kg/m³,墙基混凝土的密度 $\rho_2 = 2.396 \times 10^3$ kg/m³,其他尺寸如图所示。试取 1 m 长的墙作为计算对象,求墙 A, B, C, D 各点处的正应力。

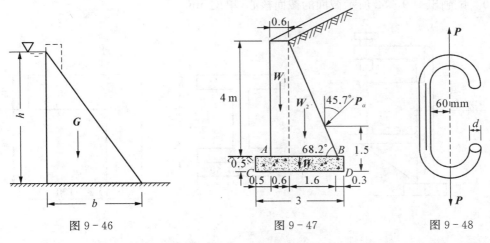

图 9-46 图 9-47 图 9-48

9-16 如图 9-48 所示为链条中的一环,受到拉力 $P = 10$ kN 的作用。已知链环的横截面为直径 $d = 50$ mm 的圆形,材料的许用应力 $[\sigma] = 80$ MPa。试校核链条的强度。

9-17 如图 9-49 所示,简支梁截面为 22a 工字钢。已知 $F = 100$ kN, $l = 1.2$ m,材料的

许用应力 $[\sigma] = 160$ MPa。试校核梁的强度。

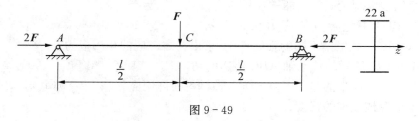

图 9-49

9-18 如图 9-50 所示为起重构架,梁 ACD 由两根槽钢组成。已知 $a = 3$ m,$b = 1$ m,$F = 30$ kN,槽钢材料的许用应力 $[\sigma] = 140$ MPa,试选择槽钢的型号。

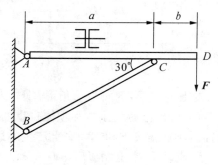

图 9-50

9-19 如图 9-51 所示的钻床立柱由铸铁制成,直径 $d = 130$ mm,$e = 400$ mm,材料的许用拉应力 $[\sigma^+] = 30$ MPa。试求许可压力 $[F]$。

9-20 试画出图 9-52 所示截面的截面核心(单位:mm)。

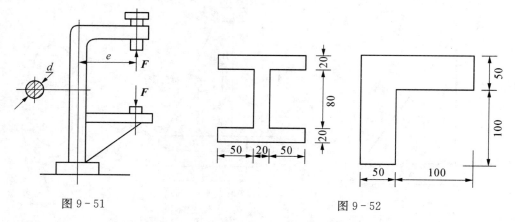

图 9-51   图 9-52

9-21 如图 9-53 所示斜梁,若 $P = 300$ kN,试求其最大拉应力和最大压应力。

9-22 如图 9-54 所示矩形截面杆,已知 $h = 200$ mm,$b = 100$ mm,$P = 20$ kN,试计算最大正应力。

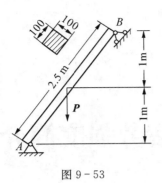

图 9-53

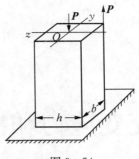

图 9-54

9-23 直径为 0.6 m，重量为 2 kN 的皮带轮，随着横截面直径为 50 mm 的圆轴一同转动，如图 9-55 所示。已知皮带中的拉力为 8 kN 和 1.5 kN，轴承与皮带轮间的距离为 0.15 m，试计算圆轴在轴承处的主拉应力和最大剪应力。设圆轴材料的许用应力 $[\sigma] = 160$ MPa，试按第三强度理论（最大剪应力理论）进行强度校核。

9-24 如图 9-56 所示标志牌。直径为 500 mm 的圆形铁道标志牌装在外直径为 $D = 60$ mm 的空心圆柱上。所受的最大风载荷 $P = 2$ kPa，空心圆柱材料的许用应力 $[\sigma] = 60$ MPa，试用第四强度理论设计出空心圆柱的内直径 d。

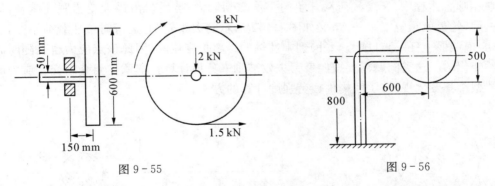

图 9-55 　　　　　　　　图 9-56

9-25 一个手绞车如图 9-57 所示。已知轴的直径 $d = 25$ mm，材料为 Q235 钢，其许用应力 $[\sigma] = 80$ MPa。试按第四强度理论求绞车的最大起吊重量 G。

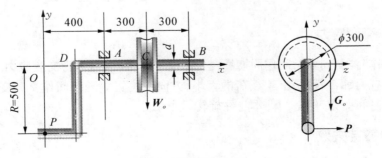

图 9-57

第10章 交变应力和构件的疲劳强度简介

10.1 交变应力及疲劳破坏的概念

工程上经常遇到随时间作周期性变化的应力,如图10-1所示,齿轮啮合时齿根点的应力。在相啮合过程中,所受载荷从开始的零值变到最大,然后又由最大变为脱离啮合,齿轮每转一周,轮齿就重复受力一次;又如图10-2所示的火车轮轴,运行时虽然载荷不变,但轴在转动,横截面上任一点(圆心除外)到中性轴的距离是变化的,因此该点应力也是随时间作周期性变化的。这类问题需要按照疲劳失效准则来分析计算。本章主要介绍交变应力的概念和类型及其变化规律,了解构件疲劳强度计算的方法。

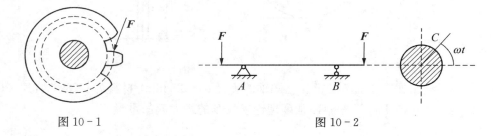

图10-1　　　　　　　　图10-2

10.1.1 交变应力

构件在工作时,受到随时间作周期性变化的应力,这种应力称为**交变应力**。产生交变应力的原因大致有两种,一种是由于载荷的大小、方向或位置等随时间作交替变化;另一种是虽然载荷不随时间变化,但是构件本身在旋转。

10.1.2 疲劳失效

构件或机械仪表的零部件在交变应力作用下发生的破坏现象,称为**疲劳失效**,简称疲劳。金属材料的疲劳断裂和静载断裂有本质的区别。

1. 构件疲劳失效特征

(1) 破坏时的名义应力值远低于材料在静载作用下的强度指标。长期在交变应力下工作的构件,即使其最大工作应力远小于其静载下的强度极限应力,也会突然出现断裂。

(2) 构件在交变应力作用下发生破坏需要经历一定次数的应力循环,即破坏是一个积累损伤的过程。

(3) 构件在破坏前没有明显的塑性变形预兆。即使是塑性很好的材料,也常常在没有明显塑性变形情况下,出现突然脆性断裂。

(4) 疲劳断裂的断口上,一般呈现出两个明显不同的区域:光滑区与粗糙区,如图10-3所示。

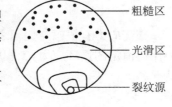

图 10-3

2. 疲劳破坏原因

疲劳破坏原因可由以下3个过程加以说明:

(1) 微裂纹形成　在构件的高应力点或者内部缺陷处(微裂纹源),交变应力超过一定限度并且经过多次应力循环之后引起金属原子晶格的位错运动,位错运动聚集,形成分散的微裂纹。

(2) 裂纹扩展　微裂纹随应力循环次数的增加,逐渐扩展成宏观裂纹。裂纹扩展过程中因应力的交替变化,裂纹两侧的材料时而压紧时而张开,这相当于裂纹面互相研磨,于是出现断口面的光滑区。

(3) 突然断裂　裂纹扩展使截面不断削弱,裂纹张开时其根部处于三向拉伸应力状态,当运转中的构件受到突然超载冲击时,就会在被削弱的截面处发生脆性断裂,因而断口面会出现粗糙区。

构件在低水平交变应力作用下,裂纹的形成和扩展所需时间较长,疲劳破坏前经历的应力循环次数多,粗糙区较小,这种情况称为低应力高周疲劳。反之,构件在高水平交变应力作用下,裂纹的形成和扩展所需时间较短,疲劳破坏前经历的应力循环次数少,粗糙区较大,这种情况称为高应力低周疲劳。

3. 发展简史

疲劳失效现象出现始于19世纪初。产业革命以后,随着蒸汽机车和机动运载工具的发展,以及机械设备的广泛应用,运动的部件破坏经常发生。破坏往往发生在零部件的截面尺寸突变处,破坏的名义应力不高,低于材料的抗拉强度和屈服点。破坏的原因一时使工程师们摸不着头脑。1829年,法国人 Albert. W. A(艾伯特)用矿山卷扬机焊链条进行疲劳实验,阐明了疲劳破坏。1939年法国工程师 poncelet J. V 在巴黎大学讲课时首先使用"疲劳"这一术语,来描述材料在循环载荷作用下承载能力逐渐耗尽以致最后突然断裂的现象。

4. 抗疲劳设计的重要性

绝大多数机器零件都是在交变载荷下工作,疲劳失效是主要的破坏形式。例如转轴有50%或90%都是疲劳破坏。其他如连杆、齿轮的轮点、涡轮机的叶片、轧钢机的机架、曲轴、联结螺栓、弹簧压力容器、焊接结构等许多机器零部件,疲劳破坏占绝大部分。因此抗疲劳设计广泛应用于各种专业机械设计中,特别是航空、航天、原子能、汽车、拖拉机、动力机械、化工机械、重型机械等抗疲劳设计更为重要。

10.2 交变应力的类型

交变应力有恒幅与变幅之分。**恒幅循环应力**是指在各次应力循环中最大应力和最小应力保持恒定的循环应力,工程中又称稳定循环应力,否则称**变幅循环应力**。本节只讨论恒幅情况。

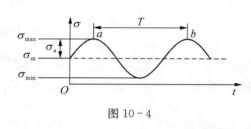

图 10-4

为了表示交变应力的变化规律,可以将应力随时间的变化情况画成曲线。如图 10-4 所示,由 a 到 b 应力经历了变化的全过程又回到原来的数值,称为**一个应力循环**。完成一个应力循环所需要的时间,称为周期 T。

一个循环中最小应力与最大应力的比值,称为交变应力的**循环特征**或**应力比**

$$r = \frac{\sigma_{\min}}{\sigma_{\max}};$$

最小应力与最大应力的代数平均值,称为平均应力

$$\sigma_m = \frac{\sigma_{\min} + \sigma_{\max}}{2};$$

最大应力与最小应力之差的一半,称为应力幅

$$\sigma_a = \frac{\sigma_{\max} - \sigma_{\min}}{2}。$$

1. 对称循环

如果最小应力与最大应力大小相等、符号相反,称为**对称循环**。对称循环具有如下特点:

$$r = -1, \sigma_m = 0, \sigma_a = \sigma_{\max}。$$

2. 脉动循环

如果最小应力或最大应力有一个等于零,表示交变应力变动于某一应力与零之间,称为**脉动循环**。脉动循环有如下特点:

$$r = 0, \sigma_m = \sigma_a = \frac{\sigma_{\max}}{2}; \quad r = -\infty, \sigma_m = -\sigma_a = \frac{\sigma_{\min}}{2}。$$

3. 静应力

可以视为交变应力的一个特例,此时应力并无变化,即

$$r = 1, \sigma_a = 0, \sigma_m = \sigma_{max} = \sigma_{min}。$$

对于受到的交变应力是剪应力的杆件,以上概念仍然适用,只需要将正应力 σ 改为剪应力 τ 即可。

10.3 材料的持久极限

即使交变应力的最大应力值低于材料的强度极限,构件经过一定次数的应力交变之后也会发生疲劳断裂,故前面测得材料的静载强度指标不能做为疲劳强度指标。疲劳试验表明,应力循环的最大值越低,试件的持久寿命就越长,即疲劳断裂前经历的应力循环次数也越多。

10.3.1 持久极限的概念

通常定义在一定循环特性交变应力作用下,标准试件经过无数次应力循环而不发生破坏时的最大应力值为材料的**持久极限**,也称为**疲劳极限**。规定标准试件在一定循环次数下不破坏时的最大应力值称为**条件持久极限**(或名义持久极限)。

表示一定循环特征下标准试件的疲劳强度与疲劳寿命之间关系的曲线,称为**应力寿命曲线**,也称 $S-N$ 曲线。$S-N$ 曲线是通过如图 10-5 所示专用疲劳试验机,用若干光滑小尺寸专用标准试件测试而得。试验时保持载荷 F 的大小和方向不变,以电动机带动空心轴夹具与试件一起旋转。试件每旋转一周,其截面上的点即经历一次对称循环,试件断裂前的应力循环次数,可由计数器读出。

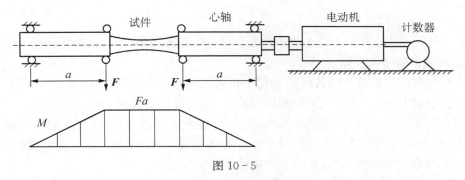

图 10-5

试件分为若干组,各组承受不同的应力,使最大应力值由高到低(通常第一根试件的加载最大应力值约等于材料静载强度极限的 60%),让每组试件经历应力循环,直至破坏。记录每根试件中的最大应力 σ_{max} 及发生破坏时的应力循环次数 N,即可得 $S-N$ 应力寿命曲

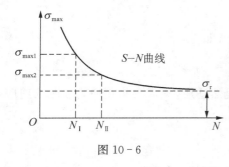

图 10-6

线,如图 10-6 所示。

试验表明,当应力将到某一极限值时,S-N 曲线趋近于水平线,这表明只要应力不超过这一极限值,循环次数可无限增长,即试样可以经历无限次循环而不发生疲劳。交变应力的这一极限值称为**持久极限**,用 σ_r 表示。对称循环的持久极限记为 σ_{-1},下标"-1"表示对称循环的循环特征 $r=-1$。

常温下的试验结果表明,钢制试样经历 10^7 次循环仍未疲劳,则再增加循环次数,也不会疲劳,所以把在 10^7 次循环下仍未疲劳的最大应力值规定为钢材的持久极限,$N_0 = 10^7$ 称为循环基数。有色金属的 $S-N$ 曲线无明显的趋于水平的直线部分,通常规定一个循环基数,例如 $N_0 = 10^8$,把它对应的最大应力作为这类材料的"条件"持久极限。

试验发现,钢材在对称循环下的疲劳极限不足其静强度的一半,可知交变应力作用下,材料抵抗破坏的能力显著降低。材料的疲劳极限不仅与材质有关,而且与交变应力的循环特性和试件的变形形式等有关。

10.3.2 影响构件疲劳极限的因素

材料的疲劳极限,是根据小直径的标准光滑试件得到的,但构件的疲劳极限与材料的疲劳极限不同,不仅与材料的性质有关,而且与构件外形、尺寸和表面质量等因素有关。以对称循环为例,影响构件持久极限(疲劳极限)的主要因素为:

(1) 构件外形的影响　由于实际需要,构件常需开槽、钻孔等。在构件外形发生变化的地方就会引起应力集中,应力集中区易引发疲劳裂纹,使持久极限显著降低。一般用有效应力集中系数 k_σ 描述外形突变的影响:

$$k_\sigma = \frac{(\sigma_{-1})_d}{(\sigma_{-1})_k},$$

式中,$(\sigma_{-1})_d$ 表示尺寸为 d 无应力集中的光滑试件的持久极限,$(\sigma_{-1})_k$ 表示同样尺寸有外形突变的光滑试件的持久极限。

(2) 构件尺寸的影响　持久极限是用小试件测定的,实际构件尺寸较大。研究表明尺寸越大,持久极限越低。在最大应力相同的情况下,大试件横截面上的高应力区面积比小试件的大,处于高应力状态的晶粒比小试件的多,而且尺寸越大,内部存在缺陷的可能性也越多,故引发疲劳裂纹的机会也多。用尺寸系数 ε_σ 来描述尺寸的影响,它代表光滑大试件和光滑小试件疲劳极限的比值,可以从有关表格或曲线图中查得。

(3) 构件表面质量的影响　构件上的最大应力常发生于表层,疲劳裂纹也多生成于表层,故构件表面的加工缺陷(划痕、擦伤)等将引起应力集中,降低持久极限。用表面质量系数 β 来描述表面加工质量对持久极限的影响,它代表其他加工情形试件和表面磨光试件疲劳极限的比值,可以从有关表格或曲线图中查得。如构件的表面加工质量低于磨光试件时,

$\beta<1$；高于磨光试件时，$\beta>1$。

（4）工作环境的影响　构件工作环境中有腐蚀介质时，由于侵蚀能促使疲劳裂纹的形成和扩展，材料的持久极限一般都明显降低。例如强度极限为 640 MPa 的钢材，在海水中的弯曲对称循环疲劳极限比在干燥空气中的数值约低一半。当钢的工作温度在 300～400℃ 以下时，温度对疲劳极限的影响不很明显，超过 400℃ 后，随着温度升高疲劳极限也会下降。

在一般工作条件下，主要考虑前 3 种影响疲劳极限的因素。对称循环下的持久极限用 σ_{-1} 表示，综合考虑诸多影响因素，实际构件的持久极限可以表示为

$$\sigma_{-1}^0 = \frac{\varepsilon_\sigma \beta}{k_\sigma}\sigma_{-1} 。 \tag{10-1}$$

对于受到的交变应力是剪应力的杆件，以上公式仍然适用，只需要将正应力 σ 改为切应力 τ 即可。

10.4　疲劳强度校核

10.4.1　疲劳强度校核

得到实际构件的持久极限后，考虑适当的安全系数，即可对构件进行疲劳强度计算。以对称循环为例，构件的疲劳强度条件为

$$\sigma_{\max} \leqslant [\sigma_{-1}] = \frac{\sigma_{-1}^0}{n}, \tag{10-2}$$

式中，$\sigma_{\max}$ 是构件危险点的最大工作应力，n 是疲劳安全系数。引入 n_σ 表示构件的疲劳工作安全系数，则有

$$n_\sigma = \frac{\sigma_{-1}^0}{\sigma_{\max}} 。$$

上式也可表达为

$$\frac{\sigma_{-1}^0}{\sigma_{\max}} \geqslant n, \ n_\sigma \geqslant n 。$$

将实际构件持久极限的表达式代入 n_σ 的表达式，有

$$n_\sigma = \frac{\sigma_{-1}}{\frac{k_\sigma}{\varepsilon_\sigma \beta}\sigma_{\max}} \geqslant n 。 \tag{10-3}$$

对于受到的交变应力是剪应力的杆件，以上公式仍然适用，只需要将正应力 σ 改为剪应力 τ 即可。

关于非对称循环时材料疲劳极限的确定和构件的疲劳强度计算，在机械零件等其他课程中另有阐述。实际构件中，应力集中、构件尺寸和表面质量只影响应力幅，不影响平均应

力,可根据光滑小试件持久极限曲线的简化折线做出实际构件持久极限的简化折线,进而确定实际构件的持久极限和疲劳工作安全系数。

10.4.2 提高构件疲劳强度的措施

金属的疲劳破坏缘于裂纹的产生和扩展,裂纹的形成一般在有应力集中的部位或者应力较高的表面。故提高构件的疲劳强度,可以采取以下几种措施:

(1)减缓应力集中 试验表明,应力集中是造成构件疲劳破坏的主要原因,应尽可能减轻。例如在设计构件外形时,在截面突变处采用足够大的过渡圆角;避免方形或带有尖角的孔和槽;设置减荷槽或退刀槽等,以减缓应力集中。

(2)提高表面加工质量 构件表面加工质量对其疲劳强度有直接影响,为了提高构件的疲劳强度,应尽可能提高表面光洁度。高强度钢材对表面质量更为敏感,只有经过精加工才能更充分地发挥其高强度性能。

(3)进行表面处理增加表面强度 由于疲劳裂纹大多数发生在构件表面,所以增加表面强度,可以提高构件的疲劳强度。一般采取热处理及化学处理的方法,如高频淬火、表面渗碳、表面氮化等;也可以采取机械方法,如喷丸硬化和辊子碾压等,都能达到提高构件疲劳强度的效果。

小　　结

本章主要知识点

1. 交变应力。

大小和方向随时间作周期性变化的构件的应力称为交变应力。

2. 交变载荷。

作用在构件上的随时间作周期性改变的载荷称为交变载荷。

3. 疲劳破坏。

构件在交变应力作用下发生的破坏,称为疲劳破坏。其特点是破坏应力远低于静载荷下材料的强度极限。

4. 工程中常见的交变应力。

(1)对称循环;(2)脉动循环。

5. 持久极限。

材料在经过 $N = 10^7$ 次应力循环而不发生破坏的最大应力。

10-1 什么是交变应力? 试举两个工程实例。

10-2　金属构件在交变应力作用下破坏时的断口有什么特征？疲劳失效的过程是怎样的？

10-3　影响构件疲劳极限的主要因素有哪些？材料的疲劳极限和构件的疲劳极限哪一个大？

10-4　提高构件疲劳极限的措施有哪些？

附录 I
平面图形的几何性质

在构件设计中,经常会遇到一些与构件截面的形状、尺寸有关的几何量。例如,轴向拉压杆的应力计算中要用到截面的面积;在弯曲梁的正应力计算中,要用到惯性矩 I_z;在计算梁的最大正应力时,会用到抗弯截面系数 W_z,确定弯曲梁的中性轴时,还要用到截面的形心;在扭转圆轴的应力和强度计算中,要用到极惯性矩 I_P 和抗扭截面系数 W_P 等等。所有这些量如 I_z,W_z,I_P,W_P 及 A 等,都是仅与构件横截面的形状及尺寸有关的几何量,我们把这些量统称为平面图形的几何性质。

I.1 静矩与形心

I.1.1 静矩与形心的定义

在附图 I-1 中,已知平面图形的面积为 A,xOy 为任意选定的直角坐标系。在平面图形上任意取一个微元 dA,此微元的形心位置为 (x, y),把 ydA 定义为 dA 对 x 轴的静矩,同理把 xdA 定义为 dA 对 y 轴的静矩。而把 $\int_A y dA$ 定义为 A 对 x 轴的静矩,用 S_x 表示,把 $\int_A x dA$ 定义为 A 对 y 轴的静矩,用 S_y 表示。即

$$S_x = \int_A y dA = y_c \cdot A, \quad S_y = \int_A x dA = x_c \cdot A。$$
(I-1)

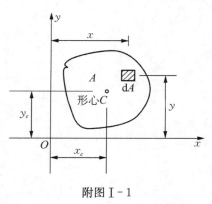

附图 I-1

上两式中的积分都是对平面图形的整个面积 A 进行的。(x_C, y_C) 是整个平面图形的形心坐标。由定义式(I-1)可知,随着所选取的坐标轴 x,y 位置的不同,静矩 S_x 及 S_y 之值可以为正、为负或为零。静矩的量纲为[长度^3],常用单位为 mm^3,cm^3 或 m^3 等。

由 I-1 可得

$$x_C = \frac{S_y}{A}, \quad y_C = \frac{S_x}{A}。$$
(I-2)

上式便是平面图形的形心计算公式。

若一个平面图形可以分割成有限个简单图形,则上式也可写成

$$x_C = \frac{S_y}{A} = \frac{\sum \Delta A x}{A}, \quad y_C = \frac{S_x}{A} = \frac{\sum \Delta A y}{A}, \qquad (Ⅰ-3)$$

式中,ΔA 是每一个简单图形的面积,x,y 是对应的每一个简单图形的形心坐标。

Ⅰ.1.2 简单图形静矩的计算

当平面图形的形心位置已知时,可由形心坐标与面积的乘积求得静矩,即

$$S_x = y_C A = \sum \Delta A y, \quad S_y = x_C A = \sum \Delta A x。 \qquad (Ⅰ-4)$$

在图形平面内过形心的轴线称为**形心轴**。由(Ⅰ-4)式可知,平面图形对形心轴的静矩必为零。与此对应,若平面图形对某一坐标轴的静矩为零,则该坐标轴必通过平面图形的形心,即必为形心轴。

Ⅰ.1.3 组合图形静矩的计算

由简单图形组合而成的平面图形,进行静矩计算时,可先分别计算各简单图形对所选定坐标轴的静矩,然后利用式(Ⅰ-4)求其代数和。

例Ⅰ-1 计算附图Ⅰ-2所示倒 T 形截面对 x 轴和 y 轴的静矩(单位:mm)。

【解】 将 T 形截面分为两个矩形,其面积分别为

$$\Delta A_1 = 40 \times 170 = 6.8 \times 10^3 (\text{mm}^2),$$
$$\Delta A_2 = 200 \times 30 = 6 \times 10^3 (\text{mm}^2)。$$

矩形形心的 y 坐标为

$$y_1 = 115 \text{ mm}, \quad y_2 = 15 \text{ mm}。$$

应用(Ⅰ-4)式可求得 T 形截面对 x 轴的静矩为

$$\begin{aligned} S_x &= \sum \Delta A y = \Delta A_1 y_1 + \Delta A_2 y_2 \\ &= 6.8 \times 10^3 \times 115 + 6 \times 10^3 \times 15 \\ &= 8.72 \times 10^5 (\text{mm}^3)。 \end{aligned}$$

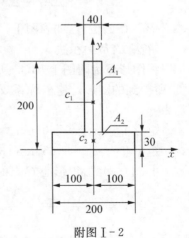

附图Ⅰ-2

由于 y 轴是对称轴,通过截面形心,所以 T 形截面对 y 轴的静矩 $S_y = 0$。

例Ⅰ-2 试确定附图Ⅰ-3(a)所示平面图形的形心位置。

【解】 解法一:分割法

将图形分割为Ⅰ,Ⅱ两个矩形。建坐标系 xOy 如附图Ⅰ-3(a)所示。两个矩形的形心坐标及面积分别为:

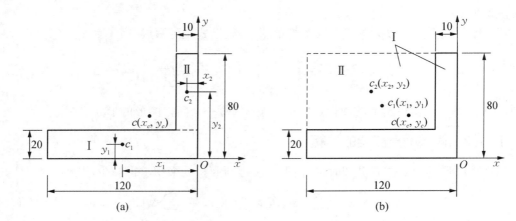

附图 Ⅰ-3

矩形 Ⅰ　　$x_1 = -60$ mm，$y_1 = 10$ mm，$\Delta A_1 = 20 \times 120 = 2\,400 (\text{mm}^2)$。

矩形 Ⅱ　　$x_2 = -5$ mm，$y_2 = 50$ mm，$\Delta A_2 = 10 \times 60 = 600 (\text{mm}^2)$。

由(Ⅰ-3)式，得形心 C 点的坐标 (x_C, y_C) 为

$$x_C = \frac{x_1 \Delta A_1 + x_2 \Delta A_2}{A_1 + A_2} = \frac{(-60) \times 2\,400 + (-5) \times 600}{2\,400 + 600} = -49 (\text{mm})，$$

$$y_C = \frac{y_1 \Delta A_1 + y_2 \Delta A_2}{\Delta A_1 + \Delta A_2} = \frac{10 \times 2\,400 + 50 \times 600}{2\,400 + 600} = 18 (\text{mm})。$$

形心 C 的位置，如附图 Ⅰ-3(a)所示。

解法二：负面积法

将图形看为附图 Ⅰ-3(b)所示的大矩形 Ⅰ 减去小矩形 Ⅱ（不存在的部分认为其面积为负）所得到的图形。建坐标系 xOy 如附图 Ⅰ-3(b)所示。两个矩形的形心坐标及面积分别为：

矩形 Ⅰ　　$x_1 = -60$ mm，$y_1 = 40$ mm，$\Delta A_1 = 120 \times 80 = 9\,600 (\text{mm}^2)$。

矩形 Ⅱ　　$x_2 = -65$ mm，$y_2 = 50$ mm，$\Delta A_2 = -110 \times 60 = -6\,600 (\text{mm}^2)$。

由(Ⅰ-3)式，得形心 C 点的坐标 (x_C, y_C) 为

$$x_C = \frac{x_1 \Delta A_1 + x_2 \Delta A_2}{A_1 + A_2} = \frac{(-60) \times 9\,600 + (-65) \times (-6\,600)}{9\,600 + (-6\,600)} = -49 (\text{mm})，$$

$$y_C = \frac{y_1 \Delta A_1 + y_2 \Delta A_2}{\Delta A_1 + \Delta A_2} = \frac{40 \times 9\,600 + 50 \times (-6\,600)}{9\,600 + (-6\,600)} = 18 (\text{mm})。$$

形心 C 的位置，如附图 Ⅰ-3(b)所示。显然，两种方法计算结果是一样的。

Ⅰ.2 惯性矩和极惯性矩

Ⅰ.2.1 惯性矩和极惯性矩的概念

研究附图Ⅰ-4 所示的图形对 x 轴和 y 轴的惯性矩。在图形上,任取一微面积 dA,微面积 dA 到 x 轴的距离为 y,到 y 轴的距离为 x。微面积 dA 与 y^2 相乘,得到的 $y^2 dA$,称为微面积 dA 对 x 轴的惯性矩;同理,$x^2 dA$ 称为微面积 dA 对 y 轴的惯性矩。在平面面积为 A 的整个图形上进行积分,便可得到图形 A 对 x 轴和 y 轴的惯性矩 I_x 和 I_y 分别为

$$I_x = \int_A y^2 dA, \quad I_y = \int_A x^2 dA。 \tag{Ⅰ-5}$$

(Ⅰ-5)式就是计算平面图形分别对 x 轴和 y 轴的惯性矩的基本公式。它表明,平面图形内每一个微面积 dA 与它到某轴的距离(y 或 x)平方的乘积的总和,称为这个图形对该轴的惯性矩。

而把微面积 dA 与 ρ^2 相乘得到的 $\rho^2 dA$,称为微面积 dA 对 O 点的极惯性矩,在平面面积为 A 的整个图形上进行积分,便可得到图形 A 对 O 点的极惯性矩

$$I_P = \int_A \rho^2 dA。 \tag{Ⅰ-6}$$

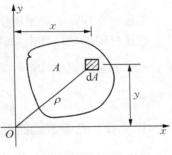

附图Ⅰ-4

(Ⅰ-6)式就是计算平面图形对任意一点极惯性矩的基本公式。它表明,平面图形内每一个微面积 dA 与它到某点的距离 ρ 平方的乘积的总和,称为这个图形对该点的极惯性矩。

由附图Ⅰ-4 很容易得到平面图形对某点极惯性矩与该平面图形对过该点的两互相垂直的轴的惯性矩之间有

$$I_P = \int_A \rho^2 dA = \int_A (x^2 + y^2) dA = \int_A x^2 dA + \int_A y^2 dA = I_y + I_x。 \tag{Ⅰ-7}$$

而把微面积 dA 与 xy 相乘得到的 $xy dA$,称为微面积 dA 对 x,y 轴的惯性积,在平面面积为 A 的整个图形上进行积分,便可得到图形 A 对 x,y 轴的惯性积

$$I_{xy} = \int_A x \cdot y dA。 \tag{Ⅰ-8}$$

Ⅰ.2.2 惯性半径

为某些计算的需要,常将截面图形的惯性矩表示为截面面积 A 与某一长度平方的乘积,即 $I_x = i_x^2 A$,$I_y = i_y^2 A$。于是得到

$$i_x = \sqrt{\frac{I_x}{A}}, \quad i_y = \sqrt{\frac{I_y}{A}}, \tag{I-9}$$

式中，i_x 和 i_y 称为截面图形分别对 x 轴和 y 轴的惯性半径，具有长度的单位。

根据定义，对于宽为 b、高为 h 的矩形截面，对其形心轴 x 和 y 的惯性半径，可由（I-8）式计算得

$$i_x = \sqrt{\frac{I_x}{A}} = \sqrt{\frac{bh^3/12}{bh}} = 0.2887h, \quad i_y = \sqrt{\frac{I_y}{A}} = \sqrt{\frac{hb^3/12}{bh}} = 0.2887b.$$

由于对称，对于直径为 D 的圆形截面对任一根形心轴的惯性半径都相等，并由（I-8）式计算得

$$i_x = i_y = i = \sqrt{\frac{I}{A}} = \sqrt{\frac{\pi D^4/64}{\pi D^2/4}} = \frac{D}{4} = 0.25D.$$

工程中常用的各类型钢横截面的惯性半径 i，可直接从书中的附录中查得。

在压杆的稳定计算中，在计算压杆的柔度 λ 时，常要引用惯性半径 i 这个截面几何量（实质上反映的是截面材料相对某一轴的分布情况），且 $\lambda = \dfrac{\mu l}{i}$，$L$ 为压杆长度，μ 为压杆的长度系数。

I.2.3 简单截面图形的惯性矩和极惯性矩计算举例

简单截面图形的惯性矩可以直接用公式（I-5）通过积分计算。

1. 矩形截面

例 I-3 如附图 I-5 所示，设矩形截面的高度为 h，宽度为 b。试计算矩形截面对通过形心 C 的轴（简称形心轴）x 轴、y 轴的惯性矩 I_x，I_y。

【解】（1）计算 I_x。取平行于 x 轴的微面积 $\mathrm{d}A = b\mathrm{d}y$，$\mathrm{d}A$ 到 x 轴的距离为 y，应用（I-5）式得

$$I_x = \int_A y^2 \mathrm{d}A = \int_{-h/2}^{h/2} y^2 b \mathrm{d}y = \left[\frac{by^3}{3}\right]_{-h/2}^{h/2} = \frac{bh^3}{12}.$$

（2）计算 I_y。取平行于 y 轴的微面积 $\mathrm{d}A = h\mathrm{d}x$，$\mathrm{d}A$ 到 y 轴的距离为 x，应用（I-5）式得

$$I_y = \int_A x^2 \mathrm{d}A = \int_{-b/2}^{b/2} z^2 h \mathrm{d}y = \left[\frac{hx^3}{3}\right]_{-h/2}^{h/2} = \frac{hb^3}{12}.$$

通过上面的计算可以看出，惯性矩总是具体到对某一个确定的轴而言的，对于同一个平面图形，对不同的轴，惯性矩的值是不同的。

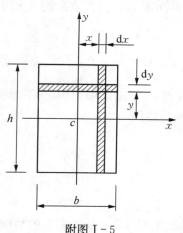

附图 I-5

抗弯截面系数 $W_x = \dfrac{I_x}{y_{\max}} = \dfrac{\dfrac{bh^3}{12}}{\dfrac{h}{2}} = \dfrac{bh^2}{6}$。

2. 圆形及圆环截面

例Ⅰ-4 试求附图Ⅰ-6(a,b)中圆形及圆环截面对圆心的极惯性矩、对形心轴的惯性矩。

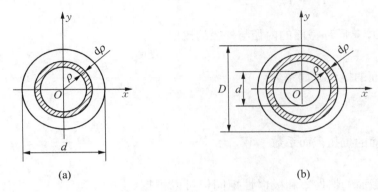

附图Ⅰ-6

【解】 (1) 求圆形截面的 I_P，I_y，I_z。取一个环形微面积，设圆环到圆心的距离为 ρ，圆环的宽度为 $d\rho$，圆环的周长为 $2\pi\rho$，则微面积的大小为 $dA = 2\pi\rho d\rho$，微面积对圆心的极惯性矩为 $\rho^2 dA = \rho^2 \cdot 2\pi \cdot \rho d\rho$。利用(Ⅰ-6)式得整个圆形截面对圆心的极惯性矩为

$$I_P = \int_A \rho^2 dA = \int_0^R \rho^2 2\pi\rho d\rho = 2\pi \int_0^R \rho^3 d\rho = \left[\dfrac{\pi\rho^4}{2}\right]_0^R = \dfrac{\pi R^4}{2} = \dfrac{\pi D^4}{32}。$$

因为 $I_P = I_y + I_x$，并且 x 和 y 轴都是通过圆心的对称轴，所以有 $I_x = I_y$，由此可以得到圆形截面对 x 轴和 y 轴的惯性矩为 $I_x = I_y = \dfrac{I_P}{2} = \dfrac{\pi D^4}{64}$。

圆形截面的抗弯截面系数 $W_x = \dfrac{I_x}{y_{\max}} = \dfrac{\dfrac{\pi D^4}{64}}{\dfrac{D}{2}} = \dfrac{\pi D^3}{32}$。

圆形截面的抗扭截面系数 $W_x = \dfrac{I_P}{\rho_{\max}} = \dfrac{\dfrac{\pi D^4}{32}}{\dfrac{D}{2}} = \dfrac{\pi D^3}{16}$。

(2) 求圆环形截面的 I_P，I_y，I_z。取一个环形微面积，设圆环到圆心的距离为 ρ，圆环的宽度为 $d\rho$，圆环的周长为 $2\pi\rho$，则微面积的大小为 $dA = 2\pi\rho d\rho$，微面积对圆心的极惯性矩为 $\rho^2 dA = \rho^2 \cdot 2\pi\rho d\rho$。利用(Ⅰ-6)式，则整个圆环形截面对圆心的极惯性矩为

$$I_P = \int_A \rho^2 \mathrm{d}A = \int_r^R \rho^2 2\pi\rho \mathrm{d}\rho = 2\pi\int_r^R \rho^3 \mathrm{d}\rho = \left[\frac{\pi\rho^4}{2}\right]_r^R$$

$$= \frac{\pi R^4}{2} - \frac{\pi r^4}{2} = \frac{\pi D^4}{32} - \frac{\pi d^4}{32}。$$

对圆环形截面同样有 $I_x = I_y$，由此可以得到圆形截面对 x 轴和 y 轴的惯性矩为

$$I_x = I_y = \frac{I_P}{2} = \frac{\pi D^4}{64} - \frac{\pi d^4}{64} = \frac{\pi D^4}{64}(1-\alpha^4),$$

式中，$\alpha = d/D$，是圆环截面的内径与外径的比值。

圆环形截面的抗弯截面系数 $\quad W_x = \dfrac{I_x}{y_{\max}} = \dfrac{\dfrac{\pi D^4}{64}(1-\alpha^4)}{\dfrac{D}{2}} = \dfrac{\pi D^3}{32}(1-\alpha^4)。$

圆环形截面的抗扭截面系数 $\quad W_x = \dfrac{I_P}{\rho_{\max}} = \dfrac{\dfrac{\pi D^4}{32}(1-\alpha^4)}{\dfrac{D}{2}} = \dfrac{\pi D^3}{16}(1-\alpha^4)。$

其他简单截面的惯性矩和极惯性矩同样可以根据（Ⅰ-5）和（Ⅰ-6）式计算，这里不再列举。

Ⅰ.2.4 惯性矩、惯性积和极惯性矩的特性

由前面的讨论和计算可以看出，截面图形惯性矩、惯性积和极惯性矩具有如下特性：

(1) 惯性矩、惯性积都是对轴而言的，同一个图形，对不同轴的惯性矩、惯性积一般是不同的；极惯性矩是对点而言的，同一个图形，对不同的点的极惯性矩一般也是不同的。

(2) 惯性矩和极惯性矩恒为正值，惯性积则可以为正或负或零。

(3) 任何平面图形对通过它的形心的对称轴及与此对称轴垂直的轴的惯性积等于零。

(4) 任何平面图形对直角坐标系原点的极惯性矩等于该截面对于两条直角坐标轴的惯性矩之和，即 $I_P = I_x + I_y$。

(5) 惯性矩、惯性积和极惯性矩的单位都是长度的四次方。

Ⅰ.3 惯性矩的平行移轴公式及组合截面惯性矩计算

同一平面图形，对于不同的轴，惯性矩、惯性积等几何量是不同的。显然，每一平面图形对不同轴的惯性矩均可利用（Ⅰ-5）式进行计算，但有些图形计算比较繁琐，而利用下面的平行移轴公式便可很方便地计算。

Ⅰ.3.1 惯性矩的平行移轴公式

如附图Ⅰ-7所示,设已知 x 轴、y 轴是通过平面图形的形心 C 的轴,平面图形分别对 x 轴和 y 轴的惯性矩为 I_x,I_y,x_1 轴和 y_1 轴是分别与 x 轴和 y 轴平行的轴,并且 x_1 轴与 x 轴之间的距离为 a,y_1 轴与 y 轴之间的距离为 b,由(Ⅰ-5)式可得平面图形对 x_1 轴、y_1 轴的惯性矩 I_{x1} 和 I_{y1}。

取微面积 dA,到 x_1 轴的距离为 y_1,根据定义,截面图形对 x_1 轴的惯性矩为 $I_{x1} = \int_A y_1^2 dA$。但从图上可知 $y_1 = y+a$,将其代入上式得

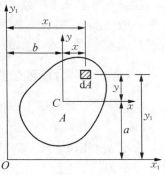

附图Ⅰ-7

$$I_{x1} = \int_A y_1^2 dA = \int_A (y+a)^2 dA = \int_A y^2 dA + \int_A 2ya\, dA + \int_A a^2 dA$$
$$= I_x + 2aS_x + a^2 A。$$

因 x 轴通过截面形心 C,所以静矩 $S_x = \int_A y\, dy = 0$,因此可得 $I_{x1} = I_x + a^2 A$。同理得

$$I_{y1} = I_y + b^2 A。 \qquad (Ⅰ-10)$$

(Ⅰ-10)式称为**惯性矩的平行移轴公式**。平面图形对任何一个轴的惯性矩,等于该图形对与该轴平行的形心轴的惯性矩,再加上平面图形的面积与两平行轴间距离平方的乘积。

由平行移轴公式还可以看出,在所有互相平行的轴中,平面图形对通过其形心 C 的轴的惯性矩为最小。

利用平行移轴公式,可以根据平面图形对其形心轴的惯性矩(一般是已知的),求出它对另一根与形心轴平行的轴的惯性矩。

Ⅰ.3.2 组合截面的惯性矩计算

工程中常遇到由几个简单图形组成的截面,这种截面称为组合截面(组合平面图形),例如 T 形和工字形,或由几个型钢组成,如附图Ⅰ-8(a)所示。在计算组合截面对某轴的惯性矩时,根据惯性矩的定义,可分别计算各组成部分对该轴的惯性矩,然后再相加。即组合截面对 x 轴的惯性矩等于各组成部分对 x 轴的惯性矩的代数和,其计算公式为

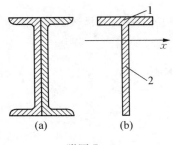

附图Ⅰ-8

$$I_x = \sum_{i=1}^n I_{ix} = I_{1x} + I_{2x} + I_{3x} + \cdots。$$

如对于附图Ⅰ-8(b)所示的组合图形,可以分成矩形 1 和矩形 2 的组合,所以有

$$I_x = \sum_{i=1}^{n} I_{ix} = I_{1x} + I_{2x}。$$

注意在计算 I_{ix} 时,必须用平行移轴公式(Ⅰ-10)。

一般情况下,组成该平面图形的每一个简单图形的形心轴 x_C 与整个图形的 x 轴不重合。I_x 是整个截面对 x 轴的惯性轴,而 I_{ix} 为第 i 块图形对 x 轴的惯性矩。

Ⅰ.3.3 平行移轴公式用于计算惯性矩实例

例Ⅰ-5 计算图Ⅰ-9所示 T 形截面对形心轴 z,y 的惯性矩。

【解】 求截面形心位置,由于截面有一根对称轴 y,故形心必在此轴上,即 $z_C = 0$。
为求 y_C,先设 z_O 轴如图所示。将图形分为两个矩形,这两部分的面积和形心对 z_O 轴的坐标分别为

$$A_1 = 250 \times 60 = 1.5 \times 10^4 (\text{mm}^2), \quad y_1 = 290 + 30 = 320(\text{mm}),$$

$$A_2 = 125 \times 290 = 3.625 \times 10^4 (\text{mm}^2), \quad y_2 = \frac{290}{2} = 145(\text{mm})。$$

故 $$y_C = \frac{\sum A_i y_i}{A} = \frac{1.5 \times 10^4 \times 320 + 3.625 \times 10^4 \times 145}{1.5 \times 10^4 + 3.625 \times 10^4} = 196(\text{mm})。$$

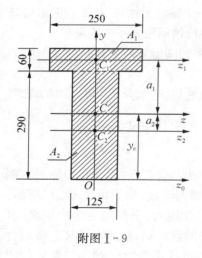

附图Ⅰ-9

(1) 计算 I_z 及 I_y。整个图形对 z 轴、y 轴的惯性矩应分别等于两个矩形对 z 轴、y 轴的惯性矩之和。即 $I_z = I_{1z} + I_{2z}$。两个矩形对自身形心轴的惯性矩分别为

$$I_{1z_1} = \frac{250 \times 60^3}{12} \text{mm}^4, \quad I_{2z_2} = \frac{125 \times 290^3}{12} \text{mm}^4。$$

应用平行移轴公式(Ⅰ-10)可得

$$I_{1z} = I_{1z_1} + a_1^2 A_1 = \frac{250 \times 60^3}{12} + 124^2 \times 250 \times 60$$
$$= 2.31 \times 10^8 (\text{mm}^4),$$

$$I_{2z} = I_{2z_2} + a_2^2 A_2 = \frac{125 \times 290^3}{12} + 51^2 \times 125 \times 290$$
$$= 3.48 \times 10^8 (\text{mm}^4)。$$

$$I_z = I_{1z} + I_{2z} = 5.79 \times 10^8 \text{ mm}^4。$$

y 轴正好经过矩形截面 A_1 和 A_2 的形心,所以

$$I_y = I_{1y} + I_{2y} = \frac{60 \times 250^3}{12} + \frac{290 \times 125^3}{12}$$
$$= 7.81 \times 10^7 + 4.72 \times 10^7 = 1.253 \times 10^8 (\text{mm}^4)。$$

例Ⅰ-6 计算图Ⅰ-10所示阴影部分面积对其形心轴 z,y 的惯性矩。

【解】 (1) 求形心位置。由于 y 轴为图形的对称轴，故形心必在此轴上，即 $z_C = 0$。

为求 y_C，现设 z_0 轴如图，阴影部分图形可看成是矩形 A_1 减去圆形 A_2 得到，故其形心的坐标为

$$y_C = \frac{\sum Ay}{A}$$

$$= \frac{(600 \times 300) \times 300 + \left(-\frac{\pi}{4} \times 100^2\right) \times 100}{600 \times 300 + \left(-\frac{\pi}{4} \times 100^2\right)}$$

$$= 309 \,(\text{mm})。$$

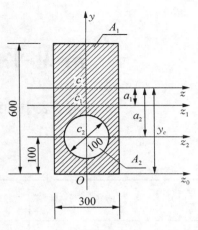

附图 I - 10

(2) 计算 I_z 及 I_y。阴影部分对 z 轴的惯性矩可看成是矩形与圆形对 z 轴的惯性矩之差。故

$$I_z = I_{1z} - I_{2z} = \left(\frac{bh^3}{12} + a_1^2 A_1\right) - \left(\frac{\pi D^4}{64} + a_2^2 A_2\right)$$

$$= \left(\frac{300 \times 600^3}{12} + 9^2 \times 300 \times 600\right) - \left(\frac{\pi \times 100^4}{64} + 209^2 \times \frac{\pi \times 100^2}{4}\right)$$

$$= 5.067 \times 10^9 \,(\text{mm}^4),$$

$$I_y = I_{1y} - I_{2y} = \frac{hb^3}{12} - \frac{\pi D^4}{64} = \frac{600 \times 300^3}{12} - \frac{\pi \times 100^4}{64}$$

$$= 1.345 \times 10^9 \,(\text{mm}^4)。$$

附录 II
常见平面图形几何性质表

（表中轴线 $x_0 - x_0$ 及 $y_0 - y_0$ 为形心轴）

序号	图形	面积(A)	轴线至图形边缘最远点的距离(y, x)	$BH^3 - bh^3$ (I, W 及 i)
1	矩形	bh	$y = \dfrac{h}{2}$	$I_{x0} = \dfrac{bh^3}{12}$, $W_{x0} = \dfrac{1}{6}bh^2$, $i_{x0} = 0.289h$
2	（正六边形）	$\dfrac{3\sqrt{3}}{2}a^2 = 2.598a^2$, $\dfrac{\sqrt{3}}{2}h^2 = 0.866h^2$	$y = \dfrac{\sqrt{3}}{2}a$ $= 0.866a = 0.5h$	$I_{x0} = \dfrac{5\sqrt{3}}{16}a^4 = 0.541a^4$ $= 0.0601h^4$, $W_{x0} = \dfrac{5}{8}a^3 = 0.120h^3$, $i_{x0} = 0.456a = 0.264h$
3	（正八边形）	$2\sqrt{2}R^2 = 2.828R^2$ (R 为正八边形外接圆半径), $\dfrac{2\sqrt{2}}{2+\sqrt{2}}h^2 = 0.828h^2$	$y = \dfrac{\sqrt{2+\sqrt{2}}}{2}R$ $= 0.924R = 0.5h$	$I_{x0} = \dfrac{1+2\sqrt{2}}{6}R^4$ $= 0.638R^4$ $= 0.0547h^4$, $W_{x0} = 0.691R^3$ $= 0.109h^3$, $i_{x0} = 0.475R = 0.257h$
4	三角形	$\dfrac{bh}{2}$	$y_1 = \dfrac{2}{3}h$, $y_2 = \dfrac{1}{3}h$	$I_{x0} = \dfrac{bh^3}{36}$, $i_{x0} = \dfrac{h}{3\sqrt{2}} = 0.236h$

续 表

序号	图形	面积(A)	轴线至图形边缘最远点的距离(y, x)	$BH^3 - bh^3$ (I, W 及 i)
5	(等腰三角形)	$\dfrac{bh}{2}$	$y = \dfrac{h}{2}$	$I_{x0} = \dfrac{bh^3}{48}$, $W_{x0} = \dfrac{1}{24} bh^2$, $i_{x0} = 0.204h$
6	(圆)	$\dfrac{\pi d^2}{4} = 0.7854 d^2$, $\pi r^2 = 3.1416 r^2$	$y = r = \dfrac{d}{2}$	$I_{x0} = \dfrac{\pi d^4}{64} = 0.0491 d^4$ $= 0.7854 r^4$, $W_{x0} = 0.0982 d^3 = \dfrac{\pi r^3}{4}$, $i_{x0} = \dfrac{d}{4}$
7	(空心圆)	$\dfrac{\pi(D^2 - d^2)}{4}$ $= 0.785(D^2 - d^2)$ $= \pi(R^2 - r^2)$	$y = \dfrac{D}{2}$	$I_{x0} = \dfrac{\pi(D^4 - d^4)}{64}$ $= 0.0491 \times (D^4 - d^4)$ $= \dfrac{\pi}{4}(R^4 - r^4)$, $W_{x0} = 0.0982 \dfrac{D^4 - d^4}{D}$ $= \dfrac{\pi(R^4 - r^4)}{4R}$, $i_{x0} = \dfrac{\sqrt{D^2 + d^2}}{4}$
8	($t \ll D$, 薄圆环)	$\pi D t$ $\pi(D-t)t$	$y = \dfrac{D}{2}$ ($y_1 = y_2 = y$)	$I_{x0} \approx \dfrac{\pi D^3}{8} t$, $W_{x0} \approx 0.7854 D^2 t$, $i_{x0} \approx 0.354 D$
9	(椭圆)	$\dfrac{\pi bh}{4} = 0.7854 bh$	$y = \dfrac{1}{2} h$	$I_{x0} = \dfrac{\pi bh^3}{64} = 0.0491 bh^3$, $W_{x0} = 0.0982 bh^2$, $i_{x0} = \dfrac{1}{4} h$

续 表

序号	图形	面积(A)	轴线至图形边缘最远点的距离(y, x)	$BH^3 - bh^3$ (I, W 及 i)
			$x = \dfrac{1}{2}b$	$I_{y0} = \dfrac{\pi hb^3}{64} = 0.0491hb^3,$ $W_{y0} = 0.0982b^2h,$ $i_{y0} = \dfrac{1}{4}b$
10		$\dfrac{\pi d^2}{8} = 0.393 d^2$	$y_1 = \dfrac{d(3\pi - 4)}{6\pi}$ $= 288d,$ $y_2 = \dfrac{2d}{3\pi} = 0.212d,$ $x = 0.50d$	$I_{x0} = \dfrac{d^4(9\pi^2 - 64)}{1152\pi}$ $= 0.00686d^4,$ $I_x = 0.0245d^4,$ $I_x = \dfrac{\pi d^4}{128} = 0.0245d^4$
11		αr^2	$y_1 = r - y_2$ $y_2 = \dfrac{2r\sin\alpha}{3\alpha}$	$I_{x0} = \dfrac{r^4}{4}\left(\alpha + \sin\alpha\cos\alpha - \dfrac{16\sin^2\alpha}{9\alpha}\right),$ $I_x = \dfrac{r^4}{4}(\alpha + \sin\alpha\cos\alpha)$
			$x = r\sin\alpha$	$I_{y0} = \dfrac{r^4}{4}(\alpha - \sin\alpha\cos\alpha)$
12		$\alpha(R^2 - r^2)$	$y_d = \dfrac{2\sin\alpha}{3\alpha} \cdot$ $\left(\dfrac{R^3 - r^3}{R^2 - r^2}\right)$	$I_{x0} = \dfrac{1}{4}(\alpha + \sin\alpha\cos\alpha) \cdot$ $(R^4 - r^4) -$ $\dfrac{4\sin^2\alpha}{9\alpha} \cdot \dfrac{(R^3 - r^3)^2}{R^2 - r^2},$ $I_x = \dfrac{1}{4}(\alpha + \sin\alpha\cos\alpha) \cdot$ $(R^4 - r^4)$
				$I_{y0} = \dfrac{1}{4}(\alpha - \sin\alpha\cos\alpha) \cdot$ $(R^4 - r^4)$

续 表

序号	图形	面积(A)	轴线至图形边缘最远点的距离(y, x)	BH^3-bh^3 (I, W 及 i)
13		$Bd+hc$	$y_1 = \dfrac{1}{2} \cdot \dfrac{cH^2+d^2(B-c)}{Bd+hc}$, $y_2 = H-y_1$ $x = \dfrac{1}{2}B$	$I_{x0} = \dfrac{1}{3}[cy_2^3 + By_1^3 - (B-c) \times (y_1-d)^3]$ $I_{y0} = \dfrac{1}{12}(dB^3 + hc^3)$
14		$Bd+hc+bk$	$y_1 = H-y_2$, $y_2 = \dfrac{1}{2} \cdot \left[\dfrac{cH^2+(b-c)k^2}{Bd+ch+bk} + \dfrac{(B-c)(2H-d)d}{Bd+ch+bk}\right]$	$I_{x0} = \dfrac{1}{3}[by_2^3 + By_1^3 - (b-c)(y_2-k)^3 - (B-c)(y_1-d)^3]$
15		$BH-h(B-c)$	$y = \dfrac{1}{2}H$, $x_1 = B-x_2$, $x_2 = \dfrac{1}{2}\left[\dfrac{B^2H-h(B-c)^2}{BH-h(B-c)}\right]$	$I_{x0} = \dfrac{1}{12}[BH^3-(B-c)h^3]$, $I_{y0} = \dfrac{1}{3}[Hx_1^3 - h(x_1-c)^3] + \dfrac{2}{3}dx_2^3$
16		$cH+bd$	$y_1 = H-y_2$, $y_2 = \dfrac{1}{2} \cdot \dfrac{cH^2+bd^2}{cH+bd}$	$I_{x0} = \dfrac{1}{3}(By_2^3 - ba^3 + cy_1^3)$
17		$BH-bh$	$y_1 = \dfrac{H}{2}$	$I_{x0} = \dfrac{BH^3-bh^3}{12}$, $W_{x0} = \dfrac{BH^3-bh^3}{12} \bigg/ \dfrac{H}{2}$, $i_{x0} = \sqrt{\dfrac{BH^3-bh^3}{12(BH-bh)}}$

附录 III
简单载荷作用下梁的变形

编号	梁的简图	挠曲线方程	端截面转角	最大挠度
1		$\omega = -\dfrac{M_e x^2}{2EI_z}$	$\theta_B = -\dfrac{M_e l}{EI_z}$	$\omega_B = -\dfrac{M_e l^2}{2EI_z}$
2		$\omega = -\dfrac{Fx^2}{6EI_z}(3l-x)$	$\theta_B = -\dfrac{Fl^2}{2EI_z}$	$\omega_B = -\dfrac{Fl^3}{3EI_z}$
3		$\omega = -\dfrac{Fx^2}{6EI_z}(3a-x)$, $0 \leqslant x \leqslant a$, $\omega = -\dfrac{Fa^2}{6EI_z}(3x-a)$, $a \leqslant x \leqslant l$	$\theta_B = -\dfrac{Fa^2}{2EI_z}$	$\omega_B = -\dfrac{Fa^2}{6EI_z}(3l-a)$
4		$\omega = -\dfrac{qx^2}{24EI_z} \cdot (x^2 - 4lx + 6l^2)$	$\theta_B = -\dfrac{ql^3}{6EI_z}$	$\omega_B = -\dfrac{ql^4}{8EI_z}$
5		$\omega = -\dfrac{M_e x}{6EI_z l} \cdot (l-x)(2l-x)$	$\theta_A = -\dfrac{M_e l}{3EI_z}$, $\theta_B = \dfrac{M_e l}{6EI_z}$	$x = \left(1-\dfrac{1}{\sqrt{3}}\right)l$, $\omega_{\max} = -\dfrac{M_e l^2}{9\sqrt{3}EI_z}$, $x = \dfrac{l}{2}$, $\omega = -\dfrac{M_e l^2}{16EI_z}$

续 表

编号	梁的简图	挠曲线方程	端截面转角	最大挠度
6	(图：简支梁A-B，距A为a处C作用集中力偶M_e，$a+b=l$)	$\omega = \dfrac{M_e x}{6EI_z l} \cdot (l^2 - 3b^2 - x^2)$, $0 \leqslant x \leqslant a$, $\omega = \dfrac{M_e}{6EI_z l} [-x^3 + 3l(x-a)^2 + (l^2 - 3b^2)x]$, $a \leqslant x \leqslant l$	$\theta_A = \dfrac{M_e}{6EI_z l}(l^2 - 3b^2)$, $\theta_B = \dfrac{M_e}{6EI_z l}(l^2 - 3a^2)$, $\theta_C = -\dfrac{M_e}{6EI_z l}(3a^2 + 3b^2 - l^2)$	$x = \sqrt{\dfrac{l^2 - 3b^2}{3}}$, $\omega_1 = \dfrac{M_e(l^2 - 3b^2)^{\frac{3}{2}}}{9\sqrt{3} EI_z l}$, $x = \sqrt{\dfrac{l^2 - 3a^2}{3}}$, $\omega_2 = -\dfrac{M_e(l^2 - 3a^2)^{\frac{3}{2}}}{9\sqrt{3} EI_z l}$
7	(图：简支梁A-B，跨中C作用集中力F)	$\omega = -\dfrac{Fx}{48EI_z} \cdot (3l^2 - 4x^2)$, $0 \leqslant x \leqslant \dfrac{l}{2}$	$\theta_A = -\dfrac{Fl^2}{16EI_z}$, $\theta_B = \dfrac{Fl^2}{16EI_z}$	$\omega_{\max} = -\dfrac{Fl^3}{48EI_z}$
8	(图：简支梁A-B，距A为a处C作用集中力F，$a+b=l$)	$\omega = -\dfrac{Fbx}{6EI_z l} \cdot (l^2 - x^2 - b^2)$, $0 \leqslant x \leqslant a$, $\omega = -\dfrac{Fb}{6EI_z l} \left[\dfrac{l}{b}(x-a)^3 + (l^2 - b^2)x - x^3 \right]$, $a \leqslant x \leqslant l$	$\theta_A = -\dfrac{Fab(l+b)}{6EI_z l}$, $\theta_B = \dfrac{Fab(l+a)}{6EI_z l}$	设 $a > b$, $x = \sqrt{\dfrac{l^2 - b^2}{3}}$, $\omega_{\max} = -\dfrac{Fb\sqrt{(l^2 - b^2)^3}}{9\sqrt{3} EI_z l}$, 在 $x = \dfrac{l}{2}$ 处 $\omega_{\frac{l}{2}} = -\dfrac{Fb(3l^2 - 4b^2)}{48EI_z}$
9	(图：简支梁A-B，满跨均布载荷q)	$\omega = -\dfrac{qx}{24EI_z} \cdot (l^3 - 2lx^2 + x^3)$	$\theta_A = -\dfrac{ql^3}{24EI_z}$, $\theta_B = \dfrac{ql^3}{24EI_z}$	$\omega_{\max} = -\dfrac{5ql^4}{384EI_z}$

续　表

编号	梁的简图	挠曲线方程	端截面转角	最大挠度
10	(悬臂外伸梁, 端部力 F)	$\omega = \dfrac{Fax}{6EI_z l}(l^2 - x^2)$, $0 \leq x \leq l$, $\omega = -\dfrac{F(x-l)}{6EI_z} \cdot [a(3x-l) - (x-l)^2]$, $l \leq x \leq (l+a)$	$\theta_A = -\dfrac{1}{2}\theta_B = \dfrac{Fal}{6EI_z}$, $\theta_B = -\dfrac{Fal}{3EI_z}$, $\theta_C = -\dfrac{Fa}{6EI_z}(2l+3a)$	$\omega_C = -\dfrac{Fa^2}{3EI_z} \cdot (l+a)$
11	(外伸梁, 端部力偶 M_e)	$\omega = -\dfrac{M_e x}{6EI_z l}(x^2 - l^2)$, $0 \leq x \leq l$, $\omega = -\dfrac{M_e}{6EI_z l}(3x^2 - 4xl + l^2)$, $l \leq x \leq (l+a)$	$\theta_A = -\dfrac{1}{2}\theta_B = \dfrac{M_e l}{6EI_z}$, $\theta_B = -\dfrac{M_e l}{3EI_z}$, $\theta_C = -\dfrac{M_e}{3EI_z}(l^2 + 3a^2)$	$\omega_C = -\dfrac{M_e a}{6EI_z} \cdot (2l+3a)$
12	(外伸梁, 外伸段均布载荷 q)	$\omega = \dfrac{qa^2}{12EI_z}\left(lx - \dfrac{x^3}{l}\right)$, $0 \leq x \leq l$, $\omega = -\dfrac{qa^2}{12EI_z}\left[\dfrac{x^3}{l} - \dfrac{(2l+a)(x-l)^3}{al} - \dfrac{(x-l)^4}{2a^2} - lx\right]$, $a \leq x \leq (l+a)$	$\theta_A = -\dfrac{1}{2}\theta_B = \dfrac{qa^2 l}{6EI_z}$, $\theta_B = -\dfrac{qa^2 l}{3EI_z}$, $\theta_C = -\dfrac{qa^2}{6EI_z}(l+a)$	$\omega_C = -\dfrac{ql^4}{24EI_z} \cdot (3a+4l)$

附录 IV

型钢规格表

表 1 热轧等边角钢(GB/T 9787—1988)

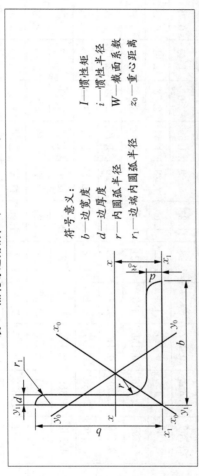

符号意义:
b —边宽度
d —边厚度
r —内圆弧半径
r_1 —边端内圆弧半径
I —惯性矩
i —惯性半径
W —截面系数
z_0 —重心距离

角钢号数	尺寸/mm			截面面积/cm²	理论质量/(kg/m)	外表面积/(m²/m)	参考数值									
							$x-x$			x_0-x_0			y_0-y_0			x_1-x_1	z_0/cm
	b	d	r				I_x/cm⁴	i_x/cm	W_x/cm³	I_{x_0}/cm⁴	i_{x_0}/cm	W_{x_0}/cm³	I_{y_0}/cm⁴	i_{y_0}/cm	W_{y_0}/cm³	I_{x_1}/cm⁴	
2	20	3	3.5	1.132	0.889	0.078	0.40	0.59	0.29	0.63	0.75	0.45	0.17	0.39	0.20	0.81	0.60
	20	4		1.459	1.145	0.077	0.50	0.58	0.36	0.78	0.73	0.55	0.22	0.38	0.24	1.09	0.64
2.5	25	3		1.432	1.124	0.098	0.82	0.76	0.46	1.29	0.95	0.73	0.34	0.49	0.33	1.57	0.73
	25	4		1.859	1.459	0.097	1.03	0.74	0.59	1.62	0.93	0.92	0.43	0.48	0.40	2.11	0.76

319

续表

角钢号数	尺寸/mm			截面面积/cm²	理论质量/(kg/m)	外表面积/(m²/m)	参考数值										
							$x-x$			x_0-x_0			y_0-y_0			x_1-x_1	z_0/cm
	b	d	r				I_x/cm⁴	i_x/cm	W_x/cm³	I_{x_0}/cm⁴	i_{x_0}/cm	W_{x_0}/cm³	I_{y_0}/cm⁴	i_{y_0}/cm	W_{y_0}/cm³	I_{x_1}/cm⁴	
3.0	30	3	4.5	1.749	1.373	0.117	1.46	0.91	0.68	2.31	1.15	1.09	0.61	0.59	0.51	2.71	0.85
	30	4		2.276	1.786	0.117	1.84	0.90	0.87	2.92	1.13	1.37	0.77	0.58	0.62	3.63	0.89
3.6	36	3	4.5	2.109	1.656	0.141	2.58	1.11	0.99	4.09	1.39	1.61	1.07	0.71	0.76	4.68	1.00
	36	4		2.756	2.163	0.141	3.29	1.09	1.28	5.22	1.38	2.05	1.37	0.70	0.93	6.25	1.04
	36	5		3.382	2.654	0.141	3.95	1.08	1.56	6.24	1.36	2.45	1.65	0.70	1.09	7.84	1.07
4.0	40	3	5	2.359	1.852	0.157	3.59	1.23	1.23	5.69	1.55	2.01	1.49	0.79	0.96	6.41	1.09
	40	4		3.086	2.422	0.157	4.60	1.22	1.60	7.29	1.54	2.58	1.91	0.79	1.19	8.56	1.13
	40	5		3.791	2.976	0.156	5.53	1.21	1.96	8.76	1.52	3.01	2.30	0.78	1.39	10.74	1.17
4.5	45	3	5	2.659	2.088	0.177	5.17	1.40	1.58	8.20	1.76	2.58	2.14	0.90	1.24	9.12	1.22
	45	4		3.486	2.736	0.177	6.65	1.38	2.05	10.56	1.74	3.32	2.75	0.89	1.54	12.18	1.26
	45	5		4.292	3.369	0.176	8.04	1.37	2.51	12.74	1.72	4.00	3.33	0.88	1.81	15.25	1.30
	45	6		5.076	3.985	0.176	9.33	1.36	2.95	14.76	1.70	4.64	3.89	0.88	2.06	18.36	1.33
5	50	3	5.5	2.971	2.332	0.197	7.18	1.55	1.96	11.37	1.96	3.22	2.98	1.00	1.57	12.50	1.34
	50	4		3.897	3.059	0.197	9.26	1.54	2.56	14.70	1.94	4.16	3.82	0.99	1.96	16.69	1.38
	50	5		4.803	3.770	0.196	11.21	1.53	3.13	17.79	1.92	5.03	4.64	0.98	2.31	20.90	1.42
	50	6		5.688	4.465	0.196	13.05	1.52	3.68	20.68	1.91	5.58	5.42	0.98	2.63	25.14	1.46
5.6	56	3	6	3.343	2.624	0.221	10.19	1.75	2.48	16.14	2.20	4.08	4.24	1.13	2.02	17.56	1.48
	56	4		4.390	3.446	0.220	13.18	1.73	3.24	20.92	2.18	5.28	5.46	1.11	2.52	23.43	1.53

附录Ⅳ 型钢规格表

续表

角钢号数	尺寸/mm b	d	r	截面面积/cm²	理论质量/(kg/m)	外表面积/(m²/m)	参考数值									
							$x-x$				x_0-x_0			y_0-y_0		x_1-x_1	z_0/cm
							I_x/cm⁴	i_x/cm	W_x/cm³		I_{x_0}/cm⁴	i_{x_0}/cm	W_{x_0}/cm³	I_{y_0}/cm⁴	i_{y_0}/cm	W_{y_0}/cm³	I_{x_1}/cm⁴	
5.6	56	5	6	5.415	4.251	0.220	16.02	1.72	3.97	25.42	2.17	6.42	6.61	1.10	2.98	29.33	1.57
		8		8.367	6.568	0.219	23.03	1.68	6.03	37.37	2.11	9.44	9.89	1.09	4.16	47.24	1.68
6.3	63	4	7	4.978	3.907	0.248	19.03	1.96	4.13	30.17	2.46	6.78	7.89	1.26	3.29	33.34	1.70
		5		6.143	4.822	0.248	23.47	1.94	5.08	36.77	2.45	8.25	9.57	1.25	2.90	41.73	1.74
		6		7.288	5.721	0.247	27.12	1.93	6.00	43.03	2.43	9.66	11.20	1.24	4.46	50.14	1.78
		8		9.515	7.469	0.247	34.46	1.90	7.75	54.56	2.40	12.25	14.33	1.23	5.47	67.11	1.85
		10		11.657	9.151	0.246	44.09	1.88	9.39	64.85	3.36	14.56	17.33	1.22	6.36	84.31	1.93
7	70	4	8	5.570	4.372	0.275	26.39	2.18	5.14	41.80	2.74	8.44	10.99	1.40	4.17	45.74	1.86
		5		6.875	5.397	0.275	32.21	2.16	6.32	51.08	2.73	10.32	13.34	1.39	4.95	57.21	1.91
		6		8.160	6.406	0.275	37.77	2.15	7.48	59.93	2.71	12.11	15.61	1.38	5.67	58.73	1.95
		7		9.424	7.398	0.275	43.09	2.14	8.59	68.35	2.69	13.81	17.82	1.38	6.34	80.29	1.99
		8		10.667	8.373	0.274	48.17	2.12	9.68	76.37	2.68	15.43	19.98	1.37	6.98	91.92	2.03
7.5	75	5	9	7.367	5.818	0.295	39.97	2.33	7.32	63.30	2.92	11.94	16.63	1.50	5.77	70.56	2.04
		6		8.797	6.905	0.294	46.95	2.31	8.64	74.38	2.90	14.02	19.51	1.49	6.67	84.55	2.07
		7		10.160	7.976	0.294	53.57	2.30	9.93	84.96	2.89	16.02	22.18	1.48	7.44	98.71	2.11
		8		11.503	9.030	0.294	59.96	2.28	11.20	95.07	2.88	17.93	24.86	1.47	8.19	112.97	2.15
		10		14.126	11.089	0.293	71.98	2.26	13.64	113.92	2.84	21.48	30.05	1.46	9.56	141.71	2.22

续表

角钢号数	尺寸/mm				截面面积/cm²	理论质量/(kg/m)	外表面积/(m²/m)	参考数值										
								$x-x$			x_0-x_0			y_0-y_0			x_1-x_1	z_0/cm
	b	d		r				I_x/cm⁴	i_x/cm	W_x/cm³	I_{x_0}/cm⁴	i_{x_0}/cm	W_{x_0}/cm³	I_{y_0}/cm⁴	i_{y_0}/cm	W_{y_0}/cm³	I_{x_1}/cm⁴	
8	80	5		9	7.912	6.211	0.315	48.79	2.48	8.34	77.33	3.13	13.67	20.25	1.60	6.66	85.36	2.15
		6			9.397	7.376	0.314	57.35	2.47	9.87	90.98	3.11	16.08	23.72	1.59	7.65	102.50	2.19
		7			10.860	8.525	0.314	65.58	2.46	11.37	104.07	3.10	18.40	27.09	1.58	8.58	119.70	2.23
		8			12.303	9.658	0.314	73.49	2.44	12.83	116.60	3.08	20.61	30.39	1.57	9.46	136.97	2.27
		10			15.126	11.874	0.313	88.43	2.42	15.64	140.09	3.04	24.76	36.77	1.56	11.08	171.74	2.35
9	90	6		10	10.637	8.350	0.354	82.77	2.79	12.61	131.26	3.51	20.63	34.28	1.80	9.95	145.87	2.44
		7			12.301	9.656	0.354	94.83	2.78	14.54	150.47	3.50	23.64	29.18	1.78	11.19	170.30	2.48
		8			13.944	10.946	0.353	106.47	2.76	16.42	168.97	3.48	26.55	43.97	1.78	12.35	194.80	2.52
		10			17.167	13.476	0.353	128.58	2.74	20.07	203.90	3.45	32.04	53.26	1.76	14.52	244.07	2.59
		12			20.306	15.940	0.352	149.22	2.71	23.57	236.21	3.41	37.12	62.22	1.75	16.49	293.76	2.67
10	100	6		12	11.932	9.366	0.393	114.95	3.01	15.68	181.98	3.90	25.74	47.92	2.00	12.69	200.07	2.67
		7			13.796	10.830	0.393	131.86	3.09	18.10	208.97	3.89	29.55	54.74	1.99	14.26	233.54	2.71
		8			15.638	12.276	0.393	148.24	3.08	20.47	235.07	3.88	33.24	61.41	1.98	15.75	267.09	2.76
		10			19.261	15.120	0.392	179.51	3.05	25.06	284.68	3.84	40.26	74.35	1.96	18.54	334.48	2.84
		12			22.800	17.898	0.391	208.90	3.03	29.48	330.95	3.81	46.80	86.84	1.95	21.08	402.34	2.91
		14			26.256	20.611	0.391	236.53	3.00	33.73	374.06	3.77	52.90	99.00	1.94	23.44	470.75	2.99
		16			29.627	23.257	0.390	262.53	2.98	37.82	414.16	3.74	58.57	110.89	1.94	25.63	539.80	3.06

续表

角钢号数	尺寸/mm				截面面积/cm^2	理论质量/(kg/m)	外表面积/(m^2/m)	参考数值										
	b	d	r					$x-x$				x_0-x_0			y_0-y_0			x_1-x_1	z_0/cm
								I_x/cm^4	i_x/cm	W_x/cm^3		I_{x_0}/cm^4	i_{x_0}/cm	W_{x_0}/cm^3	I_{y_0}/cm^4	i_{y_0}/cm	W_{y_0}/cm^3	I_{x_1}/cm^4	
11	110	7	12		15.196	11.928	0.433	177.16	3.41	22.05		280.94	4.30	36.12	73.38	2.20	17.51	310.64	2.96
		8			17.238	13.532	0.433	199.46	3.40	24.95		316.49	4.28	40.69	82.42	2.19	19.39	355.20	3.01
		10			21.261	16.690	0.432	242.19	3.38	30.60		384.39	4.25	49.42	99.98	2.17	22.91	444.65	3.09
		12			25.200	19.782	0.431	282.55	3.35	36.05		448.17	4.22	57.62	116.93	2.15	26.15	534.60	3.16
		14			29.056	22.809	0.431	320.71	3.32	44.31		508.01	4.18	65.31	133.40	2.14	19.14	625.16	3.24
12.5	125	8	14		19.750	15.504	0.492	297.03	3.88	32.52		470.89	4.88	53.28	123.16	2.50	25.86	521.01	3.37
		10			24.373	19.133	0.491	316.67	3.85	39.97		573.89	4.85	64.93	149.46	2.48	30.62	651.93	3.45
		12			28.912	22.696	0.491	423.16	3.83	41.17		671.44	4.82	75.96	174.88	2.46	35.03	783.42	3.53
		14			33.367	26.193	0.490	481.65	3.80	54.16		763.73	4.78	86.41	199.57	2.45	39.13	915.61	3.61
14	140	8	14		27.373	21.488	0.551	514.65	4.34	50.58		817.27	5.46	82.56	212.04	2.78	39.20	915.11	3.82
		10			32.512	25.522	0.551	603.68	4.31	59.80		958.79	5.43	96.85	248.57	2.76	45.02	1099.28	3.90
		12			37.567	29.490	0.550	688.81	4.28	68.75		1093.56	5.40	110.47	284.06	2.75	50.45	1284.22	3.98
14	140	14	14		42.539	33.393	0.549	770.24	4.26	77.46		1221.81	5.36	123.42	318.67	2.74	55.55	1470.07	4.06
16	160	10	16		31.502	24.729	0.630	779.53	4.98	66.70		1237.30	6.27	109.36	321.76	3.20	52.76	1365.33	4.31
		12			37.411	29.391	0.630	916.58	4.95	78.98		1455.68	6.24	128.67	377.49	3.18	60.74	1639.57	4.39
		14			43.296	33.987	0.629	1048.36	4.92	90.95		1665.02	6.20	147.17	431.70	3.16	68.244	1914.68	4.47
		16			49.067	38.518	0.629	1175.08	4.89	102.63		1865.57	6.17	164.89	484.59	3.14	75.31	2190.82	4.55

续表

角钢号数	尺寸/mm				截面面积/cm²	理论质量/(kg/m)	外表面积/(m²/m)	参考数值										
	b	d		r				$x-x$			x_0-x_0			y_0-y_0			x_1-x_1	z_0/cm
								I_x/cm⁴	i_x/cm	W_x/cm³	I_{x_0}/cm⁴	i_{x_0}/cm	W_{x_0}/cm³	I_{y_0}/cm⁴	i_{y_0}/cm	W_{y_0}/cm³	I_{x_1}/cm⁴	
18	180	12		16	42.241	33.159	0.170	1 321.35	5.59	100.82	2 100.10	7.05	165.00	542.61	3.58	78.41	2 332.80	4.89
		14			48.896	38.388	0.709	1 514.48	5.56	116.25	2 407.42	7.02	189.14	625.53	3.56	88.38	2 723.48	4.97
		16			55.467	43.542	0.709	1 700.99	5.54	131.13	2 703.37	6.98	212.40	698.60	3.55	97.83	3 115.29	5.05
		18			61.955	48.634	0.708	1 875.12	5.50	145.64	2 988.24	6.94	234.78	762.01	3.51	105.14	3 502.43	5.13
20	200	14		18	54.642	42.894	0.788	2 103.55	6.20	144.70	3 343.26	7.82	236.40	863.83	3.98	111.82	3 734.10	5.46
		16			62.013	48.680	0.788	2 366.15	6.18	163.65	3 760.89	7.79	265.93	971.41	3.96	123.96	4 270.39	5.54
		18			69.301	54.401	0.787	2 620.64	6.15	182.22	4 164.54	7.75	294.48	1 076.74	3.94	135.52	4 808.13	5.62
		20			76.505	60.056	0.787	2 867.30	6.12	200.42	4 554.55	7.72	322.06	1 180.04	3.93	146.55	5 347.51	5.69
		24			90.661	71.168	0.785	2 338.25	6.07	236.17	5 294.97	7.64	274.41	1 381.53	3.90	133.55	6 457.16	5.87

附录Ⅳ 型钢规格表

表 2 热轧不等边角钢(GB/T 9788—1988)

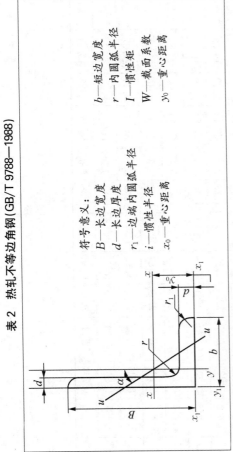

符号意义：
B—长边宽度　　　　　b—短边宽度
d—长边厚度　　　　　r—内圆弧半径
r_1—边端内圆弧半径　　I—惯性矩
i—惯性半径　　　　　W—截面系数
x_0—重心距离　　　　y_0—重心距离

续 表

角钢号数	尺寸/mm				截面面积/cm²	理论重量/(kg/m)	外表面积/(m²/m)	参考数值													
								$x-x$			$y-y$			x_1-x_1		y_1-y_1		$u-u$			
	B	b	d	r				I_x/cm⁴	i_x/cm	W_x/cm³	I_y/cm⁴	i_y/cm	W_y/cm³	I_{x_1}/cm⁴	y_0/cm	I_{y_1}/cm⁴	x_0/cm	I_u/cm⁴	i_u/cm	W_u/cm³	$\tan\alpha$
2.5/1.6	25	16	3	3.5	1.162	0.912	0.080	0.70	0.78	0.43	0.22	0.44	0.19	1.56	0.86	0.43	0.42	0.14	0.34	0.16	0.392
			4		1.499	1.176	0.079	0.88	0.77	0.55	0.27	0.43	0.24	2.09	0.90	0.59	0.46	0.17	0.34	0.20	0.381
3.2/2	32	20	3		1.492	1.171	0.102	1.53	1.01	0.72	0.46	0.55	0.30	3.27	1.08	0.82	0.49	0.28	0.43	0.25	0.382
			4		1.939	1.522	0.101	1.93	1.00	0.93	0.57	0.54	0.39	4.37	1.12	1.12	0.53	0.35	0.42	0.32	0.374
4/2.5	40	25	3	4	1.890	1.484	0.127	3.08	1.28	1.15	0.93	0.70	0.49	6.39	1.32	1.59	0.59	0.56	0.54	0.40	0.386
			4		2.467	1.936	0.127	3.93	1.26	1.49	1.18	0.69	0.63	8.53	1.37	2.14	0.63	0.71	0.54	0.52	0.381
4.5/2.8	45	28	3	5	2.149	1.687	0.143	4.45	1.44	1.47	1.34	0.79	0.62	9.10	1.47	2.23	0.64	0.80	0.61	0.51	0.383
			4		2.806	2.203	0.143	5.69	1.42	1.91	1.70	0.78	0.80	12.13	1.51	3.00	0.68	1.02	0.60	0.66	0.380

续 表

角钢号数	尺寸/mm B	b	d	r	截面面积/cm²	理论重量/(kg/m)	外表面积/(m²/m)	I_x/cm⁴	i_x/cm	W_x/cm³	I_y/cm⁴	i_y/cm	W_y/cm³	I_{x_1}/cm⁴	y_0/cm	I_{y_1}/cm⁴	x_0/cm	I_u/cm⁴	i_u/cm	W_u/cm³	$\tan\alpha$
5/3.2	50	32	3	5.5	2.431	1.908	0.161	6.24	1.60	1.84	2.02	0.91	0.82	12.49	1.60	3.31	0.73	1.20	0.70	0.68	0.404
			4		3.177	2.494	0.160	8.02	1.59	2.39	2.58	0.90	1.06	16.65	1.65	4.45	0.77	1.53	0.69	0.87	0.402
5.6/3.6	56	36	3	6	2.743	2.153	0.181	8.88	1.80	2.32	2.92	1.03	1.05	17.54	1.78	4.70	0.80	1.73	0.79	0.87	0.408
			4		3.590	2.818	0.180	11.45	1.79	3.03	3.76	1.02	1.37	23.39	1.82	6.33	0.85	2.23	0.79	1.13	0.408
			5		4.415	3.466	0.180	13.86	1.77	3.71	4.49	1.01	1.65	29.25	1.87	7.94	0.88	2.67	0.78	1.36	0.404
6.3/4	63	40	4	7	4.058	3.185	0.202	16.49	2.02	3.87	5.23	1.14	1.70	33.30	2.04	8.63	0.92	3.12	0.88	1.40	0.398
			5		4.993	3.920	0.202	20.02	2.00	4.74	6.31	1.12	2.71	41.63	2.08	10.86	0.95	3.76	0.87	1.71	0.396
			6		5.908	4.638	0.201	23.36	1.96	5.59	7.29	1.11	2.43	49.98	2.12	13.12	0.99	4.34	0.86	1.99	0.393
			7		6.802	5.339	0.201	26.53	1.98	6.40	8.24	1.10	2.78	58.07	2.15	15.47	1.03	4.97	0.86	2.29	0.389
7/4.5	70	45	4	7.5	4.547	3.570	0.226	23.17	2.26	4.86	7.55	1.29	2.17	45.92	2.24	12.26	1.02	5.40	0.98	2.19	0.410
			5		5.609	4.403	0.225	27.95	2.23	5.92	9.13	1.28	2.65	57.10	2.28	15.39	1.06	6.35	0.98	2.59	0.407
			6		6.647	5.218	0.225	32.54	2.21	6.95	10.62	1.26	3.12	68.35	2.32	18.58	1.09	7.16	0.98	2.94	0.404
			7		7.657	6.011	0.225	37.22	2.20	8.03	12.01	1.25	3.57	79.99	2.36	21.84	1.13	7.41	0.97	2.74	0.402
(7.5/5)	75	50	5	8	6.125	4.808	0.245	34.86	2.39	6.83	12.61	1.44	3.30	70.00	2.40	21.04	1.17	8.54	1.10	3.19	0.435
			6		7.260	5.699	0.245	41.12	2.38	8.12	14.70	1.42	3.88	84.30	2.44	25.37	1.21	10.87	1.08	4.10	0.435
			8		9.467	7.431	0.244	52.39	2.35	10.52	18.53	1.40	4.99	112.50	2.52	34.23	1.29	13.10	1.07	4.99	0.429
			10		11.590	9.098	0.244	62.71	2.33	12.79	21.96	1.38	6.04	140.80	2.60	43.43	1.36	13.10	1.06	4.99	0.423

续表

角钢号数	尺寸/mm				截面面积/cm²	理论重量/(kg/m)	外表面积/(m²/m)	参考数值											
								$x-x$			$y-y$			x_1-x_1		y_1-y_1	$u-u$		
	B	b	d	r				I_x/cm⁴	i_x/cm	W_x/cm³	I_y/cm⁴	i_y/cm	W_y/cm³	I_{x_1}/cm⁴	y_0/cm	I_{y_1}/cm⁴	x_0/cm	I_u/cm⁴	i_u/cm	W_u/cm³	$\tan\alpha$
8/5	80	50	5	8	6.375	5.005	0.255	41.96	2.56	7.78	12.82	1.42	3.32	85.21	2.60	21.06	1.14	7.66	1.10	2.74	0.388
			6		7.560	5.935	0.255	49.49	2.56	9.25	14.95	1.41	3.91	102.53	2.65	25.41	1.18	8.85	1.08	3.20	0.387
			7		8.724	6.848	0.255	56.16	2.54	10.58	16.96	1.39	4.48	119.33	2.69	29.82	1.21	10.18	1.08	3.70	0.384
			8		9.867	7.745	0.254	62.83	2.52	11.92	18.85	1.38	5.03	136.41	2.73	34.32	1.25	11.38	1.07	4.16	0.381
9/5.6	90	56	5	9	7.212	5.661	0.287	60.45	2.90	9.92	18.32	1.59	4.21	121.32	2.91	29.53	1.25	10.98	1.23	3.49	0.385
			6		8.557	6.717	0.286	71.03	2.88	11.74	21.42	1.58	4.96	145.59	2.95	35.58	1.29	12.90	1.23	4.18	0.384
			7		9.880	7.756	0.286	81.01	2.86	13.49	24.36	1.57	5.70	169.66	3.00	41.71	1.33	14.67	1.22	4.72	0.382
			8		11.183	8.779	0.286	91.03	2.85	15.27	27.15	1.56	6.41	194.17	3.04	47.93	1.36	16.34	1.21	5.29	0.380
10/6.3	100	63	6	10	9.617	7.550	0.320	99.06	3.21	14.64	30.94	1.79	6.35	199.71	3.24	50.50	1.43	18.42	1.38	5.25	0.394
			7		11.111	8.722	0.320	113.45	3.20	16.88	35.26	1.78	7.29	233.00	3.28	59.14	1.47	21.00	1.38	6.02	0.393
			8		12.584	9.878	0.319	127.37	3.18	19.08	39.39	1.77	8.21	266.32	3.32	67.88	1.50	23.50	1.37	6.78	0.391
			10		15.467	12.142	0.319	153.81	3.15	23.32	47.12	1.74	9.98	333.06	3.40	85.37	1.58	28.33	1.35	8.24	0.387
10/8	100	80	6	10	10.637	8.350	0.354	107.04	3.17	15.19	61.24	2.40	10.16	199.83	2.95	102.68	1.97	31.65	1.72	8.37	0.627
			7		12.301	9.656	0.354	122.73	3.16	17.52	70.08	2.39	11.71	233.20	3.00	119.98	2.01	36.17	1.72	9.60	0.626
			8		13.944	10.946	0.353	137.92	3.14	19.81	78.58	2.37	13.21	266.61	3.04	137.37	2.05	40.58	1.71	10.80	0.625
			10		17.167	13.476	0.353	166.87	3.12	24.24	94.65	2.35	16.12	333.63	3.12	172.48	2.13	49.10	1.69	13.12	0.622

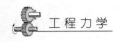

续表

角钢号数	尺寸/mm B	b	d	r	截面面积/cm²	理论重量/(kg/m)	外表面积/(m²/m)	x-x I_x/cm⁴	i_x/cm	W_x/cm³	y-y I_y/cm⁴	i_y/cm	W_y/cm³	x_1-x_1 I_{x_1}/cm⁴	y_0/cm	y_1-y_1 I_{y_1}/cm⁴	x_0/cm	u-u I_u/cm⁴	i_u/cm	W_u/cm³	tan α
11/7	110	70	6	10	10.637	8.350	0.354	133.37	3.54	17.85	42.92	2.01	7.90	265.78	3.53	69.08	1.57	25.36	1.54	6.53	0.403
			7		12.301	9.656	0.354	153.00	3.53	20.60	49.01	2.00	9.09	310.07	3.57	80.82	1.61	28.95	1.53	7.50	0.402
			8		13.944	10.946	0.353	172.04	3.51	23.30	54.87	1.98	10.25	354.39	3.62	92.70	1.65	32.45	1.53	8.45	0.401
			10		17.167	13.476	0.353	208.39	3.48	28.54	65.88	1.96	12.48	443.13	3.70	116.83	1.72	39.20	1.51	10.29	0.397
12.5/8	125	80	7	11	14.096	11.066	0.403	277.98	4.02	26.86	74.42	2.30	12.01	454.99	4.01	120.32	1.80	43.81	1.76	9.92	0.408
			8		15.989	12.551	0.403	256.77	4.01	30.41	83.49	2.28	13.56	519.99	4.06	137.85	1.84	49.15	1.75	11.18	0.407
			10		19.712	15.474	0.402	312.04	3.98	37.33	100.67	2.26	16.56	650.09	4.14	173.40	1.92	59.45	1.74	13.64	0.404
			12		23.351	18.330	0.402	364.41	3.95	44.01	116.67	2.24	19.43	780.39	4.22	209.67	2.00	69.35	1.72	16.01	0.400
14/9	140	90	8	12	18.038	14.160	0.453	365.64	4.50	38.48	120.69	2.59	17.34	730.53	4.50	195.79	2.04	70.83	1.98	14.31	0.411
			10		22.261	17.457	0.452	445.50	4.47	47.31	146.03	2.56	21.22	913.20	4.58	245.92	2.12	85.82	1.96	17.48	0.409
			12		26.400	20.724	0.451	521.59	4.44	55.87	169.79	2.54	24.95	1 096.09	4.66	296.89	2.19	100.21	1.95	20.54	0.406
			14		30.456	23.908	0.451	594.10	4.42	64.18	192.10	2.51	28.54	1 279.26	4.74	348.82	2.27	114.13	1.94	23.52	0.403
16/10	160	100	10	13	25.315	19.872	0.512	668.69	5.14	62.13	205.03	2.85	26.56	1 362.89	5.24	336.59	2.28	121.74	2.19	21.92	0.390
			12		30.354	23.592	0.511	784.91	5.11	73.49	239.06	2.82	31.28	1 635.56	5.32	405.94	2.36	142.33	2.17	25.79	0.388
			14		34.709	27.247	0.510	896.30	5.08	84.56	271.20	2.80	35.83	1 908.50	5.40	476.42	2.43	162.23	2.16	29.56	0.385
			16		39.281	30.835	0.510	1 003.04	5.05	95.33	301.60	2.77	40.24	2 181.79	5.48	548.22	2.51	182.57	2.16	33.44	0.382

续表

角钢号数	尺寸/mm				截面面积/cm^2	理论重量/(kg/m)	外表面积/(m^2/m)	参考数值											
								$x-x$			$y-y$			x_1-x_1		y_1-y_1		$u-u$			
	B	b	d	r				I_x/cm^4	i_x/cm	W_x/cm^3	I_y/cm^4	i_y/cm	W_y/cm^3	I_{x_1}/cm^4	y_0/cm	I_{y_1}/cm^4	x_0/cm	I_u/cm^4	i_u/cm	W_u/cm^3	$\tan \alpha$
18/11	180	110	10	14	28.373	22.273	0.571	956.25	5.80	78.96	278.11	3.13	32.49	1940.40	5.89	447.22	2.44	166.50	2.42	26.88	0.376
			12		33.712	26.464	0.571	1124.72	5.78	93.53	325.03	3.10	38.32	2328.38	5.98	538.94	2.52	194.87	2.40	31.66	0.374
			14		38.967	30.589	0.570	1286.91	5.75	107.76	369.55	3.08	43.97	2716.60	6.06	631.95	2.59	222.30	2.39	36.32	0.372
			16		44.139	34.649	0.569	1443.06	5.72	121.64	411.85	3.06	49.44	3105.15	6.14	726.46	2.67	248.94	2.38	40.87	0.369
20/12.5	200	125	12	14	37.912	29.761	0.641	1570.90	6.44	116.73	483.16	3.57	49.99	3193.85	6.54	787.74	2.83	285.79	2.74	41.23	0.392
			14		43.867	34.436	0.640	1800.97	6.41	134.65	550.83	3.54	57.44	3726.17	6.62	922.47	2.91	326.58	2.73	47.34	0.390
			16		49.739	39.045	0.639	2023.35	6.38	152.18	615.44	3.52	64.69	4258.86	6.70	1058.86	2.99	366.21	2.71	53.32	0.388
			18		55.526	43.588	0.639	2238.30	6.35	169.33	677.19	3.49	71.74	4792.00	6.78	1197.13	3.06	404.83	2.70	59.18	0.385

注:1. 括号内型号不推荐使用。2. 截面图中的 $r_1 = d/3$ 及表中 r 的数据用于孔型设计,不作交货条件。

表 3　热轧工字钢（GB/T 706—1988）

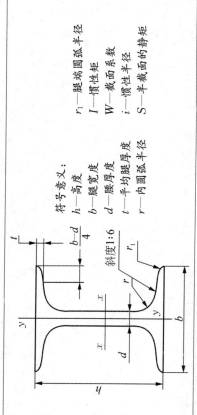

符号意义：
h—高度
b—腿宽度
d—腰厚度
t—平均腿厚度
r—内圆弧半径
r_1—腿端圆弧半径
I—惯性矩
W—截面系数
i—惯性半径
S—半截面的静矩

型号	尺寸/mm						截面面积/cm²	理论重量/(kg/m)	参考数值							
									x-x				y-y			
	h	b	d	t	r	r_1			I_x/cm⁴	W_x/cm³	i_x/cm	$(I_x:S_x)$/cm	I_y/cm⁴	W_y/cm³	i_y/cm
10	100	68	4.5	7.6	6.5	3.3	14.3	11.2	245	49	4.14	8.59	33	9.72	1.52
12.6	126	74	5	8.4	7	3.5	18.1	14.2	488.43	77.529	5.195	10.85	46.906	12.677	1.609
14	140	80	5.5	9.1	7.5	3.8	21.5	16.9	712	102	5.76	12	64.4	16.1	1.73
16	160	88	6	9.9	8	4	26.1	20.5	1130	141	6.58	13.8	93.1	21.2	1.89
18	180	94	6.5	10.7	8.5	4.3	30.6	24.1	1660	185	7.36	15.4	122	26	2
20a	200	100	7	11.4	9	4.5	35.5	27.9	2370	237	8.15	17.2	158	31.5	2.12
20b	200	102	9	11.4	9	4.5	39.5	31.1	2500	250	7.96	16.9	169	33.1	2.06
22a	220	110	7.5	12.3	9.5	4.8	42	33	3400	309	8.99	18.9	225	40.9	2.31
22b	220	112	9.5	12.3	9.5	4.8	46.4	36.4	3570	325	8.78	18.7	239	42.7	2.27
25a	250	116	8	13	10	5	48.5	38.1	5 023.54	401.88	10.18	21.58	280.046	48.283	2.403
25b	250	118	10	13	10	5	53.5	42	5 283.96	422.72	9.938	21.27	309.297	52.423	2.404
28a	280	122	8.5	13.7	10.5	5.3	55.45	43.4	7 114.14	508.15	11.32	24.62	345.051	56.565	2.495

续表

型号	尺寸/mm					截面面积/cm^2	理论重量/(kg/m)	参考数值						
								$x-x$				$y-y$		
	h	b	d	t	r	r_1			I_x/cm^4	W_x/cm^3	i_x/cm	$(I_x:S_x)/cm$	I_y/cm^4	W_y/cm^3	i_y/cm
28b	280	124	10.5	13.7	10.5	5.3	61.05	47.9	7 480	534.29	11.08	24.24	379.496	61.209	2.493
32a	320	130	9.5	15	11.5	5.8	67.05	52.7	11 075.5	692.2	12.84	27.46	459.93	70.758	2.619
32b	320	132	11.5	15	11.5	5.8	73.45	57.7	11 621.4	726.33	12.58	27.09	501.53	75.989	2.614
32c	320	134	13.5	15	11.5	5.8	79.95	62.8	12 167.5	760.47	12.34	26.77	543.81	81.166	2.608
36a	360	136	10	15.8	12	6	76.3	59.9	15 760	875	14.4	30.7	552	81.2	2.69
36b	360	138	12	15.8	12	6	83.5	65.6	16 530	919	14.1	30.3	582	84.3	2.64
36c	360	140	14	15.8	12	6	90.7	71.2	17 310	962	13.8	29.9	612	87.4	2.6
40a	400	142	10.5	16.5	12.5	6.3	86.1	67.6	21 720	1 090	15.9	34.1	660	93.2	2.77
40b	400	144	12.5	16.5	12.5	6.3	94.1	73.8	22 780	1 140	15.6	33.6	692	96.2	2.71
40c	400	146	14.5	16.5	12.5	6.3	102	80.1	23 850	1 190	15.2	33.2	727	99.6	2.65
45a	450	150	11.5	18	13.5	6.8	102	80.4	32 240	1 430	17.7	38.6	855	114	2.89
45b	450	152	13.5	18	13.5	6.8	111	87.4	33 760	1 500	17.4	38	894	118	2.84
45c	450	154	15.5	18	13.5	6.8	120	94.5	35 280	1 570	17.1	37.6	938	122	2.79
50a	500	158	12	20	14	7	119	93.6	46 470	1 860	19.7	42.8	1 120	142	3.07
50b	500	160	14	20	14	7	129	101	48 560	1 940	19.4	42.4	1 170	146	3.01
50c	500	162	16	20	14	7	139	109	50 640	2 080	19	41.8	1 220	151	2.96
56a	560	166	12.5	21	14.5	7.3	135.25	106.2	65 585.6	2 342.31	22.02	47.73	1 370.16	165.08	3.182
56b	560	168	14.5	21	14.5	7.3	146.45	115	68 512.5	2 446.69	21.63	47.17	1 486.75	174.25	3.162
56c	560	170	16.5	21	14.5	7.3	157.85	123.9	71 439.4	2 551.41	21.27	46.66	1 558.39	183.34	3.158
63a	630	176	13	22	15	7.5	154.9	121.6	93 916.2	2 981.47	24.62	54.17	1 700.55	193.24	3.314
63b	630	178	15	22	15	7.5	167.5	131.5	98 083.6	3 163.38	24.2	53.51	1 812.07	203.6	3.289
63c	630	180	17	22	15	7.5	180.1	141	102 251.1	3 298.42	23.82	52.92	1 924.91	213.88	3.268

注：截面图和表中标注的圆弧半径 r、r_1 的数据用于孔型设计，不作交货条件。

表4 热轧槽钢 (GB/T 707—1988)

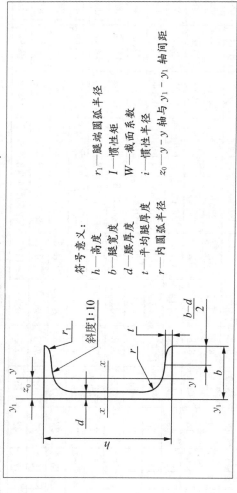

符号意义：
h—高度
b—腿宽度
d—腰厚度
t—平均腿厚度
r—内圆弧半径
r_1—腿端圆弧半径
I—惯性矩
W—截面系数
i—惯性半径
z_0—y-y轴与y_1-y_1轴间距

型号	尺寸/mm							截面面积 /cm²	理论重量 /(kg/m)	参考数值								
										x-x			y-y				y_1-y_1	
	h	b	d	t	r	r_1			W_x/cm³	I_x/cm⁴	i_x/cm	W_y/cm³	I_y/cm⁴	i_y/cm	I_{y_1}/cm⁴	z_0/cm
5	50	37	4.5	7	7	3.5	6.93	5.44	10.4	26	1.94	3.55	8.3	1.1	20.9	1.35
6.3	63	40	4.8	7.5	7.5	3.75	8.444	6.63	16.123	50.786	2.453	4.50	11.872	1.185	28.38	1.36
8	80	43	5	8	8	4	10.24	8.04	25.3	101.3	3.15	5.79	16.6	1.27	37.4	1.43
10	100	48	5.3	8.5	8.5	4.25	12.74	10	39.7	198.3	3.95	7.8	25.6	1.41	54.9	1.52
12.6	126	53	5.5	9	9	4.5	15.69	12.37	62.137	391.466	4.953	10.242	37.99	1.567	77.09	1.59
14a	140	58	6	9.5	9.5	4.75	18.51	14.53	80.5	563.7	5.52	13.01	53.2	1.7	107.1	1.71
14b	140	60	8	9.5	9.5	4.75	21.31	16.73	87.1	609.4	5.35	14.12	61.1	1.69	120.6	1.67
16a	160	63	6.5	10	10	5	21.95	17.23	108.3	866.2	6.28	16.3	73.3	1.83	144.1	1.8
16	160	65	8.5	10	10	5	25.15	19.74	116.8	934.5	6.1	17.55	83.4	1.82	160.8	1.75

续 表

型号	尺寸/mm						截面面积/cm²	理论重量/(kg/m)	参考数值							
	h	b	d	t	r	r_1			$x-x$			$y-y$			y_1-y_1	z_0/cm
									W_x/cm³	I_x/cm⁴	i_x/cm	W_y/cm³	I_y/cm⁴	i_y/cm	I_{y_1}/cm⁴	
18a	180	68	7	10.5	10.5	5.25	25.69	20.17	141.4	1 272.7	7.04	20.03	98.6	1.96	189.7	1.88
18	180	70	9	10.5	10.5	5.25	29.29	22.99	152.2	1 369.9	6.84	21.52	111	1.95	210.1	1.84
20a	200	73	7	11	11	5.5	28.83	22.63	178	1 780.4	7.86	24.2	128	2.11	244	2.01
20	200	75	9	11	11	5.5	32.83	25.77	191.4	1 913.7	7.64	25.88	143.6	2.09	268.4	1.95
22a	220	77	7	11.5	11.5	5.75	31.84	24.99	217.6	2 393.9	8.67	28.17	157.8	2.23	298.2	2.1
22	220	79	9	11.5	11.5	5.75	36.24	28.45	233.8	2 571.4	8.42	30.05	176.4	2.21	326.3	2.03
25a	250	78	7	12	12	6	34.91	27.47	269.597	3 369.62	9.823	30.607	175.529	2.243	322.256	2.065
25b	250	80	9	12	12	6	39.91	31.39	282.402	3 530.04	9.405	32.657	196.421	2.218	353.187	1.982
25c	250	82	11	12	12	6	44.91	35.32	295.236	3 690.45	9.065	35.926	218.415	2.206	384.133	1.921
28a	280	82	7.5	12.5	12.5	6.25	40.02	31.42	340.328	4 764.59	10.91	35.718	217.989	2.333	387.566	2.097
28b	280	84	9.5	12.5	12.5	6.25	45.62	35.81	366.46	5 130.45	10.6	37.929	242.144	2.304	427.589	2.016
28c	280	86	11.5	12.5	12.5	6.25	51.22	40.21	392.594	5 496.32	10.35	40.301	267.602	2.286	426.597	1.951
32a	320	88	8	14	14	7	48.7	38.22	474.879	7 598.06	12.49	46.473	304.787	2.502	552.31	2.242
32b	320	90	10	14	14	7	55.1	43.25	509.012	8 144.2	12.15	49.157	336.332	2.471	592.933	2.158
32c	320	92	12	14	14	7	61.5	48.28	543.145	8 690.33	11.88	52.642	374.175	2.467	643.299	2.092
36a	360	96	9	16	16	8	60.89	47.8	659.7	11 874.2	13.97	63.54	455	2.73	818.4	2.44
36b	360	98	11	16	16	8	68.09	53.45	702.9	12 651.8	13.63	66.85	496.7	2.7	880.4	2.37
36c	360	100	13	16	16	8	75.29	50.1	746.1	13 429.4	13.36	70.02	536.4	2.67	947.9	2.34
40a	400	100	10.5	18	18	9	75.05	58.91	878.9	17 577.9	15.30	78.83	592	2.81	1 067.7	2.49
40b	400	102	12.5	18	18	9	83.05	65.19	932.2	18 644.5	14.98	82.52	640	2.78	1 135.6	2.44
40c	400	104	14.5	18	18	9	91.05	71.47	985.6	19 711.2	14.71	86.19	687.8	2.75	1 220.7	2.42

注：截面图和表中标注的圆弧半径 r、r_1 的数据用于孔型设计，不作交货条件。

表 5 热轧宽翼缘 H 型钢 (GB/T 11263—1989)

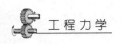

符号意义：
h—高度
b—宽度
t_1—覆板厚度
t_2—翼缘厚度
r—圆角

型号		截面尺寸/mm					截面面积/cm²	质量/(kg/m)	特性参数					
		h	b	t_1	t_2	r			$x-x$ 轴			$y-y$ 轴		
									I_x/cm^4	W_x/cm^3	i_x/cm	I_y/cm^4	W_y/cm^3	i_y/cm
HK100	a	96	100	5.0	8.0	12	21.2	16.7	349	72	4.1	133	26	2.51
	b	100	100	6.0	10.0	12	26.0	20.4	449	89	4.2	167	33	2.53
	c	120	106	12.0	20.0	12	53.2	41.8	1142	190	4.6	399	75	2.74
HK120	a	114	120	5.0	8.0	12	25.3	19.9	606	106	4.9	230	38	3.02
	b	120	120	6.5	11.0	12	34.0	26.7	864	144	5.0	317	52	3.06
	c	140	126	12.5	21.0	12	66.4	52.1	2017	288	5.5	702	111	3.25
HK140	a	133	140	5.5	8.5	12	31.4	24.7	1033	155	5.7	389	55	3.52
	b	140	140	7.0	12.0	12	43.0	33.7	1509	215	5.9	549	78	3.58
	c	160	146	13.0	22.0	12	80.6	63.2	3291	411	6.4	1144	156	3.77

续表

型号		截面尺寸/mm					截面面积/cm²	质量/(kg/m)	特性参数					
									x−x轴			y−y轴		
		h	b	t_1	t_2	r			I_x/cm⁴	W_x/cm³	i_x/cm	I_y/cm⁴	W_y/cm³	i_y/cm
HK160	a	152	160	6.0	9.0	15	38.8	30.4	1 672	220	6.6	615	76	3.98
	b	160	160	8.0	13.0	15	54.3	42.6	2 491	311	6.8	889	111	4.05
	c	180	166	14.0	23.0	15	97.1	76.2	5 098	566	7.2	1 758	211	4.26
HK180	a	171	180	6.0	9.5	15	45.3	35.5	2 510	293	7.4	924	102	4.52
	b	180	180	8.5	14.0	15	65.3	51.2	3 830	425	7.7	1 362	151	4.57
	c	200	186	14.5	24.0	15	113.3	88.9	7 482	748	8.1	2 579	277	4.77
HK200	a	190	200	6.5	10.0	18	53.8	42.3	3 691	388	8.3	1 335	133	4.98
	b	200	200	9.0	15.0	18	78.1	61.3	5 695	569	8.5	2 003	200	5.06
	c	220	206	15.0	25.0	18	131.3	103.1	10 641	967	9.0	3 650	354	5.27
HK220	a	210	220	7.0	11.0	18	64.3	50.5	5 409	515	9.2	1 954	177	5.51
	b	220	220	9.5	16.0	18	91.0	71.5	8 090	735	9.4	2 842	258	5.59
	c	240	226	15.5	26.0	18	149.4	117.3	14 604	1 217	9.9	5 011	443	5.79
HK240	a	230	240	7.5	12.0	21	76.8	60.3	7 762	674	10.1	2 768	230	6.00
	b	240	240	10.0	17.0	21	106.0	83.2	11 258	938	10.3	3 922	326	6.08
	c	270	248	18.0	32.0	21	199.6	156.7	24 288	1 799	11.0	8 152	657	6.39
HK260	a	250	260	7.5	12.5	24	86.8	68.2	10 453	836	11.0	3 666	282	6.50
	b	260	260	10.0	17.5	24	118.4	93.0	14 918	1 147	11.2	5 133	394	6.58
	c	290	268	18.0	32.5	24	219.6	172.4	31 305	2 159	11.9	10 447	779	6.90

续表

型号		截面尺寸/mm					截面面积/cm²	质量/(kg/m)	特性参数					
		h	b	t_1	t_2	r			$x-x$ 轴			$y-y$ 轴		
									I_x/cm⁴	W_x/cm³	i_z/cm	I_y/cm⁴	W_y/cm³	i_y/cm
HK280	a	270	280	8.0	12.0	24	97.3	76.4	13 671	1 012	11.9	4 761	340	7.00
	b	280	280	10.5	18.0	24	131.4	103.1	19 268	1 367	12.1	6 593	470	7.08
	c	310	288	18.5	33.0	24	240.2	188.5	39 546	2 551	12.8	13 161	914	7.40
HK300	a	290	300	8.5	14.0	27	112.5	88.3	18 261	1 259	12.7	6 307	420	7.49
	b	300	300	11.0	19.0	27	149.1	117.0	25 163	1 677	13.0	8 561	570	7.58
	c	320	305	16.0	29.0	27	225.1	176.7	40 948	2 559	13.5	13 734	900	7.81
	d	340	310	21.0	39.0	27	303.1	237.9	59 198	3 482	14.0	19 401	1 251	8.00
HK320	a	305	203	7.8	13.0	27	80.8	63.4	13 783	903	13.1	1 819	179	4.75
	b	311	205	9.6	16.0	27	98.6	77.4	17 137	1 102	13.2	2 306	225	4.84
	c	308	254	9.0	14.5	27	105.0	82.4	18 619	1 209	13.3	3 968	312	6.15
	d	311	254	9.4	16.0	27	113.8	89.3	20 516	1 319	13.4	4 379	344	6.20
	e	310	300	9.0	15.5	27	124.4	97.6	22 926	1 479	13.6	6 983	465	7.49
	f	320	300	11.5	20.5	27	161.3	126.7	30 821	1 926	13.8	9 237	615	7.57
	g	359	309	21.0	40.0	27	312.0	245.0	68 132	3 795	14.8	19 707	1 275	7.95
HK340	a	330	300	9.5	16.5	27	133.5	104.8	27 690	1 678	14.4	7 434	495	7.46
	b	340	300	12.0	21.5	27	170.9	134.2	36 654	2 156	14.6	9 688	645	7.53
	c	377	309	21.0	40.0	27	315.8	247.9	76 369	4 051	15.6	19 709	1 275	7.90

续 表

型号		截面尺寸/mm					截面面积/cm²	质量/(kg/m)	特性参数					
									$x-x$轴			$y-y$轴		
		h	b	t_1	t_2	r			I_x/cm^4	W_x/cm^3	i_x/cm	I_y/cm^4	W_y/cm^3	i_y/cm
HK360	a	342	203	7.7	13.5	27	85.3	67.0	18 235	1 066	14.6	1 889	186	4.71
	b	345	204	8.5	15.0	27	94.2	74.0	20 322	1 178	14.7	2 130	208	4.76
	c	347	205	9.6	16.5	27	104.0	81.7	22 391	1 290	14.7	2 378	232	4.78
	d	351	255	10.8	18.0	27	132.1	103.7	29 721	1 693	15.0	4 985	391	6.14
	e	359	257	12.8	22.0	27	159.7	125.3	36 920	2 056	15.2	6 239	485	6.25
	f	350	300	10.0	17.5	27	142.8	112.1	33 087	1 890	15.2	7 885	525	7.43
	g	360	300	12.5	22.5	27	180.6	141.8	43 191	2 399	15.5	10 139	675	7.49
	h	395	308	21.0	40.0	27	318.8	250.3	84 864	4 296	16.3	19 520	1 267	7.82
HK400	a	390	300	11.0	19.0	27	159.0	124.8	45 066	2 311	16.8	8 562	570	7.34
	b	400	300	13.5	24.0	27	197.8	155.3	57 678	2 883	17.1	10 817	721	7.40
	c	432	307	21.0	40.0	27	325.8	255.7	104 116	4 820	17.9	19 333	1 259	7.70
	d	452	417	30.0	50.0	27	528.9	415.2	182 051	8 055	18.6	60 533	2 903	10.70
	e	492	432	45.0	70.0	27	769.5	604.0	289 894	11 784	19.4	94 376	4 369	11.10
HK430	a	415	260	10.0	17.0	27	132.8	104.2	41 765	2 012	17.7	4 990	383	6.13
	b	420	261	11.2	19.5	27	150.7	118.3	48 140	2 292	17.9	5 791	443	6.20
	c	431	265	14.8	25.0	27	195.1	153.2	63 620	2 952	18.1	7 775	586	6.31
	d	425	203	13.5	22.0	27	147.0	115.4	44 652	2 101	17.4	3 085	303	4.58

续表

型号		截面尺寸/mm					截面面积/cm²	质量/(kg/m)	特性参数					
		h	b	t_1	t_2	r			$x-x$ 轴			$y-y$ 轴		
									I_x/cm⁴	W_x/cm³	i_x/cm	I_y/cm⁴	W_y/cm³	i_y/cm
HK450	a	440	300	11.5	21.0	27	178.0	139.7	63 718	2 896	18.9	9 463	630	7.29
	b	450	300	14.0	26.0	27	218.0	171.1	79 884	3 550	19.1	11 719	781	7.33
	c	478	307	21.0	40.0	27	335.4	263.3	131 481	5 501	19.8	19 337	1 259	7.59
HK500	a	490	300	12.0	23.0	27	197.5	155.1	86 971	3 549	21.0	10 365	691	7.24
	b	500	300	14.5	28.0	27	238.6	187.3	107 172	4 286	21.2	12 622	841	7.27
	c	524	306	21.0	40.0	27	344.3	270.3	161 926	6 180	21.7	19 153	1 251	7.46
HK550	a	540	300	12.5	24.0	27	211.8	166.2	111 928	4 145	23.0	10 817	721	7.15
	b	550	300	15.0	29.0	27	254.1	199.4	136 687	4 970	23.2	13 075	871	7.17
	c	572	306	21.0	40.0	27	354.4	278.2	197 980	6 922	23.6	19 156	1 252	7.35
HK600	a	590	300	13.0	25.0	27	226.5	177.8	141 204	4 786	25.0	11 269	751	7.05
	b	600	300	15.5	30.0	27	270.0	211.9	171 037	5 701	25.2	13 528	901	7.08
	c	620	305	21.0	40.0	27	363.7	285.5	237 443	7 659	25.6	18 973	1 244	7.22
HK650	a	640	300	13.5	26.0	27	241.6	189.7	175 174	5 474	26.9	11 722	781	6.97
	b	650	300	16.0	31.0	27	286.3	224.8	210 612	6 480	27.1	13 982	932	6.99
	c	668	305	21.0	40.0	27	373.7	293.4	281 663	8 433	27.5	18 977	1 244	7.13
HK700	a	690	300	14.5	27.0	27	260.5	204.5	215 296	6 240	28.7	12 177	811	6.84
	b	700	300	17.0	32.0	27	306.4	240.5	256 883	7 339	29.0	14 439	962	6.87
	c	716	304	21.0	40.0	27	383.0	300.7	329 273	9 197	29.3	18 795	1 236	7.01

续表

型号		截面尺寸/mm					截面面积/cm²	质量/(kg/m)	特性参数					
									$x-x$ 轴			$y-y$ 轴		
		h	b	t_1	t_2	r			I_x/cm^4	W_x/cm^3	i_x/cm	I_y/cm^4	W_y/cm^3	i_y/cm
HK800	a	790	300	15.0	28.0	30	285.8	224.4	303 435	7 681	32.6	12 636	842	6.65
	b	800	300	17.5	33.0	30	334.2	262.3	359 076	8 796	32.8	14 901	993	6.68
	c	814	303	21.0	40.0	30	404.3	317.3	442 590	10 874	33.1	18 624	1 229	6.79
HK900	a	890	300	16.0	30.0	30	320.5	251.6	422 066	9 484	36.3	13 545	903	6.05
	b	900	300	18.5	35.0	30	371.3	291.4	494 056	10 979	36.5	15 813	1 054	6.53
	c	910	302	21.0	40.0	30	423.6	332.5	570 425	12 536	36.7	18 449	1 221	6.60

表 6 热轧窄翼缘 H 型钢(GB/T 11263—1989)

型号	截面尺寸/mm					截面面积/cm²	质量/(kg/m)	特性参数					
								x−x 轴			y−y 轴		
	h	b	t_1	t_2	r			I_x/cm⁴	W_x/cm³	i_x/cm	I_y/cm⁴	W_y/cm³	i_y/cm
HZ80	80	46	3.8	5.2	5	7.6	6.0	80	20	3.2	8	3	1.04
HZ100	100	55	4.1	5.7	7	10.3	8.1	171	34	4.0	15	5	1.23
HZ120	120	64	4.4	6.3	7	13.2	10.4	317	52	4.9	27	8	1.45
HZ140	140	73	4.7	6.9	7	16.4	12.9	541	77	5.7	44	12	1.65
HZ160	160	82	5.0	7.4	9	20.1	15.8	869	108	6.6	68	16	1.84
HZ180	180	91	5.3	8.0	9	23.9	18.8	1 316	146	7.4	100	22	2.05
HZ200	200	100	5.6	8.5	12	28.5	22.4	1 943	194	8.3	142	28	2.24
HZ220	220	110	5.9	9.2	12	33.4	26.2	2 771	251	9.1	204	37	2.48
HZ240	240	120	6.2	9.8	15	39.1	30.7	3 891	324	10.0	283	47	2.69
HZ270	270	135	6.6	10.2	15	45.9	36.1	5 789	428	11.2	419	62	3.02
HZ300	300	150	7.1	10.7	18	53.8	42.2	8 355	557	12.5	603	80	3.35
HZ330	330	160	7.5	11.5	18	62.6	49.1	11 766	713	13.7	787	98	3.55
HZ360	360	170	8.0	12.7	21	72.7	57.1	16 264	903	15.0	1 043	122	3.79
HZ400	400	180	8.6	13.5	21	84.5	66.3	23 127	1 156	16.5	1 317	146	3.95
HZ450	450	190	9.4	14.6	21	98.8	77.6	33 741	1 499	18.5	1 675	176	4.12
HZ500	500	200	10.2	16.0	21	115.5	90.7	48 197	1 927	20.4	2 141	214	4.31
HZ550	550	210	11.1	17.2	24	134.4	105.5	67 114	2 440	22.3	2 666	253	4.45
HZ600	600	220	12.0	19.0	24	156.0	122.4	92 080	3 069	24.3	3 386	307	4.66

习题答案

第2章

2-1 (1) 15 kN; (2) $\alpha = 36.87°$ 时，$P_{min} = 12$ kN。 2-2 500 N。 2-3 距 A 点 $2L/3$ 处。

2-4 (a) $F_C = 28.284$ kN, 沿 CB, 由 $C \rightarrow B$, $F_{Ax} = 20$ kN($\rightarrow$), $F_{Ay} = 10$ kN($\downarrow$); (b) $F_C = 28.284$ kN, 沿 CB, 由 $B \rightarrow C$, $F_{Ax} = 20$ kN($\leftarrow$), $F_{Ay} = 10$ kN($\downarrow$)。

2-5 $L_{min} = 25.2$ m。

2-6 $F_C = \frac{1}{3}G(\uparrow)$, $F_B = \frac{2}{3}G(\uparrow)$; 取 AC 杆分析: $F_{Ax} = \frac{G}{2}\tan\frac{\alpha}{2}(\rightarrow)$, $F_{Ay} = \frac{1}{3}G(\downarrow)$; 绳子拉力 $F_T = \frac{G}{2}\tan\frac{\alpha}{2}$。

2-7 绳子的拉力 $F_T = \frac{10}{9}\sqrt{3}G$; $F_{Ax} = \frac{\sqrt{3}}{9}G(\rightarrow)$, $F_{Ay} = \frac{7}{3}G(\uparrow)$。

2-8 $F_{Ax} = \frac{4}{3}F(\leftarrow)$, $F_{Ay} = \frac{1}{2}F(\uparrow)$; $F_{Bx} = \frac{1}{3}F(\rightarrow)$, $F_{By} = \frac{1}{2}F(\uparrow)$。

2-9 $M = 0.3$ kNm; $F_C = 0.66$ kN($\uparrow$), $F_D = 1.464$ kN($\downarrow$); $F_{Ox} = 3$ kN($\leftarrow$), $F_{Oy} = 0.804$ kN($\uparrow$)。

2-10 $W\tan(\alpha - \phi) \leq F \leq W\tan(\alpha + \phi)$, $\phi = \arctan f_s$。

2-11 先翻到。$h \leq 1.25a$。 2-12 $b = 9$ cm。 2-13 $F = \frac{Pf_s}{\sin\alpha}$。

2-14 (1) $F_P = F\tan(2\phi + \beta)$, $\phi = \arctan f_s$; (2) 不松动的条件: $\beta \leq 2\arctan f_s$。

第3章

3-1 (1) 合力 $P = 200$ N; (2) 合力 P 坐标: $x_C = 6$ cm, $y_C = 4.38$ cm, $z_C = 0$。

3-2 $F_{1x} = F_1\cos 90° = 0$, $F_{1y} = F_1\cos 90° = 0$, $F_{1z} = F_1\cos 180° = -50$ N。 $F_{2x} = -F_2\sin 60° \approx -100 \text{ N} \times 0.866 = -86.6$ N, $F_{2y} = F_2\cos 60° = 100 \text{ N} \times 0.5 = 50$ N, $F_{2z} = F_2\cos 90° = 0$。 $F_{3x} = F_3\cos\theta\cos\varphi = 150 \text{ N} \times \frac{5}{5.39} \times \frac{3}{5} \approx 83.5$ N, $F_{3y} = -F_3\cos\theta\sin\varphi = -150 \text{ N} \times \frac{5}{5.39} \times \frac{4}{5} \approx -111.3$ N, $F_{3z} = F_3\sin\theta = 150 \text{ N} \times \frac{2}{5.39} \approx 55.7$ N。

3-3 $T_A = T_B = -26.4$ kN(压力), $T_C = 33.5$ kN(拉力)

3-4 $P_n = \frac{G \cdot r}{R\cos\alpha} \approx \frac{10 \text{ kN} \times 10 \text{ cm}}{20 \text{ cm} \times 0.94} = 5.32$ kN, $F_{Ax} = -F_{Bx} - P_n\cos\alpha \approx -(-1.25 \text{ kN}) - 5.32 \text{ kN} \times 0.94 = -3.75$ kN, $F_{Az} = -F_{Bz} + P_n\sin\alpha + G \approx -6.7 \text{ kN} + 5.32 \text{ kN} \times 0.34 + 10 \text{ kN} = 5.11$ kN。

3-5 $M_x = 100$ N·m, $M_y = 37.5$ N·m, $M_z = 24.4$ N·m。

3-6 $M_C = F \cdot 100$, $F = \frac{M_C}{100} = 50$ N, $\beta = 36.87° = 36°52'$, $\alpha = 180° - \beta = 143°08'$。

3-7 $T = W = 200$ N, $F_{Az} = 100$ N, $F_{Ax} = 86.6$ N, $F_{Ay} = 150$ N。

3-8 $y_C = 0$, $x_C = 90$ mm。

3-9 $x_C = 2$ mm, $y_C = 27$ mm。 3-10 $x_C = 2$ mm, $y_C = 27$ mm。 3-11 $y_C = 0$, $x_C = -\dfrac{ar^2}{R^2 - r^2}$。

第 5 章

5-1 (a) $N_1 = 0$, $N_2 = 2$ kN(拉), $N_3 = -3$ kN(压); (b) $N_1 = 2$ kN(拉), $N_2 = 6$ kN(拉); (c) $N_1 = 5$ kN(拉), $N_2 = 3$ kN(拉), $N_3 = 5$ kN(拉); (d) $N_1 = -9$ kN(压), $N_2 = -3$ kN(压), $N_3 = -3$ kN(压)。

5-2 $\sigma_{max} = 67.8$ MPa。 5-3 $\sigma = 27.2$ MPa。强度足够。 5-4 $\sigma_{max} = 65.7$ MPa。

5-5 $\Delta l = 1.9 \times 10^{-6}$ mm, $\sigma = -20$ MPa。 5-6 $\sigma_{max} = 123$ MPa。

5-7 $\sigma = 71.5$ MPa $< [\sigma]$,安全。 5-8 AC 杆:$40 \times 40 \times 5$;AD 杆:$20 \times 20 \times 4$。

5-9 (1) $\sigma = 75.9$ MPa, $n = 3.95$; (2) 16。

5-10 $P_{max} = 44.9$ kN。

5-11 $b \geqslant 116$ mm, $h = 162$ mm。

5-12 $P = 24$ kN。

5-13 (1) $d \leqslant 17.8$ mm; (2) $A_{CD} \geqslant 833$ mm^2; (3) $P_{max} \leqslant 15.7$ kN。

5-14 $\sigma_M = 150$ MPa, $\tau_M = 86.6$ MPa。

5-15 $\Delta l = 0.075$ mm。

5-16 $F_{cr1} = 2\,540$ kN, $F_{cr2} = 4\,710$ kN, $F_{cr3} = 4\,830$ kN。

5-17 $F_{cr} = 295$ kN。

5-18 (1) $F_{cr} = 1\,188$ kN; (2) 拖架不安全。

第 6 章

6-1 $Q = 100.5$ kN。 6-2 $d:h = 2.4:1$。 6-3 $P = 192.2$ kN。 6-4 $P \leqslant 56.52$ kN。

6-5 $P \leqslant 120$ kN。 6-6 $a \geqslant 0.2$ m, $t \geqslant 0.02$ m。 6-7 $F \leqslant 24.1$ kN。 6-8 $d \geqslant 14.6$ mm。

6-9 $\tau = 28.7$ MPa $\leqslant [\tau]$, $\sigma_{jy} = 90.2$ MPa $\leqslant [\sigma_{jy}]$。

第 7 章

7-2 DA 段 $T_1 = 637$ N·m, AB 段 $T_2 = -955$ N·m, BC 段 $T_3 = -477$ N·m。

7-3 AC 段 $\tau_{max} = 49.4$ MPa $< [\tau] = 60$ MPa, DB 段 $\tau_{max} = 21.3$ MPa $< [\tau] = 60$ MPa。

7-4 对于实心轴 $\tau_{max} = 40 \times 10^6$ Pa $= 40$ MPa,对于空心轴 $\tau_{max} = 40 \times 10^6$ Pa $= 40$ MPa。

7-5 (1) $d_1 \geqslant 0.020\,2$ m $= 20.2$ mm; (2) 外径 $D \geqslant 24.1$ mm,内径 $d \geqslant 19.3$ mm; (3) 重量比 $\dfrac{A_空}{A_实} = 0.51$。

7-6 $d \geqslant 22$ mm, $F_t = 800$ N, $W = 1.12$ kN。 7-7 $\varphi_{AC} = 7.2°$。

第 8 章

8-1 (a) $F_{s1} = 6$ kN, $M_1 = -9$ kN·m, $F_{s2} = 18$ kN, $M_2 = -49$ kN·m; (b) $F_{s1} = 10$ kN, $M_1 = -30$ kN·m, $F_{s2} = 10$ kN, $M_2 = -10$ kN·m; (c) $F_{s1} = -0.5$ kN, $M_1 = 1$ kN·m, $F_{s2} = 4.5$ kN,

$M_2 = 1$ kN·m； (d) $F_{s1} = 14$ kN, $M_1 = -8$ kN·m, $F_{s2} = -10$ kN, $M_2 = 0$ kN·m。

8-2 (a) $F_{sAB} = 2ql$, $M_{AB} = -ql^2$； (b) $F_{sAC} = 14$ kN, $M_{AC} = -32$ kN·m； (c) $F_{sAC} = -6$ kN, $M_{AC} = -44$ kN·m； (d) $F_{sAC} = 2F$, $M_{AC} = -2Fl$。

8-3 (a) $F_{sAC} = 1.5F$, $M_{AC} = -2Fl$； (b) $F_{sAC} = 1.25ql$, $M_{CA} = 1.25ql^2$； (c) $F_{sAC} = 1.25ql$, $M_{CA} = -ql^2$； (d) $F_{sAC} = \dfrac{2ql}{3}$, $M_{CA} = -\dfrac{2ql^2}{3}$。

8-4 (a) $F_{sAC} = 3.5$ kN, $M_{CA} = 7$ kN·m； (b) $F_{sAB} = \dfrac{3ql}{4}$, $M_{BA} = -0.5ql^2$； (c) $F_{sAC} = F$, $M_{CA} = Fl$, $M_{CD} = -Fl$； (d) $F_{sAC} = -ql$, $M_{CA} = -\dfrac{ql^2}{2}$。

8-5 (a) $F_{sCA} = 2$ kN, $M_{CA} = 4$ kN·m； (b) $F_{sBA} = \dfrac{3ql}{2}$, $M_{BA} = -ql^2$。

8-6 $\sigma_a = -6.56$ MPa, $\sigma_b = -4.69$ MPa, $\sigma_c = 0$, $\sigma_d = 4.69$ MPa。

8-7 (a) $\sigma_{max} = 8.75$ MPa； (b) $\sigma_{max} = 9.17$ MPa； (c) $\sigma_{max} = 5.33$ MPa。

8-8 (1) $d \geqslant 108$ mm, $A \geqslant 9\,160$ mm²； (2) $b = 57.2$ mm, $h = 114.4$ mm, $A \geqslant 6\,543$ mm²； (3) 选10号工字钢, $A = 2\,610$ mm²。

8-9 (1) $b \times h = 160 \times 240$ mm²； (2) $W_z = 157\,000$ mm³, 选 I45C； (3) (1)和(2)两种截面耗用钢材之比为 3.75 : 1。

8-10 $q = 15.68$ kN/m, $d = 17$ mm。 8-11 $\sigma_{tmax} = 60.4$ MPa, $\sigma_{cmax} = 45.3$ MPa。

8-12 $d \leqslant 115$ mm, $\sigma_{max} = 8.79$ MPa $\leqslant [\sigma]$。

8-13 $\tau_a = 0$, $\tau_b = 0.23$ MPa, $\tau_c = 0.46$ MPa, $\tau_d = 0.23$ MPa。

8-14 $\sigma_{max} = 170.62$ MPa, $\tau_{max} = 38.5$ MPa。 8-15 选 22b 型工字钢。

8-16 $\sigma_{max} = 9.26$ MPa, $\tau_{max} = 0.52$ MPa。 8-17 $W_z = 48\,000$ mm³, 选用两个8号槽钢。

8-18 选 16 号工字钢。 8-19 $a = 2.12$ m, $q = 24.6$ kN/m。

8-20 (a) $\omega_C = \dfrac{Fl^3}{24EI_z}$, $\theta_B = -\dfrac{13Fl^2}{48EI_z}$； (b) $\omega_A = \dfrac{11ql^4}{48EI_z}$, $\theta_A = -\dfrac{7ql^3}{24EI_z}$； (c) $\omega_C = \dfrac{17ql^4}{384EI_z}$, $\theta_A = -\dfrac{5ql^3}{24EI_z}$； (d) $\omega_C = \dfrac{2qa^4}{3EI_z}$, $\theta_C = -\dfrac{5qa^3}{6EI_z}$。

8-21 $|\omega_C| = 0.031$ mm $< |\omega| = \delta$，满足刚度要求。 8-22 选 22a 号工字钢。

第 9 章

9-1 (a) $\sigma_a = 6.25$ MPa, $\tau_a = 21.6$ MPa； (b) $\sigma_a = -17.5$ MPa, $\tau_a = 56.2$ MPa； (c) $\sigma_a = -28.8$ MPa, $\tau_a = -6.5$ MPa； (d) $\sigma_a = -100$ MPa, $\tau_a = 0$； (e) $\sigma_a = -100$ MPa, $\tau_a = 200$ MPa； (f) $\sigma_a = 409.8$ MPa, $\tau_a = 236.6$ MPa； (g) $\sigma_a = -350$ MPa, $\tau_a = -150$ MPa； (h) $\sigma_a = 98.2$ MPa, $\tau_a = -143.3$ MPa； (i) $\sigma_a = -150$ MPa, $\tau_a = -50$ MPa； (j) $\sigma_a = 359.8$ MPa, $\tau_a = 23.2$ MPa； (k) $\sigma_a = -200$ MPa, $\tau_a = -300$ MPa； (l) $\sigma_a = -571.4$ MPa, $\tau_a = -243.3$ MPa。

9-2 (a) $\sigma_1 = 14$ MPa, $\sigma_2 = -114$ MPa, $\alpha_0 = 19°20'$, $\tau_{max} = 64$ MPa； (b) $\sigma_1 = 68$ MPa, $\sigma_2 = -43$ MPa, $\alpha_0 = -27°5'$, $\tau_{max} = 55.5$ MPa； (c) $\sigma_1 = 72.5$ MPa, $\sigma_2 = -12.5$ MPa, $\alpha_0 = 22°30'$, $\tau_{max} = 42.5$ MPa。

9-3 $\sigma_1 = 15$ MPa, $\sigma_2 = -123$ MPa, $\alpha_0 = 19°15'$。

9-4 (a) $\sigma_1 = 60$ MPa, $\sigma_2 = 30$ MPa, $\sigma_3 = -70$ MPa, $\sigma_{max} = 60$ MPa, $\tau_{max} = 65$ MPa； (b) $\sigma_1 = 50$ MPa,

$\sigma_2 = 30$ MPa, $\sigma_3 = -50$ MPa, $\sigma_{max} = 50$ MPa, $\tau_{max} = 50$ MPa。

9-5 $\sigma_1 = 84.7$ MPa, $\sigma_2 = 20.0$ MPa, $\sigma_3 = -4.7$ MPa。

9-6 $\sigma_3^* = 110$ MPa $< [\sigma]$, $\sigma_4^* = 101.5$ MPa $< [\sigma]$, 安全。

9-7 选用 28a 工字钢, $\sigma_4^* = 151.2$ MPa。

9-8 第三强度理论 $\sigma_3^* = 121.6$ MPa, 安全。第四强度理论 $\sigma_4^* = 115.6$ MPa, 安全。

9-9 如按第三强度理论 $\sigma_3^* = 250$ MPa, 按第四强度理论 $\sigma_4^* = 227$ MPa。

9-10 $\sigma_3^* = 107.4$ MPa。 **9-11** $[P] = 18.48$ kN。

9-12 $\sigma_1^* = 53$ MPa, $\sigma_2^* = 62.9$ MPa, $\sigma_3^* = 86$ MPa, $\sigma_4^* = 74.5$ MPa。

9-13 $\sigma_3^* = 55.5$ MPa $< [\sigma]$, 强度足够。

9-14 $B = 19.36$ m, $\sigma_{max} = 0.71$ MPa。

9-15 $\sigma_A = 192$ kPa, $\sigma_B = 11.5$ kPa, $\sigma_C = 159.4$ kPa, $\sigma_D = 20.18$ kPa, $\sigma_1 = 158$ MPa, $\tau_{max} = 98.9$ MPa。

9-16 $\sigma = 53$ MPa, 安全。 **9-17** $\sigma_{max} = 144.7$ MPa。

9-18 16 号槽钢。 **9-19** $[F] = 15.54$ kN。

9-20 (a) $e_y = \pm 33.9$ mm, $e_z = \pm 15.1$ mm; (b) 截面核心边界上各点坐标: (32.9, 0) (0, 32.9) (−19, 0) (−20, −20) (0, −19)。

9-21 $\sigma_{tmax} = 6.75$ MPa, $\sigma_{cmax} = -6.99$ MPa。 **9-22** $\sigma_{max} = 6$ MPa。

9-23 $\sigma_{r_3} = 197.7$ MPa, 不满足强度要求。 **9-24** $d = 55$ mm。 **9-25** $W_o = 0.59$ kN。

参考文献

1. 秦定龙,吴明军,吴世平. 工程力学[M]. 北京:中国电力出版社,2008.
2. 王长连. 土木工程力学[M]. 北京:机械工业出版社,2009.
3. 刘鸿文. 材料力学(第四版)(上)[M]. 北京:高等教育出版社,1996.
4. 范钦珊. 工程力学[M]. 北京:机械工业出版社,2002.
5. 上海化工学院,无锡轻工业学院. 工程力学(上)[M]. 北京:高等教育出版社,2001.
6. 王振发. 工程力学[M]. 北京:科学出版社,2003.
7. 顾晓勤,刘申全. 工程力学Ⅱ[M]. 北京:机械工业出版社,2006.
8. 邱棣华,胡性侃,陈忠安等. 材料力学[M]. 北京:高等教育出版社,2004.
9. 张秉荣. 工程力学[M]. 北京:机械工业出版社,2003.
10. 霍炎. 材料力学[M]. 北京:高等教育出版社,1994.
11. 范钦珊. 工程力学[M]. 北京:机械工业出版社,2002.
12. 李春凤,刘金环. 工程力学[M]. 大连:大连理工大学出版社,2004.
13. 蒙晓影. 工程力学[M]. 大连:大连理工大学出版社,2008.

图书在版编目(CIP)数据

工程力学/吴世平,赵曼主编. —上海:复旦大学出版社,2010.6(2023.12 重印)
(复旦卓越・高等教育 21 世纪规划教材・机类、近机类)
ISBN 978-7-309-07255-6

Ⅰ. 工… Ⅱ.①吴…②赵… Ⅲ. 工程力学-高等学校-教材 Ⅳ. TB12

中国版本图书馆 CIP 数据核字(2010)第 081322 号

工程力学
吴世平　赵　曼　主编
责任编辑/张志军

复旦大学出版社有限公司出版发行
上海市国权路 579 号　邮编:200433
网址:fupnet@fudanpress.com　http://www.fudanpress.com
门市零售:86-21-65102580　团体订购:86-21-65104505
出版部电话:86-21-65642845
上海崇明裕安印刷厂

开本 787 毫米×1092 毫米　1/16　印张 22.25　字数 475 千字
2023 年 12 月第 1 版第 5 次印刷

ISBN 978-7-309-07255-6/T・367
定价:38.00 元

如有印装质量问题,请向复旦大学出版社有限公司出版部调换。
版权所有　侵权必究